Grundriss der Soziobiologie

Grundriss der Soziobiologie

Eckart Voland

2., vollständig überarbeitete und erweiterte Auflage

105 Abbildungen
25 Tabellen

Spektrum Akademischer Verlag Heidelberg · Berlin

Anschrift des Autors

Prof. Dr. Eckart Voland
Zentrum für Philosophie
Justus-Liebig-Universität Gießen
Otto-Behaghel-Strasse 10/C II
35394 Gießen

Die Deutsche Bibliothek – CIP-Einheitsaufnahme

Voland, Eckart:
Grundriss der Soziobiologie : mit 25 Tabellen / Eckart Voland. –
2., vollst. überarb. und erweiterte Aufl. – Heidelberg ; Berlin : Spektrum,
Akad. Verl., 2000
ISBN 3-8274-0989-6

2., vollständig überarbeitete und erweiterte Auflage 2000

Lektorat: Dr. Ulrich G. Moltmann, Bettina Saglio (Ass.)
Produktion: Ute Amsel
Umschlaggestaltung: Kurt Bitsch, Birkenau
Satz: Satz- & Grafik-Studio Stephan Meyer, Dresden
Gesamtherstellung: Franz Spiegel Buch GmbH, Ulm

Titelbild: Digital imagery® copyright 1999 PhotoDisc, Inc.

Geleitwort

Die Soziobiologie hat wie kein anderer Wissenschaftszweig unser Verständnis für das Gruppenleben von Tier und Mensch gefördert. Fest auf dem Boden einer genetisch verankerten Evolutionsforschung stehend, macht die Soziobiologie naturwissenschaftlich eine Fülle von Erscheinungen im Sozialverhalten verständlich; schon ein Blick in das reichhaltige Inhaltsverzeichnis macht den wissensdurstigen Leser gespannt.

Angestoßen durch Hamiltons Theorie der Verwandtenselektion, hat sich die Soziobiologie rasch von einer Knospe der Ethologie zu einem eigenen, eindrucksvollen Stamm am Baum der Biologie entwickelt. Seit der Popularisierung der neuen Richtung durch E. O. Wilson im Jahre 1975 begegnete sie offenem Mißtrauen, sogar bei Genetikern. Es wurzelte größtenteils im Mißverstehen der Konsequenzen aus Hamiltons Theorie und in dem Vorurteil, menschliches Sozialverhalten sei einer strikt evolutionären Deutung nicht zugänglich. Solche Hürden auf dem Siegeszug der Soziobiologie dürfen nunmehr als überwunden gelten, tragen doch heute viele Genetiker, Anthropologen und Soziologen zum Wachsen des Gesamtgebäudes bei. Dafür ist gerade das vorliegende Buch von Voland ein beredes Zeugnis.

Es gab schon im angelsächsischen Sprachraum kürzere Zusammenfassungen des Wissensstandes der Soziobiologie. Volands Buch ist aktueller, weil es selbst jüngste Literatur verarbeitet. Zudem ist es eine ausgesprochene Stärke der Übersicht, dass sie weit mehr als ihre Vorgänger die sozialen Erscheinungen des Menschen und der ihm so nahestehenden Primaten konsequent evolutionär erhellt. Voland schrieb einen Grundriss, und so war es ihm erlaubt, das Grundsätzliche am Beispiel der Wirbeltiere darzulegen und auf die sozialen Insekten nur kurz schweifende Seitenblicke zu richten. Dem Autor ist damit ein sehr gut lesbarer Überblick gelungen, dem eine breite Leserschaft zu wünschen ist; Details der Mathematik und Populationsgenetik hat der Autor ausgespart, ohne den Lesegewinn zu schmälern.

Bochum, Dezember 1992 E. Curio

Vorwort zur zweiten Auflage

Die insgesamt eher freundliche Aufnahme des Grundrisses von Kritikern und Markt hat Verlag und Autor zu einer zweiten Auflage ermutigt. Die sieben Jahre, die zwischen den beiden Ausgaben liegen, haben uns einen beachtlichen Wissenszuwachs beschert, so dass bei weitgehender Übernahme der Grundstruktur eine umfassende Aktualisierung und zugleich auch Erweiterung des Buches vorgenommen werden musste. In der operativen Forschung haben sich die Erkenntnisinteressen ein wenig verschoben, indem in den letzten Jahren vor allem die Effekte der sexuellen Selektion vermehrt in den Vordergrund gerückt sind. Partnerwahlentscheidungen und die Rolle möglicher Indikatoren genetischer Qualität, von der Ausprägungsstärke epigamer Merkmale bis zur fluktuierenden Asymmetrie, finden heute mehr als vor sieben Jahren die Aufmerksamkeit der Wissenschaftler. Und soziobiologische Forschung über Menschen hat nach Umfang und thematischer Breite zugenommen. Ich hoffe, in dieser Neuauflage beiden Entwicklungen angemessen gerecht zu werden.

Soziobiologie hatte es immer besonders schwer, Gehör zu finden, wenn es um menschliches Verhalten geht. Vielleicht haben deshalb viele Wissenschaftler sehr schnell davon Abstand genommen, ihre Forschungsarbeit als „soziobiologisch" zu bezeichnen, sondern haben statt dessen andere, weniger reflexhaft Dämonisierung oder Ridikülisierung evozierende Begrifflichkeit bevorzugt. „Verhaltensökologie" hatte sich als gute Alternative angeboten, und inzwischen ist dieser Begriff in der Tierverhaltensforschung fest etabliert. „Evolutionspsychologie" ist demgegenüber im Moment die bevorzugte Bezeichnung für entsprechende Forschungsprogramme über Menschen. Freilich sind Soziobiologie und Evolutionspsychologie keine Synonyme, aber ihre Schnittmenge ist groß genug, dass beide Begriffe in vielen Zusammenhängen austauschbar wären. Unter dem neuen Etikett hat das Darwinsche Projekt in den letzten Jahren gute Fortschritte erzielt und auch – wie Zeitschriftenfeuilletons belegen – zunehmend eine interessierte Öffentlichkeit erreicht. Der Streit um den Sinn einer biologischen Interpretation der conditio humana ist durch diese Popularisierung freilich nicht sachlich entschärft, aber er hat in meiner Wahrnehmung an Aufgeregtheit verloren. Dem früheren „Soziobiologen haben nicht recht, weil sie nicht recht haben dürfen" ist ein vorsichtiges Nachdenken gefolgt: „Was wäre aber, wenn sie doch recht hätten?". Derart Fragen zu stellen, ist vornehmlich Sache der Soziobiologen, humanistische Antworten zu finden, ist Sache aller.

Bei der Überarbeitung des Buches haben mir Herr Dipl.-Biol. Stefan Kühn und Herr Dipl.-Biol. Thomas Weise in allen technischen Angelegenheiten sehr geholfen – herzlichen Dank dafür! Herzlichen Dank auch an Frau Bettina Saglio und Herrn Dr. Ulrich Moltmann vom Spektrum Verlag für die unkomplizierte und effiziente Zusammenarbeit.

Gießen, Mai 2000 Eckart Voland

Vorwort zur ersten Auflage

Soziobiologie hat maßgeblich Anteil an der Entwicklung der Verhaltensforschung von einer zunächst vornehmlich beschreibenden zu einer zunehmend analytischen Wissenschaft. Damit hat sie ihren Wert und ihre Nützlichkeit für das Verständnis tierlichen und menschlichen Verhaltens längst unter Beweis gestellt. Die wichtigsten internationalen ethologischen Fachzeitschriften (z. B. Animal Behaviour) belegen das: Kaum erscheinen noch Arbeiten, die man nicht im weiteren Sinne der Soziobiologie mit ihrem evolutionstheoretischen Hintergrund zuordnen könnte. Ja selbst zu Zeitschriftenneugründungen hat diese Entwicklung geführt (Behavioral Ecology and Sociobiology, Ethology and Sociobiology, Behavioral Ecology) und dies obwohl weltweit die Etats wissenschaftlicher Bibliotheken schmaler geworden sind. Die mit der Entwicklung der Soziobiologie ursprünglich einhergehenden Akzeptanzprobleme innerhalb und außerhalb der biologischen Fachwelt scheinen weitgehend überwunden.

Im deutschsprachigen Raum vollzieht sich die Rezeption der Soziobiologie offensichtlich langsamer, vor allem aber nicht in der Breite wie im angloamerikanischen Bereich. Dies mag nicht zuletzt daran liegen, dass hier die tragenden Fundamente der so nachhaltig einflussreichen Vergleichenden Verhaltensforschung (Klassische Ethologie) mit ihrem Paradigma der Gruppenselektion liegen (Wickler 1992).

Hierzulande nimmt die Kritik an der Soziobiologie nach wie vor nicht selten die Form einer vorwissenschaftlich-intuitiven Ablehnung an. Sie wird kurz und bündig als Irrlehre abgetan. Ich hoffe, mit dem vorliegenden Band der Soziobiologie ein wenig den Weg zu bereiten und ihr dabei zu helfen, auch im deutschsprachigen Raum die Aufmerksamkeit zu finden, die sie im angelsächsischen Bereich längst gefunden hat.

Bei dem einen oder anderen Leser wird die Lektüre dieses Buches zweierlei Befremdlichkeiten auslösen. Erstens: Erkenntnisse über das Verhalten der Menschen wurden nicht – wie sonst üblich – in einem progammatisch-perspektivischen Schlußkapitel zusammengefaßt, sondern dort behandelt, wo sie thematisch hingehören. Soziobiologie räumt kräftig auf mit der vermeintlichen Sonderstellung des Menschen im Reich der Organismen, und es erscheint überaus angebracht, wenn sich die von der Soziobiologie betriebene Demontage einer eitlen „Homozentrik" in der Organisation dieses Buches niederschlägt und menschliche Verhältnisse neben denen von Schimpansen, Vögeln und gar Insekten behandelt werden. Daß damit nicht platten Übertragungen das Wort geredet wird, sollte aus dem jeweiligen Zusammenhang klar werden.

Zweitens: Soziobiologen benutzen eine sehr pragmatische Sprache. Nicht nur, daß ihr Vokabular einer Ökonomie-Grundvorlesung entstammen könnte, darüber hinaus ist ihre Ausdrucksweise häufig so gewählt, als ob Tieren menschliche Bewußtseinsstrukturen und Handlungsmotive unterstellt würden. Mit Aussagen wie „Weibchen interessieren sich für möglichst vitale Männchen", soll das philosophische Problem, ob sich Tiere überhaupt für irgend etwas „interessieren" können, nicht angesprochen sein. Es geht einzig um Analogien. Würden Soziobiologen auf den Komfort einer anthropomorphen Umgangssprache verzichten und stattdessen neue termini technici erfinden, müßten sie als „elitäre Obskurantisten" erscheinen. Wem sollte das nützen? Und weil ein Argument immer noch ein bisschen schlagkräftiger wirkt, wenn eine Autorität dahintersteht, sei in dieser Sache auf Maynard Smiths (1990) Plädoyer für einen sprachlichen Pragmatismus verwiesen.

Wen das stört, darf sich gerne die strittigen Passagen in Gänsefüsschen denken oder sie gedanklich in „als ob"-Paraphrasen übersetzen. An den dargestellten Zusammenhängen sollte sich dadurch nichts ändern.

Göttingen, Februar 1993 Eckart Voland

Inhalt

1 Paradigma, Konzepte und Modelle der Soziobiologie

Soziobiologie ist die Wissenschaft von der **biologischen Angepasstheit** des tierlichen und menschlichen **Sozialverhaltens.** Weil Sozialverhalten eine ganz wesentliche Rolle in den Selbsterhaltungs- und Fortpflanzungsbemühungen der Organismen spielt, unterliegt es der formenden und optimierenden Kraft der **evolutionsbiologischen Vorgänge.** Das Erkenntnisinteresse von Soziobiologen richtet sich auf die Aufdeckung derjenigen Faktoren und ihren dynamischen Wechselbeziehungen, die für die Ausprägung jeweils spezifischer sozialer Verhaltenstendenzen verantwortlich sind. Es geht damit um die Frage, warum sich das Vermehrungsbestreben der Individuen (das als gegebene Systemeigenschaft des Lebens aufgefasst wird) gerade in den jeweils vorgefundenen und keinen anderen sozialen Verhaltensäußerungen niederschlägt.

Mit einem zunehmenden Verständnis der Kausalfaktoren auch der menschlichen Verhaltensorganisation gewinnt die Soziobiologie letztlich auch eine historische Dimension. Indem sie „Selbsterhaltung" und „Vermehrung" als evolvierte Lebensinteressen auch von Menschen beschreibt, hilft sie, vielfältige Phänomene der menschlichen Daseinsbewältigung und Kulturgeschichte vor dem Hintergrund biologischer Funktionalität zu begreifen. Getragen vom **Darwinischen Paradigma** offeriert sie eine naturalistische Perspektive der *conditio humana*.

1.1 Verhalten, Evolution und biologische Anpassung

Angehörige einer Population pflanzen sich mit unterschiedlicher Nachkommenzahl fort. Dies hat evolutionsbiologisch weitreichende Konsequenzen, denn es gehört zu den Eigenschaften der biologischen Evolution, dass sich die **genetischen Programme** der Organismen in dem gleichen Maße in einer Population ausbreiten, wie sie zur erfolgreichen Fortpflanzung ihrer vergänglichen „Überlebensmaschinen" beitragen. Der erstmals von Charles Darwin (1859) beschriebene Mechanismus der **natürlichen Selektion** bewertet innerhalb der Populationen die von den Individuen verfolgten Lösungen für die biologischen Grundprobleme von Selbsterhaltung und Reproduktion nach Maßgabe ihrer jeweiligen Effizienz: Die biologisch erfolgreicheren Individuen hinterlassen mehr Nachkommen, und entsprechend nehmen mit der Zeit deren genetische Programme in der Population zu.

Natürliche Selektion und Anpassung. Theoretisch verfügt jede Population über ein unbegrenztes Vermehrungspotenzial, und ihre Individuenzahl würde unter beschränkungsfrei gedachten Bedingungen letztlich ins Unendliche ansteigen. Unter natürlichen Verhältnissen ist ein unbegrenztes Populationswachstum freilich nicht möglich, weil die für die Vermehrung notwendigen **Ressourcen** (wie z. B. Nahrung, Brutplätze, Geschlechtspartner, elterliche Fürsorge, soziale Unterstützung) nicht beliebig verfügbar sind und damit Wachstumsgrenzen abstecken. Es werden immer mehr Nachkommen gezeugt, als sich ihrerseits fortzupflanzen vermögen. Das führt zur **Konkurrenz** unter den Mitgliedern einer Population um den Zugang und die Nutzung der jeweils begrenzenden „Lebensmittel". Einige Individuen vermögen aufgrund ihrer Merkmale und Eigenschaften die Ressourcen besser zu erschließen und sie effektiver in Reproduktion umzusetzen als andere. So nimmt der relative Anteil des Erbmaterials dieser überdurchschnittlich erfolgreichen Individuen im Genpool der Population zu, während hingegen die Gesamtkopfzahl aller Populationsmitglieder wegen der wachstumsbegrenzenden Faktoren mehr oder weniger stabil bleibt (Abb. 1-1).

Besteht der unterschiedliche Reproduktionserfolg der Individuen zumindest zu einem Teil auf genetischen Unterschieden, kommt es zu **Verschiebungen von Genfrequenzen**, und evolutiver Wandel findet statt.

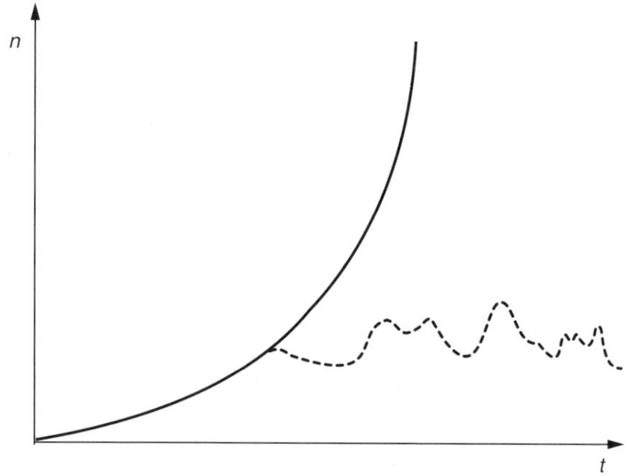

Abb. 1-1: Jede Population hat das Potenzial zu exponentieller Vermehrung. Natürliche Grenzen des Wachstums sorgen dafür, dass dennoch die Populationsgrößen über die Zeit mehr oder weniger konstant bleiben.

Diejenige Erbinformation, deren Trägerindividuen für sich die Wachstumsgrenzen am weitesten hinauszuschieben vermögen, also am effektivsten Nahrung beschaffen, Raubfeinden entgehen, pathogenem Stress widerstehen, sozialer Konkurrenz standhalten, Geschlechtspartner werben, Nachkommen großziehen usw. ist mit der Zeit zunehmend in der Population vertreten. Die Erbinformation mit den besseren **Selektionseigenschaften** ist vermehrt an der Herausbildung der anatomischen, physiologischen und ethologischen Merkmale ihrer Mitglieder (**Phänotypen**) beteiligt, während die Erbinformation der Verlierer in der Darwinischen Konkurrenz abnimmt und schließlich ganz verschwindet. Damit ist im Kern die Funktionslogik des Darwinischen Prinzips beschrieben und auf drei charakteristische Systemeigenschaften der Lebenswelt zurückgeführt,

- nämlich die Begrenztheit von Fortpflanzungsmöglichkeiten wegen Ressourcenknappheit,
- die Verschiedenartigkeit von Individuen und
- genetischer Vererbung.

Im Verlauf der Stammesgeschichte sind so die genetischen Dispositionen für alle Aspekte der Lebensgestaltung (seien sie vorrangig körperlicher oder psychologischer Art) zwangsläufig und freilich ganz ungeplant auf optimale reproduktive Effizienz gezüchtet worden. Diesen Prozess nennt man in der Evolutionsbiologie **Anpassung**, sein Ergebnis ist die **Angepasstheit** der Organismen an ihre sozialen und ökologischen Lebensbedingungen. Die biologische Angepasstheit der Lebewesen zur best möglichen Weitergabe ihres Erbmaterials äußert sich sowohl im Design ihrer Baupläne und physiologischen Regelmechanismen als auch in den Grundmustern ihrer Antriebsstrukturen. Markl (1983) hat den mit der Wirkweise der Evolution erklärbaren und mit ihr untrennbar verbundenen Lebenszweck als „biogenetischen Imperativ“ bezeichnet.

Begriffe wie „Angepasstheit“, „optimal“, „maximale Fitness“ und dergleichen, die im Sprachgebrauch der Soziobiologen so eine große Rolle spielen, können vernünftigerweise immer nur unter Bezug auf die je vorherrschenden Lebensbedingungen sinnvoll verwendet werden, denn diese stecken – ebenso wie phylogenetische Vorgaben – Grenzen ab für die Lösungsmöglichkeiten biologischer Anpassungsprobleme. Was sich in einem Zusammenhang als angepasst und optimal erweist, kann unter ganz andersartigen Lebensbedingungen unangepasst und suboptimal sein. Es gibt viele Möglichkeiten, den Lebensreproduktionserfolg zu erhöhen. Organismen können dies beispielsweise zu erreichen versuchen, indem sie die Zahl der Geburten (Fertilität) maximieren. Andere Organismen wiederum können durch hohen Brutpflegeaufwand die Überlebenschancen ihrer Nachkommen zu maximieren versuchen und – typisch für die modernen Industriegesellschaften – man kann durch Erziehung und Ressourcenvererbung die soziale Konkurrenzfähigkeit der Kinder maximieren. Keine dieser drei Strategien ist gemessen am biologischen Erfolg den anderen absolut überlegen. Sondern vielmehr entscheiden die ökologischen und sozio-kulturellen Lebensbedingungen über die relative Tauglichkeit der verschiedenen Strategien in ihrem jeweiligen Kontext. Aussagen über Zweckdienlichkeit und Optimalität von Verhaltensweisen sind deshalb zuverlässig nur unter Beachtung des Lebensmilieus möglich, in dem sich das infragestehende Verhalten entwickelt, und deshalb wäre es auch falsch, Organismen in irgendeinem absoluten Sinn als optimal angepasst zu betrachten. »*Die Evolution geht – ziemlich langsam – nirgendwo hin*« hat Michael Ruse (1995) formuliert, um klar zu machen, dass das biologische Evolutionsgeschehen als **ziel- und planloser Vorgang** keinen Fortschritt kennt und deshalb auch keine im absoluten Sinn besten Lösungen für das Lebensproblem hervorbringen kann.

Verwandtenselektion und Gesamtfitness. Der entscheidende Impuls für die Formulierung der Soziobiologie entstammte der Einsicht, dass – obwohl die natürliche Selektion an der Variabilität der Merkmalsträger („Phänotypen") ansetzt – die Ebene biologischer Anpassungsvorgänge die der Gene ist und nicht etwa die der Individuen oder gar der Populationen oder Arten. Beim Studium der Evolution und gerade auch beim Studium biologischer Verhaltensanpassungen ist deshalb deutlich zu unterscheiden zwischen den **Replikatoren** (den „Genen"), in denen die stammesgeschichtlich erworbene Information gespeichert ist, und deren potenzielle Unsterblichkeit die Kontinuität des Lebens begründet, einerseits und den vergänglichen Individuen, die als kurzlebige **Vehikel** den evolutiv einzigen Zweck verfolgen, ein optimales Medium für Genreplikation zu liefern (Dawkins 1976, neueste deutsche Ausgabe: 1994). Damit stellt sich die Evolution als ein genzentriertes Prinzip dar, ein Umstand, der zu der populären, aber leider missverständlichen Floskel vom **egoistischen Gen** geführt hat.

Vor diesem Hintergrund werden bislang unverstandene Verhaltenstendenzen wie beispielsweise gewisse Erscheinungsformen des **phänotypischen Altruismus** erklärbar. Gemeint werden damit Verhaltensweisen, die mit Nachteilen für die persönlichen Lebens- und Reproduktionschancen verbunden sind, gleichzeitig aber die Fortpflanzung Anderer fördern. Das sind Verhaltensweisen, deren evolutive Entstehung man in der traditionellen Verhaltensforschung mit der Wirkweise einer vermuteten **Gruppenselektion** erklärt hat. Man nahm an, dass eine persönliche Selbstbeschränkung zugunsten der Population oder der Art in der natürlichen Selektion Bestand hätte, weil es in der Evolution letztlich um den biologischen Erfolg bzw. Misserfolg miteinander konkurrierender Gruppen ginge. Bei genauerer Betrachtung stellt sich allerdings heraus, dass eine Selbstaufopferung zugunsten der Fortpflanzung Anderer unter bestimmten verwandtschaftlichen und ökologischen Voraussetzungen durchaus als biologische Angepasstheit im „egoistischen" Vermehrungsinteresse der „eigenen" Gene verstanden werden kann. Dies ist der Fall, wenn das augenscheinlich altruistische Verhalten im Durchschnitt zur vermehrten Replikation abstammungsgleicher Allele in genealogischen Seitenlinien beiträgt (Hamilton 1964a, b). Den dafür verantwortlichen Evolutionsmechanismus nennt man „Verwandtenselektion" (*kin selection*, Maynard Smith 1964).

Verwandtenselektion basiert auf gemeinsamer **genetischer Abstammung**. Bei diploiden Organismen besteht eine Wahrscheinlichkeit von 50%, dass irgendein bestimmtes Allel der Zellkern-DNA im Zuge der Reduktionsteilung (Meiose) in eine bestimmte Keimzelle gelangt. Ebenso groß ist die Wahrscheinlichkeit für das alternative Allel auf dem homologen Chromosom. Wenn nun die Gameten zur Zygote verschmelzen, ist das Erbgut jeweils genau zu 50% von väterlicher und mütterlicher Herkunft. Jedes Allel im Genom der Zygote hat deshalb eine fünfzigprozentige Wahrscheinlichkeit, die Kopie des entsprechenden Allels jeweils des einen oder des anderen Elters zu sein, und umgekehrt hat jedes Allel im Genom eines Elters eine Wahrscheinlichkeit von 50%, in das Erbgut dieser Zygote kopiert worden zu sein. Diese Wahrscheinlichkeit wird durch den **Verwandtschaftskoeffizienten** „r" ausgedrückt. Er beträgt – in Populationen ohne Inzucht – zwischen Eltern und ihren Kindern r = 0,5 oder 1/2 und nimmt wegen der genetischen Ausdünnung aufgrund zweigeschlechtlicher Fortpflanzung mit jeder Generation um die Hälfte ab: Zwischen Großeltern und Enkeln ist r = 0,25 oder 1/4, zwischen Urgroßeltern und Urenkeln ist r = 0,125 oder 1/8 usw. Vollgeschwister haben den Wert r = 0,5, Halbgeschwister 0,25, Vettern und Kusinen untereinander 0,125 usw. (Abb. 1-2).

Die genetische Basis eines phänotypisch „altruistischen" Verhaltens breitet sich dann in der Population aus, wenn die Bedingung der **Hamilton-Ungleichung** (nach Hamilton 1964a, b)

$$K < rN$$

erfüllt ist Dies ist immer dann gegeben, wenn die **Kosten** (K) eines Verhaltens für den „Altruisten" geringer sind als der **Nutzen** (N) dieses Verhaltens für den Vorteilsnehmer des altruistischen Akts, und zwar gewichtet mit dem Verwandtschaftskoeffizienten r als Wahrscheinlichkeitsmaß für das Vorhandensein abstammungsidentischer Genreplikate beim „Altruisten" und beim Nutznießer. Kosten und Nutzen eines Verhaltens werden hinsichtlich ihrer Konsequenzen für den **Lebensreproduktionserfolg**

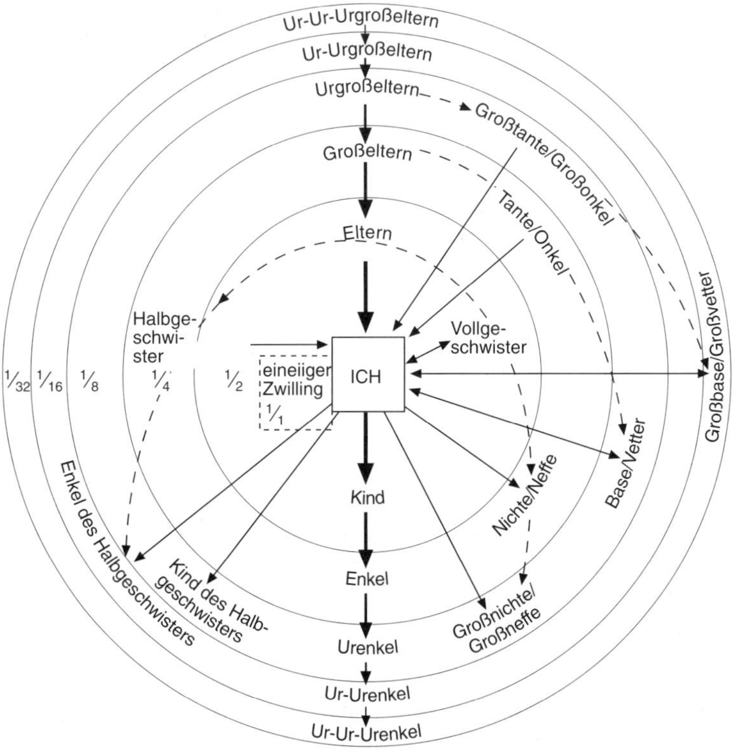

Abb. 1-2: Der Verwandtschaftskoeffizient r bei verschiedenen Verwandtschaftskombinationen. Im Zentrum steht das ICH, das mit sich selbst und seinem eineiigen Zwilling zu r = 1/l (= 100%) verwandt ist. Um das ICH sind in Kreisen verschiedene Verwandtschaftsstufen gestaffelt. Dabei entspricht jede Kreislinie dem Faktor 1/2, das heißt, dass beispielsweise das ICH mit seinem Kind zu r = 1/2 verwandt ist, mit seinem Enkel zu r = 1/4 usw. Tante, Onkel, Großtante und Großonkel bezeichnen die genetischen und nicht die angeheirateten Verwandten. Beispielhaft sind einige Verwandtschaftsgrade zu den Nachkommen von Halbgeschwistern aufgeführt, die sich jeweils um den Faktor 1/2 im Vergleich zu den Nachkommen von Vollgeschwistern verschieben. Die gestrichelten Linien zeigen die Verbindungen der miteinander nächstverwandten Individuen (nach Alexander 1979, aus Vogel und Voland 1988).

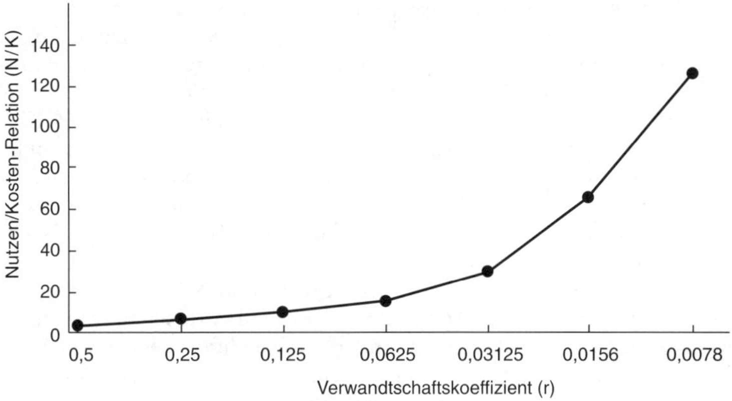

Abb. 1-3: Mit abnehmendem Verwandtschaftsgrad muss die Nutzen/Kosten-Relation zunehmen, damit sich altruistisches Verhalten evolutionär durchsetzen kann (aus Boyd und Silk 1997).

eines Individuums gemessen. Unter sonst gleichen Bedingungen wird demnach ein phänotypisch altruistisches Verhalten um so wahrscheinlicher auftreten,

- je geringer seine Nachteile für den „Altruisten“ sind (je „billiger“ es ist)
- je größer seine Vorteile für den Nutznießer sind und
- je enger „Altruist“ und Nutznießer miteinander genetisch verwandt sind.

Aus alledem folgt, dass mit abnehmendem Verwandtschaftsgrad zwischen zwei Partnern die Nutzen/Kosten-Relation altruistischen Verhaltens zunehmen muss, wenn sich dieses Verhalten evolutionär durchsetzen soll (Abb. 1-3).

Die Evolution der dauerhaft sterilen Arbeiterinnen bei den eusozialen Hymenopteren, zu denen u. a. Ameisen und Bienen gehören, ist in diesem Zusammenhang besonderes aufschlussreich (s. 2.1.4). Die Insektenkönigin ist diploid. Wegen der meiotischen Reifeteilung ist also die Wahrscheinlichkeit, dass ein bestimmtes Allel in einem ihrer Kinder vorkommt, gleich 0,5. Die Männchen sind hingegen haploid, denn sie entwickeln sich aus nicht befruchteten Eiern. Unter der Bedingung, dass sich die Königin mit nur einem Männchen verpaart hat (genauer: dass die Spermatozoen nur eines Männchens zur Befruchtung verwendet wurden), haben alle Arbeiterinnen der Kolonie (als Nachkommen der Königin) den identischen väterlichen Chromosomensatz. Die Wahrscheinlichkeit, ein bestimmtes väterliches Allel gemeinsam zu haben, beträgt demnach für alle Arbeiterinnen 1,0. Bezüglich eines mütterlichen Allels ist wegen der Diploidie die entsprechende Wahrscheinlichkeit 0,5. Dies führt zu der zunächst verblüffenden Konsequenz, dass die Arbeiterinnen untereinander im Durchschnitt enger verwandt sind (r = 0,75), als sie es mit ihren eigenen Kindern wären (r = 0,5). Folglich verhalten sich die sterilen Arbeiterinnen durchaus im „Vermehrungsinteresse" ihrer „egoistischen Gene", wenn sie zwar selbst auf eine eigene Fortpflanzung verzichten, statt dessen aber „altruistisch" ihrer Mutter, der Königin, bei der Aufzucht weiterer Nachkommen (Geschwister) helfen.

Aus dem Insektenbeispiel wird deutlich, dass die Selektion die Individuen nicht (nur) nach der Anzahl ihrer über die Lebensspanne gezeugten eigenen Nachkommen bewertet, sondern eine andere, eben genzentrierte Beurteilung der biologischen Angepasstheit der Organismen vornimmt. Als Maß dafür dient die **Gesamtfitness** (*inclusive fitness*, Hamilton 1964 a, b). Für ein gedachtes Individuum errechnet sie sich aus dessen persönlicher Fortpflanzungsleistung plus dem Anteil am Fortpflanzungserfolg seiner genetisch Verwandten, der ursächlich auf seine „altruistische" Hilfestellung zurückgeht – und dies gewichtet mit dem jeweiligen Verwandtschaftskoeffizienten.

Die durch eigene Fortpflanzung erreichte Fitness nennt man **direkte Fitness** (oder „Darwin-Fitness"), die durch Verwandtenunterstützung erreichte **indirekte Fitness**, kurz:

direkte Fitness + indirekte Fitness = Gesamtfitness

Zur Veranschaulichung ein einfaches und extremes Beispiel: Ein Gen möge seinen Träger zur Selbstaufgabe veranlassen, um dadurch das Leben von Verwandten zu erhalten. Dieses Gen kann sich trotz seiner Selbstaufopferung in der Population ausbreiten, wenn aufgrund dessen mehr als zwei Vollgeschwister (r = 0,5) oder mehr als vier Nichten oder Neffen (r = 0,25) überleben und sich erfolgreich fortpflanzen und wenn sie diesen Fortpflanzungserfolg ohne die Unterstützung durch den „Altruisten" nicht erreicht hätten. Dann ist – aus der Sicht des „egoistischen Gens" – der Nutzen der Selbstaufopferung größer als die entstandenen Kosten und die Bedingung der Hamilton-Ungleichung ist erfüllt. Wohlgemerkt: Kosten und Nutzen beziehen sich im Sprachgebrauch der Soziobiologen nicht auf irgendwelche ganz unmittelbaren materiellen oder psychischen Vor- und Nachteile eines Verhaltens, sondern auf den Beitrag zum Lebensreproduktionserfolg. Was wie kostspieliger Altruismus aussieht, kann sich deshalb durchaus als nutzbringender genetischer „Egoismus" entpuppen. Und damit stellt sich der vermeintliche „Altruismus" letztlich als eine

Form genetischen Eigennutzes dar. Je positiver sich ein Verhalten auf die Gesamtfitness eines Individuums auswirkt, desto erfolgreicher ist dieses Individuum in der Darwinischen Konkurrenz. Deshalb hat die Evolution zwangsläufig alle Lebewesen darauf gezüchtet, genau diese Größe zu maximieren. **Reproduktive Gesamtfitnessmaximierung** ist das Lebensprinzip, auf das alle Organismen von Natur aus eingestellt sind.

Um es noch einmal ganz deutlich zu formulieren: Die **Kosten/Nutzen-Bilanz**, deren Ergebnis über den Anpassungswert eines Verhaltens entscheidet, rechnet sich in der Währung der Gesamtfitness, also nach Maßgabe der relativen Zunahme von persönlichen Genreplikaten innerhalb der Population. Fitness ist demnach ein Maß für den Anteil eines Individuums an der Gesamtreproduktion seiner Population, deshalb also eine relative Größe. Im absoluten Sinn hingegen ist der Begriff „Fitness“ inhaltsleer.

Gruppenselektion. Die Auffassung von der genzentrierten Wirkweise der biologischen Evolution steht in krassem Widerspruch zu Vorstellungen, wie sie zuvor in der Verhaltensforschung vorgeherrscht haben und wie man sie mit dem Schlagwort der „Gruppenselektion“ etikettiert hat. Man nahm an, dass nicht Individuen, sondern ganze Kollektive – seien es nun Gruppen, Populationen oder Arten – im Darwinischen Wettbewerb miteinander konkurrieren. Ihre umfassendste Darstellung und Begründung fand die Gruppenselektionstheorie 1962 bei Verne Wynne-Edwards' *Animal Dispersion*. Auch in den einflussreichsten Schulen der deutschsprachigen Ethologie wurde immer wieder auf gruppenselektionistische Modelle zurückgegriffen. Beispielsweise spielt die Idee des **Artwohls** als eine durch die natürliche Selektion begründete Lebensmaxime eine ganz entscheidende Rolle bei Konrad Lorenz' (1963) Interpretation des „so genannten Bösen“. Innerartliche Kommentkämpfe verlaufen dieser Auffassung nach aus Gründen einer schonenden Arterhaltung unblutig und nicht etwa aus ganz individuellen Interessen der Beteiligten heraus (wie demgegenüber spieltheoretisch orientierte Soziobiologen behaupten, s. 2.2.1.1).

Gruppenselektion impliziert notwendigerweise, dass einige Individuen ihre Lebens- und Reproduktionsinteressen zugunsten ihrer Gemeinschaft zurückstellen, sich also wahrlich genetisch altruistisch verhalten. Weder theoretische Überlegungen noch empirische Befunde lassen es jedoch als wahrscheinlich erscheinen, dass ein solcher Evolutionsmechanismus jemals zu Verhaltensanpassungen geführt hat. Wie könnte sich ein Erbmaterial, das seinen Träger zur reproduktiven Einschränkung motiviert, in der Population ausbreiten? Auch die etwa gleichzahlige Aufzucht von Männchen und Weibchen bei polygynen („haremsbildenden“) Arten widerspricht der Idee vom Artwohl. Welchen Sinn sollte es machen, mehr als zum Artbestand notwendig Männchen zu produzieren, die sich – wie etwa bei Rothirschen *(Cervus elaphus)* – nur in kostspieligen und aufwendigen Rivalenkämpfen gegenseitig von der Fortpflanzung fernzuhalten versuchen, ansonsten aber den Weibchen und ihren Jungtieren die Nahrung wegfressen? Zur Arterhaltung dürften die überzähligen Hirsche kaum beitragen. Für Soziobiologen gilt deshalb, was wohl erstmals von George Williams (1966, S. 160) klar erkannt und formuliert wurde: *»Es sollte möglich sein zu zeigen, dass jede Angepasstheit den Reproduktionserfolg des Individuums im Vergleich zu anderen Individuen maximieren soll, ohne Rücksicht darauf, was diese Maximierung für einen Effekt für die Population als ganzes haben mag.«*

Die Frage „Gruppenselektion: ja oder nein?" lässt sich auch empirisch angehen. Die inzwischen klassischen Studien hierzu stammen von David Lack (1954, 1966). Dabei geht es um die Frage, wie sich die bei Vögeln jeweils vorgefundenen arttypischen Gelegegrößen erklären. Gruppenselektionisten würden annehmen, dass die am häufigsten vorgefundene, die so genannte „modale" Gelegegröße unterhalb der produktivsten, d. h. der reproduktiv erfolgreichsten liegt. Vogeleltern könnten mit einer erhöhten Eierzahl durchaus mehr Jungtiere aufziehen. Sie tun dies aber nicht, weil sie im Interesse der Arterhaltung eine übermäßige Ausbeutung der Ressourcen verhindern wollen. Statt dessen verringern sie von sich aus die Brut auf ein im Sinne der Arterhaltung ökologisch verträgliches Maß: sie verhalten sich also genetisch altruistisch und helfen damit ihrer Art im Bemühen um biologischen Fortbestand.

Angehörige der Auffassung von der **Individualselektion** würden demgegenüber behaupten, dass die jeweils vorgefundene modale Gelegegröße dem jeweiligen durchschnittlichen persönlichem Optimum entspricht. Ein mehr an Eiern und Jungtieren würde die Fürsorgekapazität der Elterntiere überfordern und zu einem submaximalen Lebensreproduktionsergebnis führen, weil weniger Jungtiere überleben und diese zudem womöglich leichter und deshalb weniger vital wären. Außerdem könnte es sein, dass die überanstrengten Elterntiere wegen ihrer Erschöpfung den nächsten Winter nicht überleben. All diese Kosten der Reproduktion drücken in der Gesamtbilanz den Nettogewinn überdurchschnittlicher Gelege und lassen die Selektion eine mittlere Lösung begünstigen. Diese entspräche in etwa, was man normalerweise vorfindet, eben der modalen Gelegegröße. Nach nunmehr über vierzig Jahren Forschung zu diesem Thema ist der Streit entschieden: Die Individualselektionisten und nicht die Gruppenselektionisten haben die besseren Argumente, wenn es um die Erklärung submaximaler Gelegegrößen geht (Stearns 1992).

Eine Beschränkung der momentanen Fruchtbarkeit zugunsten eines erhöhten Lebensreproduktionserfolgs – das **Lacksche Prinzip** (s. 4.2.1.1) –

gilt nicht nur für Vögel, sondern ebenso für Säuger. Auch Studien an menschlichen Bevölkerungen zeigen, dass gesenkte Fruchtbarkeit nicht mit einer reproduktiven Selbstbeschränkung zugunsten der Gruppe gleichgesetzt werden darf, sondern in bestimmten sozio-ökologischen Lebensumwelten letztlich zum persönlichen Maximum an überlebenden und biologisch konkurrenzfähigen Kindern führt (Überblick: Voland 1998).

Frequenzabhängige Selektion. Anders als bei vielen körperlichen Merkmalen verläuft die Selektion von Verhaltensmerkmalen häufig frequenzabhängig, d. h. der Anpassungswert einer Verhaltensweise hängt davon ab, wie viele andere Mitglieder der Population dasselbe Verhalten zeigen. Die Lunge der landlebenden Wirbeltiere beispielsweise ist ein stammesgeschichtlich optimiertes Organ für den Gasaustausch. Ihr Überlebensvorteil für ein beliebiges Individuum hängt nur sehr mittelbar davon ab, wie viele Lungenatmer es sonst noch geben mag, vielmehr vorrangig davon, wie gut sie arbeitet. Anders bemisst sich häufig der Anpassungswert von sozialen Verhaltensweisen. Blaukiemenbarschmännchen *(Lepomis macrochirus)* können beispielsweise Nester errichten, diese territorial verteidigen, dort um Weibchen werben und nach dem Ablaichen und Besamen die Brut bewachen und pflegen. Oder aber sie können diesen enormen Aufwand umgehen und sich trotzdem fortpflanzen, indem sie im Moment des Ablaichens kurz in ein Nest eines fremden territorialen Männchens eindringen, dort Samen abgeben und dann wieder verschwinden (s. 3.1.4). Damit beuten sie das Nestbau-, Verteidigungs-, Werbe- und Brutpflegeverhalten der territorialen Männchen für sich aus.

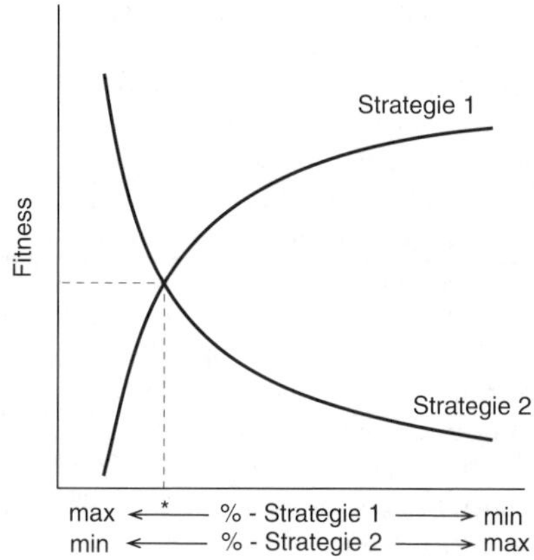

Abb. 1-4: Einfaches Modell eines evolutionär stabilen Gleichgewichts zwischen zwei Strategien.
* = Häufigkeitsverteilung mit jeweils gleicher mittlerer Fitness.

Es versteht sich von selbst, dass dieses „parasitäre" Verhalten nur soweit erfolgreich sein kann, wie überhaupt Nestbauer vorhanden sind. Es können nicht alle Blaukiemenbarschmännchen die bequemere Strategie verfolgen. Andererseits werden nicht alle den genannten Aufwand der territorialen Männchen betreiben, wenn sie doch als „Abstauber" mit wesentlich geringerem Einsatz zur Reproduktion gelangen könnten. Die frequenzabhängige Selektion wird ein ausbalanciertes Verhältnis beider Strategien einrichten. Sie wird auf Dauer dafür sorgen, dass der jeweilige Reproduktionserfolg beider Strategien im Durchschnitt gleich groß ist und so einen **ethologischen Polymorphismus**, also zwei verschiedenartige Verhaltensweisen gleicher biologischer Funktion in der Population fixieren. Solch frequenzabhängige Selektionsvorgänge analysiert man mit Hilfe der **Spieltheorie** (Maynard Smith 1982, Dugatkin und Reeve 1998). Ihr wichtigstes Instrument ist das Konzept der **evolutionsstabilen Strategie** (*evolutionarily stable strategy* = **ESS**). Evolutionsstabil nennt man eine Verhaltensstrategie dann, wenn eine Zunahme ihrer Auftretenswahrscheinlichkeit im Mittel zu unterdurchschnittlichen Reproduktionsergebnissen führt, wenn also die natürliche Selektion keinen Druck in Richtung einer Häufigkeitszunahme ausübt (Abb. 1-4).

Ursache und Mechanismus: ultimat und proximat. Verhalten beeinflusst maßgeblich die Fitness eines Individuums und unterliegt deshalb ebenso der biologischen Selektion wie die anatomisch-physiologischen Merkmale der Phänotypen. Es ist von daher wesentlicher Bestandteil der biologischen Angepasstheit der Organismen, und man kann erwarten, dass es deshalb im Durchschnitt zur Maximierung der Gesamtfitness beiträgt. In jedem Einzelfall bleibt jedoch nachzuweisen, worin eigentlich der Überlebens- und Fortpflanzungsvorteil der beobachteten Verhaltensweisen besteht und aufgrund welcher physiologischer, psychologischer, ökologischer oder soziokultureller Mechanismen diese Selektionsvorteile erreicht werden. Es ist dies die Frage nach dem Zusammenspiel der funktionellen Zweckursachen („ultimate Gründe") mit den kausalen Wirkursachen („proximate Gründe") bei der Entstehung von Verhalten.

Ultimate Zweckerklärungen beziehen sich auf den Anpassungswert und Selektionsvorteil eines Verhaltens. Auf die Frage: „Warum beginnen im Frühjahr männliche Frösche zu quaken?" lautet eine um ultimate Ursachen bemühte Antwort: „Weil sie dadurch Weibchen anlocken, was ihnen Fortpflanzung ermöglicht". Eine **proximate Wirkerklärung** desselben Verhaltens stellt auf den Zusammenhang von Tageslänge, Gonadenentwicklung und Sexualhormonspiegel ab und behandelt damit den physiologischen Regelmechanismus des Quakens. Beide Antworten widersprechen sich selbstverständlich nicht, sondern greifen lediglich auf unterschiedlichen Erklärungsebenen.

Auf Warum-Fragen gibt es in der Biologie grundsätzlich verschiedenartige Möglichkeiten zu antworten (Tinbergen 1963). Soziobiologische Erklärungen (vor allem auch im Bereich des menschlichen Verhaltens) sind häufig missverstanden worden, weil nicht immer deutlich zwischen den proximaten und ultimaten Erklärungsebenen tierlicher und menschlicher Verhaltensdetermination unterschieden wurde. So entsteht absolut kein Widerspruch, wenn beispielsweise die Mädchentötung der Inuit (s. 4.2.1.2) einerseits ultimat als Ausdruck einer auf genetische Fitnessmaximierung hin ausgerichteten Reproduktionsstrategie erklärt wird, andererseits aber als proximate Gründe normative Regeln, kulturelle Milieus und spezifische Sozialisationserfahrungen der Inuit-Eltern dafür verantwortlich gemacht werden.

Gene und Umwelt: Die Ontogenese adaptiven Verhaltens. Soziobiologie ist eine genetische Theorie des Verhaltens, weshalb Soziobiologen immer wieder heftigen Anwürfen vor allem auch seitens einer kritischen und sich emanzipatorisch verstehenden Öffentlichkeit ausgesetzt sind (vergl. Sommer 1992b). Im Kern lautet der Vorwurf, die „Theorie des egoistischen Gens" würde gesellschaftliche Gegebenheiten als Bedingung und Ursache menschlichen Verhaltens weitestgehend herunterspielen oder gar ganz ausblenden und dadurch einer biologistischen Auffassung der Verhaltensdetermination das Wort reden, in der soziale Umwelten praktisch keine erklärende Rolle spielen. Dieser Einwand basiert jedoch auf einem falschen Verständnis von der Wirkweise der Gene, von denen irrtümlicherweise angenommen wird, sie würden biologische Merkmale unabhängig von Umwelteinflüssen determinieren. Das ist nicht der Fall, denn die Phänotypen (einschl. der Verhaltensmerkmale) entstehen immer aus einer **Wechselbeziehung zwischen dem Genom und seiner Umgebung.** Dabei definieren die Gene lediglich die Reaktionsnorm auf die äußeren Entwicklungsbedingungen. Die Umwelt entscheidet deshalb mit darüber, zu welchen phänotypischen Ergebnissen die genetisch programmierten Entwicklungsabläufe führen. Der Phänotypus ist die Manifestation eines Genotyps in einem ganz bestimmten Entwicklungszusammenhang. Ontogenetische Abläufe werden zwar genetisch kontrolliert, aber es bedarf einer passenden Umwelt, damit Entwicklungsvorgänge zu biologisch funktionalen Ergebnissen führen. Ändern sich Gene oder Umwelt, kommt es zu veränderten Phänotypen. Genetisch identische Individuen können sich in verschiedenen Umwelten sehr unterschiedlich entwickeln, und umgekehrt können sich genetisch verschiedenartige Individuen in einer selben Umwelt gleichartig entwickeln. Ontogenese beruht auf Anlage/Umwelt-Interaktionen, und das Produkt – der Phänotypus – kann unmöglich in vermeintlich genetisch- bzw. umweltdeterminierte Anteile zerlegt werden. Es macht deshalb auch absolut keinen Sinn, Verhaltensmerkmale als „angeboren" oder

„erworben“ unterscheiden zu wollen (Heschl 1998). Bestenfalls lässt sich ihre Stellung in einem Kontinuum zwischen „relativ stabil“ und „relativ sensibel“ gegenüber unterschiedlichen Umwelteinflüssen bestimmen.

Populäre Auffassungen trennen nichtsdestoweniger zwischen genetischen und Milieueffekten, weshalb irrtümlicherweise häufig geglaubt wird, dass nur bestimmte Verhaltensmerkmale unter genetischer Kontrolle seien und evolutionsbiologische Analysen nur bezüglich dieser Merkmale Sinn machen. Je wirksamer jedoch der Umwelteinfluss werde, desto weniger angebracht sei eine evolutionäre Perspektive des Verhaltens. Man nimmt an, Gene seien biologisch, Umwelten aber „sozial“, und entsprechend wird eine Milieutheorie tierlichen und menschlichen Verhaltens einer Theorie der biologischen Determiniertheit gegenübergestellt. Diese fundamental falsche Sichtweise hat in der Vergangenheit zu einer teilweise heftigen und leidenschaftlichen, letztlich aber ziemlich ineffizienten Debatte des Anlage/Umwelt-Problems geführt (Tooby und Cosmides 1992).

Selbst wenn die Entwicklung eines verhaltenssteuernden Mechanismus als weitgehend genetisch fixiert in dem Sinne gelten kann, dass unterschiedliche Milieueigenschaften nicht zu unterschiedlichen phänotypischen Ausprägungen dieses Mechanismus führen, bleibt in der Regel sehr viel Raum für Umgebungseinflüsse auf das Verhalten, denn Verhaltensvariation kommt vorrangig durch Umgebungsvariation zustande. Die soziobiologische Perspektive tierlichen und menschlichen Verhaltens besagt nicht mehr und nicht weniger, als dass die Mechanismen, die dies steuern, erfolgreich aus einer ständigen Überprüfung und Optimierung durch die natürliche Selektion hervorgegangen sind und deshalb eine biologische Funktion erfüllen: sie dienen zwangsläufig dem Replikationsinteresse des „egoistischen Gens“. Soziobiologen begreifen eine **Verhaltensstrategie** als eine evolvierte Regelsammlung, die festlegt, mit welcher Wahrscheinlichkeit welches Verhalten unter welchen Bedingungen gezeigt wird. Der Wechsel von einem Verhalten zu einem anderen ist dann Ausdruck einer **konditionalen Strategie**. Sie beinhaltet eine Regel zur Übernahme situationsgerechter Verhaltensweisen, etwa nach der Devise: „Bei zunehmender Konkurrenz werde aggressiv, bei nachlassender Konkurrenz kooperativ!“ Wir haben es hier mit strategischer Flexibilität zu tun. Ändern sich die Bedingungen, ändert sich das Verhalten.

Mögliche **genetische Unterschiede** zwischen Individuen einer Population spielen für Soziobiologen insgesamt eher eine untergeordnete Rolle ohne freilich negiert zu werden. Ethologische und psychologische Konsequenzen genetischer Variation zu studieren, ist vorrangig Angelegenheit der Verhaltensgenetik, die mit ihren Methoden (Züchtungsexperimente mit Tieren bzw. Zwillings- und Adoptionsstudien bei Menschen) die Bedeutung genetischer Unterschiede für die Ausprägung von Verhaltens- und Persönlichkeitsunterschieden zu ermitteln versucht (z. B. Asendorpf 1998; Plomin et al. 1999; Rowe 1997). So wichtig genetische Variation für die Entstehung von Verhaltensunterschieden zweifellos sein kann, haben sich doch die meisten Soziobiologen, jedenfalls wenn es um Menschen geht, Irons' (1979a) Standpunkt zu eigen gemacht, wonach Verhaltensunterschiede in erster Linie durch **flexible Reaktionen ähnlicher Genotypen auf verschiedenartige Lebenskontexte** zustande kommen.

Biologische Evolution ist notwendigerweise ein genzentriertes Prinzip. Nur in den Genen kann Information angesammelt werden, die – weil überdauernd – Lebenskontinuität und Phylogenese begründet. Die natürliche Selektion setzt jedoch an der Variabilität der Phänotypen an, also an den Ergebnissen der Gen/Umwelt-Interaktion. Es geht in der Selektion um die Tauglichkeit und den Anpassungswert der Beziehung zwischen den Genen und ihrer Umwelt und nicht um die Gene selbst. Genaugenommen ist auch die für die Entwicklung eines Organismus wichtige Umwelt Bestandteil des evolutionären Erbes (Tooby und Cosmides 1990), denn kein Organismus reagiert auf ausnahmslos alle Aspekte seiner Umgebung. Die genetischen Entwicklungsprogramme sind nur sensitiv bezüglich bestimmter Milieueigenschaften. Diese **Selektivität der Gen/Umwelt-Beziehung** ist ihrerseits Produkt der Evolution, denn im Verlauf der Stammesgeschichte wurde gleichsam getestet, welche Eigenheiten der Umwelt nützliche Information für eine erfolgreiche Ontogenese beinhalten und welche nicht. Die Evolution von Interaktionen zwischen Genen und solchen Aspekten der Umwelt, die bedeutungslos für die genetische Fitness sind, würde biologisch keinen Sinn machen. Die spezifischen Umweltbeziehungen eines Organismus, also die Frage, von welchen Eigenschaften der Umwelt er sich in seiner ontogenetischen Entwicklung in welcher Weise beeinflussen lässt, ist so gesehen genauso Produkt des evolutionären Erbes wie die Gene selbst. So wäre beispielsweise eine Echolot-Sensibilität für den Menschen wenig nutzbringend, sind doch seine Nahrungsanforderungen nicht – wie bei Fledermäusen – an eine nächtliche Insektenjagd gebunden. Andererseits belegt die Gesellschaftsabhängigkeit menschlichen Verhaltens, dass sich während unserer Stammesgeschichte der Darwinische Wettbewerb vornehmlich in sozialen Gruppen abgespielt hat. Soziales Geschehen sensibel wahrzunehmen, zu interpretieren und strategisch darauf zu reagieren, muss während der Menschwerdung mit hohen Anpassungsvorteilen verbunden gewesen sein. Anders wäre die Abhängigkeit menschlichen Verhaltens vom jeweiligen sozialen Milieu kaum zu erklären (vergl. Alexander 1989; Buss 1999).

Die neueren Einsichten zum genzentrierten Prinzip der biologischen Evolution haben in der Verhaltensforschung zu einem **Paradigmenwechsel** geführt, als dessen vorläufige Höhepunkte Wilson's *Sociobiology – The New Synthesis* (1975) und Krebs und Davies' *Behavioural Ecology – An Evolutionary Approach* (1978) gelten durften. Im deutschsprachigen Raum hat vor allem Wickler und Seibts *Das Prinzip Eigennutz – Zur Evolution sozialen Verhaltens* (1977, Neuausgabe 1991) als Multiplikator dieses Ansatzes gewirkt, und kürzlich (1997) ist Wuketits' *Soziobiologie – Die Macht der Gene und die Evolution sozialen Verhaltens* erschienen. Die wissenschaftliche Neuorientierung eröffnet den Blick für bislang gar nicht oder zumindest nicht in letzter Konsequenz erkannte Zusammenhänge. Soziale Verhaltensweisen können nunmehr als an genetische Vermehrungskonkurrenz angepasst erkannt werden. Eine von Darwin beschriebene Voraussetzung für natürliche Selektion, nämlich Konkurrenz um begrenzte Ressourcen, spielt sich nach neuerer Sichtweise vorrangig zwischen den Angehörigen einer Population ab, und entsprechend konnten Soziobiologen das Sozialverhalten der Individuen als Ausdruck reproduktiver Konkurrenz neu interpretieren.

1.2 Spezielle Probleme einer Humansoziobiologie

Es besteht gar kein Zweifel daran, dass auch die Menschheit Produkt der biologischen Evolution ist und während ihrer Stammesgeschichte grundsätzlich denselben formenden Gesetzmäßigkeiten des Darwinischen Prinzips unterlag wie alle anderen Arten auch. Dem – und nur dem – verdanken wir alle unsere körperlichen, geistigen und seelischen Eigenarten. Eine Darwinische Anthropologie ist deshalb durch das Faktische des Lebens gut begründet.

Trotz anfänglich vielfach formulierter Vorbehalte ist zunehmend eine Übernahme soziobiologischen Denkens auch in die Human-Wissenschaften hinein zu beobachten (Betzig 1997; Borgerhoff Mulder 1993; Buss 1999; Weingart et al. 1997). Allerdings erwachsen aus der Anwendung der Darwinischen Perspektive auf das menschliche Verhalten einige grundsätzlich neuartige Probleme, die die Tiersoziobiologie zumindest nicht in vergleichbarer Deutlichkeit berühren. Hierzu gehören die Fragen

- was charakterisiert eigentlich eine Angepasstheit im menschlichen Verhalten?
- welche Rolle spielt die Kultur in der Darwinischen Konkurrenz?
- wie umgehen mit den Versuchen einer ideologischen Verlängerung biologischer Erkenntnisse?

1.2.1 Was charakterisiert eine Angepasstheit im menschlichen Verhalten?

Weil von Tierpopulationen mehr oder weniger begründet angenommen werden kann, dass sie in einer „ursprünglichen" Umgebung, d. h. unter langzeitig eher wenig veränderten Bedingungen leben, muss in der Tiersoziobiologie kaum diskutiert werden, was genau eine Verhaltensangepasstheit ausmacht und woran sie zu erkennen ist. Fitnessunterschiede zeigen an, auf welchen Verhaltensweisen ein wie starker Selektionsdruck liegt, und man kann annehmen, dass die Verhaltensmerkmale, die zu einem erhöhten Reproduktionserfolg führen, genau deshalb evolviert sind. Verhalten ist angepasst (adaptiv), weil es sowohl

- Produkt der natürlichen Selektion ist als auch
- im Durchschnitt zur Fitnessmaximierung beiträgt.

In Anbetracht der menschlichen Kulturgeschichte liegen die Verhältnisse in der Humansoziobiologie hingegen vielschichtiger. Die Anwendung soziobiologischer Ansätze im menschlichen Bereich wirft zwangsläufig wissenschaftstheoretische und damit zusammenhängend forschungsstrategische Probleme auf, die zu einer Präzisierung der soziobiologischen Terminologie, vor allem auch der Begriffe „Anpassung" und „Angepasstheit", zwingen.

Die etwa zwei Millionen Jahre währende biologische Evolution des Menschen (Hominisation), im Verlauf derer sich die typisch menschlichen Anpassungen vollzogen haben, spielte sich in ökologischen und sozio-kulturellen Milieus ab, die nicht identisch sind mit den zeitgenössischen oder historisch noch halbwegs überschaubaren Lebensbedingungen der Menschheit. Die Angepasstheit eines bestimmten Merkmals – so wurde argumentiert (z. B. Cosmides und Tooby 1990; Symons 1990; Williams 1985) – ergibt sich nicht aus seiner heutigen Rolle im Reproduktionsgeschehen, sondern aus seiner ehemaligen Funktion während der Epoche seiner evolutiven Entstehung, also aus seiner Funktion in dem, was ursprünglich von Bowlby (1969) *environment of evolutionary adaptedness (EEA)* genannt wurde (Crawford 1998; Irons 1998). In dieser Sichtweise ist eine Angepasstheit einzig durch die Art und Weise ihrer Entstehung und nicht etwa durch ihre aktuelle biologische Zweckdienlichkeit definiert. Aussagen über die Angepasstheit eines Merkmals sind also Aussagen zu seiner **evolutionären Geschichte.**

Alexander (1990), Caro und Borgerhoff Mulder (1987), Turke (1990) u. a. setzen demgegenüber andere Akzente und schlagen vor, beim evolutionsbiologischen Studium menschlichen Verhaltens vorrangig die tatsächlichen Fitnesskonsequenzen zu beachten, die mit bestimmten Verhaltensweisen einhergehen. Als „biologisch angepasst (adaptiv)" sollten solche Verhaltensmerkmale gelten, die ihren Trägern in den Grenzen des Mögli-

Tabelle 1-1: Zwei humansoziobiologische Ansätze zur Erforschung der Adaptivität menschlichen Verhaltens.

	Ansatz (1): Darwinische Anthropologie	**Ansatz (2): Darwinische Psychologie**
Definition von „biologisch angepasst“	Biologisch angepasst (adaptiv) ist eine Verhaltensweise, wenn sie unter den gegebenen Bedingungen und im Vergleich zu allen realisierbaren Alternativen mit der höchst möglichen Fitness für den Akteur verbunden ist	Biologisch angepasst (adaptiv) ist eine Verhaltensweise, wenn ihre Entstehung auf die Wirkung der natürlichen Selektion zurückgeht
Forschungsgegenstand	Verhalten	Dem Verhalten zugrundliegende adaptive Steuermechanismen („Darwinische Algorithmen“)
Methode	Vergleich der reproduktiven Konsequenzen alternativer Verhaltensweisen	Analyse der verhaltenssteuernden Mechanismen mittels inter- und intrapersonaler Vergleiche
	Keine spezifischen Annahmen über die Evolution des Verhaltens	Kein primäres Erkenntnisinteresse am aktuellen Reproduktionserfolg eines Merkmalträgers

chen zu maximaler Lebensfitness verhelfen und zwar unabhängig von der Entstehungsgeschichte dieser Merkmale. Hierbei geht es also um die Gründe und Auswirkungen differenzieller Reproduktion, während es beim zuvor genannten Ansatz gar nicht vorrangig um Fitnessunterschiede geht, sondern um Fragen, aufgrund welcher stammesgeschichtlichen Anpassungsvorgänge der verhaltenssteuernde Apparat des Menschen (seine „Psyche“) funktioniert. Tab. 1-1 stellt die beiden Ansätze in ihren wesentlichen Kennzeichen gegenüber.

Viele humansoziobiologische Untersuchungen vor allem mit Blick auf traditionelle und historische Gesellschaften haben ganz im Sinne von Ansatz 1 die Verhaltensgründe unterschiedlicher Reproduktionserfolge zum Gegenstand (Überblick in Betzig 1997). Man hat die Vertreter des Ansatzes 1 häufig auch **Darwinische Anthropologen** genannt. Ansatz 2 wird vor allem von Psychologen vertreten, die menschliches Funktionieren vorrangig in den modernen Industriegesellschaften untersuchen und ein Interesse an den Mechanismen und dem biologischen Entstehungshintergrund menschlicher Verhaltenssteuerung haben (Buss 1999; Crawford und Krebs 1998; Simpson und Kenrick 1997). Vertreter dieses Ansatzes werden häufig „Evolutionspsychologen" oder auch **Darwinische Psychologen** genannt.

Die unterschiedliche Sichtweise beider Ansätze lässt sich beispielhaft anhand der Frage verdeutlichen, ob die in den tibetischen Himalayahochtälern vorgefundene Polyandrie (s. 3.2.2) adaptiv ist oder nicht. Vertreter des Ansatz 1 würden diese Frage bejahen, weil unter den dortigen harschen Lebensbedingungen die polyandrische Eheform für die Beteiligten die höchstmögliche Fitness bringt (Crook und Crook 1988, vergl. auch 3.2.2). Vertreter des Ansatz 2 hingegen würden die Frage mit der Begründung verneinen, dass Polyandrie unter Bedingungen landwirtschaftlicher Ressourcenknappheit bei extrem geringer Arbeitsproduktivität entsteht. Solchen Bedingungen waren aber unsere stammesgeschichtlichen Ahnen, die Wildbeuter des Pleistozäns, gar nicht ausgesetzt. Deshalb hat während der Hominisation keine Polyandrie bevorzugende Selektion stattgefunden, und deshalb könne es gar keinen angepassten psychologischen Mechanismus für Polyandrie geben (Symons 1990).

Ein Beispiel unter umgekehrten Vorzeichen liefert unsere Präferenz für Süßes. Wenngleich unsere Vorliebe für Süßes unter den heutigen Bedingungen des Zuckerüberflusses bekanntlich zu Gesundheitsrisiken führt, also fitnessschädlich ist und deshalb von Vertretern des Ansatz 1 nicht als adaptiv bewertet werden kann, ist sie doch eine in einer kohlehydratarmen Umwelt entstandene biologische Angepasstheit, die unseren steinzeitlichen Vorfahren dabei half, ihren Energiehaushalt zu optimieren. Dieses Beispiel verdeutlicht, dass die evolvierten Mechanismen der Verhaltenssteuerung nur insoweit biologisch funktionale Ergebnisse liefern, wie die Umwelt, in der sie wirksam werden, identisch ist mit der Umwelt, in der sie entstanden sind. Mit gewissen Verhaltenstendenzen verhält es sich deshalb ähnlich wie mit den Gliedmaßenrudimenten von Riesenschlangen und anderen historischen Resten: Beides trägt unter den gegenwärtigen Lebensumständen nicht mehr zur Fitnessmaximierung bei, ist aber dennoch ein schlagender Beweis für die Richtigkeit der Evolutionstheorie. Streng genommen verfügen *alle* Organismen über anachronistische Merkmale, da die Umwelt, in der ein Organismus heute lebt, nie vollkommen jener Umwelt gleicht, in der sich seine Merkmale entwickelt haben. Deshalb sind alle Organismen und insbesondere wir Menschen als *adaptation executors* etwas treffender charakterisiert denn als *fitness maximizers* (Tooby und Cosmides 1990, S. 420).

Freilich sind nicht alle biologischen Merkmale Angepasstheiten, verdanken also ihre Charakteristika den damit verbundenen Vorteilen in den Ausleseprozessen der natürlichen Selektion. Häufig sind biologische

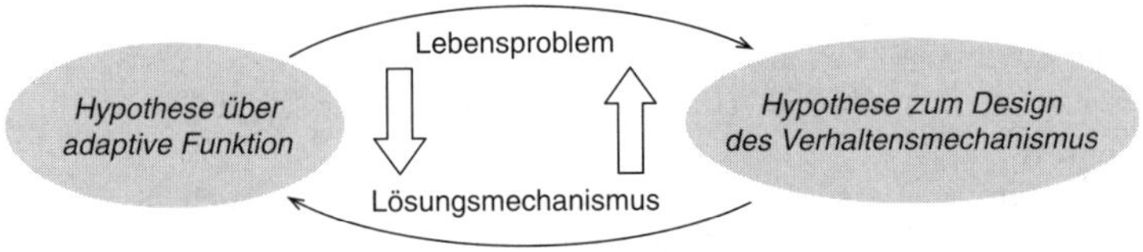

Abb. 1-5: Forschungsstrategien zur Analyse des Zusammenhangs von Funktion und Mechanismus im Verhalten (in Anlehnung an Tooby und Cosmides 1992).

Merkmale lediglich funktionslose, mitgeschleppte **Nebeneffekte** (*by-products*) eigentlicher Angepasstheiten. Sie lösen kein adaptives Problem, sie tragen weder zum Überleben noch zur Reproduktion ihrer Träger bei. Kalzium-Einlagerungen in Knochen sind adaptiv. Dass Knochen deshalb „zufällig" weiß aussehen, ist ein non-adaptiver Nebeneffekt eines adaptiven Merkmals. Die Nabelschnur ist adaptiv, der Bauchnabel ihr non-adaptiver Nebeneffekt.

Biologische Angepasstheiten in der Verhaltenssteuerung sind evolvierte, weil sie Lebens- und Reproduktionsprobleme zu lösen helfen. Wegen dieser engen Bindung zwischen **Funktion und Mechanismus** (zwischen ultimater Zweckursache und proximater Wirkursache, s. 1.1) ergeben sich für Soziobiologen grundsätzlich zwei Ansätze, ihre Forschungsarbeiten auszurichten (Abb. 1-5). Entweder man geht von einem adaptiven Problem aus und sucht nach psychischen oder ethologischen Mechanismen, die in Anpassung an dieses Problem evolviert sein könnten. Oder aber, man sucht nach Erklärungen für die biologische Entstehung von beobachtbaren Verhaltensmerkmalen, etwa in dem man adaptive Szenarien rekonstruiert, aus denen sich die biologische Funktionalität des infragestehenden Verhaltens ergibt.

Ein Beispiel für den ersten Weg geben die Arbeiten von Cosmides und Tooby (1992) zur Psychologie menschlicher Reziprozität ab. Weil vermutet werden kann, dass im pleistozänen Milieu der Menschwerdung, im sog. EEA (s. oben), das Teilen von Jagdbeute und anderer Nahrung wegen des „Schwarzfahrerrisikos" ein ernstes Anpassungsproblem darstellte, das zweifellos die soziale Evolution des Menschen mitgeprägt haben muss, konnten die Autoren soziobiologisch gut begründet die Suche nach jenen vermuteten spezifischen Angepasstheiten in unserem kognitiven Apparat aufnehmen (und diese auch tatsächlich finden), die uns in die Lage versetzen, Tauschbeziehungen eigennützlich zu organisieren, d. h. Reziprozität zu bilanzieren und Betrüger zu entlarven. Gleichsam den umgekehrten Weg, nämlich den von einem bekannten Verhaltensmechanismus zum Verständnis seiner adaptiven Funktion, hat beispielsweise Profet (1992) bei ihrer Analyse der Schwangerschaftskrankheit beschritten. Ausgehend von der Alltagserfahrung, dass werdende Mütter im ersten Drittel einer Schwangerschaft Übelkeitssymptome zeigen können, konnte sie die adaptiven Probleme darstellen, an die dieses Phänomen angepasst ist: Durch eine Senkung der Toleranzschwelle gegenüber durch Nahrung aufgenommene Toxine wird die Organdifferenzierung des zu dieser Zeit besonders gefährdeten Embryos geschützt.

1.2.2 Die Rolle der Kultur im evolutiven Geschehen

Abendländische Denktradition hat die anti-evolutionäre Sichtweise einer **Natur/Kultur-Antinomie** hervorgebracht und weithin geistig verfestigt. Danach sei menschliche Natur körperlich, organisch, genetisch determiniert, angeboren, reflex- und instinkthaft, kurz: eben biologisch. Kultur hingegen sei geistig, seelisch, erworben, flexibel, künstlich, rational, geplant, nicht-materiell, einer höheren Sphäre angehörig. Kultur, als über oder jenseits der organismischen Welt schwebend, sei nicht zu verstehen als Manifestation der Natur, sondern als etwas Freies, davon Unabhängiges, Unbestimmtes, nur durch sich selbst Begrenztes, nur eigenen Regeln und Gesetzen unterworfen, auch nur durch sich selbst Erklärbares, kurz: als Kategorie eigener Art.

Dieser traditionellen, letztlich im **cartesianischen Dualismus** verwurzelten Sichtweise lassen sich grundsätzlich zwei Beobachtungen entgegenstellen, die eine evolutionsbiologische Betrachtung des Phänomens „Kultur" rechtfertigen und dabei gleichzeitig anti-evolutionäre Interpretationen menschlichen Verhaltens zumindest als nicht ausreichend ausweisen:

- die biologische Evolution der Kulturfähigkeit
- die Rolle der Kultur bei der Lösung der biologischen Grundprobleme von Selbsterhaltung und Reproduktion.

Kultur ist keineswegs ein typisch menschliches Merkmal. Benutzt man für eine vorsichtige, eher zurückhaltende Einschätzung des Vorhandenseins von Kultur das sichere Kriterium, ob Unterschiede von erlernten Verhaltensweisen zwischen verschiedenen Populationen derselben Art vorliegen, also ob Erlerntes zur dauernden, über mehrere Generationen anhaltenden und eigenständigen Traditionsbildung geführt hat, dann zeigen viele Arten aus den verschiedensten systematischen Gruppen kulturelles Verhalten. Einige, vor allem Vögel (Wickler 1986) und Primaten (McGrew 1998; Paul 1998) und unter diesen vor allem die Großen Menschenaffen (Boesch und Tomasello 1998; Lethmate 1991; Quiatt und Itani 1994; Wrangham et al. 1994) besitzen sogar recht komplexe Traditionssysteme, was beispielsweise McGrew dazu veranlasst, konsequenterweise von einer

Ethnologie der Schimpansen zu sprechen. Nach all diesen Befunden können wir nicht erwarten, bezüglich der kulturellen Evolution eine scharfe Trennlinie zwischen Tieren und Menschen zu finden.

Dennoch stehen sich nach wie vor **Kulturisten** und **Biologisten** recht unversöhnlich gegenüber, wenn es darum geht, die Variabilität menschlichen Verhaltens zu erklären. Kulturistische Auffassungen gehen häufig davon aus, dass die biologische Grundlage des menschlichen Verhaltens sich auf ein paar angeborene Ausstattungen (z. B. Reflexe und Primärbedürfnisse) beschränkt, über die alle Menschen gleichermaßen verfügen. Die angeborene Natur des Menschen wird so als Konstante gesehen. Weil aber eine Konstante keine Vielfalt erklären kann, scheint der Schluss verführerisch nahe liegend, dass der menschlichen Natur kein nennenswerter Anteil an dem Zustandekommen kultureller Verhaltensunterschiede zukommen kann. Das „Angeborene" sei marginal und rudimentär, so heißt es, jedenfalls kommen Kinder ohne kulturelle Kompetenzen zur Welt. Diese müssen sie erst mühsam erwerben und zwar notwendigerweise von einer Quelle, die außerhalb ihrer selbst liegt. Es ist die Gesellschaft (bzw. Kultur), in die die Kinder hineingeboren werden, die mit den jeweils vorherrschenden Verhaltensnormen, Glaubenssystemen, Gruppenstrukturen, Einstellungen, Mentalitäten usw. dem als „unbeschriebenes Blatt" *(tabula rasa)* zur Welt gekommenen Menschen ihren Stempel aufdrückt und profiliert. Erst während der Sozialisation wird das ursprünglich inhaltsleere Gehirn sinnvoll strukturiert, weshalb der Mensch (fast) unbegrenzt formbar und anpassungsfähig erscheint. Die Formel von der *tabula rasa* ist neuerdings häufig ersetzt durch die Metapher vom Gehirn als eine Art Computer, zwar mit einigen komplizierten Verschaltungen aber eben doch ohne software. Wenngleich extreme Versionen der Idee von der *tabula rasa* heutzutage kaum mehr vertreten sind, sondern in den modernen Lehrbüchern der Entwicklungspsychologie Platz gemacht haben für „interaktionistische" Lerntheorien, bei denen sehr wohl eine genetisch kodierte Biologie des Gehirns mehr oder weniger in die Verhaltensentwicklung eingreift, hat das wenig an der akademisch und populär weitverbreiteten Vorstellung zu ändern vermocht, wonach die lebenswichtigen Programme, die das Verhalten steuern, erst installiert werden müssten. Das Gehirn – als eine Art „Allzweckcomputer" gedacht – ist in dieser Sicht trotz (oder gerade wegen) seiner komplizierten Architektur für alles offen.

Die empirischen Ergebnisse der Neurowissenschaften und Kognitionspsychologie sprechen allerdings unmissverständlich gegen die Annahme, dass wir Menschen mit einem inhaltsleeren Gehirn geboren werden, der in gewisser Weise einem Allzweckcomputer gleicht (Gazzaniga 1995). Statt dessen kommen im Zuge der menschlichen Individualentwicklung,

Tabelle 1-2: Die Hauptmechanismen biologisch angepassten kulturellen Lernens nach Boyd und Richerson (1985, 1992), verändert nach Steele und Shennan (1996)

Mechanismus	Beschreibung	Psychologische Aspekte	Kulturgeschichtliche Auswirkungen
"Guided variation"	Annahmen über richtiges Verhalten werden kulturell übernommenen und durch persönliches Versuch-und-Irrtum-Lernen modifiziert	Imitiertes Verhalten wird vor dem Hintergrund der persönlichen Lebenssituation evaluiert und selektiv modifiziert	Qualitative Verhaltensänderungen in sukzessiven Generationen
"Biased transmission" a) "direct bias"	Aus einem Angebot kulturell verfügbarer Alternativen wird nach Maßgabe persönlicher Präferenzen entschieden	Präferenzen mögen genetisch fixiert sein. Versuch-und Irrtum-Lernen ist nicht beteiligt	Quantitative Veränderungen im Pool der kulturellen Verhaltensweisen in sukzessiven Generationen
b) "indirect bias"	Ein ‚erfolgreiches' Individuum bekommt Modellcharakter und wird imitiert – evtl. auch in seinen nicht-erfolgreichen Merkmalen	Auch persönlich nachteiliges Verhalten kann auf diese Weise gelernt werden	Quantitative Veränderungen im Pool der kulturellen Verhaltensweisen in sukzessiven Generationen, fitnessschädliches Verhalten möglich
c) "positive frequency-dependent bias"	Tendenz zur kulturellen Konformität	Konformismus ist eine adaptive Strategie unter Bedingungen von Entscheidungsunsicherheit	kann zu Gruppenphänomenen führen

so beim Sehen lernen, Sprechen lernen, Emotionen erkennen lernen usw. hochgradig spezialisierte neuronale Mechanismen zur Anwendung. **Lernen** ist ein biologisch detailliert geregelter und häufig eng gebahnter Vorgang, und deshalb kann der Mensch auch nicht unbegrenzt formbar sein. Man lernt nur, was man lernen soll (Alexander 1990; Flinn 1997; Heschl 1998; Tooby und Cosmides 1992)! „Soll" ist hier natürlich nicht normativ gemeint, sondern stellt auf den **teleonomen Charakter** des biologischen Evolutionsgeschehens ab: Man lernt nur das, wozu man in langen Selektionsprozessen eingerichtet worden ist. Wie bereits in 1.1 im Zusammenhang mit der Diskussion um die irreführende Unterscheidung von „angeboren" und „erworben" ausgeführt, ist die Umweltsensibilität eines Organismus, also die Frage, von welchen Milieueigenschaften er sich in seiner Entwicklung in welcher Weise beeinflussen lässt, genauso Produkt des evolutionären Erbes wie der Informationsgehalt der Gene selbst. Die Abhängigkeit der menschlichen Verhaltensentwicklung von den je vorherrschenden kulturellen Bedingungen kann deshalb selbst als eine evolutionäre Ausstattung des *Homo sapiens* gelten. Vor diesem Hintergrund wird das eigentliche Problem der so genannten „nature/nurture-Debatte" sichtbar: die unter manchen Biologen und Kulturwissenschaftlern gleichermaßen weitverbreitete Auffassung, wonach „Sozialisation" oder „Kultur" Alternativen zur evolutionären Erklärung menschlichen Verhaltens sein sollen, beruht schlichtweg auf einem **Kategorienfehler**. Die Frage ist nicht, ob ein bestimmtes Verhalten Ergebnis der natürlichen Selektion oder eines kulturellen Lernprozesses ist, sondern die Frage ist letztlich, aus welchen Gründen welche Lernprozesse aus der natürlichen Selektion hervorgegangen sind (Tooby und Cosmides 1992).

Weshalb ist die typisch menschliche **Kulturfähigkeit** evolviert? Worin liegt das Geheimnis ihres biologischen Erfolgs? Der ursprüngliche Selektionsvorteil von Kulturfähigkeit könnte in einer Risikoverminderung durch Imitation gelegen haben. Bereits eine einzige Programmanweisung, nämlich „Imitiere die Erfolgreichen!" könnte sehr viel Phänomene der menschlichen Kulturgeschichte zur Folge gehabt haben (Flinn und Alexander 1982). Dass offensichtlich ziemlich konsequent (und häufig absolut blind) nach dieser Devise gehandelt wird, belegt die Alltagserfahrung, und die biologische Adaptivität eines solchen Programms liegt auf der Hand: Es erspart dem Imitator unter Umständen unendlich lange, mühsame und risikoreiche Versuch-und-Irrtum-Prozesse. Er könnte sehr schnell und gefahrlos jene Verhaltensoptionen wählen, von denen er weiß, dass andere damit bereits Erfolg hatten. Freilich sind die Verhältnisse nicht gar so einfach, als dass ein einziger programmierter Imperativ „alles" erklären könnte. Vor allem Boyd und Richerson (1985, 1992) haben zu einer differenzierten Sicht auf Traditionsbildung, dem Scharnier zwischen biologischer Evolution und Kulturgeschichte beigetragen (Tab. 1-2). Kulturgeschichte begann, als das *survival of the fittest* ein *imitation of the fittest* in Schlepptau nahm.

Was immer Kultur definieren mag, sie gründet auf adaptiver Imitation, also auf dem erfolgversprechenden Versuch einer vorteilhaften Teilhabe an den Lebensleistungen anderer. Die durch Imitation erzielten Fitnessgewinne gehen weder auf das Konto der jeweiligen Lebensgemeinschaft noch gar auf das der Menschheit als ganzer, sondern allein auf das Fitnesskonto der imitierenden Einzelindividuen. Dies entspricht unserem besten Wissen von der individuenzentrierten Wirkweise der biologischen Selektionsvorgänge und der sozialen (und sexuellen) Konkurrenz als ihrer Hauptarena. Konkurrenz entsteht dort, wo gleiche Lebensansprüche vorherrschen und gleiche Ressourcen genutzt werden, also vorrangig innerhalb der Populationen. Der evolutive Erfolg bemisst sich am genetischen Abschneiden in diesem Wettbewerb, denn nur die Gene der erfolgreichen Individuen kommen eine Runde weiter im unendlichen Evolutionsspiel, und wer Erfolgreiche nachahmt, verbessert ohne Frage seine/ihre Chancen. Eine solche Sichtweise erklärt

- warum es *nirgends eine Kultur der Erfolglosigkeit* gibt, wohl aber erfolglose kulturelle Entwürfe (z. B. die Feindesliebe)
- die in allen darauf hin untersuchten traditionellen und historischen Gesellschaften vorgefundene interindividuelle *Korrelation zwischen kulturellem und reproduktivem Erfolg* (s. 2.2.1.3).
- die *biologische Funktionalität der Kultur.* Nur biologisch erfolgreiches Verhalten, also solches Verhalten, das bei den Bemühungen um best mögliche Selbsterhaltung und Fortpflanzung (d. h. beim Verfolg jener proximaten Lebensziele, die dem biologischen Erfolg vorgestellt sind) hilfreich war, hat Aussicht auf Imitation und auf diese Weise in den Kanon der lokalen Tradition aufgenommen zu werden. Erklärungsbedürftig ist freilich, anhand welcher Indikatoren eigentlich naive Individuen „Erfolg" erkennen können. Oder anders gefragt: Wie werden aus den praktisch unendlich vielen potenziellen Lernmodellen jene selektiert, die tatsächlich Tradition und Kultur generieren? – ein Forschungsproblem für die kognitive Ethologie und Darwinische Psychologie.
- die *Dynamik der Kulturgeschichte.* Das Darwinische Fitnessrennen mit seinem Primat des genetischen Eigeninteresses verhindert kulturellen Stillstand. In dem gleichen Maße, wie das Verhalten der Erfolgreichen imitiert wird, allmählich durch die Gesellschaft diffundiert und letztlich egalitär verfügbar ist, verringert sich die Belohnung der Imitation. Geteilter Erfolg ist halber Erfolg, und unterhalb einer bestimmten Verdünnungsgrenze wird Alternatives/Innovatives erfolgversprechender. Wie in jedem Wettlauf gilt auch im Darwinischen Fitnessrennen: Stillstand bedeutet, überholt zu werden und damit über kurz oder lang das Aus.

Diese Überlegungen stellen den Versuch dar, Kulturtheorien konsequent an die „Theorie des egoistischen Gens" anzubinden. So wird erst aus soziobiologischer Sicht einsichtig, warum

- Eltern effizientere Lernmodelle abgeben als andere Personen derselben Lebensgemeinschaft. Schließlich haben – im Regelfall – Eltern ein evolviertes, gen-egoistisches Interesse an dem Wohlergehen ihrer Kinder,

weshalb die Lernprogramme der Kinder evolviert sind, mit mehr Vertrauen ihren Eltern als Fremden zu begegnen.
- heranwachsende Menschen sich nicht wahllos auf alles Denkbare kulturell prägen lassen. Der biologische Imperativ mit seinem evolvierten genetischen Eigeninteresse, seinen evolvierten Präferenzen und Entwicklungs- und Verhaltensstrategien übt hier Zensur aus und verhindert eine willkürliche kulturelle Indoktrinierbarbeit.

1.2.3 Die ideologische Vereinnahmung und Vulgarisierung der Humansoziobiologie

Evolutionsbiologische Theorien menschlichen Verhaltens besitzen immer wieder eine scheinbar verführerische Attraktivität, vor den Karren düsterer Ideologien gespannt zu werden. Diejenigen, die soziale, ethnische oder geschlechtliche Ungleichheit als naturgegebenen und gottgewollten Fixpunkt eines auf „Auslese" gegründeten Gesellschaftsentwurfs betrachten, zeigen eine leicht durchschaubare Affinität zu vermeintlich naturalistischen Ideen. Andererseits benutzen diejenigen mit eher emanzipatorisch-egalitären Vorstellungen über das wünschenswerte Miteinander den Rückgriff verquerer Ideologen auf „biologische Fakten" dazu, Soziobiologie als eine Quelle weltanschaulichen Übels darzustellen. Die philosophisch-weltanschaulichen Wurzeln dieser wissenschaftssoziologisch so schwierigen Situation der Humansoziobiologie – nämlich falschem Beifall und falschen Anwürfen gleichermaßen ausgesetzt zu sein – liegen sicherlich in dem auf den englischen Sozialphilosophen Herbert Spencer (1820–1903) zurückgehenden **Sozialdarwinismus**. Das „Überleben des Tüchtigsten" (*survival of the fittest*, Spencer 1864, S. 444) galt als die treibende Kraft der Menschheitsentwicklung von „primitiven Urformen" zu „höheren Stufen" der Zivilisation. Der natürliche „Kampf ums Dasein" wurde als nützlich und wünschenswert erachtet, und wegen seiner segensreichen Stimulation des menschlichen Fortschritts dürfe er nicht durch staatliches Eingreifen – etwa durch Wohlfahrtsmaßnahmen – behindert werden. »*Der Darwinismus wurde in dem Moment zum Steinbruch von Moral und Ideologien*«, so drückt es Sommer (1992b, S. 56) aus, »*als die Spenceristen und Sozialdarwinisten aus dem survival of the fittest unbedenklich ein survival of the best machten*«.

Viele Kritiker verorten die moderne Soziobiologie in die Tradition des Spencerismus. Rosenbladt (1988) beispielsweise sieht in der Humansoziobiologie die »*jüngste Spielart des Sozialdarwinismus*» und den Versuch »*einer grandiosen Rechtfertigung des status quo: Dass die Welt so ist, wie sie ist, dass es Kriege gibt, Ausbeutung, Frauenunterdrückung, Arm und Reich, daran können wir nichts ändern. Denn schuld daran sind nicht wir, son-*

dern unsere ekelhaft selbstsüchtigen Gene« (S. 50). Zuvor sind ähnliche Vorwürfe in den USA formuliert und zuletzt bei Rose et al. (1984) noch einmal zusammengefasst worden.

Die Gegenposition der Wissenschaftlerinnen und Wissenschaftler ist unspektakulär einfach: Soziobiologie ist eine deskriptive und analytische Wissenschaft, die sich um ein Verständnis des Einflusses der Erbfaktoren auf das Sozialverhalten bemüht. Sich für die evolutionsbiologischen Ursachen und Konsequenzen sozialer Ungleichheit, Konkurrenz, Ausbeutung und Unterdrückung zu interessieren, bedeutet selbstverständlich weder, die Existenz dieser Phänomene zu rechtfertigen, noch für sie verantwortlich zu sein – genauso wenig, wie man die AIDS-Forscher für die Existenz des HIV-Virus und seine verheerenden Folgen verantwortlich machen kann. Innerhalb und außerhalb der Fachwelt herrscht offensichtlich häufig die philosophisch nicht zu begründende Meinung vor, man könne mittels einer wissenschaftlichen Naturbeobachtung die „richtigen" Prinzipien und sittlichen Normen menschlichen Zusammenlebens ermitteln. Diese Erwartungshaltung wurde durch die traditionelle Ethologie, wie sie vor allem mit dem Namen der Forscherpersönlichkeit Konrad Lorenz verbunden ist, kräftig geschürt. Ihre einflussreichsten Vertreter sehen bzw. sahen ihr wissenschaftliches Wirken gerade auch unter dem Primat der Normfindung. Es war und ist ihr ausgesprochenes Anliegen, Erkenntnisse aus dem Bereich des Faktischen in den Bereich des Normativen zu überführen, aus der Naturbeobachtung moralische Bewertungen menschlichen Verhaltens abzuleiten (Vogel 1988). Sie leisten damit einem **normativen Biologismus** Vorschub, dessen Wertefindung mit einer verführerisch simplen Transkriptionsformel gelingen soll: Biologisch angepasstes Verhalten ist gut, richtig, wünschenswert, gesund und normal. In der Überzeugung, von den Ist-Zuständen der Natur unmöglich auf ein moralisches Sollen schließen zu können, brechen viele Soziobiologen kategorisch mit der Darwinisches Denken von Anbeginn begleitenden Tradition **naturalistischer Fehlschlüsse**: Die biologische Evolution ist kein Werte-generierender Prozess, die Natur kein sittliches Prinzip. Sie taugt deshalb nicht als Vorbild.

2 Kooperation und Konflikt in sozialen Gruppen

2.1 Die Evolution sozialer Lebensform

2.1.1 Vorteile des Gruppenlebens

Gegenüber einer weitgehend solitären Lebensweise kann – je nach ökologischer Situation – das Leben in sozialen Verbänden mit entscheidenden Vorteilen einhergehen. Zu den wesentlichsten gehören:

- Verringerung des Raubdrucks
- Verbesserter Schutz gegen infantizidale Männchen
- Effizienterer Nahrungserwerb
- Erfolgreichere Verteidigung begrenzter Ressourcen
- Vermeidung hoher Dispersionskosten

2.1.1.1 Verringerung des Raubdrucks

Je frühzeitiger eine drohende Gefahr erkannt wird, desto wahrscheinlicher gelingt es, ihr zu entgehen. Wenn in Gruppen lebende Beutetiere frühzeitiger als Einzeltiere erkennen, dass sich ein Räuber nähert und deshalb eher fliehen oder ihre Verteidigung vorbereiten können, führt dies zu einer deutlichen Verringerung des Raubdrucks. Für jedes einzelne Gruppenmitglied vermindert sich die Gefahr, Opfer eines Beuteangriffs zu werden, mit seiner Distanz zum entdeckten Angreifer. Schon aus theoretischen Gründen ist anzunehmen, dass sich die sensorischen Leistungen der einzelnen Tiere in einer Gruppe akkumulieren, aber auch empirisch lässt sich aufzeigen, dass die Entfernung zum entdeckten Angreifer mit der Gruppengröße im Durchschnitt zunimmt: Javaneraffen *(Macaca fascicularis)* leben in den tropischen Regenwäldern Süd-Ost-Asiens. Sie nutzen dort vor allem die mittleren und unteren Etagen der Baumkronen. Im Gunung Leuser National Park auf Sumatra wurde festgehalten, in welcher Entfernung die Tiere auf zwei sich möglichst unauffällig nähernde Beobachter mit Flucht reagierten (Abb. 2-1).

Auch wenn es in diesem Experiment Menschen waren, die sich den Tiergruppen zu nähern versuchten, kann man eines schlussfolgern: aus je mehr Individuen eine Javaneraffengruppe besteht, desto sicherer vor natürlichen Raubfeinden (auf Sumatra sind es verschiedene Raubkatzenarten) sind ihre Mitglieder. In diesem Beispiel fördert die natürliche Selektion soziale Toleranz, weil die **gesammelte Aufmerksamkeit** der Gruppe das Beuterisiko jedes einzelnen Tieres verringert. Evolutionäres Ergebnis

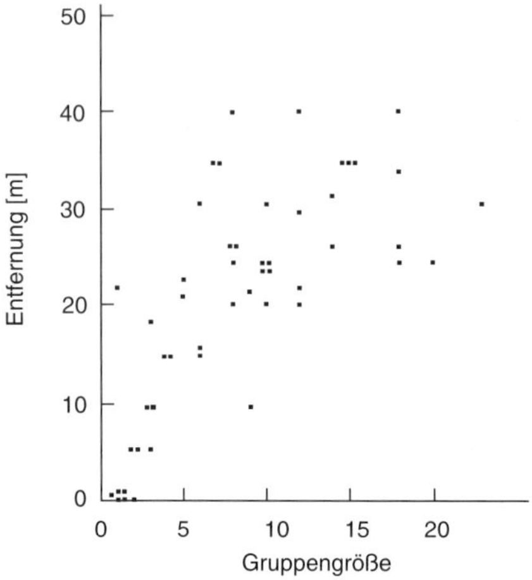

Abb. 2-1: Zusammenhang zwischen der Individuenzahl von Javaneraffengruppen *(Maccca fascicularis)* und der Entfernung zu den Beobachtern zum Zeitpunkt ihrer Entdeckung (nach Van Schaik et al. 1983).

dieses Zusammenhangs ist eine deutliche Zunahme der durchschnittlichen Gruppengröße von Altweltaffen mit der Intensität des Raubdrucks (Abb. 2-2).

Neben den Vorteilen gesammelter Aufmerksamkeit kann ein weiterer den Raubdruck verringernder Effekt geselliges Zusammenleben fördern: Von je mehr Artgenossen ein Individuum umgeben ist, desto geringer ist die Wahrscheinlichkeit, dass gerade dieses Beuteopfer wird. Dieser Zusammenhang wirkt rein statistisch und erfordert keine komplexen sozialen Verhaltensweisen. In Fließwassersubstraten lebende Larven der Eintagsfliege *Dolonia americana* kommen nur an wenigen Tagen im Jahr, dann aber massenweise kurz vor Sonnenaufgang an die Wasseroberfläche, um sich zu häuten, zu paaren und anschließend die Eier abzulegen. Unmittelbar danach sterben die Weibchen. Während dieser in der Regel weniger als fünf Minuten dauernden Lebensphase zwischen Häutung und Tod sind die Eintagsfliegen einem besonders hohen Risiko ausgesetzt, erbeutet zu werden. Je mehr Eintagsfliegen an einem bestimmten Tag aus dem Wasser auftauchen, desto folglich geringer ist der Prozentsatz der gefressenen (Abb. 2-3).

Mit diesem **Verdünnungseffekt**, also mit der Verringerung der individuellen Risiken in großen Ansammlungen von Individuen, kann man sich die Evolution solch auffällig synchroner Entwicklungsvorgänge wie das

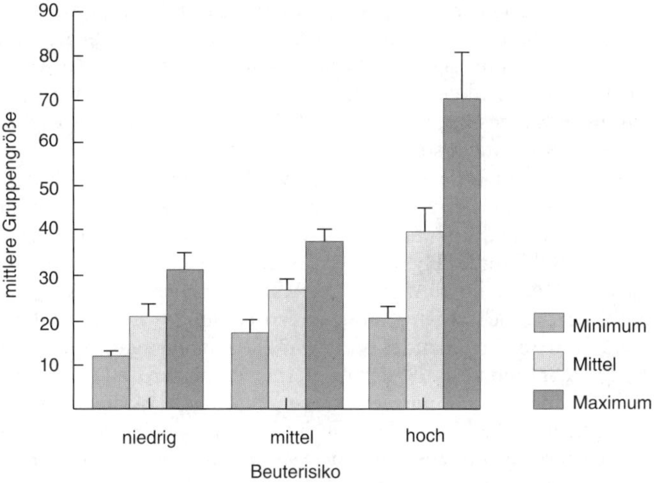

Abb. 2-2: Mittelwerte und Standardfehler für die jeweils kleinsten, mittleren und größten Individuenzahlen von 121 Populationen (aus 39 Arten) von Altweltaffen *(Cercopithecoidea)* je nach Intensität des Raubdrucks (aus Hill und Lee 1998).

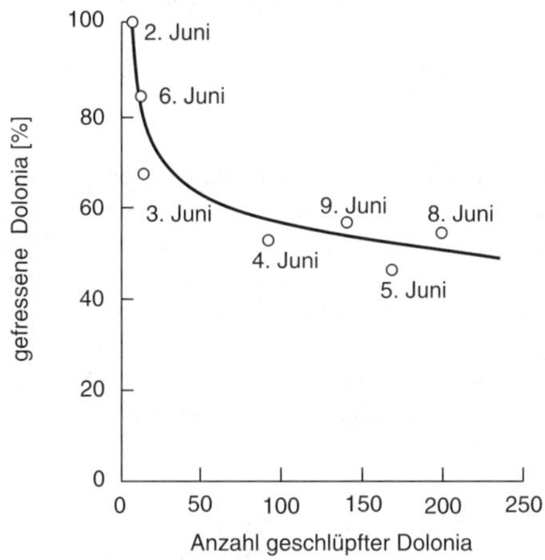

Abb. 2-3: Der „Verdünnungseffekt“: Prozentanteil der gefressenen an allen geschlüpften Eintagsfliegen *(Dolonia americana)* an mehreren untersuchten Tagen (nach Sweeney und Vonnote 1982).

massenhafte Auftauchen der Eintagsfliegen und anderer Insekten erklären. Weil Beutefangkapazität und -motivation der Räuber begrenzt sind, erhöhen sich die individuellen Überlebenschancen in größeren Ansammlungen. Bei einer zeitlich zufälligen, asynchronen Eiablage würden wesentlich mehr Eintagsfliegen ihren Räubern zum Opfer fallen, weil deren „Sättigungsgrenze" nicht so schnell erreicht würde.

Bei typischen Fluchttieren wirkt der Verdünnungseffekt auch deshalb, weil nach einem Angriff auf die Herde oder den Schwarm die nicht attakkierten Individuen entkommen können, denn selbst kooperative Jäger wie afrikanische Wildhunde, Hyänen, Wölfe oder Löwen schlagen nur selten mehr als ein Beutetier pro Angriff. Die Wahrscheinlichkeit, dass irgendein bestimmtes Tier erbeutet wird, sinkt statistisch mit der Zunahme der Individuenzahl des Sozialverbandes und zwar ganz unabhängig von der Motivation, dem „Sättigungsgrad" der Angreifer. Voraussetzung für einen evolutiven Erfolg des Verdünnungseffekts ist allerdings, dass die Verringerung der individuellen Risiken nicht vollständig neutralisiert wird durch ein mit der Gruppengröße zunehmendes Risiko, überhaupt angegriffen zu werden.

Hinzu kommt als weiterer Vorteil, dass es gemeinsam gelingen könnte, Räuber zu vertreiben, beispielsweise wenn ein Schwarm von Singvögeln mit Hasslauten und Scheinangriffen von allen Seiten einen Greifvogel angeht. Wenn mitgliederstarke Gruppen ökologisch von Vorteil sind, kann es auch zu polyspezifischen Assoziationen kommen. Individuen verschiedener Arten schließen sich zu einem Verband zusammen und verringern so ihr persönliches Risiko, erbeutet zu werden ohne gleichzeitig die Nahrungskonkurrenz zu erhöhen (Coulson 1999; Heymann und Buchanan-Smith 2000).

Der Verdünnungseffekt wird durch ein weiteres Phänomen verstärkt. Ganz offensichtlich fällt es Räubern schwerer, ein einziges Individuum aus einem Schwarm als ein solitäres Tier zu ergreifen (**Verwirrungseffekt**). Weil eine große Zahl gleichzeitig sichtbarer, mobiler und untereinander sehr ähnlicher Beutetiere die Aufmerksamkeit des Angreifers gleichsam zerteilt, dauert es im Durchschnitt länger bis zum Angriff, und die Erfolgsquote nimmt mit der Individuenzahl bzw. der Dichte des Schwarms ab (Milinski 1977). Auch Menschen fällt es bekanntermaßen leichter, einen einzelnen als einen von mehreren gleichzeitig zugeworfenen Bällen zu fangen.

Häufig ist das Beuterisiko nicht auf allen Positionen innerhalb einer Herde, eines Schwarms oder einer Brutkolonie gleich hoch. In der Regel sind die randlebenden Individuen gefährdeter, sie kommen wegen ihrer exponierten Lage nicht in demselben Umfang in den Genus des Verdünnungseffekts wie die sich zentral aufhaltenden Tiere. Man muss deshalb annehmen, dass die natürliche Selektion Verhaltensstrategien hervorgebracht hat, die zu einer persönlich möglichst vorteilhaften Ausnutzung des Verdünnungseffekts führen. Einige Individuen werden versuchen, sich hinter anderen zu „verstecken", gleichsam ein „lebendes Schild" zwischen sich und der lauernden Gefahr zu errichten. Die Folge solcher ungleichen Risikoverteilungen in einer Gruppe ist Konkurrenz und soziale Auseinandersetzung um die zentralen, geschützteren Positionen. Das Ergebnis sind Phänomene, die Hamilton (1971) mit dem Begriff der eigennützigen Herde *(selfish herd)* belegt hat: Einer ist des anderen Schutz und Konkurrent zugleich.

Warum es sich lohnt, um die zentralen Brutplätze in einer Kolonie zu kämpfen, ist von Gross und MacMillan (1981) für eine Sonnenfisch-Population *(Lepomis macrochirus)* im Lake Opinicon (Ontario, Kanada) beschrieben worden. Die Männchen errichten ihre Nester in unmittelbarer Nachbarschaft zueinander, obwohl ansonsten ausreichend Platz vergleichbarer ökologischer Beschaffenheit vorhanden ist, woraus Kolonien mit zehn bis 150 Mitgliedern resultieren. Die graviden Weibchen erreichen gleichzeitig die wartenden Männchen, laichen innerhalb mehrerer Stunden (bevorzugt im Zentrum der Kolonie) ab und ziehen sich anschließend in die tieferen Lagen des Sees zurück. Die Brut schlüpft nach etwa drei Tagen und verlässt nach weiteren vier Tagen das Nest. Während dieser sieben Entwicklungstage verteidigen die Männchen ihre Nachkommenschaft gegen verschiedene Fische ohne jemals ihr Nest zu verlassen. Gefahr droht zudem von räuberischen Schnecken.

Der Brutverlust in den peripheren ist mindestens dreimal so groß wie in den zentralen Nestern, und in den wenigen solitären Nestern ist er sogar noch größer. In den zentralen Nestern fanden sich nur rund halb so viel Schnecken wie in den randständigen und gar nur ein Viertel von dem Befall der solitären Nester. Und während die außerhalb der Kolonie brütenden Männchen zehnmal pro Stunde ihre Brut gegen verschiedene räuberische Fische verteidigen mussten, brauchten die zentralen Männchen dies in der gleichen Zeit im Durchschnitt nur 1,5 mal zu tun. Diese Ungleichheit im Raubdruck entsteht, weil die peripheren Nester die Angriffe der Räuber abschirmen und zudem die Brut in den zentralen Nestern von den Verteidigungsanstrengungen der jeweils benachbarten Männchen profitiert. Für ein Sonnenfisch-Männchen ist es demnach immer noch vorteilhafter, eine Randposition in der Kolonie zu besetzen – auch wenn es dadurch von den zentralen Männchen als Abschirmung gegen die Raubfeinde „missbraucht" wird – als allein, also räumlich getrennt von der Kolonie seine Brutpflege zu betreiben. Brutkolonien verdanken ihre evolutive Entstehung ganz entscheidend dem Selektionsdruck durch Räuber.

2.1.1.2 Verbesserter Schutz gegen infantizidale Männchen

Männchen vieler Säugerarten, vor allem unter Carnivoren, Primaten und Nagern versuchen, nachdem sie sich einer Gruppe von Weibchen angeschlossen haben, deren abhängigen Nachwuchs zu töten (Parmigiani und Vom Saal 1994; Van Schaik und Janson 2000). Dieses aggressive Verhalten ist evolviert, weil nach dem gewaltsamen Tod der Jungtiere die Weibchen, die bis dahin wegen der Laktationsamenorrhoe physiologisch unfruchtbar waren, wieder zu ovulieren beginnen. Das erst eröffnet den Männchen die Möglichkeit der Vaterschaft (ausführlicher in 3.1.6.3). Für die Weibchen bedeuten die infantizidalen Tendenzen der Männchen ein großes Fitnessrisiko, weshalb man erwarten kann, dass sie im Rahmen ihrer Möglichkeiten Gegenstrategien entwickelt haben. Eine Maßnahme zur Verminderung des Infantizidrisikos besteht im sozialen Zusammenschluss, um fremden Männchen die Annäherung zu erschweren – oder, falls es doch zum Angriff kommt, die Männchen besser abwehren zu können.

Dies könnte eine mögliche Erklärung für die Sozialität der Löwen *(Panthera leo)* sein, denn Feldexperimente und Beobachtungen haben ergeben, dass Männchen sich wesentlich zögerlicher einer Gruppe von Weibchen nähern als Einzeltieren (Grinnell und McComb 1996; Pusey und Packer 1994). Löwinnen haben also etwas davon, ihre soziale Scheu zu überwinden, sich zu sozialen Gruppen zusammenzutun und dies durch gemeinsames Brüllen den umherstreifenden Männchen kundzutun. Das hält die Männchen auf Distanz, die zu wissen scheinen, dass sie gegen mehrere verteidigungsbereite Weibchen kaum etwas ausrichten können.

Wenn es aber dennoch zu aggressiven Übergriffen kindstötender Männchen kommt, hängt ihr „Erfolg" davon ab, ob die Mutter allein ist oder nicht. In fünf von sechs beobachteten Fällen überlebte kein Jungtier, wenn das infantizidale Männchen auf eine solitär umherziehende Mutter stieß. Traf das angreifende Männchen jedoch auf zwei oder mehr Weibchen, überlebten in allen von fünf beobachteten Fällen zumindest einige der Jungtiere (Pusey und Packer 1994). Aus dieser Beobachtung wird plausibel, weshalb man Löwinnen mit Jungtieren häufiger in Rudeln antrifft als solche ohne Jungtiere. Die Wahrscheinlichkeit einer aggressiven Übernahme des Rudels nimmt zunächst mit seiner Größe ab, und wegen des deshalb reduzierten Infantizidrisikos erhöht sich der Pro-Kopf-Reproduktionserfolg der Weibchen mit ihrer sozialen Toleranz. All diese Beobachtungen nähren die Vermutung, dass die Sozialität der Löwinnen vorrangig als strategische Abwehrmaßnahme gegen aggressive Männchen evolviert sein könnte (Pusey und Packer 1994) und nicht etwa – wie herkömmliche Theorien besagen – vorrangig aus Gründen, die mit ökonomischen Vorteilen des sozialen Jagens zu tun haben (s. 2.1.1.3). Allerdings kann dies nicht die ganze Wahrheit sein, denn auch andere Raubkatzen, wie Tiger *(Panthera tigris)*, Leoparden *(Panthera pardus)* und Pumas *(Puma concolor)* kennen adaptive Kindstötungen und leben nichtsdestoweniger weitgehend solitär.

Paradoxerweise kann eine latente Bedrohung durch aggressive Männchen nicht nur zu einem Männchen abwehrenden sozialen Zusammenschluss von Weibchen führen, sondern gerade auch eine Annäherung der Weibchen an bestimmte Männchen hervorrufen (Mesnick 1997; Smuts und Smuts 1993). Wenn diese die Rolle eines **Bodyguard** zu übernehmen in der Lage sind und im Verfolg eigener reproduktiver Interessen „ihre" Weibchen (und deren/ihren Nachwuchs) vor Übergriffen anderer Männchen schützen, vermehrt dies die reproduktiven Aussichten der beschützten Weibchen. Folge davon sind **sexuelle Allianzen**, wie sie vor allem unter Primaten (Smuts und Smuts 1993, einschl. des Menschen: Hill und Hurtado 1996; Wilson und Mesnick 1997; vergl. auch 2.1.3) zu beobachten sind. Partnerbewachung – ursprünglich als Ausdruck männlicher Interessen zum Schutz eigener Vaterschaft interpretiert (s. 3.1.5) – kann deshalb in bestimmten sozio-ökologischen Kontexten im Interesse der Weibchen liegen, und dies wiederum kann nicht ohne Auswirkungen auf das Partnerwahlverhalten und die Entstehung von Paarbeziehungen bleiben.

Sozialität – entstanden entweder über den protektiven Zusammenschluss von Weibchen oder über individuelle Männchen/Weibchen-Partnerschaften – wäre demnach als adaptive Antwort auf männliche sexuelle Aggression zu verstehen.

2.1.1.3 Effizienterer Nahrungserwerb

Die Vorstellung, wonach die natürliche Selektion deshalb Sozialverbände hervorgebracht haben könnte, weil mit ihnen ein effizienterer Nahrungserwerb einhergeht, erscheint zunächst wenig einleuchtend. Man sollte vielmehr annehmen, dass solitäre Strategien der Nahrungsbeschaffung im Durchschnitt mehr lohnen. Dann nämlich entfallen die Kosten, die bei gemeinschaftlicher Nahrungssuche durch Konkurrenz um das gefundene oder erbeutete Fressen entstehen. Aber freilich lässt sich länger fressen, wenn die Kosten für die Wachsamkeit gegen mögliche Räuber aufgeteilt werden können (Abb. 2-4).

Außerdem können Sozialverbände auch dadurch entstehen, dass sich die weniger erfolgreichen Futtersucher „an die Fersen" ihrer erfolgreicheren Artgenossen heften, um so Kenntnis über Vorkommen und Verteilung des Nahrungsangebots zu erlangen. Vogel- und Fischschwärme könnten als **Horte des passiven Informationstransfers** evolviert sein, in denen

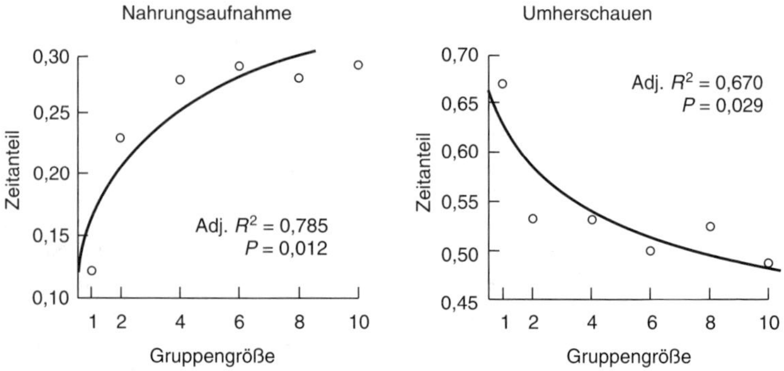

Abb. 2-4: Durchschnittliche Zeit, die Tammers Wallabies *(Macropus eugenii)* mit Nahrungsaufnahme beziehungsweise Umherschauen verbringen, je nach Gruppengröße (aus Blumstein et al. 1999).

durch gegenseitiges Beobachten die Zeit der eigenen Futtersuche deutlich verkürzt werden kann. In günstigen Fällen könnte dies die notwendigerweise entstehenden Kosten des Teilens mehr als ausgleichen (Überblick: Richner und Heeb 1995). Allerdings kann die genaue Funktionslogik dieses Zusammenhangs von Art zu Art sehr verschieden sein. Im einfachsten Fall handelt es ich um das, was man *local enhancement* genannt hat: Weniger erfolgreiche Futtersucher beobachten und folgen den erfolgreichen – ein Mechanismus, der keinerlei Kooperation voraussetzt.

Darüber hinaus wären aber auch auf Kooperation gegründete Modelle denkbar. Erfolgreiche Futterfinder kehren zu ihrem Sozialverband zurück, um ihre weniger erfolgreichen Artgenossen über Nahrungslokalitäten aufzuklären. Aber weshalb sollten sie das tun? Die nahe liegende Vermutung, dass hier Reziprozität (s. 2.2.2.2) im Spiel sein könnte, hält einer genauen Prüfung der Befundlage nicht stand. Zwar könnte man annehmen, dass es sich auf Dauer lohnen müsste, sein Wissen bereitwillig mit anderen zu teilen, weil man an weniger glücklichen Tagen selbst in den Genuss dieses „Solidaritätsprinzips“ käme. Von wenigen Ausnahmen abgesehen, sind aber Schwärme und Kolonien sozial zu unstabile Konstrukte, als dass sich Reziprozität herausbilden könnte. Diese bedarf einer dauerhaften Verlässlichkeit, und die ist in vielen Tiergruppen nicht gegeben, weshalb nach allem, was man heute weiß, Reziprozität nur als fortgeschrittene Folge einer aus anderen Gründen erfolgten Gruppenbildung angesehen werden muss, nicht aber selbst die Evolution zu Sozialverbänden initiiert haben kann.

Besser als Reziprozität erklärt das **Rekrutierungscenter-Modell**, warum und unter welchen Bedingungen erfolgreiche Nahrungsfinder ihre Artgenossen auf Nahrungsvorkommen aufmerksam machen (Richner und Heeb 1996). Sie rekrutieren Partner, weil es ihnen im Verband leichter fällt, Beute zu machen, also zu ihrem eigenen Vorteil. In einer Reihe von Experimenten mit Lachmöwen *(Larus ridibundus)*, denen erlaubt wurde, entweder als Einzeltiere, zu dritt oder zu sechst ein Bassin zu überfliegen, das als Futter einen Schwarm von Weißfischen enthielt, nahm im Durchschnitt die Anzahl gefressener Weißfische pro Möwe zu, wenn diese nicht allein auf Beutefang war (Götmark et al. 1986). Beobachtungen und Berechnungen haben dabei ergeben, dass auch derjenigen Möwe, die als erste die Beutefische entdeckte, die Vorteile des gemeinsamen Beutefangs zuteil wurden. Videoaufnahmen zeigten nämlich, dass sich der Schwarm der Beutefische in kleinere und weniger zusammenhängende Einheiten zersprengte, wenn er von mehreren Möwen gleichzeitig angegriffen wurde, und wie oben bereits erläutert, steigen damit die Chancen für die Räuber (Abnahme des „Verwirrungseffekts"). Folglich zahlt sich gemeinsames Jagen für Lachmöwen aus, und auch der Erstentdecker eines Schwarms von Beutefischen sollte aus seinem Wissen kein Geheimnis machen, sondern aus eigenem Interesse seinen Artgenossen den Beutefund signalisieren.

Eine genaue Bilanzierung der Kosten und Nutzen macht deshalb deutlich, dass Ward und Zahavis (1973) lange Zeit sehr einflussreiche Vorstellung, wonach Schwärme und Kolonien evolvierte sei sollen, weil erfolgreiche Futtersucher unter Inkaufnahme persönlicher Kosten ihr Wissen zum Wohle der weniger glücklichen Artgenossen weitergegeben haben *(information center hypothesis)* theoretisch sehr unwahrscheinlich ist (Richner und Heeb 1995).

Soziale Strategien der Nahrungsbeschaffung sind – freilich mit unterschiedlichem Komplexitätsgrad – von vielen Arten bekannt. Als eine der entwickeltsten Spielarten kann das **kooperative Jagen** von Schimpansen *(Pan troglodytes)* gelten. Im Taï Nationalpark (Elfenbeinküste) schließen sich vorwiegend adulte und adoleszente Männchen zu Gruppen zusammen, um vor allem Rote Stummelaffen *(Colobus badius)* und andere Primaten zu jagen. Dann verstummen die beteiligten Jäger, bleiben dicht zusammen und streifen möglichst unauffällig, dabei aber sehr aufmerksam durch den dichten Regenwald. In regelmäßigen Abständen halten sie inne, um mögliche Beute zu orten. Diese Suchaktionen dauern im Mittel etwa 16 Minuten, können sich aber auch bis zu einer Länge von 50 Minuten hinziehen. Etwa der Hälfte der Jagdepisoden ging nachweisbar eine solche Suche voraus, und nur in einem Drittel der Fälle kann das Jagdverhalten der Schimpansen als eindeutig opportunistisch gelten, d. h. erst mit der akustischen oder optischen Wahrnehmung der Beute begannen die Tiere zu jagen (Boesch und Boesch 1989).

In 92,5% aller beobachteten Jagdepisoden waren mehr als ein Individuum beteiligt, häufig in kooperativer Arbeitsteilung: Beispielsweise mag ein Schimpanse die Beute treiben, während ein anderer versucht, ihr den Fluchtweg abzusperren. Diese Vorliebe für Gruppenjagd erklärt sich aus den jeweiligen Erfolgsraten: Nur 16% der Einzel- und 9% der Zweierjagden sind erfolgreich, während in größeren Gruppen mit sechs und mehr Jägern die Werte bis auf über 80% steigen.

Der Zusammenhang zwischen Geselligkeit und effizienterem Nahrungserwerb sagt selbstverständlich nichts über sein Ursache-Wirkungsgeflecht aus. Konnte kooperatives Jagen evolvieren, weil das Gruppenleben bereits aus anderen Gründen entstanden war, oder verhält es sich umgekehrt: Sind Sozialstrukturen deshalb evolvierte, weil sie in der natürlichen Selektion mit einem höheren Jagderfolg pro Individuum belohnt wurden?

Nach der herkömmlichen Sichtweise nahm man an, dass beispielsweise Löwen *(Panthera leo)* deshalb in Rudeln zu jagen pflegen, weil sie größere Beutetiere bevorzugen, die sie als Einzelgänger nur schwer erlegen könnten. Allerdings: Bei den Löwen des Serengeti-Nationalparks nimmt die Pro-Kopf-Nahrungsaufnahme mit der Rudelgröße ab (Packer et al. 1990), was Zweifel nähren muss, ob aus der gemeinschaftlichen Jagd tatsächlich ökonomische Vorteile erwachsen. Auch Afrikanische Wildhunde *(Lycaon pictus)* des Selous-Reservats (Tansania) scheinen auf den ersten Blick eher Nachteile zu haben, wenn sie kooperativ jagen, denn die am häufigsten beobachteten Jagdgruppengrößen (mit etwa acht bis zehn Tieren) führen paradoxerweise zu dem geringsten Pro-Kopf-Ertrag (Creel und Creel 1995). Trägt man jedoch den Pro-Kopf-Ertrag pro zurückgelegten Kilometern gegen die Jagdgruppengröße auf, ergibt sich ein ganz anderes Bild: Die Bilanz wird positiv. Für Afrikanische Wildhunde lohnt es sich also offensichtlich aus energetischen Gründen, sozial zu jagen.

Für Löwen sind die ultimaten Gründe ihres Soziallebens nicht endgültig geklärt, denn neben möglichen Vorteilen kooperativen Jagens tragen mindestens zwei weitere Faktoren zur Komplexität der Sachlage bei. So könnte es aus Gründen wachsender Populationsdichte zu einer zunehmenden Toleranz der eigentlich solitären Löwinnen gegenüber anderen und zwar genetisch verwandten Weibchen am Aas gekommen sein. Die Kosten des Futterteilens waren wegen der Wirkweise der Verwandtenselektion (s. 1.1) relativ gering, zumal wenn bei hoher Populationsdichte die Risiken des Abwanderns, also die Dispersionskosten (s. 2.1.1.5) ziemlich groß gewesen sein dürften. So konnten sich zunehmend soziale Tendenzen ausbreiten, in deren Folge dann das überaus komplexe Sozialsystem, das im Kern aus einem Beziehungssystem miteinander verwandter

Löwinnen besteht, evolvieren konnte, und zwar einschließlich der sozialen Jagdstrategien. Und schließlich könnte die soziale Toleranz der Löwinnen als Schutzmaßnahme gegen infantizidale Männchen entstanden sein (s. 2.1.1.2). Die Frage des evolutiven Ursprungs der Löwensozialität ist noch nicht abschließend zu entscheiden, weil es problematisch ist, vom heutigen Nutzen eines Verhaltens auf die Umstände seiner evolutionären Entwicklung zu schließen. Oder anders formuliert: Die Vorteile, deretwegen heute Sozialverbände aufrechterhalten werden, müssen nicht dieselben sein, deretwegen sie überhaupt entstanden sind. Wir werden im Zusammenhang mit der Evolution der Primatensozialität auf dieses Problem zurückkommen (s. 2.1.3).

2.1.1.4 Erfolgreichere Verteidigung begrenzter Ressourcen

Individuen, deren Selbsterhaltung und Reproduktion ganz wesentlich auf der wiederholten Nutzung begrenzter Ressourcen (Weide-, Schlaf-, Brutareale usw.) gründet, sollten sich dann zu Sozialgemeinschaften zusammenschließen, wenn ihnen durch eine gemeinsame Verteidigung dieser Ressourcen weniger Pro-Kopf-Kosten entstehen als bei einem solitären Bemühen um Ressourcennutzung.

Ceylonesische Hutaffen *(Macaca sinica)* leben in benachbarten Gruppen, deren Streifgebiete unmittelbar aneinandergrenzen und sich teilweise sogar überlappen. Die Sozialstruktur entspricht dem von Wrangham (1980) entworfenen Konzept der *female-bonded-societies*, d. h. sie wird primär durch die Beziehungen der miteinander verwandten und ortstreuen Weibchen zusammengehalten, während die raum-zeitliche Verteilung der Männchen als eine Widerspiegelung des Verhaltens der Weibchen zu werten ist (s. 2.1.3).

Dittus (1986) beobachtete eine sieben Jahre dauernde Konkurrenzbeziehung zwischen zwei benachbarten Gruppen, in deren Verlauf die dominante Gruppe (A) zunehmend Areale nutzte, die im gemeinsamen Nutzungsgebiet lagen. Die unterlegene Gruppe (S) wurde auf diese Weise in ihren Möglichkeiten immer mehr eingeengt, bis schließlich ihr gesamtes Streifgebiet von Gruppe A eingenommen wurde. Dies geschah, als Gruppe S die geringsten Verteidigungsmöglichkeiten besaß: zwei der drei ranghöchsten Weibchen waren kurz vor der Übernahme gestorben, und die S-Männchen waren bereits zur A-Gruppe emigriert. Die S-Gruppe konnte ihren Ressourcenanspruch nicht mehr erfolgreich durchsetzen, was – wie sich herausstellte – mit sehr großen Kosten verbunden war. Die S-Weibchen nahmen nämlich in der fusionierten Gruppe die rangniedrigsten Positionen ein und ihre Lebens- und Reproduktionschancen verschlechterten sich damit drastisch. Acht Jahre nachdem sie das „Exklusivrecht" auf ihr Streifgebiet verloren hatten, lebte kein einziges Tier mehr aus der einstigen S-Gruppe, aber noch 71,4% der Tiere aus Ursprungsgruppe A. Die Bilanz für den von den ehemaligen S-Weibchen gezeugten Nachwuchs sieht ähnlich negativ aus. Als hauptsächlichen Grund für diese unterschiedlichen Lebenschancen sieht Dittus (1986) die Unterlegenheit der S-Individuen besonders an attraktiven Futterplätzen wie fruchtenden Bäumen.

Folge dieser unterschiedlichen Lebens- und Reproduktionschancen ist ein weites Auseinanderscheren der Wachstumskurven beider Subpopulationen A und S (Abb. 2-5). Während in den sieben Jahren vor der Fusion die Wachstumskurven aus beiden Gruppen etwa denselben Verlauf nahmen, ist nach der Fusion eine stetige Zunahme der A-stämmigen auf Kosten der S-stämmigen Individuen zu beobachten. Letzteren droht über kurz oder lang das genetische Aus.

Fazit: Die Überlebens- und Reproduktionschancen der S-Weibchen verschlechterten sich als direkte Folge ihres Unvermögens, ihr ursprüngliches

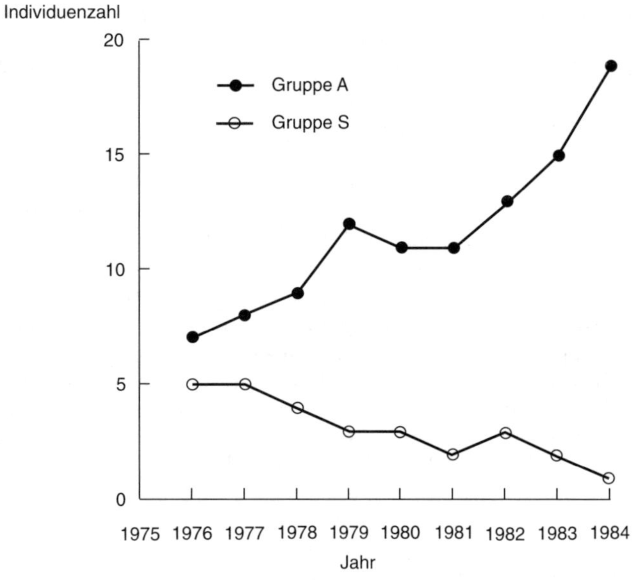

Abb. 2-5: Veränderungen in der Individuenzahl von Ceylonesischen Hutaffen *(Macaca sinica)*, die aus Gruppe A bzw. S stammen, für die ersten acht Jahre noch der Gruppenfusion (nach Dittus 1986).

Streifgebiet gegen die benachbarten A-Weibchen zu schützen. Gemeinsame Ressourcenverteidigung bringt bei den Ceylonesischen Hutaffen einen entscheidenden Wettbewerbsvorteil in der Nahrungskonkurrenz und begünstigt deshalb die Entstehung von Sozialverbänden.

2.1.1.5 Vermeidung hoher Dispersionskosten

In den bisherigen Abschnitten sind die adaptiven Vorteile besprochen worden, die je nach ökologischem Zusammenhang mit der Evolution von Sozialität verbunden sein können. Es sind die Bedingungen aufgezeigt worden, unter denen ein positiver Selektionsdruck die Herausbildung sozialer Gruppen fördert. Sozialverbände müssen nun aber keineswegs immer aufgrund ganz unmittelbarer Selektionsvorteile der Geselligkeit selbst evolviert sein, sondern auch, weil dadurch die Nachteile vermieden werden können, die mit alternativen Lebens- und Reproduktionsmöglichkeiten verbunden wären. Verhaltensstrategien, die unter allen Möglichkeiten mit den geringsten Kosten verbunden sind, werden auch dann von der natürlichen Selektion begünstigt, wenn sie an sich keinen direkten Fitnessgewinn einfahren. Beispielsweise ist Brutreduktion durch Infantizid (Kindstötung) zunächst fitnessverringernd. Sie kann aber unter bestimmten Bedingungen (z. B. bei Ressourcenknappheit) in der Lebensgesamtbilanz die Fitness durchaus erhöhen, weil die alternative Möglichkeit, nämlich ruinöser Elternaufwand bei großer Nachkommenzahl noch höhere Fitnesskosten (z. B. vermittelt durch erhöhte Überwinterungsrisiken der „verbrauchten" Elterntiere) verursachen würde (s. 4.2.1.1). Angelsächsische Soziobiologen bezeichnen ein Verhalten, das der Kostenverminderung dient ohne eigentlich selbst mit einem direkten Nutzen verbunden zu sein, als *making the best of a bad job.*

Bezogen auf die Frage nach der Evolution von Sozialität wäre entsprechend zu überlegen, ob nicht möglicherweise bestimmte Sozialstrukturen deshalb entstanden sein könnten, weil es für einige Individuen im Durchschnitt weniger kostenintensiv ist, sich einer Gruppe anzuschließen, auch wenn dies mit spürbaren reproduktiven Nachteilen verbunden sein kann (vergl. 2.1.2), als die Risiken einer solitären Lebensweise auf sich zu nehmen. Und in der Tat spricht vieles dafür, dass die sog. **Helfer-am-Nest-Gesellschaften** ihre Entstehung weniger dem damit verbundenen Vorteil für die Helfer als vielmehr den hohen Kosten alternativer Lebensformen verdanken.

Graufischer *(Ceryle rudis)* leben als Höhlenbrüter an den Steilufern der ostafrikanischen Seen. Sie ernähren sich fast ausschließlich von Fisch. In einer von Reyer (1990) untersuchten Population am Viktoria-See bilden um die 30 Paare eine Kolonie. Männchen und Weibchen beteiligen sich gleichermaßen am Ausbrüten der vier bis sechs Eier. Nach 18 Tagen schlüpfen die Jungtiere, nach 26 Tagen sind sie flügge. Nach ca. zwei weiteren Wochen können sie selbständig fischen, gleichwohl bleiben sie noch mehrere Monate bei ihren Eltern. Erst kurz vor Beendigung des ersten Lebensjahres verlassen die inzwischen geschlechtsreif werdenden Töchter für immer ihre Familie, während deren Brüder in der nächsten Brutsaison zur Geburtskolonie zurückkehren.

Reyer (1990) konnte beobachten, dass mehrere Brutpaare schon von Anbeginn der Brutzeit in Gesellschaft mit ein oder zwei weiteren erwachsenen Männchen leben. Diese haben zwar weder Anteil am Nestbau noch am Brutgeschäft, wohl aber beteiligen sie sich an der Fütterung der brütenden Alt- und der geschlüpften Jungtiere. Auch helfen sie bei der Verteidigung der Nester gegen Rivalen und Räuber. Reyer nennt diese Tiere „primäre Helfer".

Etwa eine Woche nach dem Schlüpfen der Jungen können sich weitere, von Reyer „sekundäre Helfer" genannte Vögel, zu den Brutgemeinschaften gesellen. Beide Helfertypen unterscheiden sich in einem wesentlichen Punkt. Primäre Helfer sind nämlich in 92% aller Fälle die Söhne beider oder zumindest eines Elternteils, d. h. ihre Hilfe beim Füttern und Nestverteidigen kommt Voll- oder Halbgeschwistern zu Gute. Der durchschnittliche genetische Verwandtschaftsgrad (s. 1.1) zwischen den Helfern und den Nestlingen liegt bei $r = 0{,}32$. Die sekundären Helfer sind hingegen mit den Brutpaaren und somit auch mit den Nestlingen gar nicht oder zumindest nicht sehr eng verwandt. Entsprechend unterscheiden sie sich in dem Umfang, mit dem sie helfen: Der Aufwand der primären Helfer entspricht in seinem Umfang in etwa dem der Elterntiere, während die Anstrengungen der sekundären Helfer deutlich darunter liegen: sie versorgen ihre Pfleglinge nur mit etwa einem Viertel der Energie, die ein Elternteil beisteuert, und sie bewachen seltener das Nest.

Wie kann man sich nun die Evolution dieses Sozialsystems erklären? Welcher Selektionsvorteil ist für die Beteiligten mit ihrer jeweiligen sozialen Rolle verbunden? Für das Brutpaar liegt die Antwort auf der Hand: es akzeptiert die Gemeinschaft mit den Helfern, weil diese zur Steigerung seines Reproduktionserfolgs beitragen (Abb. 2-6). Soziale Toleranz zahlt sich für die brütenden Vögel in erhöhter direkter Fitness aus.

Worin aber besteht der Nutzen für die Helfertiere, wenn sie statt selbst zu brüten ihre (Halb-) Geschwister oder gar genetisch Nichtverwandte aufzuziehen helfen? Um diese Frage zu beantworten, hat Reyer zunächst die Fitnesserträge aus den vier möglichen Verhaltensstrategien junger Graufischer-Männchen berechnet, nämlich: Brüten, Helfen als primärer bzw. als sekundärer Helfer oder weder Brüten, noch Helfen, sondern statt dessen die Brutsaison verstreichen lassen und auf eine Brutmöglichkeit in

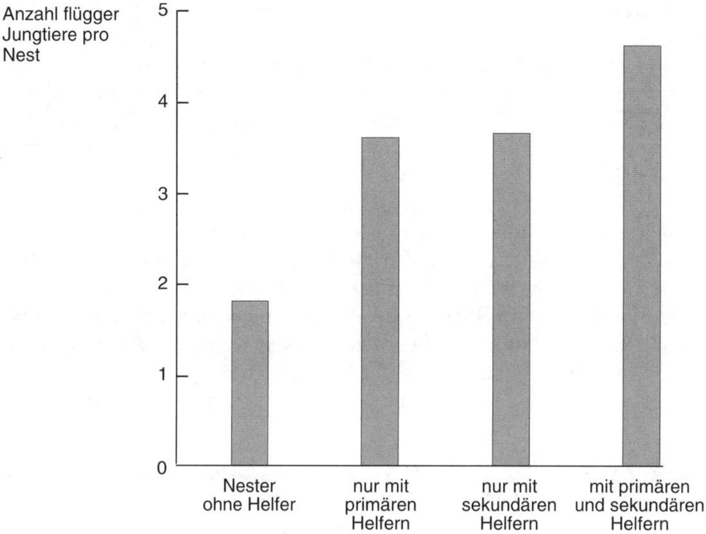

Abb. 2-6: Durchschnittliche Anzahl von flügge gewordenen Jungtieren pro Nest bei Graufischern *(Ceryle rudis)* (nach Reyer 1990).

der nächsten Saison warten. In diese Berechnungen gehen drei fitnessbeeinflussende Faktoren ein: (a) die Wahrscheinlichkeit von einer Brutsaison zur nächsten zu überleben und dann einen bestimmten Status (Brüter, Helfer) zu erreichen, (b) die Anteile an allen erfolgreich aufgezogenen Jungtieren pro Nest, die auf die verschiedenen Strategien entfallen und (c) die genetischen Verwandtschaftsverhältnisse zwischen den Jung- und den Alttieren. Die Bilanz nach den ersten zwei Jahren ist in Tab. 2-1 wiedergegeben.

Demnach ist „Brüten" die Strategie erster Wahl mit dem höchsten Gesamtfitnessgewinn. Warum brüten dann aber nicht alle Männchen? Die Antwort ist einfach: es gibt nicht genügend weibliche Vögel in der Kolonie, und in der Konkurrenz um Geschlechtspartnerinnen sind die einjährigen Männchen hoffnungslos unterlegen. Nur ca. 5 % von ihnen gelingt die Verpaarung. Für die sich nicht direkt fortpflanzenden, „überzähligen" Männchen ist es dann immer noch kostengünstiger, die Rolle eines Helfers zu übernehmen, als tatenlos abzuwarten. Weibchen haben – weil in der Minderheit – absolut keine Probleme, einen Partner zu finden und zu brüten. Entsprechend konnten Reyer und seine Mitarbeiter in den langen

Jahren ihrer Feldforschung nicht eine einzige weibliche Helferin ausmachen.

Die Gesamtfitness der primären Helfer wird vor allem durch den Anteil der indirekten Fitness bestimmt, den sie durch ihr Investment in die Geschwister erzielen. Die fast gleichgroße Gesamtfitness der sekundären Helfer hat hingegen einen anderen Ursprung. Diese Tiere haben wegen der vergleichsweise hohen Sterblichkeit der brütenden Vögel eine gewisse Chance, nach der ersten Brutsaison den Platz des ursprünglich eingesessenen Männchens zu übernehmen und dann selbst zu brüten. Der Fitnessgewinn, den das Brutpaar durch die Unterstützung der sekundären Helfer erzielt, kann gleichsam als „Eintrittsgeld" verstanden werden, das gezahlt werden muss, um vom Platzhalter als Nachfolger in spe toleriert zu werden. Für primäre Helfer ist diese Möglichkeit weitgehend versperrt, weil ja die infragekommenden Weibchen häufig ihre Mütter sind und Mechanismen der Inzest-Vermeidung eine entsprechende Verpaarung verhin-

Tabelle 2-1: Fitnesserträge aus vier Verhaltensstrategien männlicher Graufischer *(Ceryle rudis)* (nach: Reyer 1990).

		Fitnessgewinn		
Status	**Jahr**	**direkt**	**indirekt**	**gesamt**
Brüter	1	0,96	0	0,96
	2	0,80	0	0,80
	Σ	1,76	0	1,76
Primärer Helfer	1	0	0,45	0,45
	2	0,42	0,20	0,62
	Σ	0,42	0,65	1,07
Sekundärer Helfer	1	0	0,04	0,04
	2	0,87	0,01	0,87
	Σ	0,87	0,05	0,91
weder Helfer noch Brüter	1	0	0	0
	2	0,30	0	0,30
	Σ	0,30	0	0,30

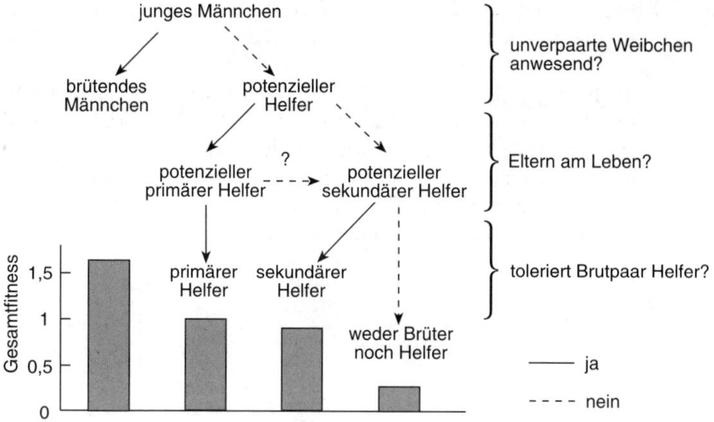

Abb. 2-7: Reproduktionsstrategische Entscheidungspfade und die zugeordneten Fitnesserträge für junge Graufischer-Männchen *(Ceryle rudis)* (nach Reyer 1990).

dern. Am geringsten ist der Reproduktionserfolg der „Weder-Brüter-noch-Helfer". Reyers Untersuchung verdeutlicht, wie junge Graufischer-Männchen vor einer Hierarchie von Entscheidungsproblemen stehen (Abb. 2-7).

Wenn sich ihnen die Chance zu direkter Fortpflanzung bietet, sollten Graufischer-Männchen diese nutzen. Anderenfalls sollten sie eine Helferfunktion zu bekleiden versuchen und zwar, wenn ein oder beide Elter(n) noch leben, bevorzugt als primäre Helfer. Hilfsweise sollten sie die Rolle eines sekundären Helfers anstreben. Gelingt ihnen das nicht, können sie in dieser Saison unmittelbar nichts für ihre Fortpflanzung tun. Die Helferstruktur der Graufischer ist also nicht als Ergebnis eines positiven Selektionsdrucks für gemeinschaftliche Jungenaufzucht per se entstanden, sondern als zweitbeste Reproduktionsstrategie, wenn aus Mangel an Weibchen direkte Fortpflanzung nicht möglich ist.

Während für Graufischer aus der Schiefe im Geschlechterverhältnis der begrenzende Faktor in Form von Knappheit an Sexualpartnern resultiert, ist es für Zwergmangusten *(Helogale undulata)* der Raubdruck, der eine eigenständige Reproduktion erschwert. Junge Zwergmangusten haben als Paare kaum eine reelle Chance, ihre Jungtiere zur Geschlechtsreife durchzubringen, und deshalb ist es für sie fitnessmaximierend, im Familienverband als „Babysitter" und Nestbewacher Helfer-Funktion zu übernehmen

(Rasa 1989). Dies gleicht über eine Steigerung der indirekten Fitness die Kosten aus, die aus der ökologisch erzwungenen Nichtreproduktion erwachsen.

Die Fortpflanzung der Seychellen-Rohrsänger *(Acrocephalus sechellensis)* wird durch Habitatsättigung begrenzt (Abb. 2-8). Wenn keine produktiven Brutplätze frei sind, wählen diese Vögel „Helfen" als kostenmindernde Notstrategie mit der Aussicht, vielleicht einmal das elterliche oder ein benachbartes Territorium übernehmen zu können, um dann doch noch zu eigener Reproduktion zu gelangen (Komdeur 1992).

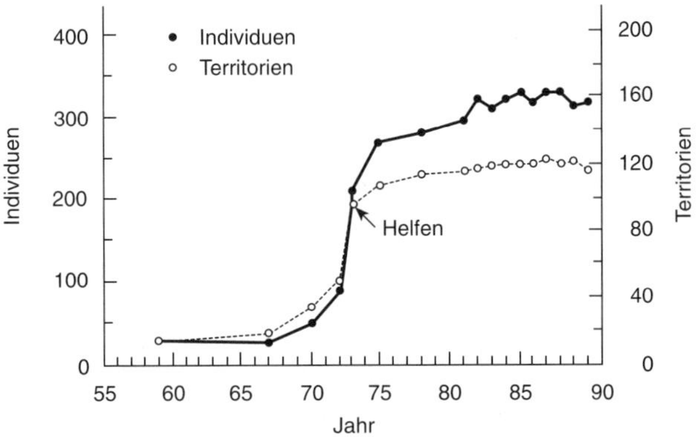

Abb. 2-8: Entwicklung der Seychellen-Rohrsänger *(Acrocephalus sechellensis)* Population auf Cousin Island von zunächst 29 Individuen in 1959 bis ca. 300 Tiere in 1990. Erst ab 1973, nachdem alle produktiven Territorien besetzt waren, konnte „Helfen" beobachtet werden (aus Komdeur 1992).

So unterschiedlich die sozio-ökologischen Rahmenbedingungen, die begrenzend auf das Reproduktionsgeschehen einwirken, in den jeweiligen Fällen auch sind (Raubdruck, Mangel an Geschlechtspartnern, Brutplätzen oder Nahrung), stellen sie die betroffenen Tiere doch vor eine ähnlich gelagerte Kosten/Nutzen-Abwägung. Die Heranwachsenden können entweder als zeitweilig oder dauerhaft sterile Helfer in ihrer Natalgruppe verbleiben oder sich von ihr lösen und die unwägbaren Risiken des Abwanderns (Dispersion) auf sich nehmen. Je drückender die Bedingungen, desto höher diese Risiken. Ab einer gewissen Höhe der Dispersionskosten wird es vorteilhafter, auf Abwanderung und direkte Fortpflanzung zu verzichten und statt dessen Gesamtfitnessmaximierung durch Verwandtenunterstützung zu betreiben, oder – wie die sekundären Helfer der Graufischer – die „Abstandszahlung“ für die angestrebte Übernahme eines Brutterritoriums zu leisten.

Das Entscheidungsproblem, vor dem diese Tiere stehen, ist die **Bestimmung des Grenzwerts**. Welche Territoriumsqualität sollten beispielsweise Seychellen-Rohrsänger *(Acrocephalus sechellensis)* gerade noch akzeptieren, damit für sie Brüten erfolgversprechend scheint? Ab welcher Qualität sollten sie auf eigene Reproduktion verzichten? Angesichts der großen Qualitätsunterschiede in den Habitaten der Cousin Islands, zahlt es sich beispielsweise für einen Jungvogel in einem höchst produktiven Territorium aus, selbst sechs Jahre als Helfer auf die Übernahme des Nests zu warten, als gleich im ersten Jahr mit eigenständiger Fortpflanzung zu beginnen, wenn dafür nur ein Territorium mittlerer Qualität zur Verfügung steht (Abb. 2-9).

Nutznießer des Helfer-Systems ist in jedem Fall das brütende Paar, weshalb es ein vitales Interesse daran hat, Helfer zu rekrutieren, und sei es durch manipulatives Verhalten. Brütende Weißstirnspint-Männchen

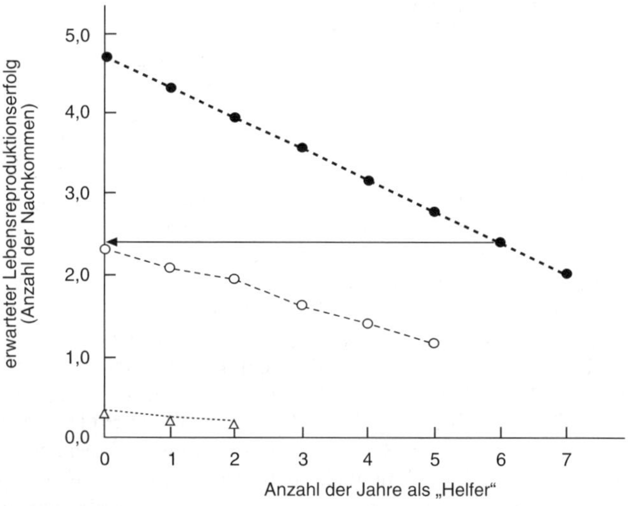

Abb. 2-9: Lebensreproduktionserfolg in Abhängigkeit von der „Wartezeit“ als Helfer bis zur Übernahme von verschieden guten Territorien für die Seychellen-Rohrsänger *(Acrocephalus sechellensis)* der Cousin Islands (aus Komdeur 1992).

(Merops bullockoides) beispielsweise können selbständige Brutversuche der Jungvögel (häufig deren Söhne, seltener auch Enkel oder Brüder) zu verhindern suchen (Emlen und Wrege 1992). Sie intervenieren bei der Balz, blockieren den Nesteingang, stören bei der Eiablage und sind überhaupt sehr aggressiv gegenüber den jüngeren Tieren. Als Folge dieser ständigen Intervention geben die frustrierten Jungvögel häufig ihre Brutversuche auf, um anschließend die für sie zweitbeste Strategie zu verfolgen: Sie dienen ihrem Peiniger und werden zum Helfer am (meist) elterlichen Nest.

Eine andere Form der Manipulation besteht im Kidnapping zukünftiger Helfer, wie sie beispielsweise Heinsohn (1991) bei Bergkrähen *(Corcorax melanorhamphos)* beobachtet hat. Die Kidnapper füttern soeben flügge gewordene fremde Jungtiere, die dann annehmen müssen, Nachkommen ihrer Wohltäter zu sein und später eigenmotiviert die Helferrolle übernehmen. Brutvögel können sich so gleichsam „Sklaven“ halten, ähnlich wie man es von Ameisen kennt.

Helfersysteme sind im Tierreich vor allem unter Säugern und Vögeln (Emlen 1997; Heinsohn und Legge 1999; Koenig et al. 1992; Stacey und Koenig 1990) verbreitet, bleiben aber nicht auf nichtmenschliche Lebensgemeinschaften beschränkt. Auch aus der menschlichen Kulturgeschichte sind Sozialsysteme bekannt, deren Entstehung und Funktion durchaus Analogien zu den tierlichen Helfer-am-Nest-Gesellschaften erkennen lassen. So besteht beispielsweise ein Zusammenhang zwischen der Ehelosigkeit nicht erbender Bauerntöchter und der Begrenztheit der Lebensmöglichkeiten mit der Folge sehr hoher Dispersionskosten auf Karpathos (Vernier 1984). Die landwirtschaftliche Nutzbarkeit dieser griechischen Insel wird durch zwei sozio-ökologische Faktoren entscheidend beschränkt. Eine schlechte Bodenqualität und gering entwickelte Produktivkräfte lassen nur begrenzte Erträge zu. Für die ansässigen Bauern gibt es keine Möglichkeit, weder durch vermehrten Kapitaleinsatz noch durch Vergrößerung der Anbauflächen, die Nettoausbeute zu erhöhen. Wirtschaftliches Wachstum ist deshalb im landwirtschaftlichen Sektor praktisch nicht möglich. Unter diesen Bedingungen hat sich historisch eine starke soziale Stratifikation in der Bevölkerung herausgebildet, an deren Spitze die Großbauern stehen. Diese haben soziale Reproduktionsstrategien entwickelt, mit deren Hilfe sie ihre ökonomische Vormachtstellung bewahren und wenn irgend möglich noch vermehren können. Kern dieser Strategien ist ein bilaterales Erstgeborenenrecht: die erstgeborene Tochter erbt das Vermögen ihrer Mutter, der erstgeborene Sohn das seines Vaters.

Der soziale und biologische Fortbestand der bäuerlichen Elitefamilien wird durch den Beitrag der nachgeborenen Geschwister in Form ihrer sozio-ökonomischen und reproduktiven Bescheidenheit ermöglicht. Die jüngeren Töchter bleiben in aller Regel ehe- und kinderlos und fristen ihr Dasein als Mägde auf den Höfen ihrer älteren Schwester. Die Schwestern-Mägde erhalten keinerlei Lohn und sind auch von den mehr oder weniger aufwendigen Konsumptionsgewohnheiten des Bauernpaares weitgehend ausgeschlossen. Ihre Lebensverhältnisse sind in ökonomischer, sozialer und psychologischer Hinsicht durch eine sklavenhafte Abhängigkeit von der großen, der erbenden Schwester geprägt. So beschafft sich die herrschende Gruppe der Erstgeborenen mittels ihrer biologischen Fortpflanzung und einer entsprechend unterschiedlichen Erziehung der Kinder die für die Stärkung ihrer Linie benötigten „Helfer am Nest".

Aber warum nehmen die Helferinnen ihre soziale und reproduktive Unterordnung unter die Interessen ihrer Schwestern hin? Die Antwort lautet: weil mit den alternativen Lebensmöglichkeiten – bei ultimater Betrachtung den Tierbeispielen durchaus entsprechend – sehr hohe Dispersionskosten verbunden sind. Eine Loslösung von der Familie und Eheschließung mit einem besitzlosen Mann ist deshalb eine risikoreiche Strategie, weil der geringe Arbeitskräftebedarf auf der Insel eine Existenzsicherung durch landwirtschaftliche Lohnarbeit nahezu ausschließt. Andererseits wäre eine Ehe mit einem besitzenden Mann (also einem erbenden Bauernsohn) in der Tat fitnessförderlich und der Helferstrategie überlegen. Sie wird jedoch nur selten registriert, weil auf dem Heiratsmarkt die besitzenden Töchter ihre nichterbenden Schwestern auskonkurrenzieren. Auch Emigration ist mit sehr hohen Kosten verbunden, denn wegen der Inselsituation bedeutet Abwanderung zwangsläufig Fernemigration mit allen entsprechenden Risiken.

Sieht man einmal von der Ehe mit einem besitzenden Bauern ab, einer Möglichkeit, die eher theoretisch besteht, als dass sie sich praktisch ergibt, dann bietet sich in der Tat für die nachgeborenen Frauen keine reale Lebensstrategie an, durch die ihre Gesamtfitness mehr zu steigern wäre als durch ihre selbstaufopfernde Hilfe und dies trotz des hohen Preises des Zölibats. Übrigens ist Ähnliches auch für die nachgeborenen Brüder in der männlichen Stammlinie zu beobachten, nur spielt in ihren Lebensstrategien die Möglichkeit der Emigration eine wesentlich größere Rolle.

Weitere menschliche „Helfer-am-Nest"-Systeme sind aus der Südsee (Turke 1988), der Karibik (Flinn 1989) und aus Ungarn (Bereczkei 1998) beschrieben worden. So vielschichtig die jeweiligen historisch gewachsenen Bedingungen und proximaten Gründe auch sein mögen, die diese Sozialstrukturen aufrechterhalten, wirken sie doch nicht im Gegensatz oder auch nur unabhängig von den reproduktiven Interessen der Beteiligten: Genetische und kulturelle Reproduktion ergänzen und bedingen sich hier. Aus beiden entsteht einer adaptiver Phänotyp, ein Komplex aus angepassten Verhaltensweisen, mit denen es den einzelnen miteinander konkurrierenden Individuen und Familien unter den gegebenen Bedingungen best möglich ist, dem biologischen Imperativ der Fitnessmaximierung zu gehorchen.

Zusammenfassend lässt sich festhalten, dass mit dem Leben in einem sozialem Verband Vorteile, entweder direkter oder indirekter Art, einhergehen, deren positive Fitnesskonsequenzen die Evolution von Sozialität verständlich werden lassen. Warum aber verzichten dann nicht alle Tiere auf eine solitäre Lebensweise und schließen sich zu größeren Sozialgruppen zusammen? Nun – Sozialität kann selbstverständlich auch mit beachtlichen Nachteilen verbunden sein, so dass in der Kosten/Nutzen-Gesamtbilanz unter bestimmten Bedingungen die negativen Fitnesseffekte überwiegen.

2.1.2 Nachteile des Gruppenlebens

Das Leben in sozialen Gruppen kann im Wesentlichen mit dreierlei Nachteilen verbunden sein, nämlich mit

- einem erhöhten Infektionsrisiko durch ansteckende Krankheiten und Parasiten,
- einer erhöhten Konkurrenz um Ressourcen wie Nahrung, Ruhe- oder Nistplätze und
- einer erhöhten reproduktiven Konkurrenz durch Brutparasitismus, Infantizid oder gegenseitige reproduktive Unterdrückung.

2.1.2.1 Erhöhtes Infektionsrisiko

Das Infektionsrisiko hängt unter anderem von der Populationsgröße bzw. -dichte ab. Je mehr Individuen untereinander in Kontakt kommen, desto wahrscheinlicher kommt es zur Übertragung von Krankheitserregern und Parasiten. Schwalben beispielsweise werden von verschiedenen Ektoparasiten gequält. In einer dänischen Rauchschwalben-Kolonie *(Hirundo rustica)* sind es vor allem blutsaugende Milben der Art *Ornithonyssus bursa*, die die Entwicklung der Nestlinge beinträchtigen. In stark befallenen Nestern haben die geschlüpften Jungtiere nur eine zwanzigprozentige Chance, nicht schon vorm Flüggewerden an den Folgen des Parasitismus zu sterben (Møller 1987). In gar nicht oder nur schwach befallenen Nestern ist die Wahrscheinlichkeit einer erfolgreichen Aufzucht 4,5 mal größer. Die trotz Milbenbefalls überlebenden Tiere sind zudem weniger kräftig und von daher anfälliger gegenüber anderen Beeinträchtigungen ihrer Vitalität.

Weitere Kosten entstehen: Die Brutvögel beginnen um so wahrscheinlicher mit einer aufwendigen Neuerstellung eines Nests für ihre zweite Brut der Saison (anstatt das erste Nest auszubessern und anschließend noch einmal zu benutzen), je stärker der Milbenbefall des ersten Nests war. Und schließlich wächst das Infektionsrisiko für die Jungtiere im zweiten Nest mit der Infektionsrate des ersten Nests (Møller 1987). Diese durch Milbenbefall entstehenden Risiken reproduktiven Misserfolgs hängen von der Größe der Brutkolonie ab (Abb. 2-10). Für ein Rauchschwalbenbrutpaar ist also der Anschluss an eine Kolonie mit teilweise erheblichen Fitnesskosten verbunden, die bei solitärer Lebensweise so nicht entstehen könnten.

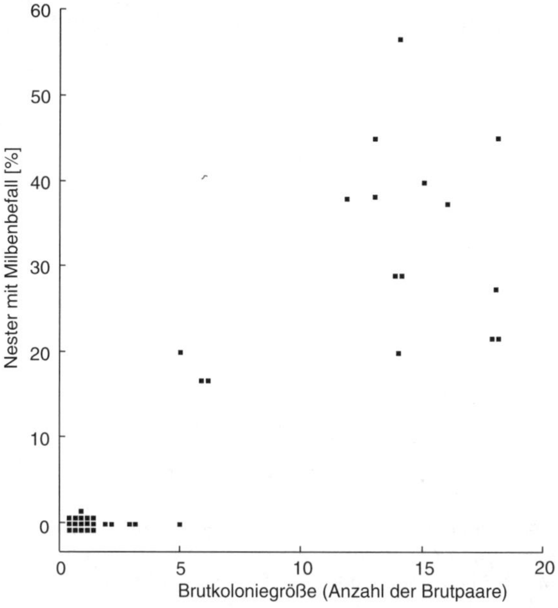

Abb. 2-10: Anteil der mit Milben infizierten Nester in Abhängigkeit von der Brutkoloniegröße bei Rauchschwalben *(Hirundo rustica)* (aus Møller 1987).

2.1.2.2 Erhöhte Ressourcenkonkurrenz

Obwohl das Leben in Gruppen mit individuellen Vorteilen beim Nahrungserwerb und bei der Nutzung anderer Ressourcen verbunden sein kann (s. 2.1.1.3), entstehen mit einer sozialen Lebensweise auch Kosten durch einen erhöhten Konkurrenzdruck innerhalb der Gruppen. Je mehr Individuen in gleichgroßem Raum leben, desto ausgeprägter wird die **Konkurrenz um Nahrung** oder andere Ressourcen ausfallen. Besonders gut untersucht sind diese Zusammenhänge für den Javaneraffen *(Macaca fascicularis)*. Van Schaik und seine Mitarbeiter (1983) haben diese Tiere in den Wäldern Nordsumatras beobachtet und dabei festgehalten, wie der Aufwand für die tägliche Nahrungssuche mit der Gruppengröße zunimmt: Je größer die Gruppen, desto länger im Durchschnitt der täglich zur Futtersuche zurückgelegte Weg (Abb. 2-11), desto mehr Zeit vergeht mit der Nahrungssuche, und desto seltener können Ruheepisoden eingelegt werden.

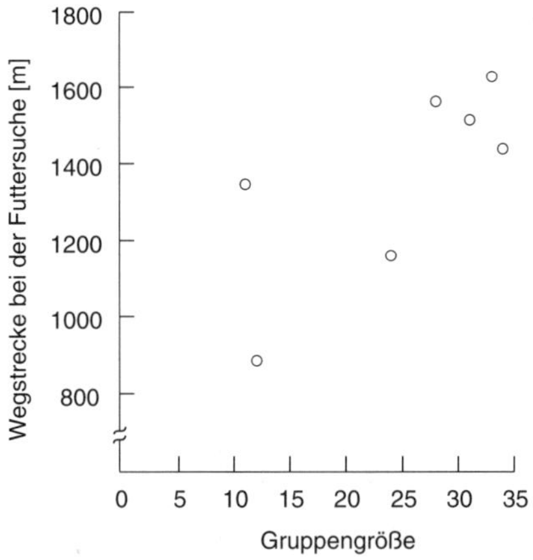

Abb. 2-11: Die Länge der durchschnittlich täglich zur Nahrungssuche zurückgelegten Wegstrecke in Abhängigkeit von der jeweiligen Gruppengröße bei Javaneraffen *(Macaca fascicularis)* (aus Von Schaik et al. 1983).

Mehr noch: je größer die Gruppen waren, desto häufiger kam es zu aggressiven Episoden, und spannungsvermindernde Verhaltensweisen, wie das *Grooming* („Lausen") wurden seltener. Ganz offensichtlich nimmt also die Konkurrenz unter den Tieren mit der Gruppengröße zu, und deshalb ist für Javaneraffen das Gruppenleben mit individuellen Nachteilen verbunden. Diese schlagen sich ganz unmittelbar in Fitnesskosten nieder, denn der individuelle Reproduktionserfolg der Javaneraffen (gemessen an der Anzahl von Jungtieren pro adultem Weibchen) nimmt mit der Gruppengröße im Durchschnitt ab. Entweder hängen also die Geburtenrate oder die Säuglingssterblichkeit (oder beides) von der Stärke der Nahrungskonkurrenz ab. Es muss deshalb andere als Nahrungserwerbsgründe haben, weshalb Javaneraffen überhaupt in teilweise recht großen Gruppen leben. Sehr wahrscheinlich stammen für diese Art die Anpassungsvorteile großer Gruppen aus den Bedingungen eines spürbaren Raubdrucks, unter denen sie leben (vergl. 2.1.1.1).

Aber auch andere als nur die energetischen Kosten der Futtersuche können mit der Gruppengröße zunehmen. Kisutsch-Fische *(Oncorhynchus kisutch)* (Pazifiklachse) müssen, wenn sie ihren Nahrungsbedarf dekken wollen, mit zunehmender Konkurrenz höhere Risiken eingehen. Sie verlieren mit zunehmender Schwarmgröße notgedrungenermaßen den Respekt vor Raubfischen und verlassen bereitwilliger die schützende Bodenvegetation (Grand und Dill 1999).

2.1.2.3 Erhöhte reproduktive Konkurrenz

Wenn sich im Darwinischen Wettbewerb die Individuen ganz unmittelbar in ihren Bemühungen um erfolgreiche Reproduktion behindern, entsteht durch das Leben in Sozialverbänden ein weiteres Kostenpaket. Dieses wird vor allem von jenem Geschlecht getragen, das mehr zu verlieren hat, weil es mit einem höheren Aufwand am Reproduktionsgeschehen beteiligt ist – also in der Regel vom weiblichen. Zu den Kosten des sozialen Miteinanders trägt bei eierlegenden Arten der **Brutparasitismus** bei, also das Einschmuggeln von Eiern in fremde Nester. Das kommt einer Ausbeutung des Reproduktionsaufwands der Wirtstiere gleich.

Gemäß der gruppenselektionistischen Sichtweise der traditionellen Verhaltensforschung standen beim Studium des Brutparasitismus zunächst die Arten im Vordergrund, die wie der europäische Kuckuck oder der amerikanische Kuhstärling, ihre Eier in artfremde Nester legen (s. 4.2.4.3). Mit den theoretischen Weiterentwicklungen der Soziobiologie fand dann zunehmend auch der intraspezifische Brutparasitismus das Interesse der Forscher, denn weil die Evolution ein gen-zentriertes Prinzip ist, sollte man reproduktive Konkurrenz auch unter Individuen der gleichen Art erwarten. Mit einem „Untermogeln" von eigenen Eiern in fremde Nester und einer entsprechenden Ersparnis an Zeit, Energie und Risiko bei der Jungenaufzucht müssten individuelle Vorteile in der natürlichen Selektion zu erzielen sein. Und in der Tat belegen technisch moderne Untersuchungen mithilfe molekulargenetischer Methoden für Vögel eine überaus weite Verbreitung des innerartlichen Brutparasitismus (Gowaty 1996).

Gut untersucht sind in dieser Hinsicht amerikanische Klippenschwalben *(Hirundo pyrrhonota)*, deren Weibchen, in Kolonien mit teilweise über 1000 belegten Nestern brütend, regelmäßig ihren Nachbarinnen Eier unterzuschieben versuchen: Mindestens 22% aller Nester enthalten ein oder mehrere fremde Eier (Brown und Brown 1989). Aus der Kosten/Nutzen-Bilanz gehen erwartungsgemäß die Wirtstiere als benachteiligt hervor: Im Vergleich zu den parasitären Weibchen legen sie durchschnittlich weniger Eier, und weniger ihrer eigenen Nestlinge werden flügge. Folglich gibt es Gegenstrategien: Die Brutvögel bemühen sich, ihr Nest so selten wie möglich unbewacht zu lassen – und dies besonders während der kritischen Phase des Eierlegens – um den benachbarten Weibchen keine Chance zur parasitären Eiablage zu geben. Auch werden fremde Eier, die früher als drei bis vier Tage vor Beginn der eigenen Eiablage ins Nest gelegt werden, als nicht eigen erkannt und prompt aus dem Nest entfernt.

Aus der reproduktiven Konkurrenz unter Säugern entstehen naturgemäß anders verursachte Kosten. Diese beruhen unter anderem auf dem seit langem bekannten Sachverhalt, dass mit zunehmender Individuendichte Aggression und andere Erscheinungsformen von **sozialem Stress** zunehmen (Zusammenfassung für Primaten: Dunbar 1988). Dies ist von Nachteil für die individuellen Reproduktionsaussichten, denn sozialer Stress beeinträchtigt über ein zunehmend besser verstandenes endokrinologisches Funktionssystem (Abbott 1993) die verschiedensten reproduktiven Funktionen, wie Gonadenentwicklung und Geschlechtsreife, sexuelle Rezeptivität, Spermatogenese und Ovulation, Blastozystenimplantation, Embryonal- und Fetalentwicklung, Laktation und schließlich elterliches Fürsorgeverhalten. Die Ursache-Wirkungskette von sozialer Dichte über Konkurrenz, Aggression und Stress zu letztlich individuellen Fitnesseinbußen ist freilich für allerlei Besonderheiten und Ausformungen offen, vor allem was die ungleiche Verteilung der Nachteile unter den Mitgliedern der Population betrifft. Die natürliche Selektion belohnt in dieser Konkurrenz jene Individuen, denen aus ihrer sozialen Lebensweise die geringsten Fitnesskosten entstehen. Diejenigen Individuen sind im Vorteil, denen es wegen ihrer sozialen Dominanz gelingt, die Nachteile des Gruppenlebens auf die Mitkonkurrenten abzuwälzen. Es ist eben günstiger, andere – durch welche Verhaltensmaßnahmen auch immer – reproduktiv zu unterdrücken, als sich selbst in den eigenen reproduktiven Möglichkeiten beschneiden zu lassen.

Zu welchen unterschiedlichen Effekten für die individuellen Fortpflanzungserfolge eine reproduktive Konkurrenzsituation führen kann, veranschaulicht eine Untersuchung an den nordamerikanischen Eisgrauen Murmeltieren *(Marmota caligata)* (Wasser und Barash 1983). Typischerweise organisieren sich diese Tiere auf eine mono- oder bigame Art und Weise, was bedeutet, dass sich ein Murmeltiermännchen in der Regel entweder mit einem oder mit zwei Weibchen fortpflanzen kann. Die harschen Verhältnisse ihres montanen Lebensraums gestatten diesen Tieren nur einen zweijährigen Reproduktionszyklus. In etwa 11% aller Fälle müssen Murmeltierweibchen noch ein weiteres Jahr mit der Reproduktion aussetzen.

Wenn – wie man vermuten kann – die gemeinsame Zugehörigkeit von zwei Weibchen zu einer einzigen Fortpflanzungseinheit und ihre gemeinsame Nutzung eines einzigen Baus reproduktive Konkurrenz mit sich bringt, dann sollten die dreijährigen Konzeptionsabstände,

- häufiger bei bigam als bei monogam verpaarten Weibchen zu beobachten sein,
- häufiger bei denjenigen bigam lebenden Weibchen zu beobachten sein, die sich bei Beibehaltung des Zweijahresabstandes synchron fortpflanzen würden, als bei denjenigen, die einen asynchronen Rhythmus angenommen haben,
- häufiger bei sozial subordinierten als bei dominanten Weibchen zu beobachten sein und
- besonders häufig bei denjenigen Weibchen vorkommen, die in einem besonders großen Dominanzgefälle zu ihrem Mitweibchen stehen.

Wasser und Barash (1983) haben diese vier Hypothesen im großen und ganzen bestätigt gefunden. Die Autoren interpretieren ihre Befunde als Ausdruck reproduktiver Unterdrückung, die seitens der dominanten auf die unterlegenen Tiere ausgeübt wird. Das subordinierte Weibchen eines reproduktiven Trios verliert mit den dreijährigen Konzeptionsabständen mehr fruchtbare Jahre als die dominante Mitbewohnerin ihres Baus. Aber selbst bei einer Außerachtlassung dieses Zeitfaktors zeigt sich beim direkten Vergleich der reproduktiven Lebensphasen der Tiere eine deutliche Benachteiligung der sozial unterlegenen Weibchen. Sie erzielen – aus noch nicht erkannten Gründen – im Durchschnitt eine geringere Wurfgröße, und ihre Jungtiere sind einem erhöhten Sterberisiko ausgesetzt.

Auch das menschliche Miteinander kann bekanntlich Belastungen und reproduktive Probleme mit sich bringen, denn schließlich sind die verschiedenen Formen **reproduktiver Dysfunktion** häufig sozialstressabhängig. Psychosozial belastete Frauen werden aus mannigfaltigen Gründen weniger leicht schwanger, und ihre Wahrscheinlichkeit, die Schwangerschaft erfolgreich zu beenden, ist reduziert. Der Import darwinischer Theorie in die Humanmedizin und Psychiatrie (McGuire und Troisi 1998; Nesse und Williams 1994; Stearns 1999; Stevens und Price 1996) hat in den letzten Jahren den Blick für mögliche evolutionäre Hintergründe menschlicher Krankheitsprozesse geschärft. Danach sieht es ganz so aus, dass die Entstehung nicht nur reproduktionsphysiologischer Probleme, sondern auch der Depression (Nesse 1998; Price et al. 1997), Essstörungen (Voland und Voland 1989) und bestimmter Formen von Angststörungen (Nesse 1998) im Zusammenhang mit sozialer und reproduktiver Konkurrenz gesehen werden muss.

Fraglich bleibt allerdings, inwieweit solche Phänomene tatsächlich als Ausdruck reproduktiver Unterdrückung durch Dritte aufzufassen sind. Ganz unbegründet wäre eine solche Annahme mit Sicherheit nicht, denn die an den reproduktiven Komplikationen beteiligten neuroendokrinologischen Prozesse entsprechen – soweit bekannt – den allgemeinen Verhältnissen unter Säugern. In diesem Zusammenhang machte Flinn (1989) bei seinen Studien in Grande Anse, einem Dorf auf Trinidad, eine interessante Beobachtung: Ganz unabhängig davon, wie viel Frauen im fruchtbaren Alter in einem Haushalt zusammenlebten, reproduzierte sich nur jeweils eine von ihnen. Dies bedeutete konkret, dass solange eine Mutter noch Kinder bekam, keine ihrer im selben Haushalt wohnenden Töchter mit der eigenen Reproduktion begann, obwohl sie sowohl aus biologischer als auch aus sozialer Sicht das Alter dazu gehabt hätte. War hingegen bereits eine Tochter selbst reproduktiv, bekamen weder ihre Mutter noch ihre Schwestern Kinder. Als „reproduktiv" bezeichnete Flinn jene Frauen, die entweder schwanger waren oder Kinder unter vier Jahren zu betreuen hatten. Nebenbei: Die kinderlosen Frauen lebten in der Mehrzahl keineswegs sexuell enthaltsam.

Nüchtern betrachtet, erinnert dieser Sachverhalt an das oben ausgeführte Murmeltierbeispiel. Könnte es denn sein, dass in Grande Anse bestimmte Frauen sich ein Exklusivrecht auf persönliche Fortpflanzung durch reproduktive Unterdrückung ihrer Mütter, Töchter oder Schwestern erstritten? Um diese Vermutung bestätigen und als Ausdruck reproduktiver Konkurrenz auffassen zu können, müssten zwei Sachverhalte nachgewiesen werden, nämlich

- dass die sich reproduzierenden Frauen Vorteile von der Kinderlosigkeit ihrer Mitbewohnerinnen hatten, und
- dass es einen Mechanismus gibt, mit dessen Hilfe sie ihre Mitbewohnerinnen reproduktiv zu neutralisieren vermochten.

Den ersten Punkt konnte Flinn gut nachweisen. Gemäß der Funktionslogik der „Helfer-am-Nest"-Gesellschaften (s. 2.1.1.5) bekamen Frauen mit Helferinnen deutlich mehr Kinder groß als diejenigen Frauen, welche ohne entsprechende Unterstützung in ihrem Haushalt auskommen mussten. Die Helferinnen nahmen vor allem Aufgaben der Kindesversorgung wahr, und dies konnten sie freilich nur solange gut leisten, wie sie ihre eigene Reproduktion hinauszögerten.

Gemäß dieses Unterschieds musste es im Fitnessinteresse der sich reproduzierenden Frauen liegen, wenn irgendmöglich eine nichtreproduktive Helferin in ihre Haushaltsökonomie einzubinden. Insofern waren die Voraussetzungen für eine adaptive Anwendung reproduktiver Unterdrükkungsmechanismen gegeben. Zwei Beobachtungen sprechen in der Tat dafür, dass reproduktive Unterdrückung in irgendeiner, möglicherweise sehr subtilen Form an der Herausbildung der geschilderten Haushaltsstrukturen mit jeweils nur einer reproduktiven Frau beteiligt gewesen sein könnte: Erstens waren die ehemaligen Helferinnen bei der Geburt ihres ersten eigenen Kindes fast zwei Jahre älter als die Frauen, die ohne vorübergehendes Helferinnenstadium gleich in die reproduktive Eigenständigkeit entlassen wurden, und zweitens traten agonistische Verhaltensweisen, also physische und verbale Auseinandersetzungen, am häufigsten dann in den Familien auf, wenn die Mutter noch reproduktiv war, und die Tochter selbst mit 18 bis 21 Jahren ein Alter erreicht hatte, in dem andere Frauen üblicherweise ihr erstes Kind zur Welt brachten (Abb. 2-12).

Wenngleich solche Zusammenhänge nichts über ihre Verursachung aussagen und deshalb im strengen Sinn wenig Beweiskraft haben, stehen sie doch immerhin im Einklang mit der These Flinns, wonach die Familien-

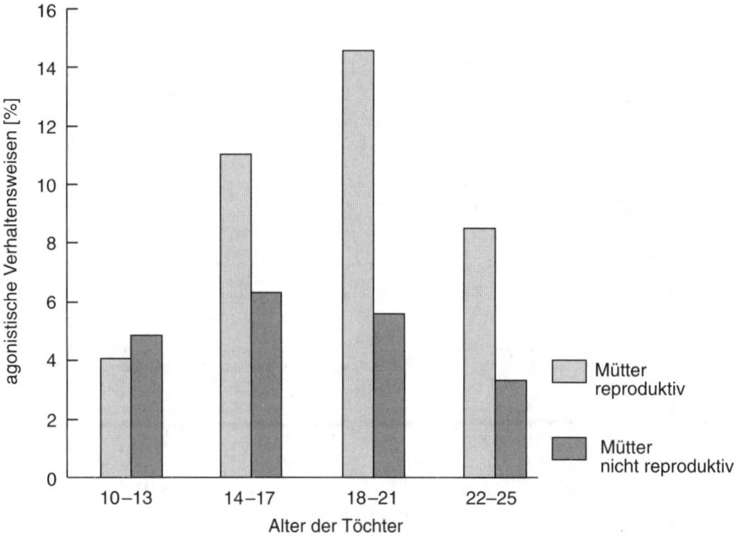

Abb. 2-12: Der Anteil agonistischer an allen Verhaltensweisen nach Alter der Töchter und reproduktivem Status der Mütter in Grande Anse, Trinidad (aus Flinn 1989).

dynamik durch tiefgreifende reproduktive Interessenskonflikte zwischen Mutter und Tochter gespeist wird.

Aus dem Prinzip der Verwandtenselektion folgt, dass reproduktive Konkurrenz – bei sonst gleichen Bedingungen – unter genetisch verwandten nicht in der gleichen Stärke stattfinden sollte wie unter nicht verwandten Individuen, weil die Folgen der reproduktiven Unterdrückung auch die Gesamtfitness des Aggressors selbst senken. Deshalb handelt eine Mutter in Grande Anse in ihrem genetischen Vermehrungsinteresse, wenn sie die Reproduktion ihrer Töchter nicht übermäßig lange verhindert, weil dies letztendlich in eine negative Gesamtfitnessbilanz einzumünden droht.

Wo Gesamtfitnessbelange nicht berührt werden, muss mit einer im Prinzip stärkeren Konkurrenz gerechnet werden. Eine denkbare Bühne verschärfter Auseinandersetzungen um reproduktive Vorteile bilden polygyne Ehe- und Haushaltsstrukturen, in denen sich nicht miteinander verwandte Frauen das ökonomische und damit letztlich das investive Potenzial eines Mannes teilen müssen. Dass es in solchen Konstellationen zu reproduktiver Konkurrenz kommen könnte, erscheint nicht ganz ausgeschlossen, denn Frauen aus polygynen Ehen sind häufig im Durchschnitt weniger fruchtbar als die aus monogamen Ehen (z. B. Bean und Mineau 1986 für Mormonenehen). Dabei lässt sich ein interessanter Unterschied beobachten: Die erste Frau eines Polygynisten erreicht im Mittel eine höhere Fruchtbarkeit als die einzige Frau eines Monogamisten. Die reproduktiven Einbußen treffen erst die zweiten, dritten und ggf. weiteren Frauen, deren Fruchtbarkeit im Durchschnitt deutlich unter der der ersten Frau rangiert (Abb. 2-13).

Reproduktive Unterdrückung kann sich auch ganz direkt und unmittelbar ausdrücken. So beobachtet man in vielen Primatenpopulationen Versuche, Kopulationen von Dritten zu stören. Unter den Hanuman-Languren Indiens *(Presbytis entellus)* kommt es regelmäßig vor, dass, sobald das Gruppenmännchen einem Weibchen seines Harems aufzureiten beginnt, andere Gruppenweibchen hinzueilen und durch Schlagen, Ziehen und andere aggressive Verhaltensweisen die Kopulation zu verhindern suchen (Abb. 2-14).

In einer über Jahre kontinuierlich untersuchten Population wurden über 80% aller Kopulationen auf diese Art und Weise unterbrochen, wobei erwartungsgemäß ein deutlicher Rangeffekt zu beobachten war: Während die drei ranghöchsten Weibchen in 58,5% ihrer Paarungsakte gestört wurden, mussten die drei rangniedrigsten Weibchen dies in 96,4% aller Fälle erdulden. Entsprechend unterbrachen die hochrangigen Weibchen doppelt so häufig die Kopulation der niederrangigen Weibchen wie sie umgekehrt von diesen gestört wurden (Sommer 1989).

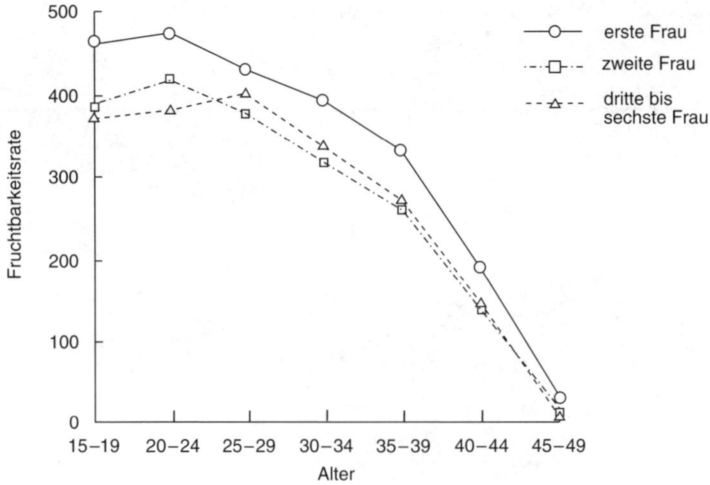

Abb. 2-13: Altersspezifische Fruchtbarkeit (= Anzahl geborener Kinder pro 1 000 verheirateter Frauen der entsprechenden Altersklasse) von ersten, zweiten und weiteren Frauen in polygynen Mormonenehen (Utah, 1840-1859) (aus Bean und Mineau 1986).

Ganz offensichtlich dienen **Kopulationsstörungen** unter Weibchen ihrer reproduktiven Konkurrenz, denn es senkt vermutlich die Konzeptionschancen der Mitkonkurrentinnen und schafft dadurch mehr Spielraum für die eigene Fortpflanzung und Jungenaufzucht. Für diese Interpretation spricht, dass bei den Hanuman-Languren die Geburtenraten pro Weibchen mit der Haremsgröße abnehmen (Sommer und Rajpurohit 1989). Je größer der Harem ist, je mehr Konkurrenz herrscht, desto seltener kommt es zur Gravidität.

Reproduktive Konkurrenz kann sich in einem weiteren Phänomen ausdrücken, dessen Diskussion in der Geschichte der Soziobiologie immer wieder eine prominente Rolle gespielt hat, nämlich in der Vernichtung unerwünschten Nachwuchses. Dabei lassen sich drei Kategorien unterscheiden: „Fetizid“ liegt beispielsweise vor, wenn männliche Hanuman-Languren *(Presbytis entellus)* bei der Übernahme eines Harems die noch vom Vorgänger begatteten Weibchen so lange aggressiv angehen, bis diese stressinduziert abortieren. Als „Infantizid“ bezeichnet man das Töten noch nicht entwöhnter (bzw. noch nicht flügge gewordener) Jungtiere, während sich „Pädizid“ auf die Tötung älterer Kinder bezieht. Im folgen-

Abb. 2-14: Das Männchen eines Languren-Harems *(Presbytis entellus)* versucht zum sechsten Mal in Folge, sich mit einem östrischen Weibchen zu verpaaren. Dies trachten drei andere Weibchen desselben Harems zu verhindern; ein viertes nähert sich (aus Sommer 1989).

den soll der Einfachheit halber der Begriff **Infantizid** auch als gemeinsamer Oberbegriff verwendet werden. Unter funktionalen Gesichtspunkten lassen sich die vielfältigen Formen adaptiven Infantizids zu vier Gruppen zusammenfassen (Tab. 2-2, vergl. auch Hrdy 1979).

Woraus die Vorteile für infantizidale Weibchen im einzelnen erwachsen können, hängt von der besonderen Lebensweise der betreffenden Populationen ab. **Kannibalismus** kommt vor allem unter räuberischen Wirbellosen, Fischen und Amphibien vor, unter Arten also, die über gar kein oder ein nur schwach entwickeltes elterliches Schutz- und Fürsorgeverhalten verfügen. Nicht selten sind es die Eltern selbst, die mangels entsprechender Differenzierung bei der Nahrungssuche ihre eigene Brut fressen. Aber auch unter einigen Säugern, vor allem aus der Gruppe der zu den Nagern gehörenden Hörnchen (Sciuridae), wie Kalifornische Ziesel *(Spermophilus beecheyi)* und Schwarzschwanzpräriehunde *(Cynomys ludovicanus)* beobachtet man Kannibalismus zur Verbesserung der Energiebilanz. Hier sind es laktierende Weibchen, die durch das opportunistische Töten und Fressen (fremder) Jungtiere ihre Milchleistung und damit ihren eigenen Reproduktionserfolg zu verbessern suchen (Hoogland 1994; Trulio 1996).

Tabelle 2-2: Formen adaptiven Infantizids.

Kannibalismus	Hierzu gehören all jene Fälle, in denen Jungtiere ihres Nahrungswertes wegen getötet und gefressen werden (s. 4.2.1.1).
elterliche Manipulation	Liegt vor, wenn Eltern diskriminativ investieren und dabei den Tod eigener Nachkommen herbeiführen oder in Kauf nehmen. Unter bestimmten Umständen kann so eingespartes und später oder an anderer Stelle effizienter eingesetztes Elterninvestment den Nettolebensreproduktionserfolg erhöhen (s. 4.2).
reproduktive Konkurrenz unter Männchen	Bei vielen Säuger- und Vogelarten töten Männchen den abhängigen Nachwuchs von Weibchen, der nicht von ihnen selbst gezeugt wurde. Dies eröffnet ihnen Aussicht auf rasche Vaterschaft und lenkt auf diese Weise das mütterliche Investment der Weibchen auf ihre eigenen Kinder (s. 3.1.6.3).
reproduktive Konkurrenz unter Weibchen	Durch das Töten von Jungtieren fremder Weibchen können die Mitkonkurrentinnen um Lebens- und Reproduktionschancen (häufig Brutplätze, Nahrung oder männliches Investment) geschwächt und zugleich Vorteile bei der Gestaltung der eigenen Fortpflanzung und Jungenaufzucht erzielt werden.

Bei Belding-Zieseln *(Spermophilus beldingi)* der nordamerikanischen Sierra Madre hat das infantizidale Verhalten von Weibchen einen anderen funktionalen Hintergrund. Hier geht es nicht vorrangig um verbesserte Ernährung sondern um **Territorialgewinn.** Die Weibchen dieser Art werfen je nach Alter drei bis acht Jungtiere pro Saison und ziehen diese in einem System benachbarter Erdhöhlen auf. Rund vier Wochen nach der Geburt sind die Jungtiere entwöhnt und erscheinen im Freien. Innerhalb der ersten vier Lebenswochen führen sie jedoch ein ziemlich risikoreiches Leben, denn mindestens 8 % von ihnen werden in dieser Zeit von Artgenossen getötet. Mit 29 % führt Infantizid die Rangliste der häufigsten Todesursachen an (Sherman 1981).

Nicht alle Mitglieder der Population beteiligen sich in gleichem Umfang an der Tötung der Nachkommen. Überrepräsentiert sind vor allem fremde Weibchen, also solche, die keinen Bau innerhalb der Kolonie bewohnen. Stoßen sie bei ihren Streifzügen auf eine momentan unbewachte Erdhöhle, dringen sie dort ein, greifen sich ein Jungtier, holen es heraus und beißen es in Kopf und Nacken. Von den ortsansässigen Weibchen hingegen wurde solch ein Verhalten nie beobachtet. Der Grund für diesen Unterschied wird begreiflich, wenn man den ultimaten Zweck dieses Verhaltens betrachtet. Kindstötung steht häufig im Zusammenhang mit einem Ortswechsel der infantizidalen Weibchen. Nicht selten ist zuvor die eigene Nachkommenschaft dieser Tiere Dachsen oder anderen Räubern zum Opfer gefallen, was die Mütter veranlasst, ihren nachgewiesenermaßen gefährdeten Bau aufzugeben und nach einer sicheren Brutgelegenheit zu suchen. Bei der Einwanderung in ein neues Gebiet wird dann via Infantizid gleichsam Platz für die eigene Reproduktion geschaffen. Die Anzahl der künftigen Konkurrenten wird so verringert, und außerdem könnte das eine oder andere Weibchen nach dem Verlust ihrer Jungtiere ebenfalls auf Wanderschaft gehen und so eine Brutstätte freimachen. Tatsächlich konnte Sherman (1981) nachweisen, dass die Wanderung der weiblichen Belding-Ziesel überwiegend in Richtung sicherer Areale erfolgt. Unter den ortsansässigen Tieren ist infantizidales Verhalten nicht zu beobachten, weil benachbarte Weibchen genetisch miteinander verwandt sind und deshalb eine Kindstötung indirekte Fitnesskosten verursachen würde.

Allerdings schützt genetische Verwandtschaft weder vor reproduktiver Konkurrenz im allgemeinen noch vor Infantizid im besonderen, wie das Beispiel der sich ebenfalls in unterirdischen Höhlensystemen fortpflanzenden Schwarzschwanzpräriehunde *(Cynomys ludovicianus)* belegt. 39% aller Neugeborenen fallen in einer Population des Wind Cave National Parks (South Dakota, USA) der Kindstötung zum Opfer – nur sind hier im Unterschied zu den Belding-Zieseln eng verwandte Weibchen die Täterinnen (Hoogland 1994). Neben dem bereits erwähnten energetischen Nutzen für laktierende Weibchen, dient der Infantizid bei dieser Art wohl vorrangig auch der frühzeitigen Ausschaltung späterer Konkurrenten (Hoogland 1994). Dass es trotz der hohen Fitnesskosten gegen eng Verwandte geht, hat seinen Hintergrund in der extremen Philopatrie dieser Population: Zusammenlebende Weibchen gehören automatisch zur selben Linie, und deshalb ist reproduktive Konkurrenz hier vorrangig eine Familienangelegenheit.

Neben der Aussicht auf Territorialgewinne oder frühzeitige Ausschaltung von möglichen Mitkonkurrenten gibt es einen weiteren Grund, weshalb sich weibliche Konkurrenz in nachkommenstötendem Verhalten niederschlagen kann, nämlich dann, wenn der männliche Beitrag zur Brutfürsorge das knappe Gut ist, um das zu konkurrieren sich lohnt. Das ist beispielsweise bei polygynen Drosselrohrsängern *(Acrocephalus arundinaceus)* der Fall. Das erste Weibchen, aus deren Eiern ein Jungtier schlüpft, bekommt die gesamte, oder fast gesamte Unterstützung des Männchens, während das zweite Weibchen das Nachsehen hat. Wenn jedoch die Fortpflanzung des so genannten „primären Weibchens“ scheitert, wird das Männchen seine Kraft in die Aufzucht der Nachkommen seines „sekundären Weibchens" investieren. Wie Hansson et al. (1997) kürzlich nachweisen konnten, helfen sekundäre Weibchen häufig nach, um die Unterstützung des Männchens zu erlangen: Sie zerstören die Eier ihrer unmittelbaren Konkurrentin, des primären Weibchens, und nötigen auf diese Weise das Männchen zur für sie vorteilhaften Revision seiner reproduktiven Entscheidungen.

Bedrohung durch Infantizid initiiert freilich Gegenmaßnahmen, was das Beispiel der südafrikanischen Erdmännchen *(Suricata suricatta)* lehrt. Diese Tiere leben in „Helfer-am-Nest-Gesellschaften" (s. 2.1.1.5) mit durchschnittlich fünf bis 25 Mitgliedern. Üblicherweise reproduziert nur das dominante Weibchen mit zwei bis drei Würfen pro Jahr, während die subdominanten Weibchen in die sterile Helferinnen-Rolle gedrängt sind. Allerdings klappt die reproduktive Unterdrückung der Helferinnen nicht immer zu einhundert Prozent, so dass auch diese Weibchen hin und wieder gebären. Zwischen beiden, der dominanten Brüterin und den subdominanten Weibchen, entsteht dann starke reproduktive Konkurrenz, und man versucht, sich in den ersten 24 Stunden nach der Geburt gegenseitig die neugeborenen Jungtiere umzubringen. Das dominante Weibchen ist in diesem Wettbewerb allerdings einen Schritt voraus, denn aufgrund ihrer sozialen Vormachtstellung ist sie in der Lage, potenzielle Kindstöterinnen für die riskante Zeit um die Geburt herum aus der Gruppe zu vertreiben mit dem Ergebnis, dass in der letzten und vorletzten Woche vor der Niederkunft auffällig häufig Weibchen ihre Gruppe verlassen müssen (Abb. 2-15).

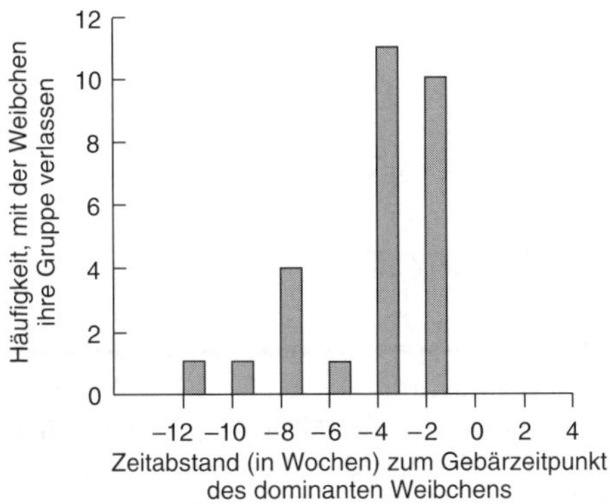

Abb. 2-15: Häufigkeit, mit der weibliche Erdmännchen *(Suricata suricatta)* in verschiedenen Wochen ihre Gruppe verlassen, und zwar in Relation zum Zeitpunkt des Gebärzeitpunkts des dominanten Weibchens (aus Clutton-Brock et al. 1998).

Wenn die Jungtiere den ersten Lebenstag und damit die Zeit hohen Infantizidrisikos überlebt haben, sind die zuvor ausgegrenzten Weibchen als Helferinnen in der Gruppe wieder willkommen, schließlich steigt der Reproduktionserfolg des dominanten Weibchens mit der Gruppengröße, also mit der Zahl der Helferinnen. Dass die in der reproduktiven Konkurrenz unterlegenen Weibchen „freiwillig" zurückkehren und die Helferinnenrolle ausüben, hat einen einfachen Grund: Sie können sich nämlich, wenn sie in der Gruppe bleiben, Hoffnung auf spätere Übernahme der dominanten Rolle, d. h. auf rund 75% der gesamten Reproduktion der Gruppe machen (Clutton-Brock et al. 1998).

Fazit: Sozialleben hat seinen Preis! Sei es, dass die Nahrungsbeschaffung aufwendiger oder risikoreicher wird, die Ansteckungsgefahr steigt oder die reproduktive Konkurrenz durch Brutparasitismus, gegenseitiger Unterdrückung der Fortpflanzungsfunktionen oder Infantizid zunimmt. Andererseits liefern Sozialverbände zahlreich Gelegenheit zur Kooperation (s. 2. 1. 1), so dass einer geselligen Lebensbewältigung auch individuelle Vorteile entspringen können.

Die natürliche Selektion ist ein **optimierender Prozess**. Sie kann nicht isoliert eine Kostenfunktion minimieren oder einen Nutzen maximieren, sondern die aus der Verrechnung aller Kosten/Nutzenfunktionen entspringende Nettobilanz entscheidet schließlich über den Selektionsvor- oder -nachteil der jeweils „gewählten" Form des sozialen Miteinanders. Wegen der Vielfalt der ökologischen Nischen sieht diese Rechnung selbstverständlich nicht nur für jede Art anders aus, sondern auch verschiedene Populationen derselben Art können einen unterschiedlichen Grad an Sozialität erreichen. Zumindest die höheren Organismen zeichnen sich in dieser Hinsicht durch eine beachtliche und bislang wohl eher unterschätzte Verhaltensflexibilität aus, die eine jeweils optimale und sensibel austarierte Balance zwischen sozial bindenden und trennenden Tendenzen ermöglicht.

2.1.3 Die Evolution der Primatensozialität: Kosten und Nutzen in der Bilanz

Von allen Wirbeltierordnungen zeigen Primaten die größte Variabilität in ihren Sozial- und Paarungsstrukturen. Merkmale wie die Gruppengröße, das zahlenmäßige Geschlechterverhältnis oder Subgruppenbildungen (Allianzen, Paarbeziehungen, genealogische Clans) variieren dabei nicht nur in beachtlichem Umfang zwischen den Arten, sondern häufig auch zwischen Populationen derselben Arten. Die Gründe für diese Variabilität werden von den Fachleuten letztlich in **ökologischen Faktoren** gesucht (Dunbar 1993). Allerdings sind die Wechselbeziehungen zwischen den einzelnen ökologischen Faktoren zu komplex, als dass man einfache und leicht generalisierbare Korrelationen zwischen Ökologie und Sozialstruktur erwarten könnte (Kappeler 1999).

Sozialgruppen sind adaptive Lösungen für die biologischen Grundprobleme des Überlebens, der Partnerfindung und Jungenaufzucht. Ändern sich die sozio-ökologischen Rahmenbedingungen für die Lösung dieser basalen Lebensprobleme, ändert sich (in gewissen, durch das stammesgeschichtliche Erbe historisch definierten Grenzen, den sog. *phylogenetic inertia*) die Gruppensoziologie. Mit der Entwicklung der Soziobiologie hat in den letzten Jahren auch ein Wandel im Verständnis von Primatensozietäten stattgefunden. Während man zunächst – ganz dem herkömmlichen Paradigma der Gruppenselektion verhaftet – die Primatengruppen als solche ins Zentrum der Aufmerksamkeit gestellt hatte und dementsprechend das Suchbild auf die Vorteile der jeweils vorgefundenen Soziologie für die Population ausgerichtet war, konzentriert sich jetzt – mit Akzeptanz der Individualselektion als formende Kraft des evolutionären Geschehens – das Suchbild auf die individuellen Vorteile jedes einzelnen Gruppenmitglieds. Gruppen werden nicht länger als Angepasstheiten eigener Qualität verstanden, sondern als (mehr oder weniger) momentane und veränderliche **Kompromisse aus den konfligierenden Einzelinteressen** ihrer Mitglieder, also letztlich als **Epiphänomene evolvierter reproduktiver Strategien.** Um Primatengesellschaften zu verstehen, bedarf es deshalb einer möglichst genauen Kenntnis jener Faktoren, die im Rahmen der immer irgendwie begrenzten Handlungsspielräume die Kosten/Nutzen-Bilanz aller Mitglieder einer Gruppe (Männchen wie Weibchen, Dominante wie Subordinierte, Junge wie Alte, Ortstreue wie Immigranten) im Durchschnitt positiv werden lässt.

Warum überhaupt leben die meisten Primaten in Gruppen? Ist es Ressourcenkonkurrenz (vergl. das Beispiel der Ceylonesischen Hutaffen *Macaca sinica*, 2.1.1.4) oder Raubdruck (vergl. das Beispiel der Javaneraffen *Macaca fascicularis*, 2.1.1.1), was Primaten sozial zusammenschweißt? Die Frage ist empirisch nicht leicht zu beantworten, weil sich Freilandbeobachtungen finden lassen, die jeweils eine der beiden Hypothesen stützen ohne aber zugleich die andere zu verwerfen. Diese uneindeutige Befundlage veranlasst Dunbar (1993) zu folgender Sichtweise: Die Sozialität der Altweltaffen sei ursprünglich aus Gründen des Raubdrucks evolviert und später, als Folge dieser Entwicklung, seien Vorteile in der Ressourcenkonkurrenz als Sekundäreffekt hinzugekommen. Der umgekehrte Weg sei wenig plausibel, denn es hätte eines wenig wahrscheinlichen raubfeindfreien Habitats bedurft, damit sich Primatengruppen zunächst aus Gründen der Ressourcenkonkurrenz bilden, um dann später durch die positiven Effekte einer gemeinsamen Raubdruckabwehr verstärkt zu werden.

Wie dem auch sei, das Problem, mit dem wir es hier zu tun haben, besteht darin, dass die soziale Evolution ein historischer Prozess ist, in dessen Verlauf sich allerlei Effekte akkumuliert und vielfältig überlagert haben können. Die heute messbaren Vorteile eines sozialen Merkmals spiegeln deshalb nicht unbedingt die kausalen Gründe der evolutionären Entstehung dieses Merkmals. Die Sozialität der Primaten ist gemäß der Auffassung von Dunbar (1993) letztlich aus Gründen des Raubdrucks entstanden, dennoch besteht für Ceylonesische Hutaffen der heutige Vorteil des Gruppenlebens auch (und vielleicht sogar maßgeblich) in einer verbesserten Ressourcenkonkurrenzfähigkeit. Das Problem **historischer Dynamik** in der sozialen Evolution erschwert direkte Rekonstruktionen kausaler Zusammenhänge auf der Grundlage heutiger Befunde – ein Problem, das auch schon im Zusammenhang mit dem evolutionären Verständnis der Löwensozialität aufgetaucht war (s. 2.1.1.2 und 2.1.1.3).

Nur wenn das jeweilige Nahrungsangebot überhaupt der aktuell begrenzende Faktor für den Reproduktionserfolg ist, entsteht ein Selektionsdruck in Richtung Gruppenkohäsion, denn aggressive Auseinandersetzungen zwischen benachbarten Gruppen um bevorzugte Streifgebiete werden die Folge erhöhter Nahrungskonkurrenz sein. Wenn hingegen das Nahrungsangebot wie beispielsweise für typische Blätterfresser wie den Roten Stummelaffen *(Colobus badius)* oder den Mantelbrüllaffen *(Alouatta palliata)* praktisch immer unbegrenzt verfügbar ist, entsteht keine Nahrungskonkurrenz und damit kein nahrungs-ökologisch begründetes Motiv zur Gruppenbildung. Auch innerhalb dieser Gruppen wird kaum Nahrungskonkurrenz entstehen, was wiederum die Herausbildung ausgeprägter Dominanzhierarchien überflüssig macht. Wenn jedoch – was unter Primaten viel häufiger der Fall ist – Nahrung nicht immer im Überfluss vorhanden ist, entsteht Konkurrenz um Streifgebiete und als Ausfluss dessen bilden sich soziale Gruppen als kooperative Maßnahme, dieser Konkurrenz standzuhalten (Abb. 2-16).

Auch für die soziale Binnendifferenzierung der Primatengruppen spielt die Art und Intensität der Nahrungskonkurrenz eine gestaltende Rolle. Dabei wird die Frage bedeutsam, wie eigentlich die Nahrung im Streifgebiet verteilt ist: „geklumpt" oder „zerstreut" (Abb. 2-17). Wenn die Nahrung recht gleichmäßig im Lebensraum vorkommt, wie dies für viele Blätterfresser typisch ist, macht es in der Regel wenig Sinn, in direkter Auseinandersetzung um Nahrung zu kämpfen. Es entsteht statt dessen eher eine **indirekte Konkurrenz** *(scramble competition)*, die diejenigen Individuen begünstigt, die die zerstreute Nahrung schneller und effizienter erschließen können ohne jedoch dafür streiten zu müssen. Dies ist bei **direkter Konkurrenz** *(contest competition)* anders. Sie entsteht, wenn die Nahrung unregelmäßig und „geklumpt" vorkommt und Zugangsrechte

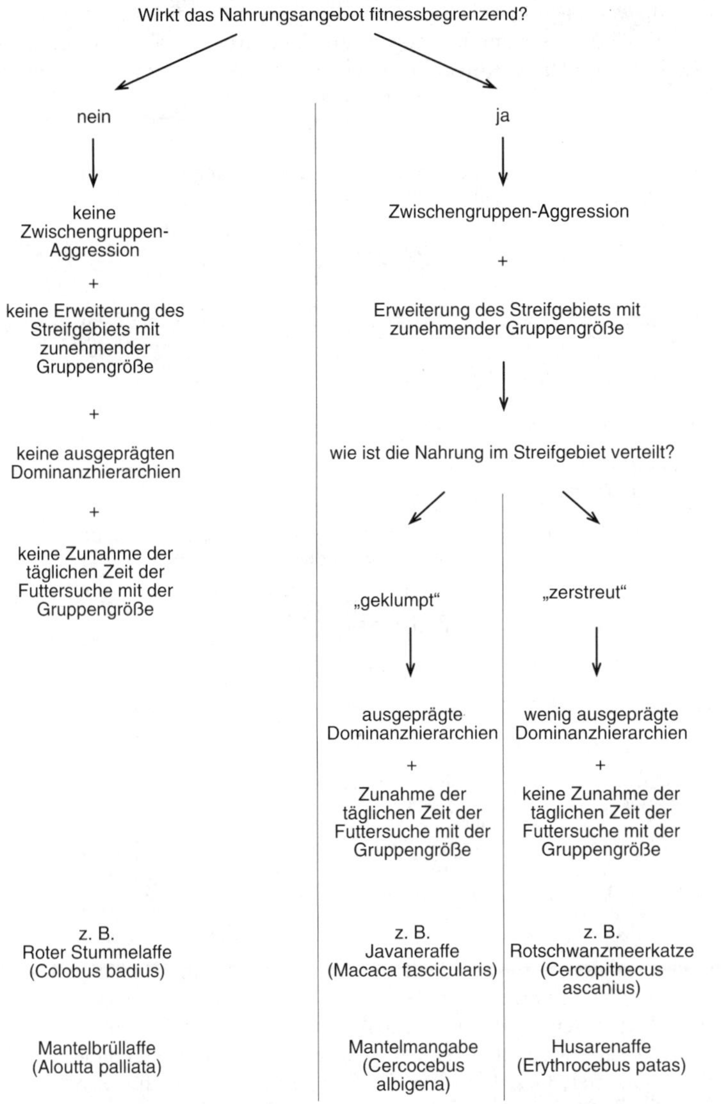

Abb. 2-16: Der Zusammenhang zwischen Nahrungskonkurrenz und sozialer Gruppenbildung bei Primaten (vereinfacht nach Isbell 1991).

verteilt werden müssen (etwa wenn Aasfresser um den Kadaver streiten oder Früchtefresser um den Zugang zu einem fruchtenden Baum). In Tab. 2-3 sind die sozialen Konsequenzen beider Konkurrenztypen in ihren wesentlichen Merkmalen gegenüber gestellt.

Tabelle 2-3: Sozialbeziehungen unter Primatenweibchen bei direkter und indirekter Nahrungskonkurrenz (nach Van Schaik 1989)

	indirekte Konkurrenz (scramble competition)	**direkte Konkurrenz (contest competition)**
Reproduktionserfolg abhängig von	Gruppengröße	Dominanzstatus
Verdrängungen am Futter	selten	verbreitet
‚spontane' Aggression	selten	verbreitet
Agonistische Unterstützung durch Verwandte	selten	verbreitet
Dominanzhierarchie	schwach ausgeprägt, nicht-linear, individualistisch	linear, despotisch, nepotistisch
Dominanzbeziehungen	inkonsistent	klar
Rangstabilität	gering	hoch
Beispiele	Gorilla (Gorilla gorilla) Totenkopfäffchen (Saimiri sciureus)	Rhesusaffe (Macaca mulatta) Mantelpavian (Papio hamadryas) Kapuzineraffe (Cebus apella)

Viele Primaten leben in sozialen Gruppen, die Wrangham (1980) als *female-bonded* bezeichnet hat. Gemeint ist damit, dass die soziale Kohäsion vor allem durch Bindungen und **Allianzen der Weibchen** untereinander gewährleistet wird. Während in den seltenen durch Männchen zusammengehaltenen Gesellschaften *(male-bonded)*, wie sie für Schimpansen *(Pan troglodytes)* und Schwarze Klammeraffen *(Ateles paniscus)* kennzeichnend sind, der Sozialverband im Kern durch nur eine Patrilinie aufgebaut ist, bestehen die durch Weibchen zusammengehaltenen Gesellschaften aus mehreren Matrilinien. Die Konkurrenz unter den Matrilinien, also durch gemeinsame Abstammung in der weiblichen Deszendenz entstandene „Clans", ist stark ausgeprägt und spiegelt sich in einem strengen, stabilen und auf genealogischer Verwandtschaft beruhenden Hierarchiesystem, in dem die Töchter typischerweise den Rang ihrer Matrilinie „erben". Man spricht deshalb auch von einem **nepotistischen Rangsystem**. In diesen vor allem unter Makaken entwickelten Sozialstrukturen wechseln zur Vermeidung von Inzucht die Männchen mit ihrer Geschlechtsreife den Sozialverband, während der weibliche Nachwuchs in seiner Natalgruppe bleibt und zur Konkurrenzfähigkeit seiner jeweiligen Matrilinie beiträgt.

Angesichts der in Abbildung 2-17 dargestellten Zusammenhänge lässt sich die Evolution dieser für Primaten typischen Weibchen-Gesellschaften nachvollziehen (Van Schaik 1996). Sie sind an eine ökologische Situation angepasst, in der 1) Nahrungsressourcen fitnessbegrenzend wirken, 2) die Ressourcen geklumpt vorkommen, so dass sich direkte Konkurrenz entwickeln muss, 3) Dominanz zu Vorteilen in der Ressourcenkonkurrenz führt und schließlich 4) Allianzen zur Stärkung der sozialen Dominanz beitragen (warum Allianzen vorzugsweise aus genetisch verwandten Individuen bestehen, ergibt sich aus der Wirkweise der Verwandtenselektion, s. 1.1).

In diesen Überlegungen zur Evolution der Primatengesellschaften spielen Männchen nur eine nachgeordnete Rolle, weil – wie bereits erwähnt und ausgeführt – Gruppenbindung unter Primaten eine genuin weibliche Leistung ist. Ganz außer acht gelassen werden sollten sie allerdings auch nicht, denn schließlich beobachtet man wohl nicht zufällig sowohl „Ein-Männchen-Gruppen" (wie etwa den „Harem" des Mantelpavians *Papio hamadryas*), als auch „Mehr-Männchen-Gruppen" (wie etwa bei Berberaffen, *Macaca sylvanus*). Zur soziobiologischen Erklärung dieser Variabilität sind im wesentlichen zwei Hypothesen vorgeschlagen worden. Wenngleich es zwar für die konventionelle Sichtweise, wonach die Anzahl der Männchen in einer Primatengruppe vom Raubdruck abhängen soll, einzelne empirische Belege gibt (Stanford 1998; Van Schaik und Hörstermann 1994), kommt nach Meinung vieler Experten einer zweiten Hypothese eine insgesamt größere Erklärungskraft zu. Danach entscheidet sich die Anzahl von Männchen an der Frage, ob es einem Einzelnen gelingt, seine sexuellen Rivalen auszuschalten oder nicht (Dunbar 1988; Nunn 1999).

Aus je mehr Weibchen eine Gruppe besteht, und je synchroner die Reproduktionszyklen ablaufen, desto schwieriger wird es für ein einzelnes Männchen, sein sexuelles Monopol aufrechtzuerhalten. Wenn mehrere Weibchen zur selben Zeit paarungsbereit werden, stoßen Energie und

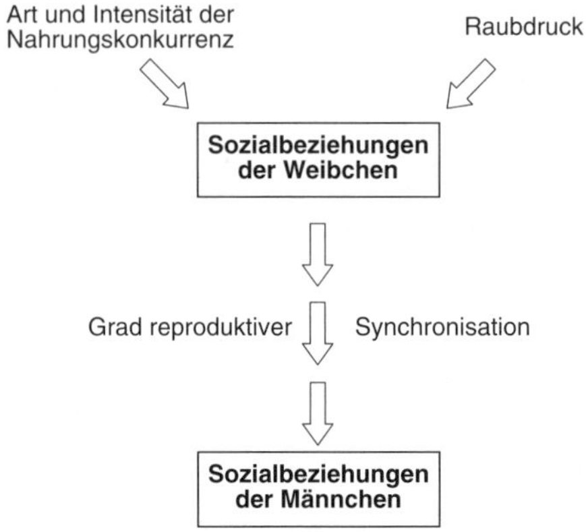

Abb. 2-17: Das ökologische Modell zur Erklärung soziologischer Unterschiede in Primatengesellschaften: Weibliche Sozialität spiegelt ökologischen Druck, männliche hingegen sexuelle Opportunitäten (nach Van Schaik 1996).

Aufmerksamkeitskapazität eines einzelnen Männchens bald an die Grenzen. Notgedrungenermaßen müssen deshalb um so mehr Nebenbuhler toleriert werden, je gleichzeitiger die Weibchen sexuell rezeptiv werden. Für diese Hypothese spricht der Befund von Ridley (1986) eines deutlichen Zusammenhangs zwischen der Länge der Paarungszeit (also dem Ausmaß reproduktiver Synchronisation der Weibchen) und der Männchen-Konstellation (Tab. 2-4). Auch innerartliche Unterschiede in der Zahl der Männchen pro Gruppe erklären sich gut mit Populationsunterschieden in der weiblichen Synchronität (Srivastava und Dunbar 1996 für Hanuman-Languren, *Presbytis entellus*). **Sexuelle Synchronisation** kann deshalb als weibliche Strategie verstanden werden, sich der Kontrolle nur eines Männchens zu entziehen und statt dessen durch Attraktion weiterer Männchen und dem Anheizen ihrer Konkurrenz die Möglichkeiten der Partnerwahl zu verbessern (Ims 1990). Damit wird ein Grundgerüst der Primatensozialität erkennbar (Abb. 2-17), das sich im Kern auf eine einfache Formel bringen lässt: Weibliche Sozialität spiegelt ökologische Vorgaben und Risiken, männliche hingegen sexuelle Opportunitäten.

Obgleich dieses Modell als sehr tauglich zur Erklärung soziologischer Varianz in Primatengesellschaften gilt (z. B. Barton et al. 1996 für Paviane, *Papio*, Koenig et al. 1998 für Hanuman-Languren, *Presbytis entellus*, Überblick: Sterck et al. 1997), versagt es allerdings in mindestens einem interessanten Fall und zwar dem der Schimpansengesellschaften.

Tabelle 2-4: Abhängigkeit der Männchen-Konstellation von der Länge der Paarungszeit bei 32 Primatenarten (nach Ridley 1986).

	Paarungszeit	
	lang	kurz
Mehr-Männchen-Gruppen	4	18
Ein-Männchen-Gruppen	12	0

Hier sind es nämlich die Männchen, die ausgeprägte soziale Bindungen pflegen, untereinander verwandt sind und als philopatrisches Geschlecht ihr Streifgebiet gegen konkurrierende Nachbar-Gruppen verteidigen. Folglich müssen noch andere Faktoren der Gruppenbildung in Rechnung gestellt werden. Diese sind in der Natur der Männchen/Weibchen-Beziehungen zu suchen.

Das **ökologische Modell der Primatensozialität** macht hierzu keine Aussagen. Es bedarf aber weitergehender Erklärungen, denn im typischen Gegensatz zu vielen anderen Säugern kommt es unter Primaten zu dauerhaften Paarbeziehungen auch über die Paarungszeit hinaus. Wieso eigentlich? Ökologische Gründe scheinen dafür nicht in Betracht zu kommen – wohl aber soziale: Primaten bilden nämlich die Säugerordnung mit der vermutlich höchsten Infantizidrate (Van Schaik und Janson 2000), weshalb ganz im Sinne der „Bodyguard-Hypothese“ (s. 2.1.2.1) Weibchen ein Interesse an **sexuellen Allianzen** haben könnten (Abb. 2-18), mit deren Unterstützung sie die latente Bedrohung durch reproduktiv interessierte Männchen abwehren könnten (Van Schaik und Kappeler 1997). Weibliche Gelbe Babuine *(Papio cynocephalus)* hätten jedenfalls allen Grund dazu, denn schließlich gehen 38% der Säuglingssterblichkeit auf das Konto infantizidaler Männchen. Und tatsächlich pflegen Weibchen, aber nur so lange, wie ihre Jungtiere noch nicht entwöhnt sind, enge „Freundschaft“ mit dem wahrscheinlichen Vater ihrer Kinder. Stirbt das Kind frühzeitig, wird diese besondere Paarbeziehung sofort beendet (Palombit et al. 1997). Allerdings liegen keine Berichte darüber vor, ob die „Freunde“ der Mütter, also die wahrscheinlichen Väter der gefährdeten Babies, auch tatsächlich als Beschützer dieser Jungtiere aktiv werden. Dies wiederum weiß man von Hanuman-Languren *(Presbytis entellus)*, denn mit Hilfe molekularbiologischer Methoden konnten Borries et al. (1999b) zeigen, dass zwar Väter, nicht aber definitive Nicht-Väter, von fremden Männchen angegriffene Kinder zu verteidigen suchen. Offen ist hier allerdings noch die Frage, mit welchen Strategien Weibchen versuchen, Väter an sich und ih-

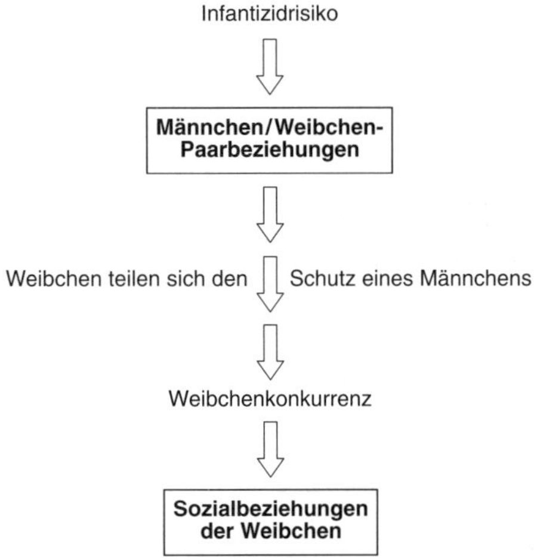

Abb. 2-18: Das Infantizidvermeidungs-Modell zur Erklärung soziologischer Unterschiede in Primatengesellschaften: Soziale Kohäsion durch schutzgewährende „Bodyguards" (aus Van Schaik 1996).

ren Nachwuchs zu binden, um in den Genuss deren Schutzpotenzials zu gelangen.

Das hier skizzierte Modell der Primatensozialität mit seiner Annahme, dass die **Vermeidung von Infantizidrisiken** durch reproduktiv interessierte Männchen in der Evolution der Männchen/Weibchen-Beziehungen und in der sozialen Evolution der Primaten überhaupt eine wichtige Rolle gespielt haben könnte (Brereton 1995; Kappeler 1999; Palombit 1999; Treves 1996; Van Schaik und Kappeler 1997) hat Erklärungswert auch für einige jener sozialen Verhältnisse, die mit dem ökologischen Modell nur mühsam zu verstehen wären, wie beispielsweise die Monogamie der Gibbons. Gibbon-Männchen investieren nichts in die Aufzucht ihrer Kinder und dennoch gehen sie eine dauerhafte Beziehung mit einem Paarweibchen ein. Könnte es sein, dass sie in dauerhaft engem Kontakt mit einem Weibchen leben, allein damit sie als „Bodyguard" die Reproduktion des Weibchens (und damit ihre eigene) von der Bedrohung durch fremde und infantizidale Männchen befreien können – und dies im Unterschied zu den Gelben Babuinen mit ihren nur temporären „Freundschaften" auf einer langen, eventuell sogar lebenslangen Basis (Van Schaik und Dunbar 1990)?

Auch die außergewöhnliche Gorilla-Situation wird mit diesem Modell plausibel. Das ökologische Modell vermag nicht gut zu erklären, warum die Weibchen eines Gorilla-Harems nicht miteinander verwandt sind – wie dies eigentlich erwartet werden müsste (Abb. 2-17). Könnte es sein, dass sich mehrere Weibchen gemeinsam einen besonders tauglichen „Bodyguard" teilen? Jedenfalls wählen Gorilla-Weibchen ihr Männchen auch nach Maßgabe des Schutzes, den es gegen fremde Männchen gewähren kann (Watts 1989). Auch die für Primaten so ungewöhnliche Struktur der Schimpansen-Gesellschaften erscheint aus dem Blickwinkel des Infantizidvermeidungs-Modells in neuem Licht. Hier sind es die Männchen ortsansässiger Patrilinien, die gegeneinander konkurrieren, während die Weibchen ortsungebunden und als Einzeltiere den Lebensraum durchstreifen können. Könnte es sein, dass die unherziehenden Weibchen Koalitionen von „Bodyguards" suchen, weil ein Männchen allein nicht genügend Schutz zu bieten vermag? Tatsächlich konnte Watts (1998) kürzlich beobachten, dass sich unter den Schimpansen *(Pan troglodytes)* des Kibale Nationalparks (Uganda) bestimmte (mit einander verwandte) Männchen zusammentun und als Duos oder Trios gemeinsam ein Weibchen „bewachen" – eine für Säuger und Vögel absolut ungewöhnliche Situation! Auch wenn sich die Koalitionäre dafür die Kopulationen (brüderlich) teilen müssen, zahlt sich nach den Beobachtungen von Watts diese Strategie für jedes beteiligte Individuum aus. Und schließlich wird ernsthaft diskutiert, ob nicht auch die emotionale Bindungsfähigkeit zwischen Mann und Frau mit der Möglichkeit einer **lebenslangen Liebesbeziehung** ihre evolutionäre Entstehung in letzter Analyse dem Selektionsdruck zu verdanken ist, der vom Infantizidrisiko durch „gen-egoistische" Primaten-Männchen ausgeht (Wilson und Mesnick 1997).

2.1.4 Die Evolution von Eusozialität

Mit „Eusozialität" bezeichnet man ein generationenübergreifendes und kooperatives Zusammenleben in Sozialverbänden, in denen nur ein oder wenige Individuen sich fortpflanzen, während die anderen Mitglieder – häufig morphologisch spezialisiert – nachkommenslos bleiben und verschiedene Helferaufgaben wie Jungenfütterung, Nestbau, -instandhaltung oder -verteidigung übernehmen. Stammesgeschichtlich ist Eusozialität vor allem in der Stammlinie der Insekten entstanden. Sowohl Hautflügler (Hymenoptera), dazu gehören Ameisen, Bienen, Hummeln und Wespen, als auch Termiten (Isoptera) bilden auf der Basis morphologisch und funktionsmäßig differenzierter Kasten komplexe und zum Teil enorm mitgliederstarke Sozialverbände. Nur die Königinnen pflanzen sich fort, während die Arbeiterinnen (meistens) lebenslang steril bleiben. Unter

Wirbeltieren bilden die in unterirdischen Höhlensystemen lebenden Nacktmullen *(Heterocephalus glaber)* den Insekten in gewisser Weise vergleichbare Kolonien mit durchschnittlich 70 bis 80 Individuen (Maximum: um 300) aber mit nur einer reproduktiven Königin (Sherman et al. 1991). Die nichtreproduktiven Weibchen – im Vergleich zur Königin körperlich kleiner und kurzlebiger – bleiben anovulatorisch und helfen ihrer Königin mehrmals jährlich bei der Aufzucht der Jungtiere. Und schließlich ist Eusozialität auch vom Pistolenkrebs *(Synalpheus regalis)* bekannt (Duffy 1996). Die Nachkommen der Königin helfen durch Verteidigung des Lebensraums, nämlich der Hohlräume bestimmter Schwämme tropischer Korallenriffe, bleiben aber selbst ohne Nachkommen.

Charles Darwin selbst erkannte, dass das Phänomen lebenslanger Sterilität die Erklärungskraft seiner Theorie von der natürlichen Selektion in ganz besonderer Weise herausfordert.

»*Ich will ... bei einer besonderen Schwierigkeit stehen bleiben, welche mir anfangs unübersteiglich und meiner ganzen Theorie wirklich verderblich zu sein schien. ich will von den geschlechtslosen Individuen oder unfruchtbaren Weibchen der Insektencolonien sprechen; denn diese Geschlechtslosen weichen sowohl von den Männchen als auch den fruchtbaren Weibchen in Bau und Instinct oft sehr weit ab und können doch, weil sie steril sind, ihre eigenthümliche Beschaffenheit nicht selbst durch Fortpflanzung weiter übertragen ... Man kann daher wohl fragen, wie es möglich sei, diesen Fall mit der Theorie natürlicher Zuchtwahl in Einklang zu bringen?*« (Darwin 1859, Übersetzung nach Darwin 1899).

Eine „eigenthümliche Beschaffenheit" der Arbeiterinnen, deren Evolution Darwin Kopfschmerzen bereitete, wird im heutigen Sprachgebrauch der Soziobiologie **nepotistischer Altruismus** (s. 2.2.2.3) genannt. Gemeint werden damit selbstlose Verhaltensweisen, deren Effekt in der Fitnessvermehrung von anderen – und zwar genetisch verwandten – Individuen liegt, gleichzeitig aber dem Altruisten Fitnesskosten verursachen. Die Arbeiterinnen der Insektenstaaten sind in diesem Sinne Altruisten, denn unter Verzicht auf eigene Fortpflanzung helfen sie ihrer Mutter, der Königin, bei deren Reproduktionsgeschäft.

Der einer dauerhaften Sterilität scheinbar innewohnende Widerspruch zur Darwinischen Evolutionstheorie wurde durch die Überlegungen von Hamilton (1964a, b) einer Lösung einen ganz entscheidenden Schritt näher gebracht. Er erkannte als erster, dass phänotypischem Altruismus genotypischer Egoismus unterliegen kann. Bei den Hautflüglern beispielsweise ist dies zwangsläufige Konsequenz ihrer Haplodiploidie: Die Arbeiterinnen sind untereinander im Durchschnitt enger verwandt (nämlich $r = 0{,}75$), als sie es bei geschlechtlicher Fortpflanzung mit ihren eigenen Kindern wären (nämlich $r = 0{,}5$). Somit trägt gemäß des Prinzips der Verwandtenselektion der „Altruismus" der sterilen Arbeiterinnen – mehr als es eigene Fortpflanzung könnte – zum Reproduktionserfolg bei und gehorcht damit letztlich dem Prinzip gen-egoistischer Fitnessmaximierung (s. 1.1).

Die Hamilton-Hypothese, wonach die Hymenopteren-Kolonien via Verwandtenselektion entstanden sein sollen, findet durch eine interessante Konsequenz des Haplodiploidie-Phänomens gute Unterstützung. Die Königinnen geben in jede Keimzelle Kopien von der Hälfte ihres Erbguts, und entsprechend sind sie mit allen ihren Nachkommen, ob Sohn oder Tochter, gleich verwandt (r = 0,5). Eine Königin sollte demnach in beide Geschlechter gleich viel investieren. Anders die Schwestern: Sie haben im Durchschnitt 75 % ihres Erbguts gemeinsam, teilen aber nur 25 % ihres Erbguts mit ihren (haploiden!) Brüdern. Folglich können die Arbeiterinnen ihre indirekte Fitness mehr steigern, wenn sie mehr Schwestern als Brüder zu produzieren helfen. Entsprechend des Verhältnisses von 75 %:25 % sollte das Investment im Verhältnis 3:1 zugunsten der Schwestern ausfallen.

Wie verhalten sich die Arbeiterinnen? Wenn sie ihr Investment auf beide Geschlechter gleich verteilen, dienen sie dem Reproduktionsinteresse ihrer Mutter, der Königin. Wenn sie jedoch in weiblichen Nachwuchs dreimal mehr investieren als in männlichen, nützen sie vorrangig der Replikation der eigenen Allele. Trivers und Hare (1976) sind dieser Frage nachgegangen und haben die Brutpflegeleistung von Arbeiterinnen verschiedener Hymenopteren-Arten gemessen. Dabei diente ihnen die Trockenmasse der Pfleglinge als Maß der in die Nachkommenproduktion gesteckten Ressourcen. Ausnahmslos alle untersuchten Arten zeigten ein geschlechtstypisches Investment zugunsten der weiblichen Nachkommen, und in den meisten Stichproben näherten sich die gemessenen Werte recht genau dem erwarteten Verhältnis von 3:1. Kerbameisen *Formica exsecta* zerstören jene Eier, aus denen Männchen zu erwarten wären, um ihren Investmentkonflikt mit der Königin zu gewinnen (Sundström et al. 1996).

Es sind also die eigenen Reproduktionsinteressen, die die sterilen Arbeiterinnen verfolgen, und Verwandtenselektion ist der evolutionäre Mechanismus, der ihre einzigartige Strategie des ausschließlich indirekten Investments zum Erfolg führt. Mit Hinweis auf die Verwandtenselektion kann die Evolution der Insektenstaaten freilich noch nicht als ausreichend erklärt gelten. Termiten sind diploid und trotzdem sozial ähnlich komplex strukturiert wie Ameisen und Bienen. Andererseits gibt es viele haplodiploide Bienen und Wespen, die solitär leben. Es muss also neben der Haplodiploidie weitere, bislang noch nicht gut verstandene Faktoren geben, die zur Evolution von Eusozialität beitragen. Für die Nacktmullen ergeben sich diese Faktoren sicherlich aus den ökologischen Vorgaben ihres Habitats. Die extrem trockenen und verdichteten Böden ihres tropischen

Lebensraums erlauben nach Regenfällen (und dies auch nur für kurze Zeit und dies keineswegs in jedem Jahr) eine Erweiterung des Tunnelsystems und damit eine Erschließung neuer Nahrungsquellen. Unter diesen ökologisch extrem rigiden, Expansion verhindernden Bedingungen entsteht notwendig Verdrängungskonkurrenz mit der Folge, dass Strategien einer konsequenten Besitzstandswahrung favorisiert werden. Ein einmal kolonialisiertes Tunnelsystem wird unter Inkaufnahme hoher Kosten, nämlich der Produktion steriler Helfer verteidigt, weil die Alternative, auf Expansion zu setzen und freie Nischen zu besiedeln, für diese spezialisierten Nager praktisch nicht zur Verfügung steht (Jarvis et al. 1994).

Eine auf Verwandtenselektion abstellende Erklärung der Eusozialität wird weiterhin verkompliziert, wenn sich, wie in Honigbienen-Kolonien *(Apis mellifera)*, die Königinnen mit mehreren Männchen verpaaren. Dies führt zu einer geringeren durchschnittlichen genetischen Verwandtschaft der weiblichen Nachkommen untereinander und lässt deshalb Altruismus weniger lohnend werden. Und schließlich reproduzieren sich in einigen Kolonien mehrere Königinnen gleichzeitig, wobei die Brut von den Arbeiterinnen gemeinschaftlich gefüttert und gepflegt wird. Auch dies verringert die Wahrscheinlichkeit, dass das altruistische Pflegeverhalten eng verwandten Schwestern zugute kommt. Wenngleich all diese Probleme noch vertiefter Erforschung bedürfen (Keller 1997), lässt sich aber doch schlußfolgern, dass in der Evolution der Eusozialität Verwandtenselektion eine ganz wesentliche Rolle mitgespielt hat. Freilich bleibt zu klären, warum und unter welchen spezifischen ökologischen Gegebenheiten die gestaltende Kraft der Verwandtenselektion zur Bildung eusozialer Gesellschaften geführt hat.

2.2 Soziale Strategien

Mit Ausnahme asexuell entstandener Klone (z. B. eineiiger Zwillinge) gibt es keine genetisch identischen Lebewesen, weshalb in den Lebensgemeinschaften grundsätzlich unterschiedliche Reproduktionsinteressen aufeinandertreffen. Im Sozialverhalten der Organismen zeigen sich verschiedenartige Strategien, mit dieser strukturellen Interessenungleichheit zum best möglichen persönlichen Vorteil umzugehen. Dies kann in Form offener Konkurrenz geschehen, die sich in Kampf und/oder Dominanz- und Herrschaftshierarchien niederschlägt. Aber auch Kooperation und Wechselseitigkeit („Reziprozität“) müssen aus der Sicht moderner Evolutionstheorie als Ausdruck des „Prinzips Eigennutz“ bewertet werden.

Wann gesellige Lebewesen den jeweils für sie günstigsten Wendepunkt zwischen Kooperation und Konflikt sehen, ob also mehr mutualistische oder mehr hegemoniale Tendenzen ihre sozialen Beziehungen prägen, hängt gemäß des Prinzips der Verwandtenselektion (s. 1.1) auch ganz entscheidend von den genealogischen Verbindungen unter ihnen ab. Dies zeigt sich besonders deutlich in Fällen systematischer Verwandtenbevorzugung (Nepotismus, „Vetternwirtschaft"). Trotz aller Gegensätze laufen im Kern unterschiedliche Reproduktionsinteressen solange parallel, wie ihre jeweilige Durchsetzung von gemeinsamen Hindernissen beeinträchtigt wird. Dies führt zu gleichsinnig ausgerichteten Verhaltensweisen und typischen Gruppenphänomenen.

2.2.1 Kampf, Dominanz und Despotismus

2.2.1.1 Kampf

Wenn das Erreichen reproduktiver Ziele durch das Verhalten von Mitkonkurrenten gefährdet wird, entstehen Konflikte. Dabei lassen sich solche um knappe Ressourcen (Nahrung, Brutplätze, Geschlechtspartner) unterscheiden von Konflikten über das Verhalten des Sozialpartners. So kann es zwischen einem paarungsbereiten Männchen und einem nicht-rezeptiven Weibchen zum Konflikt über das jeweilige Verhalten des anderen kommen (s. 3.1.6), oder zwischen Eltern und ihren Kindern kann ein Interessensgegensatz über die Höhe des Elterninvestments entstehen (s. 4.3). Im Tierreich sind vor allem drei Vorgehensweisen entstanden, um möglichst mit persönlichen Vorteilen aus Situationen reproduktiver Interessensgegensätze hervorzugehen nämlich

- **Manipulation** durch Täuschung des Kontrahenten (3.1.6.1),
- **aggressive Auseinandersetzung** (auch in ritualisierter Form) (2.2.1.2)
- Vermeidung eines physischen Kampfes durch **soziale Unterordnung.**

Ob zwei Gegenspieler überhaupt miteinander kämpfen, oder ob eine Konfliktsituation vor ihrer Eskalation durch Rückzug eines der Beteiligten entschärft wird, hängt von drei Faktoren ab nämlich

- dem **Streitwert** der begehrten Ressource,
- der Einschätzung der **Chancen**, den Kampf überhaupt gewinnen zu können und
- den vermutlichen **Kosten**, die durch den Kampf entstehen.

Mit Hilfe der **Spieltheorie** lässt sich der Zusammenhang dieser drei Faktoren formell so darstellen:

$$N_R \cdot p_G > K_K$$

Der Nutzen einer umstrittene Ressource *(N_R)*, gewichtet mit der Wahrscheinlichkeit, eine Auseinandersetzung zu gewinnen *(p_G)*, muss größer sein als die Kosten, die der Streit verursacht *(K_K)*, wenn sich ein Kampf lohnen soll. Aus den Konzepten der Spieltheorie folgt, dass – unter sonst gleichen Bedingungen – um so einsatzfreudiger um eine Ressource gestritten wird, je größer deren Wert ist. Untersuchungen an der Baldachinspinne *Frontinella pyramitela* zeigen, dass diese Tiere über einen entsprechend ausgestatteten „Rechenmechanismus" verfügen, der ihre Kampfbereitschaft beeinflusst (Austad 1983).

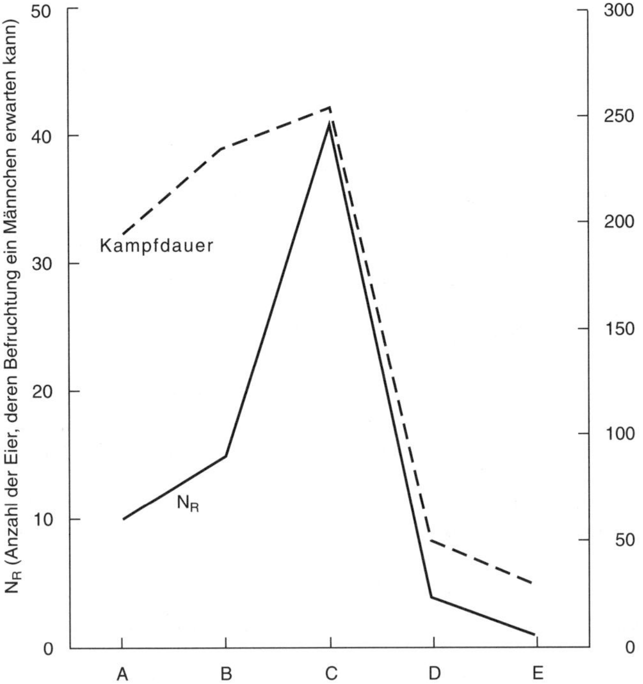

Abb. 2-19: N_R (gemessen an der Anzahl Eier, deren Befruchtung ein Männchen erwarten kann) und die Kampfdauer um das Weibchen für Baldachinspinnen (Frontinella pyramitela) in verschiedenen Phasen der Kopulation, A = vor der Kopulation, B = nach 1 Min. Prä-Inseminationsphase, C = Ende der Prä-Inseminationsphase, D = 7 Min. nach Inseminationsbeginn, E = 21 Min. nach Inseminationsbeginn (aus Austad 1983).

Wenn immer zwei Männchen auf dem Netz eines Weibchens zusammentreffen, kämpfen sie unter Einsatz ihrer beiden vorderen Extremitätenpaare und ihrer Mundwerkzeuge um den Zugang zu diesem Weibchen. Das Paarungsverhalten umfasst zwei Phasen. In einer Prä-Inseminationsphase, die zwischen einer Viertel- und drei Stunden dauern kann, prüfen die Männchen offensichtlich den Reproduktionsstatus der Weibchen. Handelt es sich um ein bis dato unverpaartes Weibchen, folgt relativ rasch die Spermaübertragung. Diese dauert etwa 30 Minuten. Hatte sich das Weibchen bereits zuvor mit einem anderen Männchen verpaart, erfolgt eine Insemination nur, wenn die vorhergehende Paarung nicht länger als 24 Std. zurückliegt. Dann hat nämlich das Männchen eine gewisse Chance, zumindest noch einen kleinen Anteil der Eier zu befruchten. Dies ist nicht mehr möglich, wenn die vorhergehende Begattung länger als 24 Std. zurückliegt, weil jetzt das Weibchen alle ihre Eier mit dem Sperma des Vorgängers befruchtet hat. Entsprechend unterbleibt in diesen Fällen eine Spermaübertragung, und die Kopulation wird nach der Prä-Inseminationsphase abgebrochen.

Abb. 2-19 zeigt, wie der Wert N_R, den ein Weibchen für ein Männchen darstellt – hier gemessen an der Anzahl der Eier, die das Männchen zu befruchten erwarten kann – sich je nach Phase im Kopulationsverlauf verändert. Beim ersten Zusammentreffen kennt das Männchen den reproduktiven Zustand des Weibchens noch nicht. Ein Durchschnittswert von zehn Eiern bildet gleichsam die Grundlinie der Werteskala. Die Kurve steigt mit Beginn der Kopulation, erreicht den Gipfel mit dem Ende der Prä-Inseminationsphase, wenn das Männchen beginnt, seine Pedipalpen mit Sperma zu füllen. Im Falle eines jungfräulichen Weibchens kann das Männchen jetzt mit 40 befruchteten Eiern rechnen. Die Kurve fällt anschließend ab. Sieben Minuten nach Inseminationsbeginn sind schon 92%, nach 21 Minuten bereits 99% der Eier befruchtet. Folglich lohnt sich die Verteidigung eines Weibchens gegen einen Mitkonkurrenten gegen Ende der Inseminationsphase immer weniger.

Für männliche Baldachinspinnen hängen die Kosten eines Kampfes direkt von seiner Dauer ab. Je länger dieser währt, desto größer ist die Wahrscheinlichkeit, durch Verletzung (z. B. Extremitätenverlust) oder gar Tod auszuscheiden. Ganz in Übereinstimmung mit spieltheoretischen Modellvorstellungen hängt die Kampfdauer, also Einsatz und Risikobereitschaft, von dem zu erwartenden Ressourcengewinn *(N_R)* an befruchtbaren Eiern ab (Austad 1983). Der gleichsinnige Verlauf der beiden Kurven macht deutlich: je mehr es zu gewinnen gibt, desto vehementer wird ein Kampf geführt. In Abb. 2-20 sind die entsprechenden Werte für gleichgroße (= gleichstarke) Rivalen dargestellt. Die Verhältnisse werden freilich komplizierter, wenn es sich um unterschiedlich große Individuen mit unterschiedlicher Kampfkraft (p_G) handelt, oder wenn die umkämpfte Ressource für die Konkurrenten von unterschiedlichem Wert ist.

Dass die weitaus meisten innerartlichen Auseinandersetzungen im Tierreich unblutig verlaufen, wurde in der Klassischen Ethologie als Ausdruck eines **Arterhaltungsprinzips** gewertet: Es sei zum Wohle der Art, wenn sich die Kontrahenten im Kampf nicht beschädigen. Und ernste Verletzungen oder gar das Töten von Artgenossen wurden als Ausnahmen oder Unglücksfälle in einem an sich dem Artwohl dienenden Verhaltenssystem aufgefasst:

»Blicken wir zurück auf alles, was wir ... aus der objektiven Beobachtung von Tieren darüber gelernt haben, in welcher Weise die intraspezifische Aggression der Erhaltung einer Tierart nützlich ist: Der Lebensraum wird unter den Artgenossen in solcher Weise verteilt, dass nach Möglichkeit jeder sein Auskommen findet. Der beste Vater, die beste Mutter wird zum Segen der Nachkommenschaft ausgewählt. Die Kinder werden beschützt ... Niemals haben wir gefunden, dass das Ziel der Aggression die Vernichtung der Artgenossen sei, wenn auch durch einen unglücklichen Zufall gelegentlich im Revier- oder Rivalenkampf ein Horn ins Auge oder ein Zahn in die Halsschlagader dringen kann und wenn auch unter unnatürlichen Umständen – ... zum Beispiel in Gefangenschaft – aggressives Verhalten vernichtende Wirkungen entfalten kann.«

Konrad Lorenz in: Das sogenannte Böse, 1963

Nach den Modellen der Spieltheorie entsprechen auch vergleichsweise friedvolle Konfliktlösungen durchaus dem persönlichen Interesse und nicht etwa einer Rücksichtsnahme auf das Wohl der Art oder auch nur des Gegners. Viele innerartliche Aggressionen finden in einem Zusammenhang statt, in dem aus einer Kosten/Nutzen-Analyse keine hohe Bereitschaft zur Eskalation eines Konflikts erwächst. Entweder lohnt es sich nicht um die Ressource, oder die Kampfkosten wären übermäßig hoch. Dies macht das berühmte **Tauben/Falken-Modell** von Maynard Smith (1982) deutlich.

Einmal angenommen, in einer Population würden zwei idealtypische Strategien aufeinander treffen, nämlich „Falken" und „Tauben". Falken nehmen jeden Kampf auf und führen ihn unter Inkaufnahme persönlicher Verletzungsrisiken bis zur Entscheidung, d. h. bis der Kontrahent getötet oder vertrieben ist. Tauben hingegen vermeiden Eskalationen. Sie drohen zwar, geben aber sofort auf, wenn sie auf einen Falken treffen. Dies schützt sie vor Beschädigungen. Es sei weiter angenommen, die Fitnesskonsequenzen einer Begegnung stünden in folgendem Verhältnis zu einander:

- Der Gewinner einer Auseinandersetzung bekommt +50 Punkte,
- der Verlierer 0 Punkte.

- Drohen kostet –10 Punkte und
- Verletzungen kosten –100 Punkte.

Es gibt vier Möglichkeiten der Begegnungen von Falken und Tauben, denn beide können jeweils angreifen oder angegriffen werden, mit entsprechend vier verschiedenen Fitnesskonsequenzen (Tab. 2-5).

Tabelle 2-5: Auszahlungsmatrix des „Falken/Tauben-Spiels" nach Maynard Smith (1982).

Angreifer	Gegner	
	Falke	Taube
Falke	0,5(+50) + 0,5(–100) = –25	+50
Taube	0	0,5(+50 – 10) + 0,5(–10) = +15

Wenn ein Falke auf einen anderen Falken trifft, gewinnt er in 50% der Fälle (+50) und verliert in 50% der Fälle (–100), woraus sich ein mittlerer Fitnessertrag von –25 Punkten errechnet. Trifft ein Falke auf eine Taube, gewinnt er die volle Punktzahl von +50, weil ja von der defensiven Taube kein Verletzungsrisiko ausgeht. Trifft eine Taube auf einen Falken, hat sie nichts zu erwarten (0), trifft sie auf eine andere Taube, wird sie drohen (–10) und in jeweils der Hälfte der Fälle gewinnen (+50) bzw. verlieren (0), woraus sich ein mittlerer Fitnessertrag von +15 Punkten errechnet.

Aus dieser Kosten/Nutzen-Matrix wird unmittelbar ersichtlich, dass eine reine Taubenpopulation keinen dauerhaften Bestand hätte, denn in der friedvollen Umgebung der Tauben wäre die Falkenstrategie überdurchschnittlich erfolgreich (+50 vs. 0). Andererseits wäre aber auch eine reine Falkenpopulation nicht auf Dauer stabil, weil in dem aggressiven Milieu konfliktscheue Tauben einen Vorteil haben. Schließlich sind 0 Punkte immer noch besser als –25. Beide Strategien sind also nicht evolutionsstabil. Stabilität ist erst dann erreicht, wenn der mittlere Gewinn aus der Taubenstrategie genauso hoch ist wie der mittlere Gewinn aus der Falkenstrategie. Der mittlere Gewinn einer Taube (T) und eines Falken (F) hängt vom Anteil der Falken (f) bzw. der Tauben (1 – f) in der Population ab. Dabei gilt:

$$T = 0f + 15(1 - f) \quad \text{und} \quad F = -25f + 50(1 - f).$$

Wenn T = F, ist ein stabiles Gleichgewicht erreicht. Man spricht dann von einer **Evolutionsstabilen Strategie (ESS)**. In unserem Beispiel liegt es übrigens bei 7/12 Falken und entsprechend 5/12 Tauben.

2.2.1.2 Dominanz

Nicht alle sozialen Konflikte werden offen und ganz direkt durch Kampf entschieden. Dies ist dann nicht nötig, wenn durch **ritualisierte Kommunikation** stabile Dominanzbeziehungen zu etablieren sind. Jeweils spezifische physische, psychische und/oder soziale Merkmale, zu denen Alter, Körpergröße, Stärke, Aggressivität, genealogische Herkunft, Reproduktionsstatus oder Allianzbeziehungen gehören können, tragen zum individuellen Dominanzstatus eines Tieres bei. Im einfachsten Fall reihen sich die Gruppenmitglieder zu einer linearen Rangordnung. Es kann aber auch zu komplizierten Dreiecksstrukturen der Art „A dominiert B, B dominiert C, und C dominiert A" oder auch anderen nicht-linearen Verhältnissen kom-

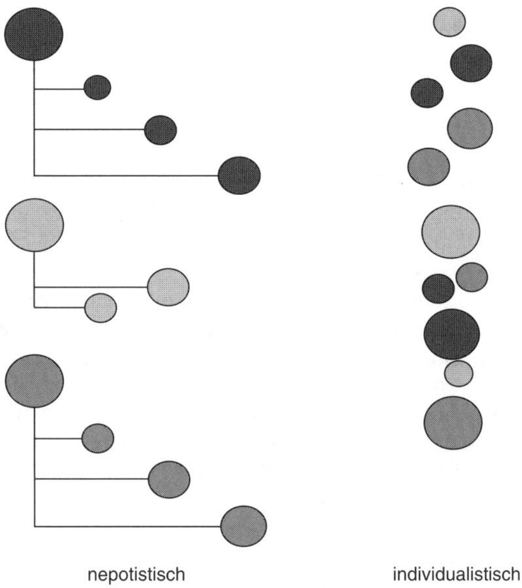

Abb. 2-20: Schematische Darstellung einer nepotistischen (links) und einer individualistischen (rechts) Rangordnung. Die Größe der Kreise symbolisiert Alter. Verwandte Tiere haben dasselbe Muster (aus Van Schaik 1989).

men. Unter Primaten sind darüber hinaus nepotistische Rangordnungen bekannt: Die Nachkommen einer Mutter „erben“ deren Rang. Auf diese Weise entsteht ein Ranggefüge zwischen „Clans“ (Matrilinien) und nicht vorrangig zwischen Individuen, wie dies bei der typischen Hühner-Hackodnung der Fall ist (Abb. 2-20). Nepotistische Dominanzsysteme machen Rangauseinandersetzungen typischerweise zu Familienangelegenheiten (Gygax et al. 1997).

Dominanzordnungen gründen auf einer Ungleichheit von „Machtfaktoren“. Diese machen das wahrscheinliche Ergebnis einer Rangauseinandersetzung zwischen zwei Tieren hinreichend genau voraussagbar, weshalb kostspielige Kämpfe im großen und ganzen überflüssig werden. Für ein dominantes Individuum reicht es häufig, einen Anspruch (z. B. an eine Ressource) zu signalisieren, um respektiert zu werden. Die „Alltagsgeplänkel“, in denen sich Rangbeziehungen zeigen, bestehen häufig nur in Drohgebärden oder einem räumlichen Verdrängen des sozial Unterlegenen von bevorzugten Plätzen. Offener Kampf ist eher selten. Er spielt möglicherweise eine entscheidende Rolle bei der Errichtung einer Dominanzhierarchie, etwa zu Beginn einer Brutsaison, wird jedoch zu ihrer Aufrechterhaltung in der Regel kaum mehr eingesetzt.

Konventionelle Sichtweisen sahen in sozialen Hierarchien eine Art Gesellschaftsvertrag, von dem alle profitieren. Zwar mögen die Hochrangigen gewisse Privilegien bei der Ressourcennutzung oder Partnerwahl haben, aber im Gegenzug gewähren sie den Rangtiefen Schutz, schlichten Streit und geben großzügig von ihrer Nahrung ab. Ranghohe verhalten sich gleichsam „ritterlich“, weshalb man sich letztlich auf jeder Rangstufe gemütlich einrichten könnte. Auch aus soziobiologischer Sicht profitieren Dominante und Subdominante von der Einrichtung einer Ranghierarchie, aber aus anderen Gründen. Ranghohe sparen Zeit und Energie, wenn sie nicht andauernd mit hohem Einsatz ihre Überlegenheit demonstrieren müssen, und Rangniedere sparen ebenfalls Zeit und Energie und vermeiden darüber hinaus Verletzungsrisiken, wenn sie bestehende Rangverhältnisse anerkennen. Dies darf aber nicht den Blick dafür verstellen, dass jeder seinen Eigennutz maximiert und – wenn es die Umstände erlauben – sozial aufzusteigen versuchen wird.

Manche Tiere investieren sehr viel, um in Rangauseinandersetzungen erfolgreich abzuschneiden. Wenn beispielsweise die Dominanzverhältnisse unter Männchen vorrangig von deren physischer Stärke und Kampfkraft abhängen, belohnt die natürliche Selektion jene Individuen, die sehr viel in ihr Körperwachstum investieren. Dies hat in der Stammesgeschichte zu auffällig sexualdimorphen Arten (z. B. See-Elefanten, Rothirsche, Mantelpaviane) geführt. Gemäß evolutionsbiologischer Theorie darf man erwarten, dass dieser hohe körperliche Aufwand ebenso wenig evolviert wäre wie die z. T. kostspieligen, weil risikoreichen Verhaltensstrategien der Tiere, in dem Ranggefüge möglichst weit oben zu rangieren, wenn nicht mit sozialer Dominanz im Durchschnitt ein persönlicher Vorteil im Reproduktionswettbewerb einherginge. Und in der Tat hängt in sehr vielen Fällen der Reproduktionserfolg eines Individuums in nicht unerheblichem Maße von seiner sozialen Rangstellung ab. Dies gilt zunächst ganz allgemein für nahezu alle daraufhin untersuchten sozialen Arten, von Feldwespen bis zu Primaten (Clutton-Brock 1988; Ellis 1995; Heinze 1998).

Dominanz unter Männchen korreliert mit dem Paarungserfolg *(mating success)* und entscheidet letztlich über den Zugang zu befruchtbaren Eiern. Je nach vorherrschendem Paarungssystem lässt sich Paarungserfolg an der Größe des Harems messen, den ein Männchen für sich sexuell zu monopolisieren vermag oder aber – in „Mehrmännchen-Gruppen" – mit der Zahl der Kopulationen (bzw. Ejakulationen), zu denen jedes Männchen gelangt. Ferner vermögen dominante Männchen ihre soziale Vormachtstellung dazu zu nutzen, um ihre sozial unterlegenen Mitkonkurrenten vom Kopulieren ganz abzuhalten (z. B. Herrera und MacDonald 1993 für Wasserschweine *Hydrochaeris hydrochaeris*).

Ein Beispiel für eine ausgesprochen enge **Korrelation zwischen Rang und Reproduktion** liefern See-Elefanten *(Mirounga angustirostris)*. Die erwachsenen Bullen treffen sich zu Beginn der Fortpflanzungssaison an traditionell aufgesuchten Stränden bestimmter Inseln. Dort bilden sie untereinander durch Droh- und Kampfverhalten sofort eine soziale Rangordnung, die für die gesamte Dauer der Paarungszeit weitgehend stabil bleibt. Danach erst treffen die Weibchen ein. Die Stellung der Männchen in der Ranghierarchie entscheidet darüber, wie dicht sie sich den Weibchengruppen annähern können. Der α-Bulle hält sich praktisch ständig in der Weibchen-Gruppe oder in ihrer unmittelbaren Nähe auf. Je nach Größe der Gruppen haben auch niederrangige Bullen Zugang zu begrenzten Abschnitten des Areals, wobei jedes Männchen versucht, die in der Hierarchie unter ihm Stehenden von den Weibchen fernzuhalten. Etwa sechs Tage nach ihrer Ankunft werfen die Weibchen je ein Jungtier, weitere drei bis vier Wochen später sind sie für etwa vier Tage empfängnisbereit. In dieser Zeit finden die Kopulationen statt. Deren Verteilung unter den Männchen ist in hohem Maße ungleichmäßig (Tab. 2-6).

Genaugenommen sagt der Paarungserfolg nichts über den Fortpflanzungserfolg aus, denn je nach Zeitpunkt im Ovulationszyklus kommt es mit unterschiedlicher Wahrscheinlichkeit zur Befruchtung. Weder in Gruppen von Gelben Babuinen *(Papio cynocephalus)* noch in Berberaffengruppen *(Macaca sylvanus)* lassen sich deutliche Zusammenhänge zwischen den Sozialrängen der Männchen und ihren Kopulationshäufigkeiten feststellen, was auf den ersten Blick gegen die Annahme eines Fitnessvor-

Tabelle 2-6: Verteilung (in %) aller Kopulationen nach sozialer Rangstellung der Männchen (nur die ersten zehn Rangpositionen) während sechs Untersuchungsjahren in einer See-Elefanten-Gruppe (Mirounga angustirostris) (aus LeBoeuf 1974).

soziale Rangstellung	1968	1969	1970	1971	1972	1973
α	37	49	28	28	13	12
2	31	22	18	19	10	8
3	14	14	11	8	14	13
4	4	4	9	13	9	4
5	6	1	5	4	8	6
6	0	4	1	4	10	4
7	2	1	4	4	4	8
8	1	1	5	2	4	8
9	1	1	1	2	5	4
10	1	1	1	1	2	3

teils der sozial dominanten Individuen spricht. Bei genauerer Betrachtung zeigt sich jedoch bei beiden Arten eine je nach Dominanzstatus der Männchen ungleiche Verteilung ihrer Kopulationen über die Phasen des weiblichen Zyklus. Jüngere und rangniedere Männchen kopulieren eher an nichtfruchtbaren Tagen (Hausfater 1975; Küster und Paul 1989), während ältere und ranghöhere Männchen sich häufiger um den Ovulationszeitpunkt herum verpaaren, was eine Empfängnis besonders wahrscheinlich werden lässt und was sich – wie molekulargenetische Tests zeigen – auch tatsächlich in vermehrter Vaterschaft niederschlägt (Paul et al. 1993 für Berberaffen *Macaca sylvanus*).

Auch für Säugerweibchen gibt es zwischen Dominanzstatus und Reproduktionserfolg einen positiven Zusammenhang, der jedoch je nach Sozialsystem und ökologischer Einnischung der Arten über verschiedenartige Mechanismen zustande kommen kann. In Tab. 2-7 sind beispielhaft einige sozialrangabhängige Komponenten reproduktiver Fitness aufgeführt, wie sie aus Primatengesellschaften bekannt sind.

Die Überlebenswahrscheinlichkeiten unterscheiden sich allein schon deshalb, weil sozial hochrangige Tiere immer Vorteile bei der Ressourcen-

Tabelle 2-7: Dominanz und Reproduktionserfolg unter weiblichen Primaten.

dominanzabhängige Komponenten des Reproduktionserfolgs	Beispiel	Literatur
Selbsterhaltung durch Privilegien bei der Ressourcennutzung (besonders in Zeiten der Knappheit)	Grüne Meerkatze Cercopithecus aethiops	Wrangham 1981
Fertilität		
• Aufnahme reproduktiver Tätigkeit überhaupt	Braunrückentamarin Saguinus fuscicollis	Goldizen und Terborgh 1989
• Alter bei der ersten Geburt	Anubis-Pavian Papio anubis	Packer et al. 1995
• Geburtenabstände	Dschelada Theropithecus gelada	Dunbar 1989
Säuglings- und Kindersterblichkeit	Javaner-Affe Macaca fascicularis	Van Noordwijk 1999
Reproduktive Unterdrückung rangniederer Weibchen durch		
• „psychische Kastration"	Krallenaffen	Abbott 1993
• Kopulationsstörungen	Hanuman-Languren Presbytis entellus	Sommer 1989
• Aggression gegen deren Kinder	Rhesusaffe Macaca mulatta	Gomendio 1990
Soziale Platzierung der Nachkommen durch „Vererbung" des Sozialrangs	Rotgesichtsmakak Macaca fuscata	Kawai 1965

nutzung, etwa bei der Nahrungsaufnahme, haben werden. Dieser Bonus zahlt sich besonders zu Zeiten ökologischer Knappheit aus, wenn ein spärliches Nahrungsangebot nicht alle Gruppenmitglieder gleichermaßen zu befriedigen vermag. In „Helfer-am-Nest"-Gesellschaften (s. 2.1.1.5), die bei Primaten ausschließlich unter den südamerikanischen Krallenaffen vorkommen, gelangt nur jeweils ein Weibchen pro Gruppe – eben das dominante – zur Fortpflanzung. Die anderen übernehmen Helfer-Aufgaben, oder sie verlassen ihre Gruppe. Ferner kann soziale Dominanz darüber

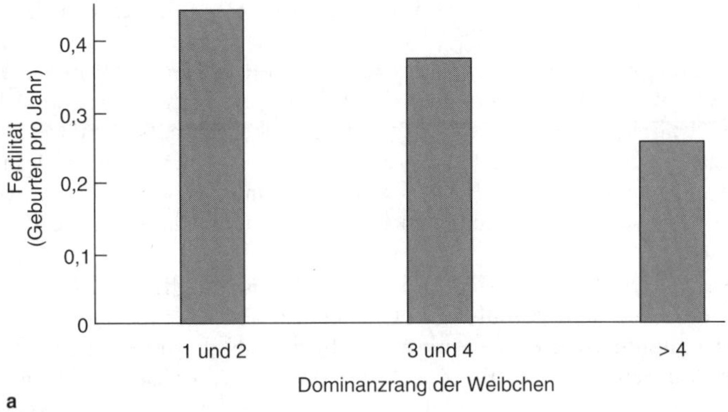

a

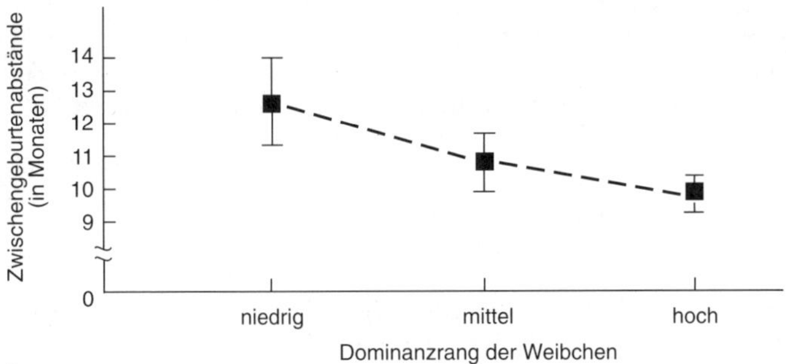

b

Abb. 2-21: a) Rangspezifische Fertilität (= Nachkommen pro Jahr) in einer äthiopischen Population von Dscheladas (Theropithecus gelada), b) Rangspezifische Intergeburtenabstände in einer Kolonie Grüner Meerkatzen (Cercopithecus aethiops) (aus Boyd und Silk 1997).

entscheiden, in welchem Umfang der durch reproduktive Konkurrenz und Unterdrückung entstehende Stress (s. 2.1.2.3) abgepuffert werden kann. In Harems lebende Weibchen der Hanuman-Languren *(Presbytis entellus)* stören sich gegenseitig bei Verpaarungen. Während die Weibchen am unteren Ende der Ranghierarchie praktisch nie eine Kopulation ungehindert zu Ende bringen können, gelingt dies hochrangigen Weibchen immerhin in über der Hälfte der Fälle. Wohl auch deshalb gebären sozial unterlegene Primatenweibchen im Durchschnitt seltener als ihre dominanten Geschlechtsgenossinnen (Abb. 2-21), und schließlich kann die soziale Rangstellung über den Erfolg entscheiden, mit dem Mütter ihren Nachwuchs durch die Fährnisse der frühen Kindheit bringen. Kinder ranghoher Weibchen haben häufig im Durchschnitt bessere Überlebenswahrscheinlichkeiten und durch die Übernahme des mütterlichen Rangs die besseren sozialen „Startpositionen" – nicht zuletzt deshalb, weil sie wegen der mütterlichen Protektion damit rechnen können, weniger oft, etwa von den Weibchen konkurrierender Clans, angegriffen zu werden.

Fazit: Indem sich die Tiere um eine möglichst ranghohe Position in ihrem Sozialverband bemühen, versuchen sie letztlich, ihre persönlichen Reproduktionschancen zu verbessern. Im Durchschnitt verschafft Dominanz Vorrechte bei der Ressourcennutzung, überdurchschnittlichen Paarungserfolg, erhöhte Reproduktionsraten und/oder die Möglichkeit die Entwicklung der Nachkommen von der Harschheit des Lebens mehr oder weniger abzuschirmen. Folge dieser Zusammenhänge ist die stammesgeschichtlich erworbene Bereitschaft soziallebender Tiere, in Dominanzbeziehungen einzutreten. Erst wenn die voraussichtlichen Kosten, die durch soziale Konkurrenz entstehen, größer zu werden drohen als die Fitnessvorteile einer dominanten Position, sollten sich die Individuen mit ihrer untergeordneten Stellung zufrieden geben.

2.2.1.3 Sozialer Wetteifer und Despotismus in menschlichen Gesellschaften

Sozialer Wetteifer unter gesellig lebenden Tieren steht im Dienst fitnesssteigernder Reproduktionsstrategien und kann von daher als biologische Angepasstheit verstanden werden. Dies gilt besonders auch für unsere nächsten Verwandten, die nicht-menschlichen Primaten, in deren Sozialverbänden besonders elaboriertes Dominanzverhalten zu beobachten ist (Paul 1998). Man darf deshalb vermuten, dass **Streben nach sozialer Vormachtstellung** im Verlauf der menschlichen Stammesgeschichte seine ursprüngliche biologische Funktion bewahrt hat und dass der soziale Wetteifer in heutigen Gesellschaften als Verlängerung eines adaptiven Prinzips zu verstehen sein könnte.

Dass menschliches Vormachtsstreben aus biologischen Anpassungsvorgängen hervorgegangen sein könnte, ist nicht einfach nachzuweisen, weil weder die frühe Menschheitsgeschichte noch die sie formenden sozioökologischen Rahmenbedingungen gut bekannt sind. Angesichts dieses Problems hat es sich in der Anthropologie bewährt, zeitgenössische tropische und subtropische Wildbeuter- und Pflanzergesellschaften als mögliche Modelle historischer Situationen der Menschheitsgeschichte zu betrachten. Bei vorsichtiger Interpretation und den jeweiligen Sonderbedingungen gerecht werdender Analyse dieser traditionellen Gesellschaften sollte es gelingen, unsere Vorstellungen über das evolutive Milieu zu vermehren, das während des Pleistozäns, also der erdgeschichtlichen Epoche der Menschwerdung, vorgeherrscht und schließlich den modernen Menschen mit all seinen körperlichen, seelischen und geistigen Angepasstheiten hervorgebracht hat.

Dieser Vergleich hat zu einer bemerkenswerten Einsicht geführt: in Wildbeuter- und Pflanzergesellschaften hängt sozialer Erfolg mit reproduktivem Erfolg zusammen. Auch in diesen so genannten **egalitären Gesellschaften**, also in solchen, deren Sozialsysteme nicht auf Besitz- und Machtasymmetrien gründen, konkurrieren Menschen um gesellschaftlich anerkannte, prestigeträchtige und privilegierte Positionen (z. B. den Häuptlingsstatus), und diese herausgehobenen Positionen gehen interessanterweise im Durchschnitt mit erhöhtem Reproduktionserfolg einher.

Häuptlinge der südamerikanischen Yanomami beispielsweise sind im Durchschnitt mit mehr Frauen verheiratet als Nichthäuptlinge. Außerdem sind die Häuptlingsfrauen im Mittel fruchtbarer (Abb. 2-22). Beides addiert sich in den Effekten und führt dazu, dass 35-jährige Yanomami-Häuptlinge im Mittel 8,6 Kinder gezeugt haben, Nichthäuptlinge

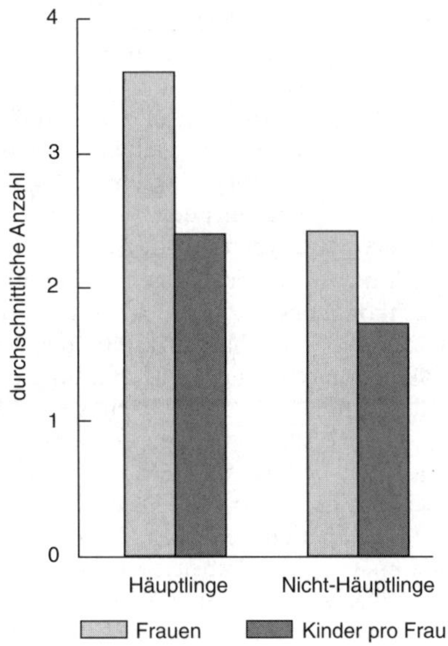

Abb. 2-22: Durchschnittliche Anzahl von Frauen und Kindern pro Frau von 35-jährigen Häuptlingen und Nichthäuptlingen der Yanomami (aus Chagnon 1980).

gleichen Alters mit 4,2 Kindern hingegen nur knapp die Hälfte (Chagnon 1980).

Besonders gut ist der Zusammenhang zwischen der Stellung im sozialen Ranggefüge und dem durchschnittlichen Reproduktionserfolg in **vormodernen bäuerlichen Bevölkerungen** untersucht, deren Sozialstrukturen sich gut in den Kategorien von Land- oder Viehbesitz beschreiben lassen. In allen derartigen bisher daraufhin untersuchten Gesellschaften korreliert regelmäßig Besitz mit Reproduktionserfolg, ob bei kenianischen (Borgerhoff Mulder 1987), iranischen (Irons 1979b) oder kashmirischen (Casimir und Rao 1992) Viehzüchtern, ob in den europäischen Bauerndörfern des 18. und 19. Jahrhunderts (Hughes 1986; Low 1990b; Voland 1990), den Gründersiedlungen der Mormonen Utahs (Faux und Miller 1984; Mealey 1985) oder den zeitgenössischen Amish people (Wasao und Donnermeyer 1996) – um nur einige der ethnohistorischen Kontexte zu nennen, in denen sich zumindest für Männer der Zusammenhang zwischen kulturellem und reproduktivem Erfolg deutlich darstellen ließ (Überblick in Betzig 1997; Pérusse 1993).

Unterschiede im Reproduktionserfolg können über drei Komponenten zustande kommen, nämlich über Unterschiede in der Fruchtbarkeit, der Säuglings- und Kindersterblichkeit und – aus männlicher Perspektive – dem Paarungserfolg. Letzteres meint unterschiedliche Anteile an der Monopolisierung fekunder Frauenjahre. Maßgeblich beeinflusst wird dieser Anteil durch das Heiratsalter der Bräute, der Haremsgröße (parallele Polygynie), der Wiederheirat nach Scheidung oder Verlust der ersten Partnerin (serielle Polygynie) und nicht zuletzt durch außereheliche Beziehungen. Wenn Paarungserfolg als erklärende Variable gezielt untersucht wurde, erwies er sich regelmäßig als bedeutsamer proximater Grund für einen erhöhten Reproduktionserfolg sozial erfolgreicher Männer. Hingegen sind die Ergebnisse bezüglich des Einfluss der ehelichen Fruchtbarkeit und der Säuglings- und Kindersterblichkeit uneinheitlich.

All diese Untersuchungen beschreiben Fitnesseffekte, die in der ersten Nachkommensgeneration zu messen sind. Dabei hat man entweder altersspezifische Fruchtbarkeitsraten oder bevorzugt den Lebensreproduktionserfolg (gemessen als die Anzahl überlebender Kinder) als Schätzer genetischer Fitness verwendet. Nach wie vor weitgehend unbekannt sind jedoch die langfristigen Fitnesskonsequenzen sozialer Unterschiede. Zwei Komponenten können theoretisch an ihrem Zustandekommen beteiligt sein. So hängt die langfristige Fitness entscheidend davon ab, in welchem Umfang die überlebenden Kinder in der Population verbleiben und nicht wegen mangelnder Lebenschancen emigrieren müssen. Die europäischen Amerika-Auswanderer z. B. trugen – wie reproduktiv erfolgreich sie in ihrer neuen Heimat auch gewesen sein mögen – nichts zur Fitness ihrer

Eltern bei. Sie haben ihre Geburtspopulation verlassen, und Fitness misst per definitionem den relativen Reproduktionserfolg innerhalb einer Fortpflanzungsgemeinschaft (siehe 1.1).

Zweitens hängen langzeitige Fitnessunterschiede von dem Anteil der sich verheiratenden und sich selbst wiederum fortpflanzenden Kinder ab. Die Gesamtzahl überlebender Kinder verliert jeglichen Wert als Schätzer genetischer Fitness, wenn ein Großteil von ihnen lebenslang zölibatär lebt. Das Schicksal der überlebenden Kinder hängt unter vorindustriell bäuerlichen Lebensbedingungen ganz entscheidend von den Möglichkeiten der Eltern ab, ihre Kinder über Erbschaften und Brautpreis- und/oder Mitgiftzahlungen sozial gut zu platzieren. Die Fitnesskonsequenzen unterschiedlicher Besitzverteilung müssen sich deshalb nicht notwendigerweise bereits in der ersten Nachkommensgeneration (in unterschiedlichen Kinderzahlen) zeigen. Sie können eventuell erst längerfristig sichtbar werden.

Diesem Problem wurde in einer historisch-demographischen Studie zum Reproduktionsverhalten der ländlich-bäuerlichen Bevölkerung der ostfriesischen Krummhörn des 18. und 19. Jahrhunderts Rechnung getragen (Voland 1990). Die dafür notwendigen Daten wurden nach der Methode der „Familienrekonstitution" auf der Basis von Kirchenbucheinträgen und einigen anderen Quellen erhoben. Angaben zu den sozialen Hintergründen der Familien stammen aus Steuerlisten.

Um die langfristigen Fitnesskonsequenzen sozialer Schichtung zu ermitteln, wurde der Reproduktionserfolg aller Familien – mit dem Jahr der Eheschließung beginnend – in Zehnjahresabständen über 100 Jahre verfolgt und mit einer Formel berechnet, in der sowohl die Anzahl der direkten Nachkommen berücksichtigt wurde, als auch deren jeweils alters- und geschlechtsspezifische Aussicht auf eigene Fortpflanzung (ihr jeweiliger „Reproduktionswert", vergl. 4.1.1).

In Abb. 2-23 wird der durchschnittliche Reproduktionserfolg der Großbauern ins Verhältnis zum Bevölkerungsmittel gesetzt. Man erkennt, wie sich bereits zehn Jahre nach der Eheschließung ein erhöhter Reproduktionserfolg für die landreichen Bauern abzuzeichnen begann und dann kontinuierlich bis Ende des Beobachtungszeitraums deutlich zunahm. 100 Jahre nach der Eheschließung, also etwa in der Urenkel-Generation, war der Anteil der Genreplikate aus einer bestimmten Großbauernfamilie im Durchschnitt fast doppelt so groß wie der aus einer reproduktiv durchschnittlichen Familie.

Wie auch in anderen vormodernen europäischen Agrargesellschaften zeugten in dieser Kohorte die reichen Bauern durchschnittlich mehr Kinder als die Männer anderer Bevölkerungsgruppen. Wenngleich die Säuglings- und Kindersterblichkeit den mit der höheren Kinderzahl verbundenen reproduktiven „Vorsprung" der Großbauern eher ausglich, brachten

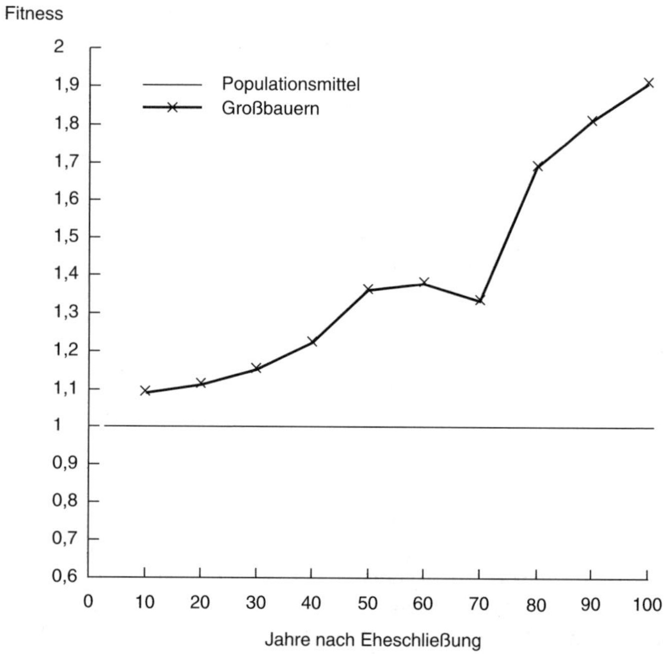

Abb. 2-23: Der relative Reproduktionserfolg landreicher Großbauern gegenüber dem Populationsmittel für die ersten 100 Jahre nach der Eheschließung (Krummhörn, Ostfriesland, Heiratskohorte 1720-1750) (aus Voland 1990).

diese jedoch immerhin noch durchschnittlich ein Kind pro Familie mehr ins Erwachsenenalter als die Kleinbauern.

Deutliche Unterschiede ergaben sich vor allem in der Verteilung der Emigranten und Verheirateten. Die Wahrscheinlichkeit, in seinem zukünftigen Leben als Lediger auszuwandern, war für einen 15-jährigen Jugendlichen aus der Gruppe der landbesitzlosen Arbeiter ungefähr 1,8 mal größer als für einen gleichaltrigen Jugendlichen aus einer Großbauernfamilie. Außerdem hatten Großbauernkinder im Mittel deutlich bessere Heirats- (und somit Reproduktions-)chancen als die Nachkommen der Kleinbauern und Landlosen. Landbesitz entschied demnach in der Krummhörn über den Reproduktionserfolg.

Sofern Unterschiede in der sozialen Stellung auch nur zu einem kleinen Teil auf genetische Unterschiede (z. B. in den Persönlichkeitsfaktoren oder

Motivationsstrukturen) zurückgehen, findet Selektion statt, und es kommt zwangsläufig zu einer zunehmenden genetischen Fixierung des Dominanzstrebens in der gesamten Population. Wenngleich man letztlich nicht wissen kann, ob die differenzielle Reproduktion in der Krummhörn zu Genfrequenzverschiebungen geführt hat, kann dies aus verschiedenen Gründen eher als unwahrscheinlich gelten. Wahrscheinlicher und sparsamer ist hingegen die Annahme, dass sich die sozialen Gruppen der Krummhörn genetisch nicht systematisch unterschieden haben. Differenzielle Reproduktion hat dann nichts mit Selektion zu tun, sondern wäre lediglich Ausfluss unserer evolvierten verhaltenssteuernden Maschinerie, die uns dazu motiviert, die vorgefundenen sozio-ökologischen Opportunitäten best möglich für die eigene Reproduktion zu nutzen. Und weil soziale Vormachtstellung im evolutionären Wettrennen Vorteile verspricht, lassen sich in der Krummhörn (und in sozial geschichteten Gesellschaften überhaupt) soziokulturelle Verhaltensstrategien erwarten, die vor allem auch auf Statussicherung und -vermehrung (also auf kulturellen Erfolg) hin ausgerichtet sind. Sozialer Wetteifer ist hier eine proximate Schiene, den persönlichen Reproduktionserfolg und damit genetische Fitness zu maximieren, und die Motivation dazu kann als biologische Angepasstheit im genetischen Vermehrungsinteresse aufgefasst werden. Diese Zusammenhänge gelten ganz unabhängig davon, wie die Menschen ihre soziale Konkurrenz selbst wahrnehmen und begründen und ganz unabhängig auch davon, um welche unmittelbaren kulturelle Ziele sie letztlich konkurrieren.

Solange es bei den kulturell erstrebenswerten Zielen um die Anhäufung von Geld und Besitz geht, mag der in historischen und traditionellen Gesellschaften vorfindliche Zusammenhang zwischen kulturellem Erfolg und genetischer Fitness unmittelbar einleuchten, denn Ressourcen zu akkumulieren, um sie letztlich in Reproduktion zu stecken, scheint ein grundlegendes biologisches Prinzip zu sein, und es wäre gar nicht einsichtig, weshalb Menschen hiervon eine Ausnahme bilden sollten. Nun gibt es aber auch Bevölkerungen, deren sozialer Wetteifer sich gar nicht vorrangig um Besitzanhäufung dreht, sondern bei denen **Ehre** oder **Prestige** zu den begrenzenden Gütern gehören, um die zu konkurrieren sich lohnt. Die südamerikanischen Yanomami gehören dazu, deren wildbeuterische Lebensweise es gar nicht zulässt, Reichtümer anzuhäufen, deren betont kriegerische Lebensführung aber vielerlei Gelegenheit bietet, Mut und Tapferkeit zu beweisen und auf diese Weise Prestige anzusammeln (Abb. 2-24). Die Yanomami gelten als schnell gewaltbereit, besonders auch, wenn es darum geht, empfundenes Unrecht zu vergelten. Frauenraub, Eifersucht, nicht eingehaltene Eheversprechen beispielsweise bilden häufig Anlass zu aggressiven Auseinandersetzungen, in deren Verlauf nicht selten

Männer ihr Leben verlieren. Dies wiederum schürt das Motiv der **Blutrache.** Daly und Wilson (1988a) schätzen, dass Blutrache das Motiv Nr. 1 aller Tötungsdelikte während der Menschheitsgeschichte abgegeben hat. Auf den ersten Blick ist überhaupt nicht einsichtig, wie die Vendetta mit der ihr inhärenten Spirale von Gewalt und Gegengewalt biologisch adaptiv sein soll. Im Gegenteil, es scheint ausgesprochen kontraproduktiv, wenn wie bei den Yanomami 30% aller erwachsenen Männer durch Gewalt sterben (Chagnon 1988). Dennoch befördert es die persönliche Ehre, an diesem gewalttätigen Tun heldenhaft teilgenommen zu haben. Liegt hier nicht ein eindrückliches Gegenbeispiel zu der oben aufgestellten Regel eines Zusammenhangs zwischen kulturellem und reproduktivem Erfolg vor?

Abb. 2-24: Aggressive Selbstdarstellung (Begrüßungstanz) eines Yanomami (Foto: Eibl-Eibesfeldt).

Häufig sind es zehn bis 20 Männer eines Dorfes, die in Richtung Feindeslager aufbrechen, und gewöhnlich wird das erste Mitglied der feindlichen Gemeinschaft, auf das man trifft, aus dem Hinterhalt mit Pfeil und Bogen erschossen. Es kann aber auch zu Massakern mit zehn oder mehr Opfern kommen. Danach zieht man sich schleunigst ins eigene Dorf zurück. Wer getötet hat, unterzieht sich einer besonderen Zeremonie und bekommt dadurch einen angesehenen sozialen Status. Er wird zum „unokai“. In der von Napoleon Chagnon (1988) besuchten Yanomami-Gemeinschaft waren 44% aller Männer über 25 Jahre „unokai“. 60% aller „unokai“ haben einmal getötet, einer 16 mal.

Einmal abgesehen davon, dass in der Yanomami-Gesellschaft gewaltbereite Dörfer weniger wahrscheinlich angegriffen werden, und deshalb kriegerische Rachezüge, weil sie Stärke demonstrieren, paradoxerweise als Selbstschutzmaßnahme verstanden werden können, hat das Streben nach Ehre für die Yanomami-Männer ganz unmittelbare reproduktive Konsequenzen. Sie werden interessanter für die Frauen ihres Dorfes (Tab. 2-8), und dies wiederum bleibt nicht ohne Auswirkungen für ihren Reproduktionserfolg (Tab. 2-9).

Tabelle 2-8: Durchschnittliche Anzahl von Ehefrauen für „unokai“ und „Nicht-unokai“ (nach Chagnon 1988).

Altersgruppe	„unokai“		„Nicht-unokai“	
	n	ø	n	ø
20–24	5	0,80	78	0,13
25–30	14	0,93	58	0,53
31–40	43	1,14	61	0,97
> 40	75	2,09	46	1,17
Total	137	1,63	243	0,63

Tabelle 2-9: Durchschnittliche Anzahl von Kindern für „unokai“ und „Nicht-unokai“ (nach Chagnon 1988).

Altersgruppe	„unokai“		„Nicht-unokai“	
	n	ø	n	ø
20–24	5	1,00	78	0,18
25–30	14	1,57	58	0,86
31–40	43	2,83	61	2,02
> 40	75	6,99	46	4,19
Total	137	4,91	243	1,59

Was auf den ersten Blick als ausgesprochen dysfunktional aussehen muss, wie das Vendetta-System der Yanomami, erscheint aus der Perspektive des „egoistischen Gens“ durchaus als folgerichtig. Männer, die sich diesem Gewaltsystem verweigern und auf ihr Helden-Prestige keinen Wert legen, haben angesichts der vorherrschenden Normen und Partnerwahl-Präferenzen der Frauen nur unterdurchschnittliche sexuelle Chancen, und so wird erklärlich, wie ein System, in dem kultureller Erfolg mit teuer erkauftem „Prestige“ gemessen wird, sich kulturell und genetisch gleichermaßen selbst erhält.

Weil nach soziobiologischer Theorie soziale Konkurrenz letztlich genetische Konkurrenz widerspiegelt, muss gemäß der Theorie von der Verwandtenselektion (s. 1.1) eine Abhängigkeit des Konfliktverhaltens von den genetischen Verwandtschaftsverhältnissen der Protagonisten angenommen werden. Danach müsste – unter sonst gleichen Bedingungen – Konkurrenz mit dem Grad der Blutsverwandtschaft unter den Beteiligten abnehmen. Ein möglicher Gewinn aus einer Konkurrenzsituation wird ja je nach Verwandtschaftsgrad anteilig vermindert, wenn der Verlierer durch gemeinsame Abstammung identische Allele hat. Der direkte Fitnessgewinn wird per saldo durch Verluste an indirekter Fitness geschmälert. Wenn also Verwandte miteinander konkurrieren, sollte der zu erwartende Gewinn außerordentlich groß sein – größer jedenfalls als in vergleichbaren Auseinandersetzungen mit Nicht-Verwandten.

Die Orkneyinga Saga beschreibt die Geschichte der Wikinger-Herrscher auf den Orkney-Inseln vom 9. bis 12. Jahrhundert. Njal's Saga handelt von den Beziehungen einiger isländischer Familien etwa um das Jahr 1000. Beide Quellen enthalten eine Fülle genealogischer Information, die die Rekonstitution der Verwandtschaftsverhältnisse (jedenfalls in den männlichen Linien) recht zuverlässig und in Übereinstimmung mit anderen historischen Quellen erlaubt. Danach war das Leben der Wikinger äußerst konfliktträchtig. Njal's Saga berichtet den gewaltsamen Tod von 31 der insgesamt 87 erwachsenen Männer innerhalb von nur zehn Jahren. Zwar haben sich auch enge Verwandte umgebracht, dann aber nicht aus trivialen Anlässen, sondern – in perfekter Übereinstimmung mit den Voraussagen der Verwandtenselektionstheorie – nur bei höheren Gewinnerwartungen (etwa um eine Herrschaft für sich oder einen Sohn zu übernehmen). Und auch die Blutgeldzahlungen, die die Angehörigen der Mordopfer traditionsgemäß von der Sippe der Täter als Entschädigung einfordern konnten, spiegeln verwandtschaftliche Erwägungen wider. Für einen getöteten Vater, Sohn oder Bruder konnte man 24 *aurar* erwarten. Für einen Vetter, mit dem man im Mittel ja nur halb so eng verwandt ist, wie mit einem Vater, Sohn oder Bruder, gab es entsprechend nur die Hälfte: zwölf *aurar.* Für einen Vetter zweiten Grades, dessen Verwandtschaft sich mit ego noch einmal halbiert, 5,5 *aurar* und für einen Vetter dritten Grades 2,5 und für einen vierten Grades immerhin noch einen *aurar* (Dunbar et al. 1995).

Viel diskutiert ist die Frage, inwieweit der in traditionellen und historischen Bevölkerungen regelmäßig bestehende Zusammenhang von kulturellem und biologischem Erfolg sich in die **modernen Industriegesellschaften** verlängert. Die Datenlage ist uneinheitlich (Kaplan et al. 1995; Pérusse 1993). Die Frage allein nur durch Vergleich von ehelichen Fruchtbarkeitsraten beantworten zu wollen, wäre zu kurz gegriffen, denn die Wahrscheinlichkeit zu heiraten und sich überhaupt zu reproduzieren hängt zumindest für Männer hochgradig von ihrem Sozialstatus ab. Beispielsweise blieben in den USA 1960 30% der „niederrangigen", aber nur 5% der „hochrangigen" Männer unverheiratet (Trivers 1985). Und selbstverständlich gilt auch für Industriegesellschaften der bereits im Zusammenhang mit dem Krummhörner Beispiel formulierte Einwand, dass sich Unterschiede im langfristigen Reproduktionserfolg nicht notwendigerweise in Fruchtbarkeit und Kinderzahl ausdrücken müssen. Elterliches Vermögen, Kinder sozial vorteilhaft und mit guten eigenen Reproduktionschancen versehen sozial zu platzieren, ist gerade auch unter den modernen Lebensbedingungen von ganz wesentlicher Bedeutung für die genetische Fitness. Und schließlich müssten auch außereheliche Beziehungen Berücksichtigung finden. Aber solange keine Untersuchungen vorliegen, die diesen Punkten gerecht werden, ist es müßig, über Fitnessunterschiede unter modernen Sozialstrukturen zu spekulieren.

Nun wäre es ja auch denkbar, dass durch rasante und sich zunehmend verselbständigende Kulturentwicklungen genetisch angepasste Verhaltensmechanismen biologisch dysfunktional werden, indem sie in den **neuartigen Milieus** der Gegenwart nicht mehr fitnesssteigernd wirken. Eine biologische Angepasstheit ist ja historischen Ursprungs und nicht zwingend aktuell zweckdienlich (s. 1.1). Diese Überlegung ist nicht ohne Belang für unser Thema, dem Zusammenhang von kulturellem und reproduktiven Erfolg. Der in allen darauf hin untersuchten historischen und traditionellen Gesellschaften regelmäßig gefundene überdurchschnittliche Reproduktionserfolg sozial erfolgreicher Männer gründet ganz wesentlich auf dem, was man ihren **Paarungserfolg** nennen kann, und dies wiederum ist Ausfluss weiblicher Partnerwahl-Präferenzen (s. 3.1). Diese haben sich unter den Bedingungen der modernen Industriegesellschaft zwar keineswegs geändert (Buss 1999; Kenrick und Keefe 1992; Pérusse 1993), ziehen aber anders als in den historischen Milieus keine Fitnessunterschiede mehr nach sich. Kontrazeption verhindert weitgehend, dass heutzutage erfolgreiche Männer tatsächlich mehr Kinder zeugen, obwohl sie – wie ihre geschichtlichen Vorgänger – häufiger sexuellen Kontakt zu mehr Part-

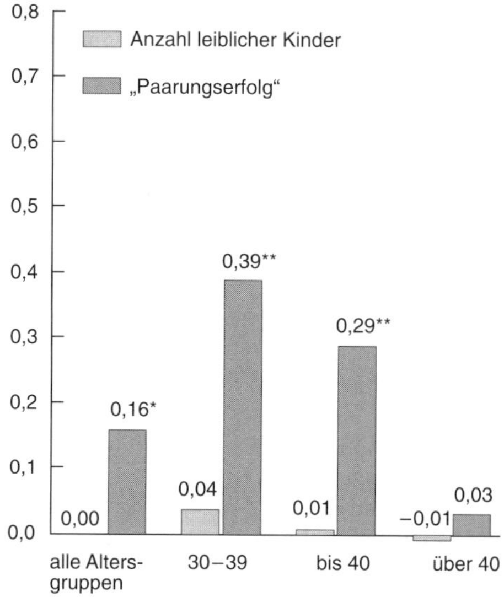

Abb. 2-25: Korrelationen zwischen dem Sozialstatus (indiziert nach Angaben zu Beruf, Ausbildung und Einkommen) und Anzahl leiblicher Kinder beziehungsweise „Paarungserfolg“ (indiziert nach Angaben zur Anzahl von Partnerinnen und Koitushäufigkeiten) für kanadische Männer (* = $p < 0{,}02$, ** = $p < 0{,}01$) (aus Pérusse 1993).

nerinnen haben (Abb. 2-25). Die evolvierten Mechanismen der Verhaltenssteuerung sind also nach wie vor verhaltensbestimmend, lediglich ihre Fitnessvorteile, wegen derer sie evolviert sind, haben sich möglicherweise verflüchtigt.

Die Geschichte lehrt, dass in nicht-demokratischen Gesellschaften politische Vormachtstellung immer wieder dazu verführt, persönliche Interessen durchzusetzen. Nicht selten hat diese Tendenz zu despotischen Systemen geführt, in denen die politischen Machthaber selbstherrlich, unkontrolliert und ungestraft Willkür ausüben konnten. Häufig nutzen Despoten ihre Privilegien, um sich einen überdurchschnittlichen persönlichen Anteil an der Reproduktion ihrer Gesellschaft zu sichern. Sie haben die größten Harems, den vorrangigen Zugang zu den jüngsten und attraktivsten Frauen und verwenden ihre Macht dazu, diese von der Außenwelt abzuschließen und sie sexuell und reproduktiv zu monopolisieren. So uneingeschränkt die Könige der Inka, Khmer, Fon und vieler anderer Völker über Leben und Tod ihrer Untertanen geherrscht haben, so uneingeschränkt verfügten sie über Frauen und deren Sexualität und Reproduktion (Betzig 1986).

Obgleich sich eine Reihe erklärungsfähiger Gesellschaftstheorien mit der Entstehung und Aufrechterhaltung von Herrschafts- und Machtstrukturen auseinandergesetzt haben, ist ein Phänomen aus sozialwissenschaftlicher Sicht allein nicht zu erklären, nämlich der weitverbreitete **Zusammenhang zwischen Macht-Hierarchien mit reproduktiven Hierarchien.** Männer, die in der Lage sind, soziale Interessenskonflikte zu ihren Gunsten zu entscheiden, neigen dazu, ihre Vormachtstellung in reproduktive Vorteile umzusetzen, und je sozial stärker sie sind, desto faktisch polygyner leben sie.

Fazit: Wenn Menschen sozial konkurrieren, konkurrieren sie zugleich um genetische Fitness. Und wie das Wikinger-Beispiel lehrt, tun sie das – aus soziobiologischer Sicht erwartet – unter Einschluss verwandtschaftlicher Erwägungen, ganz so, *als ob* sie ihre Gesamtfitness maximieren wollten.

2.2.2 Kooperation und Altruismus

Eine der zum Verständnis tierlichen und menschlichen Verhaltens wichtigsten und nachhaltigsten Erkenntnisse der Soziobiologie liegt in der Einsicht, dass reproduktive Konkurrenz keineswegs immer in offenem Wettbewerb zutage treten muss, sondern sich statt dessen auch in kooperativen, ja unter Umständen sogar in so genannten „altruistischen" Verhaltensweisen ausdrücken kann. Darwin selbst sah hierin ein nicht unerhebliches Problem, denn er konnte nicht verstehen, wieso die natürliche Selektion offensichtlich nicht konsequent gegen „altruistische" Verhaltenstendenzen (also solche, die mit persönlichen Fitnesseinbußen verbunden sind, aber anderen Individuen der Population nützen) wirkt. Jene Verhaltensweisen, die auf den ersten Blick nicht erkennen lassen, dass auch ihnen letztlich das „Prinzip Eigennutz" zugrunde liegt, lassen sich in drei Gruppen zusammenfassen (Tab. 2-10, 2-11):

- **Kooperation (Mutualismus).** Kooperatives Verhalten gereicht zum allseitigen Vorteil der Beteiligten. Es enthält keine altruistische Komponente. Kooperation wird durch die natürliche Selektion direkt verstärkt, wenn Verhaltensziele gemeinschaftlich leichter oder effizienter erreicht werden können als solitär. Weil der Begriff „Kooperation" nicht selten auch in einem umfassenden Sinn, der Altruismus und überhaupt prosoziales Verhalten miteinschließt, Verwendung findet, bietet sich „Mutualismus" als sprachlich präzisere Alternative an.
- **Reziproker Altruismus.** Ein reziproker Altruist ist jemand, der zunächst auf die volle Ausschöpfung seiner persönlichen Reproduktionschancen

zugunsten Dritter verzichtet. Er wird dadurch belohnt, dass man seine Opferhaltung bei anderer Gelegenheit erwidert. Die Lebens-Nettobilanz solch gegenseitiger Unterstützung weist einen Fitnessgewinn für alle Beteiligten aus, der die ursprünglichen altruistisch entstandenen Kosten mindestens ausgleicht.

- **Nepotistischer Altruismus.** Damit ist die Inkaufnahme persönlicher Fitnessverluste zugunsten von Verwandten (ohne Elterninvestment) gemeint. Als verantwortlicher Selektionsmechanismus gilt die Verwandtenselektion (s. 1.1).

Tabelle 2-10: Evolutionäre Funktionslogik von Kooperation und Altruismus.

	Strategisches Ziel	Funktionslogik	Beispiel
Kooperation (Mutualismus)	Investition in ein gemeinsames Verhalten bei unmittelbarer Gewinnerwartung	Direkte Amortisation eigennützlichen Verhaltens bei gleichzeitig „zufälligen“ Vorteilen für einen Dritten. Koordination des eigennützlichen Verhaltens beider Partner fördert Kooperationsgewinne.	Männchen-Allianz zur Verteidigung eines Weibchenrudels
Reziproker Altruismus	Investition in einen Partner bei späterer Gewinnerwartung	Tausch momentaner Fitness gegen spätere Fitness	gegenseitige Hilfe in wechselnden Notsituationen
Nepotistischer Altruismus	Investition in einen Verwandten bei Gewinnerwartung in Einheiten indirekter Fitness	Tausch direkter Fitness gegen indirekte Fitness	„Helfer-am-Nest-Verhalten“, also Unterstützung der Reproduktion von Verwandten zu lasten eigener Reproduktion
unwahrscheinlich: Genetischer Altruismus	Investition in die Gruppe/Population/Art ohne Gewinnerwartung	Tausch eigener Fitness gegen fremde Fitness	kein Beispiel bekannt

Der entscheidende Unterschied zwischen Nepotismus und Reziprozität besteht in der Art der Entlohnung für den „Altruisten“. Während nepotistisch Transaktionen eingleisig verlaufen und den indirekten Fitnessanteil erhöhen, kommt der durch Reziprozität erzielte Fitnessgewinn erst durch das spätere Verhalten eines (verwandten oder nichtverwandten) Interaktionspartners zustande.

Tabelle 2-11: Kosten und Nutzen von Kooperation und Altruismus

	Kosten an direkter Fitness	Nutzen an direkter Fitness		Nutzen an indirekter Fitness
Kooperation (Mutualismus)	–	+	und/oder	+
Reziproker Altruismus	+	+	und/oder	+
Nepotistischer Altruismus	+	–		+
Genetischer Altruismus	+	–		–

+ = ja – = nein

In der Forschungspraxis ist es ausgesprochen schwierig, die jeweiligen Anteile von Kooperation, Nepotismus und Reziprozität an der Entwicklung sozialer Strategien eindeutig zu benennen. Als Haupthindernis steht dem entgegen, dass die Fitnesskosten von Verhaltensweisen nur selten befriedigend präzise zu berechnen sind. Dazu wäre eine genaue Kenntnis der Kosten/Nutzen-Bilanzen aller denkbaren Verhaltensmöglichkeiten notwendig, einschließlich der so genannten **Opportunitätskosten**. Das sind die Kosten, die durch entgangenen Gewinn entstehen. Weil dieses Wissen nur selten mit hinreichender Genauigkeit vorhanden ist, lässt sich häufig nicht entscheiden, ob ein beobachtetes Verhaltensmuster eine altruistische Komponente enthält oder nicht. Darüber hinaus müssen wir erwarten, dass sich in tierlichen und menschlichen Sozialverbänden die genannten drei Aspekte sozialen Miteinanders parallel und untereinander verwoben ausdrücken.

So sperrig sich deshalb im Einzelfall das Verständnis kooperativer und altruistischer Verhaltenstendenzen darstellen mag, kann aber nach allem, was wir heute wissen, ausgeschlossen werden, dass das biologische Evolutionsgeschehen einen wahrhaft **genetischen Altruismus** hervorbringen könnte – einen Altruismus also, der im Durchschnitt und auf Dauer zu einer negativen Fitnessbilanz des Altruisten führt. Dies widerspräche der eigenen Logik der Evolution genau so, wie die Entstehung eines egalitären, nicht nach Verwandtschaft oder Erwiderungswahrscheinlichkeit differenzierten Altruismus.

Ganz stimmt diese Verallgemeinerung allerdings nicht, denn neben Reziprozität und Nepotismus gibt es eine dritte Quelle für Altruismus, nämlich die der Manipulation (Connor und Curry 1995). Es mag vorkommen, dass sich Tiere und Menschen aufgrund irriger Annahmen über ihr soziales Umfeld altruistisch verhalten und dass ausbeuterisch motivierte Individuen derartige „Irrtümer" nicht nur zum persönlichen Vorteil ausnutzen, sondern sie geradezu „gewollt" herbeiführen. Ein Beispiel für derartige Zusammenhänge ist bereits in Kapitel 2.1.1.5 erwähnt: Bergkrähen *(Corcorax melanorhamphos)* helfen bei der Aufzucht nicht-verwandter Jungtiere, weil sie fälschlicherweise annehmen müssen, damit Geschwistern zu dienen. Tatsächlich wurden sie aber früh aus fremden Gelegen entführt und gefüttert und damit in einen anderen Familienkontext gesetzt (Heinsohn 1991). Die evolvierten Verwandtschaftserkennungsmechanismen und die nepotistischen Tendenzen der Bergkrähen werden so von fremden, eigennützigen Artgenossen ausgebeutet.

2.2.2.1 Kooperation

Eine einfache Form kooperativen Verhaltens besteht schon in der **Schwarmbildung**. Alle beteiligten Individuen profitieren im Durchschnitt von ihrem räumlichen Zusammenschluss, weil dies ihr persönliches Risiko, Beuteopfer zu werden, merklich verringert (s. 2.1.1.1). Letztlich können Sozialstrukturen grundsätzlich als kooperative Systeme aufgefasst werden, denn schließlich ermöglicht erst ihr Zusammenhalt und Funktionieren das Verfolgen persönlicher Selbsterhaltungs- und Fortpflanzungsinteressen. Theoretische Überlegungen dieser Art treten vor allem in den Vordergrund, wenn es darum geht, generell die Evolution von Sozialverhalten und -strukturen nachzuvollziehen und deren Vorteil gegenüber einer solitären Lebensweise zu ermessen. Sie taugen allerdings weniger zur Erklärung solcher kooperativer Tendenzen, die innerhalb der Sozialverbände auf individualisierten Beziehungen einzelner Gruppenmitglieder basieren und in ihren Verhaltenszielen meist gegen die Interessen von Mitkonkurrenten ausgerichtet sind.

Aber auch in diesem engeren Sinn ist kooperatives Verhalten im Tierreich nicht selten. Es setzt voraus, dass die Individuen in der Lage und motiviert sind, ihr Verhalten gleichzeitig und koordiniert auf ein gemeinsames Ziel hin auszurichten. Dies ist beispielsweise gegeben, wenn mehrere Löwenmännchen *(Panthera leo)* gemeinsam ein Weibchenrudel erobern und gegen Mitkonkurrenten verteidigen. Allerdings zahlt sich die Kooperation nicht für alle Männchen in gleichem Umfang aus, denn die Paarungshäufigkeiten und auch die tatsächlichen Reproduktionserfolge sind unter ihnen recht ungleichmäßig verteilt. Das α-Männchen genießt Vorrang, wenn es um den Zugang zu empfängnisbereiten Weibchen geht, während die sozial unterlegenen Männchen sich mit unterdurchschnittlichen Paarungschancen (und letztlich mit unterdurchschnittlicher Reproduktion) zufrieden geben müssen. Interessanterweise beobachtet man nur sehr selten offene Rangauseinandersetzungen unter den Koalitionspartnern, so das der Eindruck entsteht, als ob einige Löwenmännchen auf den Versuch einer maximalen Durchsetzung ihrer reproduktiven Interessen verzichteten. Weshalb sind sie dann aber bereit, in die Koalition einzutreten und die Risiken der Weibchenverteidigung auf sich zu nehmen, wenn doch den Hauptnutzen andere Männchen davontragen. Nepotismus (s. 2.2.2.3) könnte theoretisch dafür verantwortlich sein. Einige Löwengruppen bestehen bekanntlich aus Brüdern, Halbbrüdern und Vettern, so dass indirekte Fitnessgewinne ihren Zusammenschluss motivieren könnte (Grinnell et al 1995).

Allerdings erklärt Nepotismus die Männchenbünde unter Löwen nicht vollständig, denn auch nicht miteinander verwandte Männchen bilden kooperative Gemeinschaften. Man muss deshalb vermuten, dass die Koalitionen unter Löwenmännchen auch ohne Beteiligung der Verwandtenselektion, also allein über die direkten Fitnessgewinne aller Beteiligten evolviert sind. Es spricht vieles dafür (Packer und Pusey 1997), dass einige Männchen nicht etwa deshalb ihren untergeordneten Rangplatz akzeptieren, weil sie mehr durch die Reproduktion eines dominanten Bruders erzielen können, sondern weil die kämpferische Durchsetzung von Ranganspüchen zu risikoreich und kostspielig wäre. Als subordinierte Individuen einer Koalition erzielen sie im Durchschnitt eine höhere direkte Fitness als wenn sie sich entweder auf kostspielige Rivalenkämpfe einließen oder gar als Einzeltiere Zugang zu rezeptiven Weibchen suchten. Auch wenn sie aufgrund ihrer persönlichen Machtfaktoren keine dominante Rolle in der Männchen-Koalition spielen können, zahlt sich für Löwen kooperatives Verhalten im Durchschnitt aus und zwar in der Währung direkter Fitness. Freilich sollte nicht übersehen werden, dass die Entscheidung für Kooperation in einem an sich kompetitiven Kontext erfolgt. *They make the best of a bad job*, heißt im englischen eine Redewendung, die diese Situation treffend beschreibt.

Allerdings verdünnt sich der Vorteil kooperativen Verhaltens mit der Anzahl der Koalitionäre. Je mehr Männchen sich zur Verteidigung eines Weibchenrudels zusammenschließen, desto geringer fällt notwendigerweise der durchschnittliche Reproduktionserfolg pro Männchen aus und desto größer wird die Wahrscheinlichkeit, überhaupt keine Nachkommen zu zeugen. Deshalb lohnt es sich in aller Regel für einen Single, auf Anschluss an eine große Gruppe zu verzichten und statt dessen den Zusammenschluss mit einem weiteren Einzeltier zu suchen – es sei denn, die Koalition bestünde aus Brüdern oder Vettern. Dann nämlich mag es sich gemäß der Funktionslogik der Verwandtenselektion lohnen, durchaus einen persönlich eher geringen Nutzen inkauf zu nehmen, weil ja Abstammungsverwandte von der Stärke einer großen Gruppe profitieren. Dies spiegelt sich im tatsächlichen Koalitionsverhalten wider, denn während in rund zwei Dritteln aller Zweier-Koalitionen die Tiere nicht miteinander verwandt sind, sind es in Trios nur noch rund 40%, und Koalitionen aus vier oder mehr Männchen bestehen mit ganz wenigen Ausnahmen praktisch immer aus eng Verwandten (Grinnell et al. 1995; Packer und Pusey 1997).

Koalitionen unter Löwen-Männchen gelten als Ausdruck **unbedingter Kooperation**, womit gemeint ist, dass jedes Individuum sich für die gemeinsamen Belange einsetzt (etwa indem es einen eindringenden Nebenbuhler zu vertreiben versucht), ganz unabhängig davon, was die Kooperationspartner gerade tun (Grinnell et al. 1995; Packer und Pusey 1997). Diese Form der Kooperation ist zu unterscheiden von Reziprozität (oder **bedingter Kooperation**), wie sie beispielsweise von Dreistacheligen Stichlingen *(Gasterosteus aculeatus)* bekannt wurde (Milinski 1987). Hier tun sich aus Sicherheitsgründen zwei (oder mehr) Individuen zusammen, um sich zwecks Erkundung vorsichtig einem Fressfeind zu nähern. Bei diesen gefährlichen Exkursionen wird sich allerdings jeder Fisch in kurzen Abständen vergewissern, ob sein Partner mitzieht. Bleibt dieser zurück, um sein persönliches Risiko zu minimieren, schwindet die Motivation, die Feinderkundung fortzusetzen. Man hat solche Strategien spieltheoretisch als so genannte *Tit-for-Tat*-Szenarien modelliert. Danach kann, wie Computersimulationen zeigen, Reziprozität auch unter Konkurrenten entstehen und sich evolutionsstabil durchsetzen, wenn eine anfängliche Kooperationsbereitschaft vorhanden ist und die Beteiligten im Sinne von „Zug-um-Zug"-Geschäften kooperatives Verhalten ihres Partners ihrerseits mit Kooperation beantworten, aber andererseits die Zusammenarbeit bei Kooperationsverweigerung abbrechen.

Der entscheidende Unterschied zwischen Mutualismus und Reziprozität (s. 2.2.2.2) besteht darin, dass Reziprozität durch einen altruistischen Akt zum Vorteil eines Partners eingeleitet wird, also Kosten verursacht. Dieses Element fehlt der Kooperation. Zwar hat ein zweiter Löwe (B) etwas davon, wenn ein anderer (A) den ersten Schritt zur Abwehr eines Eindringlings unternimmt, aber der Vorteil für B ist gleichsam als „Nebenprodukt" des eigennützigen Verhaltens von A zu verstehen und nicht etwa als Investition von A in seinen Partner B. Demgegenüber sind beim reziproken Altruismus die anfänglichen Kosten eine von Amortisationserwartungen getragene Investition in die Hilfsbereitschaft des Partners, wobei sich der Nettolohn unter Umständen sehr viel später einstellen mag. Kooperation spielt sich hingegen auf einem einzigen Zeithorizont ab (Abb. 2-26).

Und schließlich gibt es noch einen weiteren und ganz wesentlichen Unterschied zwischen beidem. Kooperationspartner haben nämlich keinerlei Anreiz, sich gegenseitig zu betrügen, während reziproke Altruisten ständig Gefahr laufen, in die destruktive Falle des Gefangenendilemmas zu geraten. Betrug mag sich lohnen, und das sät Misstrauen. Das **Gefangenendi-**

Abb. 2-26: Mutualismus (nicht Altruismus): Ernst Barlach; Der Blinde und der Lahme; Gips, 1919 © Ernst und Hans Barlach GbR Lizenzverwaltung Ratzeburg.

lemma entsteht, wenn zwei Partner zwar durch Kooperation gewinnen könnten, aber jeder der beiden persönlich noch mehr gewinnt, wenn er den anderen betrügt. Ein einfaches Beispiel: Ein Obstbauer (A), dessen Äpfel eine Woche später reifen als die seines Nachbarn (B), könnte B bei der Ernte helfen und so dessen Gewinn vermehren. Das zahlt sich auch für A aus, wenn B bereit ist, sich eine Woche später zu revanchieren, denn zwei Bauern ernten mehr Äpfel als einer. Aber warum sollte B, wenn seine Ernte erst einmal eingefahren ist, für A arbeiten?

Obwohl bei nüchterner Betrachtung Zusammenarbeit die beste Lösung für das Problem darstellt, weil beide Beteiligten davon profitieren, entsteht in solchen Situationen Kooperation keineswegs spontan, sondern sie bedarf besonderer Umstände. Hierzu zählen Verwandtschaft, weil sie den Interessenskonflikt mindert (Loh und Elliott 1998; Segal und Hershberger 1999), Vertrauen (wie auch immer entstanden) (Frank et al. 1993; Güth und Kliemt 1994; Van Lange und Semin-Goossens 1998) bei gleichzeitiger relativer Sicherheit darüber, dass das Spiel weitere Runden kennt, oder Vertragsabschlüsse. Mutualisten hingegen kennen diese Probleme nicht. Wer nicht kooperiert, macht in jedem Fall Minus.

Seit der Einführung des Gefangenendilemmas in die biologische Verhaltensforschung durch Axelrod und Hamilton (1981) hat es eine phantasievolle intellektuelle Elaboration erfahren, und differenzierte Strategien wie **Pavlov** haben einfache *Tit-for-Tat*-Modelle zur möglichen Erklärung von Kooperation abgelöst (Delahaye und Mathieu 1998; Sigmund 1997). Zugleich hat aber auch eine intensive Feldforschung eingesetzt, der zufolge in Situationen, die strukturell dem Gefangenendilemma gleichen, zumindest im Tierreich offensichtlich nur sehr selten Kooperation entsteht – trotz der theoretischen Möglichkeiten, die Spieltheoretiker mit "Tit-for-Tat" und „Pavlov" aufgezeigt haben. Statt dessen scheint, wenn Kooperation unter Tieren beobachtet wird, sehr häufig die Bedingung erfüllt zu sein, dass mit Betrug oder Kooperationsverweigerung keine auch nur kurzfristigen Gewinnaussichten verbunden sind (Clements und Stephens 1995; Mesterton-Gibbons und Dugatkin 1992; Noë 1990), weshalb wir es dann mit Mutualismus zu tun haben. Das Gefangenen-Dilemma und die Strategien seiner Überwindung stellen wohl keine naturnahen Modelle für die Evolution von Kooperation dar.

2.2.2.2 Reziproker Altruismus

Altruistisches Verhalten kann sich in einer Population ausbreiten, wenn es durch seine Nutznießer erwidert wird und für alle Beteiligten der durchschnittliche Nettofitnesszuwachs die zunächst entstehenden Kosten in der Lebensbilanz mehr als ausgleicht (Trivers 1971). Es kann sich auszahlen, durchaus auch einen Nichtverwandten beispielsweise aus einer lebensbedrohlichen Notsituation zu befreien, wenn dieser sich bei anderer Gelegenheit mit wertvoller Hilfestellung revanchiert – und dies um so mehr, je geringer der persönliche Einsatz des Helfenden ausfällt.

Die Gemeinen Vampire *(Desmodus rotundus)* Zentralamerikas leben innerhalb größerer Verbände in Gruppen von acht bis zwölf adulten Weibchen und deren abhängigem Nachwuchs. Die Weibchen sind teilweise miteinander verwandt, weil sie (im Gegensatz zu den Männchen) in der Regel in ihrer Geburtsgruppe verbleiben. Nachts verlassen die Tiere ihren Schlafplatz, um vor allem an Rindern und Pferden Blut zu saugen. Sie sind dabei aber nicht immer erfolgreich. Etwa ein Drittel der jüngeren und 7% der adulten Tiere kehren mit leerem Magen zurück. Dies ist durchaus dramatisch, denn ohne Nahrung verhungern die Tiere innerhalb von drei Tagen. Dieser ständigen Lebensbedrohung wirken sie mit einem reziproken System der Nahrungsteilung entgegen. Die erfolgreichen Blutsauger würgen einen Teil ihrer Nahrung für die erfolglosen Heimkehrer hervor und sichern auf diese Weise deren Überleben. Wer teilt nun mit wem seine Nahrung?

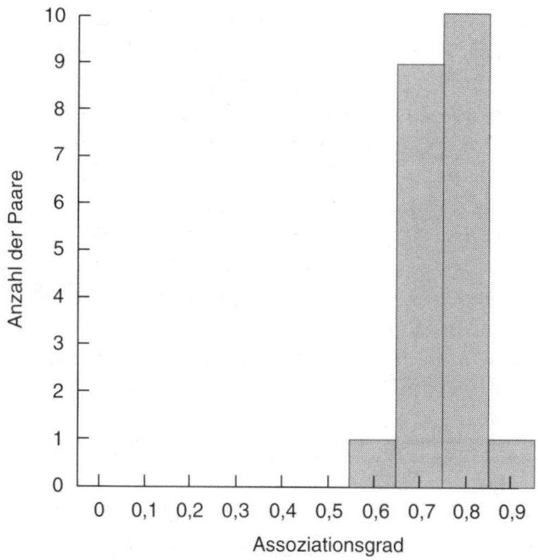

Abb. 2-27: Verteilung der Geber/Nehmer-Paare beim Nahrungsteilen je nach Vertrautheit der Tiere. Der "Assoziationsgrad" beziffert die durchschnittliche Wahrscheinlichkeit, mit der zwei Gemeine Vampire *(Desmodus rotundus)* denselben Schlafplatz aufsuchen (aus Wilkinson 1984).

Zunächst einmal gibt es – wie nicht anders zu erwarten – einen deutlichen Verwandtschaftseffekt: Die Nahrungsübergabe erfolgt umso wahrscheinlicher, je enger Geber und Nehmer miteinander verwandt sind. Dies entspricht der Funktionslogik des nepotistischen Altruismus (s. 2.2.2.3). Darüber hinaus gibt es einen statistisch davon unabhängigen Effekt: Einen ganz entscheidenden Einfluss auf die Wahrscheinlichkeit der Blutspende übt die Vertrautheit und Lebensenge der Paare aus. Kein Vampir wird zum Altruisten gegenüber einem (verwandten oder nichtverwandten) Artgenossen, wenn dieser nicht in mindestens 60% denselben Schlafplatz aufsucht (Abb. 2-27). Die Tiere prüfen offensichtlich die Möglichkeiten für Reziprozität. Erst wenn sie eine genügend große Wahrscheinlichkeit annehmen können, dass sie selbst einmal in den Genus einer erwiderten Hilfestellung gelangen könnten, sind sie zur Nahrungsabgabe bereit.

Damit gehören die Gemeinen Vampire zu den wenigen bisher bekannten Arten, in deren sozialer Evolution reziproker Altruismus eine wichtige Rolle gespielt hat. Das Zusammenwirken vor allem zweier Faktoren, nämlich dem engen Miteinander der Tiere in Verbindung mit ihrer relativ hohen Lebenserwartung (bis ca. 18 Jahre), dürfte sich dabei als förderlich erwiesen haben. Beides schafft notwendige Voraussetzungen für langdauernde individuelle Beziehungen, und diese wiederum bilden einen fruchtbaren Nährboden für das Entstehen reziproker Systeme.

Ähnlich günstige Rahmenbedingungen für die Entstehung von reziprokem Altruismus finden sich unter höheren Primaten, denn auch deren Sozialsysteme gründen auf persönlicher Vertrautheit. Im Laufe eines Individuallebens ergeben sich vielfältige Gelegenheiten des Gebens und Nehmens zum gegenseitigem Vorteil. Vor allem unter Menschenaffen (Hominoidea) und ganz besonders unter Schimpansen *(Pan troglodytes)* und Bonobos *(Pan paniscus)* gehört wechselseitige Nahrungsteilung zu den hervorragenden Kennzeichen ihres sozialen Miteinanders. Während man früher glaubte, dass eine weitgehend ungezwungene Abgabe von Nahrung und anderen Ressourcen eine originär menschliche Leistung sei, ist durch die Primatenforschung deutlich geworden, dass die Fähigkeiten zum sozialbindenden und -verpflichtenden Gütertausch bereits im Tierreich angelegt sind.

Am Anfang dieser Entwicklung stand ein durch Rangverhältnisse rigide geregelter Modus der Nahrungsverteilung. Selbst unter Altweltaffen gibt ein dominantes Tier – einmal abgesehen vom Nahrungstransfer von Müttern zu ihren Kindern – nur in Ausnahmefällen ab. Damit sich Reziprozität in einer Sozietät fest verankern kann, müssen jedoch die dominanten Tiere auf ihre Nahrungsprivilegien zumindest zeitweise verzichten. Schimpansen und Bonobos tun dies. Auch die sozial Hochrangigsten unter ihnen fügen sich den Regularien der Nahrungsteilung und vermögen

Abb. 2-28: Eine Gruppe sich friedlich die Nahrung teilender Schimpansen *(Pan troglodytes)* in der Yerkes Field Station (Foto: F. De Waal).

zu dulden, wenn ihre Gruppengenossen an ihrem persönlichen Futterbesitz teilhaben (Abb. 2-28).

Inwiefern spielt nun Reziprozität in diesem System eine Rolle? Abb. 2-29 zeigt für 30 Dyaden erwachsener Schimpansen den Zusammenhang zwischen der Häufigkeit mit der der jeweils Subordinierte dem Dominanten und umgekehrt der Dominante dem Subordinierten Futter überlässt. Die signifikante Regression verdeutlicht die beeindruckende Ausgewogenheit der individuellen Zweierbeziehungen. Nur wer gibt, darf auch nehmen, und dies gilt über die Ranggrenzen hinweg. (Übrigens spielte Verwandtschaft beim Zustandekommen dieses Zusammenhangs keine Rolle.)

Die Wechselseitigkeit der Schimpansen hat darüber hinaus einen weiteren interessanten Aspekt: Die sich gegeneinander aufwiegenden altruistischen Handlungen können durchaus verschiedenen Funktionskreisen entstammen. Nahrungstoleranz kann beispielsweise durch „Dienstleistungen" etwa bei der Fellpflege (De Waal 1997) oder als Unterstützung bei machtorientierten sozialstrategischen Maßnahmen (Nishida et al. 1992) erwidert werden, und Bonobos handeln Nahrung gegen Sex (Hohmann und Fruth 1996; Parish 1996). Damit ist bereits bei den Menschenaffen angelegt, was in der Kulturgeschichte der Menschen so ungeheuer wichtig werden sollte: **Tausch.**

Während zur Vermeidung von Fehlinvestitionen die „Hauptsorge" eines Nepotisten darin besteht, möglichst sicher seine verwandtschaftlichen

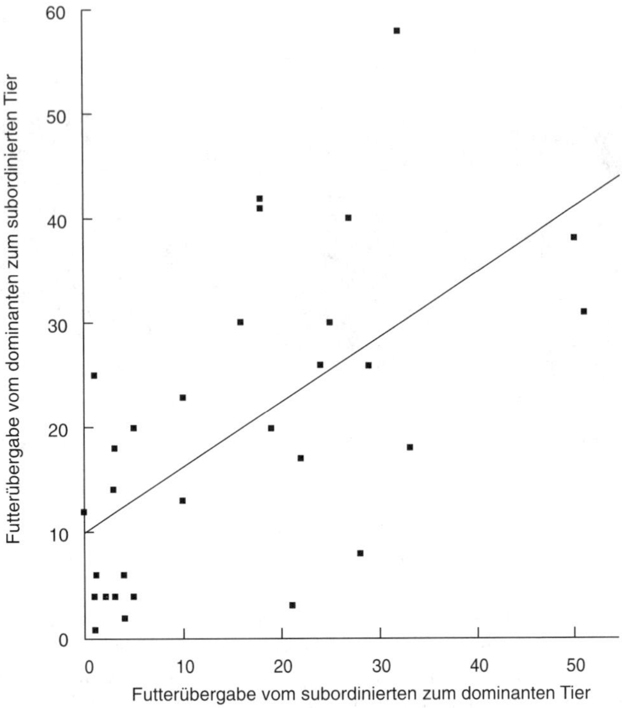

Abb. 2-29: Korrelation zwischen der Häufigkeit der Futterübergabe vom jeweils dominanten zum subordinierten und umgekehrt vom jeweils subordinierten zum dominanten Tier in 30 Dyaden adulter Schimpansen *(Pan troglodytes)* der Yerkes Field Station (aus de Waal 1989).

Beziehungen mit den potenziellen Nutznießern zu erkennen, liegt ein „Hauptproblem" für den reziproken Altruisten in der Einschätzung der Wahrscheinlichkeit, mit der seine Hilfe auch tatsächlich erwidert wird. Er läuft ständig Gefahr, ausgebeutet zu werden, sei es, weil sich aus welchen Gründen auch immer zu selten Gelegenheiten zur Reziprozität ergeben, oder sei es, weil einige „Betrüger" es geradezu darauf anlegen, dem Altruisten die Rückzahlung zu verwehren. In Anbetracht der latenten Gefahr der Einseitigkeit wird reziproker Altruismus umso wahrscheinlicher entstehen, je

- häufiger und regelmäßiger vertraute Partner auf einander treffen (also bei hoher Lebenserwartung und wenig Migration)

- schwieriger und kostspieliger es für potenzielle Betrüger wird, zwar den Nutzen der Altruisten für sich in Anspruch zunehmen, sich aber selbst nicht altruistisch zu verhalten.

Wenngleich das Nahrungsteilen unter den Schimpansen sich im allgemeinen sehr friedlich vollzieht, kommt es hin und wieder doch einmal zu einem aggressiven Schlagabtausch. Opfer der Aggression sind dann überdurchschnittlich häufig die sonst eher geizigen Schimpansen, die wenig von ihrem Futter abzugeben bereit waren. Andererseits wird den generösen Tieren ziemlich sicher selbst Generosität entgegengebracht (De Waal 1989). Weil aber die Korrelation zwischen Aggression und dem sie auslösenden Geiz auf Verhaltensweisen beruht, zwischen denen eine beachtliche Zeitspanne gelegen haben kann, müssen Schimpansen über ein soziales Langzeit-Gedächtnis verfügen, das sehr genau die sozialen Transaktionen dauerhaft speichert und bilanziert. Wenn die offensichtlich erwartete Reziprozität der sozialen Beziehungen aus der Balance zu geraten droht, tendieren Schimpansen zur aggressiven Reaktion. Sie haben damit offenbar eine Sperre entwickelt, die verhindert, dass es leicht zu einer Akkumulation einseitiger Vorteilsnahme durch Ausbeutung individueller Beziehungen kommen kann.

Trivers (1971) hat diese Form aggressiven Verhaltens **moralistic aggression** genannt. Sie entsteht nicht, wie Aggression häufig sonst aus einer unmittelbaren emotionalen Reaktion auf frustrierendes Verhalten anderer, sondern häufig erst nach beachtlicher zeitlicher Verzögerung oder sogar erst nach einer langen persönlichen Interaktionsgeschichte mit einem Gruppenmitglied. Moralistische Aggression gründet deshalb in besonderer Weise auf sozialer Kognition und dient dazu, Individuen zu bestrafen oder zu erziehen, die mehr zu bekommen versuchen, als sie zu geben bereit sind.

Es ist leicht nachzuvollziehen, dass es sich auch für Menschen in der Währung der genetischen Fitness, also in der Währung, in der die natürliche Selektion bilanziert, auszahlen kann, einem Dritten Gutes zu tun, wenn dieser sich bei anderer Gelegenheit mit wertvoller Hilfestellung revanchiert – und dies um so mehr, je weniger Aufwand einem das Gute bereitet. Es kostet einem erfolgreichen und gesättigten Jäger wenig, seinem glücklosen und deshalb hungrigen Nachbarn von der erlegten Beute abzugeben. Wohl aber kann sich dieser kleine Gefallen um ein Vielfaches auszahlen, nämlich wenn das Jagdglück sich wendet (und das tat es häufig unter Wildbeuterbedingungen, die immerhin 99,7% der Menschheitsgeschichte ausmachen, und auf die wir genetisch zugeschnitten sind).

Wenn auch bei genauerer Analyse die Regeln des menschlichen Nahrungsteilens (und Tauschens überhaupt) sich wesentlich vielschichtiger darstellen, als dass mit der einfachen Formel des reziproken Altruismus alle ihre ethnohistorischen Erscheinungsformen erklärt werden könnten (Bird und Bird 1997; Hawkes 1992; Sosis et al. 1998; Wilson 1998; Winterhalder 1996, 1997), enthalten die sozialen Transaktionen der Menschen doch reziprok-altruistische Elemente, die unter Bedingungen ökonomisch-ökologischer Wechsellagen für einen allseitigen Vorteil der Beteiligten arbeiten.

Auch der reziproke Altruismus dient freilich gen-egoistischen Zwecken. Auf der Bühne des Gebens und Teilens befindet sich kein einziger Akteur, der durch die biologische Evolution zu einem wahrhaftigen genetischen Altruisten geformt worden wäre und aus seiner Veranlagung heraus bereit wäre, Gesamtfitness-Nettoeinbußen auf sich zu nehmen. Man sollte deshalb erwarten, dass wenn immer sich Chancen eines (möglichst risikoarmen) „Mogelns“ ergeben, diese auch tatsächlich zur persönlichen Vorteilnahme ausgenutzt werden. Ein von seiner Gemeinschaft unbeobachteter Schimpanse wird weniger wahrscheinlich seine Jagdbeute mit anderen teilen als ein Tier im Zentrum der sozialen Aufmerksamkeit (Goodall 1986). Deshalb muss in der Evolution des reziproken Altruismus ein möglichst erfolgreiches Verhindern von erschlichenen Einseitigkeiten eine Rolle gespielt haben.

In dem gleichen Maße, wie die natürliche Selektion altruistische Tendenzen belohnt, wird sie deshalb dazu parallel und ganz zwangsläufig die Entwicklung protektiver Mechanismen zum best möglichen Schutz gegen Ausbeutung fördern. Deshalb entsteht ein Selektionsdruck im Hinblick auf ein möglichst frühzeitiges und sicheres Erkennen von betrügerischen Regelbrechern. Tatsächlich konnten Cosmides und Tooby (1992) mit Hilfe kognitionspsychologischer Experimente (den so genannten “Wason-selections-tasks”) sehr eindrucksvoll nachweisen, dass unser Wahrnehmungs-, Erkenntnis- und Denkapparat ganz speziell dazu eingerichtet ist, soziale Einseitigkeiten aufzuspüren. Menschliche Intelligenz ist primär soziale Intelligenz, und deshalb fällt es uns deutlich leichter, Abweichungen von sozialen Regeln als Regelverletzungen zu erkennen als logisch gleichartige Abweichungen von Regeln, die keinen sozialen Bezug aufweisen (Cosmides und Tooby 1992). Kurz: Betrüger zu entlarven, gelingt uns leichter, als logisch zu denken, und ein differenziertes sozio-emotionales Gegenseitigkeitsempfinden gehört zu unserer evolvierten psychischen Grundausstattung (Chasiotis 1995). Zu diesen Einsichten passt der Befund von Mealey et al. (1996) und Oda (1997), wonach wir offensichtlich Gesichter von Menschen, von denen wir glauben, dass sie eine betrügerische Vergangenheit haben, besser erinnern als Gesichter von vermutlich ehrlichen Menschen.

Derartige Kompetenzen können kaum im Zuge einer Evolution entstanden sein, die eine generelle, kontextunabhängige menschliche Intelligenz gefördert hätte, sondern sie wären vielmehr als ganz spezifische Angepasstheiten an das **Schwarzfahrer-Problem** zu verstehen. Deshalb ist unsere Psyche auch ein „soziales Kontrollorgan“, nicht zuletzt dazu geschaffen, einseitige Egoismen unter den Mitmenschen aufzudecken und dadurch letztlich zu verhindern. Reziprozität wird überwacht und ständig bilanziert, und Abweichler sind einem entsprechenden sozialen Druck ausgesetzt.

2.2.2.3 Nepotistischer Altruismus

Warum sind im Tierreich Warnrufe evolviert? Sieht man einmal von der unwahrscheinlichen gruppenselektionistischen Sichtweise ab, wonach Warnrufe deshalb entstanden sein sollen, weil sie zur Arterhaltung beitragen, gibt es theoretisch zwei verschiedene Möglichkeiten, sich die Evolution von Warnrufen vorzustellen: Sie könnten nämlich auf direktem Wege, d. h. durch Erhöhung der Darwinischen Fitness des Rufers oder auf indirektem Wege, d. h. durch Verwandtenselektion und Erhöhung der indirekten Fitness des Rufers entstanden sein.

Zu einer direkten genetischen Belohnung des Warnrufers kommt es, wenn

- durch den Warnruf alle Gruppenmitglieder gleichzeitig die Flucht ergreifen und das so entstehende Durcheinander den Raubfeind dermaßen verwirrt, dass dieser erfolglos seinen Angriff abbrechen muss („Verwirrungseffekt“, s. 2.1.1.1).
- der Raubfeind durch den Warnruf zur Aufgabe seines Vorhabens veranlasst wird, weil er nun „weiß“, dass er entdeckt worden ist und sich deshalb keine reellen Erfolgschancen mehr ausrechnet (Zahavi und Zahavi 1998).
- im Sinne der Reziprozität (s. 2.2.2.2) der durchschnittliche Fitnessverlust, den der Warnrufer dadurch erfährt, dass gerade er von Raubfeinden lokalisiert wird, dadurch ausgeglichen wird, dass sich bei nächster Gelegenheit andere Gruppenmitglieder in gleichem Maße revanchieren.
- wenn vom Warnruf in erster Linie der Brutpartner profitiert (z. B. Hogstad 1995 für Weidenmeisen, *Parus montanus*), weil dies begonnene oder künftige Reproduktion sichert.
- von dem Warnruf die direkten Nachkommen Nutzen ziehen und zwar in einem Maß, das die Fitnesskosten des Rufers mindestens kompensiert.

Warnrufe können aber auch auf indirektem Wege evolutionär persistieren: wenn nämlich der Zuwachs an indirekter Fitness, der auf den Warnruf zurückgeht, im Durchschnitt größer ist, als der Verlust an direkter Fitness. Es handelt ich dann um „nepotistischen Altruismus“. Davon machen Belding-Ziesel *(Spermophilus beldingi)* Gebrauch, denn bei diesen in matriliniaren Gruppen lebenden Tieren erhöht die Anwesenheit von Verwandtschaft die Wahrscheinlichkeit risikoreicher Warnrufe. Belding-Ziesel sind demnach zu höheren persönlichen Risiken motiviert, wenn dies ihren Verwandten hilft.

Dieses Ergebnis steht in Einklang mit der soziobiologischen Grundformel des Sozialverhaltens, der Hamilton-Ungleichung (siehe 1.1). Ein Organismus verhält sich um so wahrscheinlicher altruistisch, je enger der Nutznießer mit ihm verwandt ist. Damit steigt die Wahrscheinlichkeit, auf indirektem Wege via Verwandtenselektion abstammungsidentische Allelkopien in die nächste Generation einzubringen.

Als in besonderem Maße nepotistisch motiviert gelten Primaten, insbesondere Altweltaffen. Ihre Gruppen können Individuen aus mehreren Generationen umfassen, deren Zusammenhalt ganz wesentlich auf wechselseitiger persönlicher Bekanntschaft und Vertrautheit beruht. Jeder kennt jeden, und jeder weiß um die individuellen Eigenarten der Sozialpartner

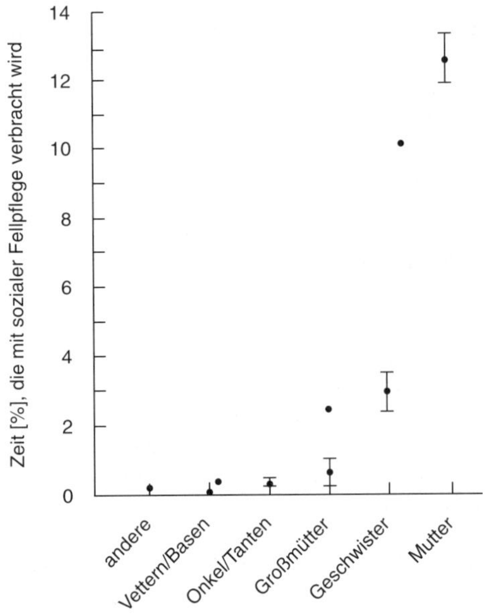

Abb. 2-30: Japan-Makaken *(Macaca fuscata)* verbringen mehr Zeit, das Fell naher Verwandter zu pflegen als das entfernterer Verwandte (aus Boyd und Silk 1997).

und um deren spezifische Beziehungen zueinander. Vor allem aber enthält eine Primatengruppe die verschiedensten, sich überlagernden und durchkreuzenden Teilsysteme: Ranghierarchien, langfristige Koalitionen, kurzfristige Bündnisse, individuelle Freundschaften und vor allem Verwandtschaftsclans. Allerdings erkennen Primaten verwandtschaftliche Verhältnisse fast ausschließlich nur bezüglich der weiblichen Deszendenzen. So kommt es zu „Matrilinien" innerhalb der Populationen (mit Schimpansen als bemerkenswerter Ausnahme: hier bildet männliche Deszendenz, die „Patrilinie", das Skelett der Sozialstruktur). Derartige Verwandtschaftsclans bilden eine vorzügliche Bühne für die Evolution nepotistischer Strategien.

Verwandtenbevorzugung unter nicht-menschlichen Primaten lässt sich für verschiedene Verhaltenskontexte aufzeigen, z. B. als Nahrungstoleranz, bei der gegenseitigen Fellpflege (Abb. 2-30) und vor allem auch bei der gegenseitigen Unterstützung in sozialen Rangauseinandersetzungen (Abb. 2-31).

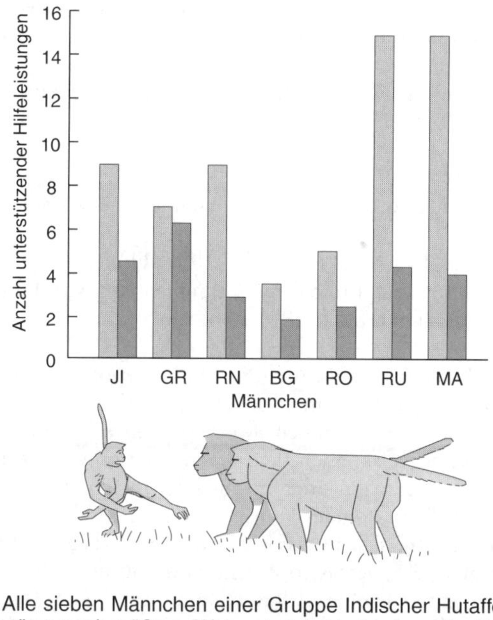

Abb. 2-31: Alle sieben Männchen einer Gruppe Indischer Hutaffen *(Macaca radiata)* unterstützten mit größerer Wahrscheinlichkeit verwandte (linke Säulen) als nichtverwandte Männchen (rechte Säulen) (aus Boyd und Silk 1997).

Es gehört zu den kulturübergreifenden Kennzeichen auch menschlicher Lebensgemeinschaften, verwandtschaftliche Beziehungen zu erkennen, sie differenziert zu benennen und zu bewerten und sie im alltäglichen Verhalten zu berücksichtigen. Generationen von Anthropologen und Ethnologen haben sich darum bemüht, die vielfältigen und oftmals recht komplizierten und westliche Phantasie manchmal fast überfordernden Verwandtschaftssysteme zu verstehen und in ihrer Alltagsbedeutung für das jeweilige soziale Gefüge zu erkennen. Dabei wird zunehmend eine Konstante menschlichen Sozialverhaltens sichtbar: Das Verhältnis von Kooperation und Konkurrenz innerhalb einer Bevölkerungsgruppe wird ganz entscheidend von den verwandtschaftlichen Beziehungen ihrer Mitglieder geprägt. Eine Reihe adaptiver Szenarien sind beschrieben worden, in denen psychische Inklinationen der **Verwandtenbevorzugung** eine hervorgehobene Bedeutung spielen. Hierzu zählen insbesondere:

- Solidarität in lebensbedrohlichen Katastrophensituationen (Grayson 1993; McCullough und Barton 1991, siehe Kasten 2-1)
- Mithilfe bei der Subsistenzsicherung (Betzig und Turke 1986; Hames 1987; Hawkes 1983)
- emotionale, materielle und soziale Unterstützung in Kontexten alltäglicher Lebensbewältigung (Dunbar und Spoors 1995; Marbach 1998; Salmon und Daly 1996)
- Koalitionsbildung in Macht- und Herrschafts-Auseinandersetzungen (Chagnon und Bugos 1979; Dunbar et al. 1995; Johnson und Johnson 1997)
- Adoptionen (Silk 1990)
- Erbgewohnheiten und Investment in laterale Nachkommen (Hartung 1985)
- „Helfer-am-Nest-Verhalten" (Bereczkei 1998; Flinn 1989; Turke 1988)
- Übernahme spezifischer Rollen im Zusammenhang von familiären Reproduktionsstrategien (Hill 1999)

Die Wahrscheinlichkeit und Ausprägungsstärke nepotistischen Verhaltens ist freilich vom jeweiligen Kontext abhängig, nicht zuletzt auch von der Frage, wie substantiell eine möglicherweise gewährte Unterstützung wäre. So macht es beispielsweise einen deutlichen Unterschied, ob Hilfsbereitschaft in lebensbedrohlichen oder in alltäglichen Situationen gefragt ist (Burnstein et al. 1994). US-amerikanische und japanische College-Studierende wurden gebeten, sich in zwei verschiedene Szenarien hineinzuversetzen, und zwar in eine Katastrophensituation, in der es um Leben und Tod geht, und in eine harmlose Alltagssituation. In diesem Gedankenspiel hatten die Probanden Gelegenheit, nur einer von jeweils drei Personen zu helfen, wobei die bedürftigen Personen sich je nach Testserie im Ver-

Kasten 2-1: Nepotistische Solidarität in Katastrophensituationen.

Im Jahr 1973 brach in einer Freizeitanlage auf der Isle of Man Feuer aus. 50 Todesopfer waren zu beklagen. 148 Überlebende dieser Brandkatastrophe wurden später zu den Vorgängen am Unglücksort interviewt.

Von diesen 148 Personen besuchten 128 die Freizeitanlage in einer Gruppe, davon

87 in einer Gruppe aus Familienangehörigen und
41 in einer Gruppe aus Freunden

Als das Feuer ausbrach, waren

57 (= 66%) der Familiengruppen zusammen, davon
retteten sich 67% gemeinsam

22 (= 54%) der Freundesgruppen zusammen, davon
retteten sich 25% gemeinsam

Als das Feuer ausbrach, waren

30 Familien getrennt, davon
suchten sich 50% vor der Flucht

19 Freundesgruppen getrennt, davon
suchten sich 0% vor der Flucht

nach: Sime 1983

wandtschaftsgrad zum Probanden, im Alter, Geschlecht und Gesundheitszustand unterschieden. Die zu beantwortenden Fragen lauteten etwa folgendermaßen, wobei jeweils eine Auswahl von drei bedürftigen Personen mitgeliefert wurde:

- *Katastrophensituation:* „Wen retten Sie aus einem brennenden Haus? Sie haben nur Zeit, eine von folgenden drei Personen zu retten. Die beiden anderen werden sterben."
- *Alltagssituation:* „Auf dem Weg zu einer Verabredung werden Sie gebeten, Dinge aus einem Kaufhaus abzuholen. Sie haben nur Zeit, einer von drei Personen den Gefallen zu tun. Wem?"

Wie nicht anders zu erwarten, können enge Verwandte in beiden Situationen mit größerer Hilfsbereitschaft rechnen als entferntere Verwandte (Abb. 2-32). Darüber hinaus zeigt die Abbildung aber auch, wie die Bereitschaft zur nepotistischen Hilfeleistung kontextuell beeinflusst wird. Unter Alltagsbedingungen sind wir eher geneigt, unseren kranken Verwandten zu helfen. In Situationen hingegen, in denen es um Leben oder Tod geht, helfen wir vorzugsweise unseren gesunden Verwandten.

Die Autoren dieser Studie fassen die vielfältig differenzierten Ergebnisse ihrer Studie wie folgt zusammen: »*Wenn in Katastrophensituationen Entscheidungen über Leben und Tod gefällt werden müssen, achten Men-*

schen auf die Verwandtschaftsverhältnisse, um nahe Verwandte gegenüber entfernteren Verwandten zu begünstigen; ferner helfen Menschen eher den Jungen als den Alten ..., eher den Gesunden als den Kranken, eher den Reichen als den Armen ..., und eher den fekunden als den postmenopausalen Frauen. Unter Alltagsbedingungen hingegen, motivieren Gewissen und Höflichkeit die Menschen, eher den Jungen oder den Alten zu helfen (weniger Menschen mittleren Alters), eher den Kranken als den Gesunden, eher den Armen als den Reichen und eher Frauen als Männern.« (Burnstein et al. 1994, S. 785).

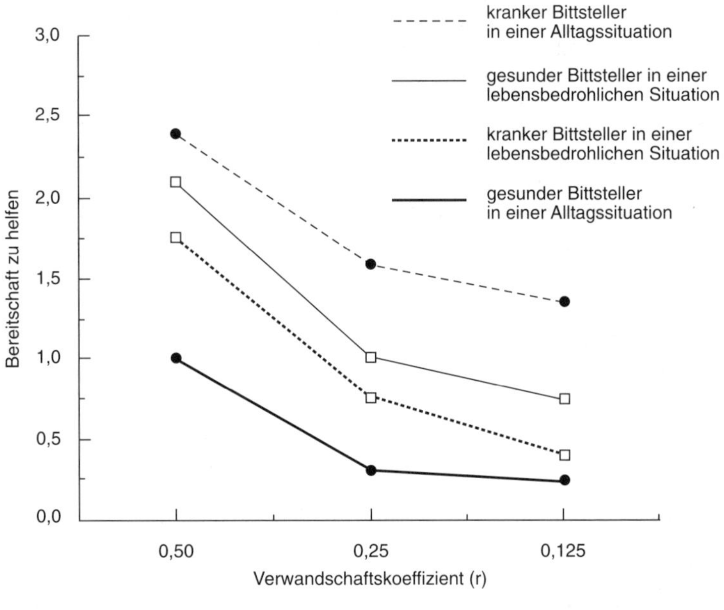

Abb. 2-32: Wechselnde Bereitschaft, kranken oder gesunden Verwandten zu helfen, je nach Ernst der Situation (aus Burnstein et al. 1994).

Familiensolidarität – meist emotional stark besetzt und deshalb ohne große Worte intuitiv gelebt, hin und wieder freilich auch ein wenig selbstdisziplinarisch erzwungen und manchmal mithilfe offensichtlich effizienter Parolen ideologisch instrumentalisiert („Heiliger Vater“, „Brüder und Schwestern in der DDR“, „Stimme des Blutes“) – hat eine lange Naturgeschichte und kann uns in diesem Sinne als natürlich gelten. Dennoch zwingt uns der biologische Imperativ keineswegs bedingungslos unter das Joch der Familienbande, denn die „natürliche" Sympathie für Verwandte reicht nur so weit, wie das dem Kalkül des „egoistischen Gens" dient. Familiensolidarität ist deshalb keine unerschöpfliche Ressource in den Fährnissen des Lebens. Gerade innerhalb von Familien können unter Umständen Konflikte sehr erbittert und unter vielen Verletzungen ausgefochten werden. Diese kreisen häufig um Altruismusbilanzen, wofür Robert Trivers (1974) zum erstenmal die evolutionsgenetischen Gründe herausgearbeitet hat (s. 4.3), oder auch – damit eng zusammenhängend – um die reproduktiven Rollen, die einzelne Familienmitglieder im Rahmen dynastischer Familienpolitik einnehmen sollen.

2.2.3 Gruppenphänomene

»Aus allen bisher angeführten Thatsachen leuchtet hervor, dass auf den primitiven Kulturstufen und auch noch später zwei diametral entgegengesetzte Sittensysteme sich geltend machen. Das erste umfasst die Angehörigen einer Gemeinschaft und regelt die Verhältnisse der Mitglieder derselben gegen einander. Das andere beherrscht die Handlungsweise der Mitglieder jeder anderen. Das erste schreibt Milde, Güte, Solidarität, Liebe und Frieden vor, das andere – Mord, Raub, Hass, Feindschaft. Das eine gilt für die Zugehörigen, das andere – gegen die Fremden.«

So lautet die bündige Schlussfolgerung des Kiewer Ethnologen Kulischer (1885, S. 213) nach seiner Beschäftigung mit zahlreichen Reiseberichten früher europäischer Ethnographen aus den verschiedensten Regionen dieser Welt. Was Kulischer mit **Dualismus der Ethik** überschrieb, wurde schon damals von Kropotkin (1903) und später von Vogel (1989) als doppelte Moral der Menschen beklagt. Gemeint ist damit jenes sozialpsychologisch überaus vielschichtige Phänomen, in dessen Folge es zu Ethnozentrismus, Fremdenhass, Intoleranz und kollektiver Gewalt kommt und das auf einem wie im Einzelfall auch immer psychologisch oder kulturell definierten und aufrechterhaltenen Gruppenverständnis basiert (Van der Dennen und Falger 1990; Eibl-Eibesfeldt und Salter 1998).

Sowohl unsere auf Diskrimination angelegte Psyche als auch die Natur und Dynamik gesellschaftlicher Konflikte ermöglichen und fördern insider/outsider-Zuordnungen in wohl allen Sektoren der Gesellschaft. Aus soziobiologischer Sicht ist die Evolution dieser das friedliche Zusammenleben der Menschen so tiefgreifend gefährdenden Verhaltenstendenz vor allem hinsichtlich der evolvierten Zweckursachen interessant.

Weil zu einem gewissen Grad Gruppenkonflikte phylogenetisch und ursächlich mit Ansprüchen an eine exklusive Ressourcennutzung verknüpft sind, soll im folgenden eine evolutionsbiologische Betrachtung von Territorialität der Behandlung der eigentlichen Gruppenphänomene, nämlich kollektiver Aggression nach außen gegen Fremde (Zwischengruppenkonflikte) bzw. nach innen gegen soziale Abweichler (Ausschlussreaktionen) vorangestellt werden.

2.2.3.1 Territorialität

In der Verhaltensforschung wurde schon früh zwischen **Streifgebiet** und **Territorium** unterschieden. Als Streifgebiet versteht man jenes Areal, welches zwar ökologisch genutzt, aber nicht gegen Nachbarn oder fremde Eindringlinge verteidigt wird. Ein Territorium hingegen wird mit einigem Aufwand an Zeit, Energie und Risiko abgegrenzt und verteidigt, um exklusive Nutzungsmöglichkeiten sicherzustellen.

Der Vorteil eines Territoriums liegt auf der Hand: Seine Inhaber können sich innerhalb seiner Grenzen relativ frei bewegen und nach Nahrung suchen oder jagen, sich verpaaren und schließlich die Nachkommen großziehen ohne dabei allzu oft durch Mitkonkurrenten beeinträchtigt zu werden. Außerdem werden Territorien errichtet, wenn damit eine gute Versorgung mit Ressourcen (Nahrung, Versteck- und Fluchtmöglichkeiten, Brut- und Ruheplätze) erreicht werden kann. Konkurrenzminimierung und Ressourcensicherung gelten deshalb als zwei wesentliche Triebkräfte in der Evolution von Territorialität.

Ein Territorium wird häufig durch Kampf (etwa zu Beginn einer Brutsaison) in Besitz genommen und anschließend gegen Nachbarn und Eindringlinge verteidigt. Mit Hilfe akustischer, optischer und/oder olfaktorischer Signale wird der Gebietsanspruch den Mitkonkurrenten signalisiert. Sind die Territoriumsgrenzen erst einmal festgelegt, werden sie in der Folgezeit in der Regel auch respektiert, so dass offene Aggression um Gebietsansprüche eher selten ist. Kommt es dennoch zur Invasion von Fremden, werden diese zurückgewiesen. Dabei gilt es in der Regel einen deutlichen **Heimvorteil** für den Territoriumsinhaber.

Bei einigen Arten, vor allem unter Singvögeln, bildet ein Territorium häufig eine unabdingbare Voraussetzung für persönliche Fortpflanzung überhaupt, und viele Studien zeigen, mit welch hohem Einsatz um Brutterritorien konkurriert wird. Manche Arten kennen sog. **Floater**, das sind (meist) Männchen, die ohne selbst ein Territorium zu besitzen, sich in Gebieten der eingesessenen Territoriumsinhaber aufhalten. Sie tun dies möglichst unauffällig und ohne sich an Singduellen zu beteiligen. Sie befinden sich gleichsam in Warteposition für den Fall, dass ein Territoriumsinhaber verschwindet. Floater haben dann eine gute Chance, die freigewordene Stelle (evtl. samt Geschlechtspartner) zu übernehmen.

In einer von Dhondt und Schillemans (1983) untersuchten Kohlmeisenpopulation *(Parus major)* gab es Floater beiderlei Geschlechts. Trotz Mangel an eigenem Territorium fanden sich einige zu Brutpaaren zusammen. Sie versuchten, möglichst unbemerkt in Randzonen des von anderen beanspruchten Gebiets zu brüten. Sie mussten dies möglichst „heimlich" bewerkstelligen, weil ihnen nach Entdeckung durch die Platzeigner Vertreibung drohte. Die Daten zeigen, weshalb auch in dieser Population Territorialverhalten fitnessförderlich war, obgleich doch Brüten hier nicht zwingend an ein fest beherrschtes Areal geknüpft war (Tab. 2-12): zwar unterschieden sich nicht die Gelegegrößen, wohl aber der Aufzuchtserfolg je nach territorialem Status des Brutpaares signifikant von einander.

Tabelle 2-12: Reproduktionserfolg von Kohlmeisen *(Parus major)* je nach Territorialstatus (aus Dhondt und Schillemans 1983).

	Territoriumshalter	**Eindringlinge („Floater")**
durchschnittliche Gelegegröße	9,29	8,56
% der Eier, aus denen ein flügge gewordenes Jungtier hervorging	85	48
% der Nester, aus denen Jungtiere flügge geworden sind	100	58
Flügge gewordene Jungtiere pro Paar	8,00	4,08

Nun gibt es bekanntlich sowohl nicht-territoriale als auch territoriale Arten, und diese können sich darüber hinaus nur zu bestimmten Phasen im Jahresgang oder in bestimmten Habitaten territorial, zu anderen Zeiten oder an anderen Plätzen hingegen nicht-territorial verhalten. Die Gründe dieser Variabilität liegen in den unterschiedlichen Kosten/Nutzen-Bilanzen, wie sie sich je nach sozio-ökologischem Rahmen aus der Aufrechterhaltung und Durchsetzung territorialer Ansprüche ergeben. Es lohnt sich eben nicht, immer und unter allen Umständen die teilweise nicht unerheblichen Kosten einer Territoriumsverteidigung einzugehen. An anderer Stelle (s. 2.2.1.1) ist bereits dargelegt worden, wie der Ressourcenwert das Kampfverhalten beeinflusst. Je mehr es zu gewinnen gibt, desto einsatzfreudiger – unter sonst gleichen Bedingungen – wird um eine umstrittene Ressource konkurriert. Dies gilt für die Territoriumsverteidigung entsprechend. Je entscheidender sich die exklusive Nutzung eines Areals für den persönlichen Reproduktionserfolg darstellt, desto eher wird ein Individuum zu dessen Verteidigung bereit sein und mit um so mehr Energie, Zeit und Risiko die Auseinandersetzung führen. Ist hingegen das Kosten/Nutzen-Verhältnis ungünstig, weil etwa die Ressourcen wegen der Art ihres Vorkommens nur mit einem unökonomisch hohen Aufwand zu monopolisieren wären, wird Territorialität dysfunktional und aufgegeben. Deshalb verfügen viele Arten über die Fähigkeit, je nach Situation zwischen territorialem und nicht-territorialem Verhalten zu wechseln. Die Entscheidung zugunsten der einen oder anderen Taktik hängt dabei von der Vielfalt der sozio-ökologischer Faktoren ab, die die jeweilige Nettobilanz beeinflussen. Fazit: Territorialität ist Kosten/ Nutzen orientiert. Wenn immer sich im Tierreich territoriale Individuen oder Paare beobachten lassen, darf man schließen, dass aus der Ausbeutung ihres Territoriums im Durchschnitt ein höherer Fitnessgewinn resultiert als seine Verteidigung an Kosten verursacht.

Dass die Ressourcensituation Territorialverhalten motiviert, dürfte auch für menschliche Verhältnisse gelten, wie das folgende Beispiel zweier regional benachbarter Bevölkerungsgruppen nahe legt (Dyson-Hudson und Smith 1978). Die Westlichen Shoshoni bewohnen die zentralen Prärien des Großen Beckens und sind (im Sommer) vorwiegend auf die dort vorherrschende karge Vegetation angewiesen. Regen fällt hier nur strichweise und ist weder zeitlich noch räumlich gut vorhersehbar. Deshalb sind auch Ort und Zeit von Wachstums- und Reifungsphasen der Grasvegetation nicht kalkulierbar. Unter diesen Verhältnissen lohnt es sich nicht, ein Territorium in Besitz zu nehmen. Sein Ressourcenwert wäre zu gering, und die raumzeitliche Verteilung des Nahrungsangebots ließe keine energetisch und logistisch ökonomische Verteidigung eines notwendigerweise großflächigen Areals zu. Diese ökologischen Vorgaben spiegeln sich in der Lebensweise und Sozialstruktur der Westlichen Shoshoni wider: Kleine, nomadisierende Familiengruppen ziehen im Sommer – dem spärlichen Regen folgend – von einer Lokalität zur anderen, ohne dabei irgend einen definierten Raum als abgegrenztes Territorium für sich in Anspruch zu nehmen.

Die Paiute-Indianer leben in den hügeligen Ausläufern der Sierra Madre, also an der westlichen Randzone des Großen Beckens. Sie sind auf die gleiche Vegetation angewiesen, allerdings fällt der Regen in ihrer Region reichhaltiger, und vor allem führen die Bäche ständig Schmelzwasser, woraus eine zuverlässige Wasserversorgung der Bevölkerung erwächst. Die Paiute nutzen diese günstige Situation zur regelmäßigen Bewässerung der umliegenden Ländereien, was die pflanzliche Produktivität steigert und kalkulierbar werden lässt. Entsprechend unterschiedlich gegenüber den Shoshoni sind Lebensweise und Sozialstruktur der Paiute. Letztere sind sesshaft und leben in kleinen und vehement verteidigten Dörfern entlang der Wasserläufe.

Der beschriebene Unterschied zwischen den Westlichen Shoshoni und den Paiute-Indianern in der Art und Weise der Ressourcennutzung und damit der Unterschied in der Bereitschaft, sich auf Gruppenkonflikte einzulassen, geht ursächlich auf einen ökologischen Unterschied zurück. Dieser führt für beide Stämme zu unterschiedlichen Ergebnissen in der Kosten/Nutzen-Bilanz territorialen Verhaltens. Während sich für die Westlichen Shoshoni Territorialität weder wegen des Ressourcenwerts noch wegen des notwendig großen Aufwands lohnt, ist die entsprechende Nettobilanz für die Paiute positiv.

2.2.3.2 Zwischengruppenkonflikte

Unter staatenbildenden Insekten ist Territorialität ein Gruppenphänomen. Bienen und Ameisen sind extrem intolerant gegenüber koloniefremden Artgenossen. Bei einigen Arten spiegelt sich dies in der Herausbildung spezifischer Morphe, der sog. „Soldaten", wider, die eigens für Gruppenkonflikte ausgestattet sind. Dies gilt auch für Knoten-Ameisen der Art *Pheidole pallidula*. Interessanterweise variiert bei dieser Art der Anteil der Soldaten zwischen den Kolonien beträchtlich. Man hat Werte zwischen 3,4% und 41% ermitteln können. Wie Passera et al. (1996) herausfinden konnten, spiegelt der Anteil der Soldaten die Bedrohung durch Nachbarkolonien wider. Wenn die Ameisen einem erhöhten Konkurrenzdruck durch benachbarte Kolonien ausgesetzt sind, rüsten sie auf: Sie investieren dann relativ mehr in die Aufzucht von Soldaten, deren einziger Zweck Gruppenverteidigung ist.

Wenngleich aggressives Verhalten gegenüber Fremden nicht nur unter Insekten, sondern wohl auch in allen sozial komplex organisierten Wirbeltiergruppen vorkommt, sind Gruppenkämpfe im engeren Sinn, also kollektiv abgestimmte und ausgetragene Konflikte unter Artgenossen hier eher selten (van Hooff 1990). Als Beispiele können einige gemeinschaftlich brütende Vögel (Stacey und Koenig 1990) und Säuger (z. B. Tüpfelhyänen, *Crocuta crocuta*, Kruuk 1972) gelten, die ihre gemeinschaftlich genutzten Territorien auch gemeinschaftlich verteidigen.

Besonders eindrucksvoll belegen die langjährigen Beobachtungen von Jane Goodall und ihrem Team an den Gombe-Schimpansen *(Pan troglodytes)* die Existenz von Gruppenkonflikten im Tierreich. Goodall (1986) beschreibt, wie sich über mehrere Jahre aus der von ihr untersuchten ursprünglich 45 bis 60 Individuen umfassenden „Kasakela-Population" eine kleinere Gruppe zunächst fast unmerklich, dann aber doch endgültig abzuspalten begann. Diese Trennung markiert den Beginn eines überaus gewalttätigen fünfjährigen Konflikts, an dessen Ende eine der beiden Teilgruppen, nämlich die der Separatisten zu existieren aufhörte. Während es in den ersten Jahren nach der Trennung zwischen den ehemals gemeinsam lebenden, nunmehr aber sozial getrennten und benachbarten Tieren zwar zu aufgeregten, aber nicht handgreiflichen Kontakten kam, begann später ein regelrechter Ausrottungskampf gegen die abtrünnigen Dissidenten. In mehreren Kriegszügen drangen einige der „Kasakela-Tiere" in das Streifgebiet ihrer neuen Nachbarn ein, isolierten jeweils ein Individuum von seiner Gemeinschaft, verfolgten es und malträtierten es jeweils auf eine äußerst brutale Art und Weise. Kasten 2-2 gibt zur Verdeutlichung der Gnadenlosigkeit und ungeheueren Brutalität dieser Überfälle einen Original-Ausschnitt aus Goodalls Schilderung wieder.

Kasten 2-2: The Attack on Goliath

»This episode occurred in February 1975. (Observers: E. Bergmann-Riss and A. Bandora.) During the afternoon five adult males (Humphrey, Faben, Figan, Satan, and Jomeo) and one adolescent male (Goblin) left a large gathering and traveled south. Faben led. They moved slowly and cautiously, pausing to listen intently. Humphrey turned back after fifteen minutes and was not seen again that day. Faben led on across Bare Tree Ravine. The party climbed into a tree and sat for forty-eight minutes staring toward Kahama. The only sounds were made by Goblin as he fed, rustling the vegetation.

Suddenly the males climbed to the ground, sat for a moment, then Faben gave pant-hoots, displayed, and raced forward about 25 meters to where Goliath, possibly hiding, sat in a tangle of low bushes. Faben started to attack, leaping at the old male and pushing him to the ground, his functional hand an Goliath's shoulder. Goliath was screaming, the other males giving pant-hoots and waa-barks and displaying. Faben continued to pin Goliath to the ground until Satan arrived. Both aggressors then hit, stamped an, and pulled at the victim who sat, hunched forward. Jomeo, screaming, joined in. Once Goliath was lifted bodily from the ground and dropped back again. During the attack, which lasted for about twenty minutes, Goblin repeatedly ran in, hit Goliath, and raced off again. As the three males continued to pound and kick their victim, Figan displayed past at least eight times, hitting the old male each time and once biting bis thigh.

The other rnales continued to beat up their victim without pause, using fists and feet. Goliath initially tried to protect his head with his arms but, as Dé had done, he soon gave up and lay quite still. Faben took one of his arms and dragged him about 8 meters over the ground. Satan dragged him back again. Faben leaped onto Goliath and repeatedly stamped on him as he lay stretched out, face down. Faben then began hitting him with his hand; Satan and Jomeo did the same. With very rapid movements Jomeo began to drum with his hands on Goliath's shoulder blades while Faben sat on the old male's back, took one of his legs and, with his one good arm, tried to twist it around and around.

Eighteen minutes after the start of the attack Jomeo left Goliath, followed by Satan and Faben. The Kasakela party, incredibly excited, displayed with drumming, pant-hooting, and roar pant-hooting. Faben displayed back toward the victim and charged right over him. Only the faintest squeak indicated that the inert male was still alive. After this the aggressors set off a fast run back north. There was much vocalization, including loud screaming, and the males drummed on trees as they traveled to rejoin the gathering they had left earlier.

At the time of his attack Goliath already looked extremely old. His head and back were partially bald, his ribs and spine protruded, his teeth were worn to the gums. In the attack he was, inevitably, very badly hurt. He had one severe wound on his back, low on the spine; another behind his left ear, which was bleeding profusely; and another on his head. When the aggressors had gone, he several times tried to sit up but fell back, shivering all over. He was holding one wrist in hishand as though it was broken. Like Godi, Goliath, despite intensive searching by all research personnel and field staff, was never seen again.»

(aus Goodall 1986)

Während der fünf Jahre dieses Konflikts wurden mindestens sechs Tiere der Separatisten-Gruppe auf vergleichbare Art und Weise angegriffen und ums Leben gebracht, bis schließlich die Nachbarn komplett ausgerottet bzw. vertrieben waren und die Sieger mit ihren Familien das neu hinzugewonnene Streifgebiet vereinnahmen konnten.

Mit der territorialen Ausdehnung der „Kasakela-Gruppe“ ist die blutige Geschichte der Schimpansenkonflikte im Gombe keineswegs zu Ende erzählt, denn in den nachfolgenden Jahren konnten Jane Goodall und ihre Mitarbeiter/innen beobachten, wie nunmehr die ehemals siegreiche Gemeinschaft ihrerseits in territoriale Bedrängnis geriet. Die Nachbarn im Norden und Süden wurden nämlich zunehmend selbstbewusster und schnürten den Lebensraum der „Kasakela-Gruppe“ auf ein Minimum ein. Diese und andere Beobachtungen belegen: Das Leben von Schimpansen wird nicht zuletzt von ihrer jeweiligen Gruppenzugehörigkeit geprägt. Diese bestimmt auf ganz umfassende Weise die persönliche Biographie eines jeden Tieres.

Das Schimpansenverhalten zeigt einige Merkmale, die für die Frage nach der Evolution menschlicher Gruppenkonflikte von Interesse sein dürften:

- Das Ergebnis eines Konflikts hängt entscheidend von der Größe und Zusammensetzung der beiden aufeinandertreffenden Gruppen ab und nicht von dem Ort des Zusammentreffens. So kann eine relativ größere

Schimpansengruppe eine vergleichsweise kleinere auch auf deren eigenem Territorium in die Flucht schlagen. Es gibt keinen „Heimvorteil", wie das bei den individuellen Auseinandersetzungen vieler Wirbeltiere der Fall ist.

- Die „Grenzpatrouillen" der Schimpansen sind verschieden zusammengesetzt. Von Mal zu Mal können sich andere und unterschiedlich viele Individuen (typischerweise adulte und adoleszente Männchen) an den Erkundungen beteiligen. Deshalb ist auch nach wiederholten Begegnungen das Kräfteverhältnis zweier benachbarter Gruppen nicht a priori geklärt, was soziale Geplänkel und Scharmützel geradezu provoziert. Die Bühne für aggressive Auseinandersetzungen wird noch dadurch vergrößert, dass sich die Streifgebiete benachbarter Gruppen zu einem nicht unerheblichen Teil überlappen. Schimpansen schaffen so erst die Gelegenheiten für Gruppenkonflikte und versuchen diese zu nutzen, indem sie sich möglichst dicht an vermeintlich schwächere Kontrahenten zu nähern versuchen, um dann den gesuchten Kampf auch auszutragen. Im Gegensatz zu anderen Wirbeltieren mit klassisch ausgeprägter Territorialität wird bei Schimpansen die Lösung sozialer Konfrontation durch Kampf geradezu provoziert und nicht etwa rituell abgedämpft.
- Der bemerkenswerteste Unterschied zu den sich letztlich doch eher friedlich arrangierenden territorialen Vertebraten besteht sicherlich in der tiefreichenden Feindseligkeit zwischen Nachbargruppen und die sich daraus ergebene Gewalttätigkeit ihrer Kämpfe. Gruppenfremde Eindringlinge werden nicht einfach vertrieben – wie dies (vielleicht mit einigen Ausnahmen unter sozialen Carnivoren) sonst unter Wirbeltieren die Regel zu sein scheint – sondern massiv angegangen und beschädigt, was nicht selten zum Tod der Opfer führt. Mehr noch: Schimpansen organisieren gleichsam überfallartige Raubzüge in die Kerngebiete ihrer Nachbarn, und auch diese Unternehmungen können mit dem Tod der Überfallenen enden. Hier geht es nicht mehr um die Verteidigung eines angegriffenen Territoriums, sondern um seine gewaltsame Vergrößerung auf Kosten schwächerer Nachbarn.

Tierliche Gruppenkonflikte haben ihre sozio-ökologischen Hintergründe. Genauso wie Territorialität Kosten/Nutzen-abhängig ist und voraussetzt, dass die zu verteidigenden Ressourcen einen hohen Nutzwert haben und ohne unökonomisch hohe Kosten zu monopolisieren sind, hängen auch Vorkommen und Stärke der Intergruppenkonflikte von sozio-ökologischen Variablen ab. Dabei sind Populationsdichte und Nutzbarkeit der Nahrungsressourcen zwei entscheidende Faktoren, die die Wahrscheinlichkeit aggressiver Auseinandersetzungen zwischen benachbarten Tiergruppen erhöhen.

Dies dürfte im Prinzip auch für das geschilderte Schimpansenverhalten gelten, wenngleich zu seinem vollständigen Verständnis ein weiterer Gesichtspunkt berücksichtigt werden muss (van Hooff 1990). Männchengruppen versuchen nicht etwa nur deshalb ihr Territorium zu vergrößern, um selbst in den Genus des vermehrten Ressourcenangebots zu kommen, sondern sie tun dies vornehmlich aus Gründen sexueller Konkurrenz. Unter Schimpansen bilden Männchen das sesshafte Geschlecht, während Weibchen ihre Geburtsgruppe verlassen. Auf ihren Wanderungen bleiben letztere (ggf. mit ihrem abhängigen Nachwuchs) meist allein und vermeiden so Nahrungskonkurrenz untereinander. Je größer und reichhaltiger nun das von den Männchen beherrschte Gebiet ist, desto mehr Weibchen werden sich bevorzugt dort aufhalten, desto mehr Vorteile ergeben sich also für die „Platzhalter" in der Männerkonkurrenz um Weibchen. Wegen ihrer Ortstreue sind die kooperierenden Männchen einer Gemeinschaft mit einiger Wahrscheinlichkeit (Halb)brüder, während sie mit den Männchen ihrer Nachbargruppen in der Regel nicht unmittelbar verwandt sind. Kooperation innerhalb und Konkurrenz zwischen den Gruppen ist deshalb evolutiv äußerst plausibel, wenn es darum geht, die Gunst herumziehender Weibchen zu gewinnen.

Nach der Lektüre von Goodalls (1986) Schilderungen ist man kaum mehr gegen die sich unweigerlich aufdrängende Assoziation gefeit, dass es sich bei den Gruppenkämpfen unter Schimpansen um stammesgeschichtliche Vorformen des menschlichen Kriegsgeschehens handeln könnte. In der Psyche unserer nächsten Verwandten zeigen sich Eigenheiten, die durchaus als Prädispositionen für die Evolution kollektiven Kampfverhaltens unter Menschen gelten können, und zwar

- die Fähigkeit zur Planung kooperativer Unternehmungen,
- eine inhärente Aversion gegenüber Gruppenfremden,
- ein „Interesse" an Gruppenkämpfen. Goodall (1986) beschreibt, wie aggressive Auseinandersetzungen die Aufmerksamkeit und Anteilnahme auch derjenigen weckt, die primär nicht daran beteiligt waren. Vom Anblick gewalttätigen Geschehens geht offensichtlich eine spezifische Attraktivität aus, die besonders für junge Männchen anziehend wirkt, und schließlich
- ein doppelter Verhaltensstandard. Aggression innerhalb von Gruppen spielt sich anders ab als zwischen Gruppen. Fremde Kontrahenten werden eher wie Beutetiere behandelt. Goodall (1986) spricht in diesem Zusammenhang von einer „Deschimpansierung" des Gegners und sieht darin deutliche Parallelen zu der menschliche Auseinandersetzungen so häufig begleitenden psychologischen Abwertung bis hin zur „Dehumanisierung" des jeweiligen Gegners, was bekanntlich psychische Hemmschwellen gegen eine Eskalation von Gewalt abbauen kann (Eibl-Eibesfeldt 1994).

Beschränkt man den Vergleich auf jene Streitereien, die sich auf der Ebene von Stammesgesellschaften abspielen, lässt man also zwischenstaatliche Konflikte einmal außer Betracht, zeigen sich nicht nur in den psychischen Voraussetzungen, sondern auch in den sozio-ökologischen Rahmenbedingungen kollektiver Aggression deutliche Parallelen zwischen dem tierlichen und menschlichen Geschehen.

Der aggressivste Ausdruck von Gruppenkonflikten ist **Krieg** (Abb. 2-33). Zu seiner biologischen Evolution und der ethnohistorischen Vielfältigkeit seiner proximaten Ursachen existiert eine reichhaltige und vergleichende Spezialliteratur (z. B. Eibl-Eibesfeldt und Salter 1998; Ember und Ember 1992; Low 1993; Meyer 1995; Shaw und Wong 1989; Van der Dennen 1990). Obgleich es die kulturelle und psychologische Vielschichtigkeit dieses Phänomens erschwert, Generalisierungen zu formulieren, kommt doch nach dem gegenwärtigen Wissensstand den sozio-ökologischen Theorien der Kriegsentstehung der umfassendste Erklärungswert zu. In letzter Analyse werden Kriege nicht etwa geführt, nur weil Männer daran Spaß hätten, Kriege werden auch nicht geführt, weil ein verhängnisvoller Aggressionstrieb seinen Tribut fordert, und auch nicht, weil etwa

Abb. 2-33: Zwei benachbarte Gruppen Neu-Guineas im Krieg (aus Gould und Gould 1989).

die dekadente Kulturgeschichte der Menschheit die natürliche Hemmung, einen Artgenossen zu töten, außer Kraft gesetzt hätte, sondern *»kriegerische Auseinandersetzungen sind in diesen Gesellschaften [gemeint sind Wildbeuter- und Pflanzergesellschaften] so gut wie immer Ausdruck des Bemühens, einen gefährdeten Lebensstandard mit Hilfe des Zugangs zu neuen Ressourcen, ertragreicheren Lebensräumen oder Handelsrouten zu sichern oder zu verbessern. Krieg lässt sich daher am besten als eine tödliche Form des Konkurrierens autonomer Gruppen um knappe Ressourcen verstehen«* (Harris 1989, S. 218). Dies muss freilich durch die Bemerkung ergänzt werden, dass die Liste der umkämpften Güter keineswegs nur Territorien, Viehherden, Nahrungsvorräte oder andere materielle Ressourcen umfasst, sondern ggf. auch weibliche Fruchtbarkeit oder sozialen Status beinhalten kann, wenn deren Knappheit den Reproduktionserfolg gefährdet.

Für eine soziobiologische Interpretation des Kriegsgeschehens ist es zunächst unerheblich, wie die Krieger selbst ihr Tun einschätzen und kulturell bewerten. Selbstverständlich kann kollektive Aggression aus einer ideologisch-religiös-mystischen Rationalisierung hervorgehen und gleichzeitig entscheidende sozio-ökologische Vorteile erbringen.

Die extrem kriegerischen südamerikanischen Mundurucu führen nach ihrem kulturellen Selbstverständnis die Ausrottungsfeldzüge gegen ihre Nachbarn aus Gründen der Ehre und sehen sich einzig durch die heimgeführten Siegestrophäen, nämlich die abgeschlagenen Köpfe ihrer Gegner, belohnt (Murphy 1957). Bei den Mundurucu-Kämpfen geht es weder um Frauen, noch um Land, noch um bewegliche materielle Kriegsbeute, sondern allein um den immateriellen Gewinn an Ehre und Ansehen, der mit Mut und Erfolg in den Blutfehden erzielt werden kann. Ökologische Theorien schienen in diesem Beispiel zu versagen, weil nicht erkennbar war, mit welchen angeblichen Vorteilen die gegenseitige Tötung von Nachbarn verbunden sein sollte, bis eine Reanalyse des ethnographischen Materials einen zunächst nicht beachteten Zusammenhang ans Licht förderte (Durham 1976): Die gegenseitige Dezimierung der Mundurucu senkt merklich den Jagddruck auf die Pekaris (eine kleine Wildschweinart), die als hauptsächliche Proteinlieferanten den begrenzenden Faktor für das Leben der Mundurucu darstellten. Zunehmende Bevölkerungsdichte droht diese wertvolle Ressource zu erschöpfen. Die Vernichtung bzw. Vertreibung der benachbarten Konkurrenten hingegen lässt sie sich erholen. Diesen Zusammenhang sehen die Mundurucu nicht, wenngleich sie ihn vielleicht erahnen: Sie sind nämlich davon überzeugt, dass die Kopftrophäen einen magisch-günstigen Einfluss auf das Pekari-Jagdglück ausüben. Dieses Beispiel lehrt, wie die ultimat wirksamen Zusammenhänge überhaupt nicht korrekt erkannt sein müssen und in den Motiven der Handelnden überhaupt keine Rolle zu spielen brauchen, um dennoch die biologische Zweckrationalität menschlichen Verhaltens auszumachen. In der natürlichen Selektion zählen die Fitnesseffekte eines Verhaltens, nicht die vordergründige Motivation der Handelnden.

Die Sozialverbände traditioneller Gesellschaften gründen im Kern auf genealogischer Verwandtschaft. Dies fördert bekanntlich sowohl Kooperation, Reziprozität und Nepotismus (s. 2.2.2), also wesentliche Voraussetzungen für eine gemeinsame Kriegsführung. Gleichzeitig liefert Verwandtschaft aber auch einen Gradienten, der Aggression mehr oder weniger wahrscheinlich werden lässt. Das arabische Sprichwort »*Ich gegen meinen Bruder; ich und mein Bruder gegen unsere Vettern; ich, mein Bruder und meine Vettern gegen die, die nicht mit uns verwandt sind; ich, mein Bruder, meine Vettern und Freunde gegen unsere Feinde im Dorf; sie alle und das ganze Dorf gegen das nächste Dorf!*« (Vogel 1989) drückt dies prägnant aus.

Ein „*in group/out group*-Denken", gewachsen in der Konkurrenz autonomer Gruppen um Lebenschancen, speist den „Dualismus der Ethik", von dem im vorangestellten Zitat Kulischers die Rede ist. Deshalb muss eine hohe **Binnenmoral** vor dem Hintergrund einer kräftebündelnden Wir-Ideologie bewertet werden, die möglicherweise hegemonial motiviert sein kann. Im Kasten 2-3 sind schlaglichtartig einige einschlägige Aussagen namhafter Evolutionsbiologen zusammengestellt, die die Ambivalenz einer auf Binnensolidarität setzenden Moral beleuchten.

Kasten 2-3: Gruppenkonflikte und Binnenmoral

Es ist ein Evolutionsgesetz, ein Gesetz, dem gegenüber wir alles andere als immun sind, dass, je kooperativer Gesellschaften sind, desto gewalttätiger fallen die Kämpfe zwischen ihnen aus.

Matt Ridley

Die Gesetze der Moral und des Rechts sind offensichtlich nicht ausdrücklich dafür gedacht, den Menschen ein harmonisches Leben innerhalb einer Gesellschaft zu ermöglichen, sondern um die innere Einheit einer Gesellschaft zu stärken, damit diese ihre Feinde wirksamer abzuschrecken vermag.

Richard Alexander

Die Präferenz einer Gruppenmoral gegenüber der Unbarmherzigkeit des individuellen Kampfes heißt nichts weiter, als den Völkermord dem einfachen Mord vorzuziehen.

George Williams

zitiert nach Ridley (1997: 267–269)

Fazit: Aus dem Zusammenspiel von genealogischer und kooperativer Verflechtung innerhalb einzelner Bevölkerungsgruppen und einer sozio-ökologischen Konkurrenz zwischen ihnen entsteht ein Szenario, das gewalttätige Gruppenkonflikte als biologisch angepasste Strategien im genetischen Vermehrungsinteresse wahrscheinlich werden lässt. Man muss davon ausgehen, dass unter den Bedingungen traditioneller Gesellschaften Menschen – auch wenn sie Krieg führen – versuchen, die Kosten/Nutzen-Relation ihrer Produktion und Reproduktion zu optimieren. Deshalb sind Stammeskriege als im Durchschnitt adaptive Antworten auf verschärfte Fitnesskonkurrenz aufzufassen und nicht etwa als Ausdruck eines pathologisch degenerierten Umgangs mit aggressiven Impulsen.

2.2.3.3 Ausschlussreaktionen (Ostrazismus)

Wenn besondere sozio-ökologische Bedingungen zu einer verschärften Zwischengruppenkonkurrenz führen, erfordert deren erfolgreiche Bewältigung in besonderem Maße Kooperationsbereitschaft. Mentale Grundlage für Gruppenkonformismus sind ein irgendwie geartetes „Wir-Gefühl" und Normverständnis, also Auffassungen von der eigenen Gruppe als einer Art „Solidargemeinschaft". Wird diese Vorstellung durch soziale Abweichler, Eigenbrötler oder „Nestbeschmutzer" gefährdet und droht dadurch real oder vermeintlich Schaden, reagiert die Gruppe ablehnend auf diesen Personenkreis. Ostrazistisches Verhalten kann je nach Kultur und Grad der Abweichung verschiedene Formen annehmen. Es reicht vom vergleichsweise harmlosen Auslachen und Hänseln eines Sonderlings über Anpöbeln, Rufmord und soziales Meiden bis hin zur Anwendung institutionalisierter Rechtsmittel wie Parteiausschluss, Exkommunikation oder Inhaftierung.

Die Evolution von Ausschlussreaktionen ist weder in phylogenetischer noch in kausaler Hinsicht gut verstanden, noch überhaupt halbwegs untersucht. Auch der Tier/Mensch-Vergleich liefert keine tieferen Einsichten, weil ausgrenzendes Verhalten gegen soziale Abweichler im Tierreich offensichtlich nicht vorkommt. Zwar kennt man von Schimpansen *(Pan troglodytes)* (Goodall 1986) und auch von einigen Vogelarten (z. B. Neumann 1982 für Lachmöwen *Larus ridibundus*) aggressive Ausschlussreaktionen gegen einzelne Gruppenmitglieder, jedoch richten die sich gegen kranke oder körperlich auffällige (z. B. experimentell markierte) Individuen. Ausschlussreaktionen gegen soziale Nonkonformisten im Sinne einer kollektiven moralistischen Aggression scheint es hingegen im Tierreich nicht zu geben. Selbst Schimpansen, von denen man aufgrund ihrer sozial-kognitiven Fähigkeiten noch am ehesten solch ein Verhalten erwarten könnte, scheinen an sozialen Abweichlern keinen Anstoß zu nehmen.

Beispielsweise haben die Gombe-Weibchen Passion und Pom mindestens sechsmal versucht, innerhalb ihrer vertrauten Gruppe Babies umzubringen. Dreimal waren sie dabei „erfolgreich“. Trotzdem konnte Jane Goodall (1983) kein Verhalten beobachten, das als gemeinschaftliche Sanktion gegen die Kindstöterinnen gewertet werden könnte. Zwar verhielten sich die Mütter der angegriffenen Opfer in der Folgezeit den beiden Täterinnen ausgesprochen ängstlich gegenüber, und einige Männchen zeigten „mäßige Formen der Aggression“ (S. 141), jedoch blieb dies alles auf der Ebene individueller Verhaltensreaktionen. Gemeinschaftlicher Ostrazismus wird von Goodall (1983) nicht beschrieben.

An sich ist **strafendes Verhalten** im Tierreich durchaus verbreitet (Clutton-Brock und Parker 1995). Gemeint sind damit aggressive Verhaltensweisen, die jene Individuen „erziehen“ sollen, die mit ihrem Verhalten die Fitnessinteressen des Strafenden gefährden. Derartige Züchtigungen helfen Dominanzhierarchien zu festigen, Nachkommen und Sexualpartner zu disziplinieren, Kooperation aufrechtzuerhalten und „Betrüger“ zu entmutigen. Aber all derartige Verhaltensweisen, wie beispielsweise die Aggression der Königin einer Nacktmullen-Kolonie *(Heterocephalus glaber)* gegen faule Arbeiterinnen (Reeve 1992), bleiben auf der Ebene dyadischer Beziehungen und erfüllen deshalb noch nicht das Kriterium koordinierter Gruppenaggression nach innen.

Auch die Kausalmechanismen, die ostrazistisches Verhalten hervorgebracht haben könnten, sind noch weitgehend unbekannt. Man kann sie im Zusammenhang mit Reziprozität vermuten, denn schließlich setzt die Evolution von Gegenseitigkeit voraus, dass Betrüger als solche erkannt und entmutigt werden (Trivers 1971). Aber selbst beim Paradebeispiel für reziproken Altruismus, nämlich dem Nahrungsteilen der Gemeinen Vampire *(Desmodus rotundus)* (s. 2.2.2.2) konnte nichts beobachtet werden, was in Richtung Ausgrenzen von Abweichlern interpretiert werden könnte (Wilkinson 1984). Der Mangel an gesicherten Beobachtungen gesellschaftlicher Sanktionen gegen „Betrüger“ spricht gegen das Vorkommen eines sozialen Normverständnis im Tierreich, weshalb ein auf Gegenseitigkeit basierender Altruismus nicht weit verbreitet sein dürfte und möglicherweise in seiner Bedeutung als Evolutionsfaktor überschätzt worden ist.

Eine zweite Überlegung sieht Ausschlussreaktionen weniger als evolvierte Maßnahmen zur Sicherstellung solidarischer Reziprozität, als vielmehr in seiner Funktion, Kosten zu vermeiden, die durch Außenseiter für andere Gruppenmitglieder entstehen könnten. Abweichler gefährden ihre Kollegen, wenn sie sie durch ihr Verhalten angreifbar machen und wenn dadurch deren soziale und physische Stärke bzw. Vormachtstellung bedroht wird.

Als Beispiel mögen die im afghanisch-pakistanischen Grenzgebiet lebenden Panthan dienen (Mahdi 1986). Im Ehrenkodex dieser islamischen Hirtengesellschaft spielt Blutrache traditionell eine wesentliche Rolle. Sie gilt weithin als einzige Möglichkeit, tief verletzte Ehre wiederherzustellen. Opfer eines Racheakts muss nicht der vermeintliche Initialtäter selbst sein, sondern Zielscheibe der Vergeltungsaggression kann auch ein Angehöriger aus dessen Verwandtschaftsgruppe werden. Umgekehrt braucht der vermeintlich Geschädigte nicht selbst als Rächer aufzutreten, sondern er kann diese Aufgabe an ein Familienmitglied abtreten. Derart motivierte Aggression kann bekanntlich eskalieren und sich zu generationenüberdauernden Blutfehden auswachsen, was mit traumatischen Folgen nicht nur für die Betroffenen selbst, sondern auch für die Vitalität und soziale und ökonomische Potenz ganzer Familien oder Sippen verbunden sein kann. Daly und Wilson (1988a) schätzen, dass Blutrache während der Menschheitsgeschichte mehr Opfer gefordert hat als Eifersucht, Habgier oder Krieg.

Zur Vermeidung solch unkontrollierbar ausufernder Kosten sieht der Normenkatalog der Panthan die Möglichkeit vor, einen schuldig Gewordenen aus den eigenen Reihen auszuschließen. Dieser verliert dann Schutz und solidarische Unterstützung seiner Gruppe und muss deren Siedlungsgebiet verlassen. Mit solch einer drakonischen Maßnahme beugen die Ostrazisten der Gefahr vor, selbst Opfer eines voraussehbaren Racheakts zu werden. In diesem Fall kann der soziale und räumliche Ausschluss eines Gruppenmitglieds gleichsam als risikomindernder „Selbstschutz" im Zusammenhang von Gruppenkonflikten verstanden werden.

3 Geschlechterbeziehungen

Zweigeschlechtliche Fortpflanzung setzt notwendigerweise ein Zusammenspiel zwischen Männchen und Weibchen voraus, weshalb im Verfolg persönlicher Fitnessinteressen immer auch die Fitnessinteressen von Geschlechtspartnerinnen oder Geschlechtspartnern berührt werden. Dabei können männliche und weibliche Interessen parallel verlaufen oder aber konfligieren und mit dem immerwährenden „Krieg der Geschlechter" einen Treibstoff der sexuellen Selektion und evolutiver Dynamik liefern.

3.1 Innergeschlechtliche Konkurrenz und Partnerwahl

Darwin (1871) formulierte zweierlei Modi sexueller Selektion: Der eine wirkt über Konkurrenz »*between individuals of the same sex, generally the males; in order to drive away or kill their rivals, the females remaining passive; whilst in the other, the struggle is likewise between the individuals of the same sex, in order to excite or charm those of the opposite sex, generally the females, which no longer remain passive, but select the most agreeable partners*«. Diese in der angloamerikanischen Literatur häufig mit den Schlagworten **male competition** und **female choice** bezeichneten Verhaltensweisen spiegeln Bestrebungen nach best möglicher Verpaarung wider, wobei zunehmend deutlich wird, dass beide Geschlechter beides zeigen können, sowohl innergeschlechtliche Konkurrenz als auch Partnerwahl – wenngleich häufig mit je unterschiedlicher Gewichtung (Andersson 1994). Wettbewerb und Partnerwahl (3.1.1–3.1.4) sind allerdings nur zwei, wenngleich ethologisch auffällige und deshalb gut untersuchte Mechanismen der sexuellen Selektion. Darüber hinaus entstehen aus ihrer Dynamik auch strategische und taktische Vielfalt (3.1.4), Spermienkonkurrenz (3.1.5), Infantizid, Vergewaltigung und andere Formen der Manipulation und Ausbeutung (3.1.6).

Auch weniger spektakuläre Strategien verdanken ihre Entstehung dem geschlechtlichen Wettbewerb. Hierzu zählt beispielsweise die zeitliche Verlängerung sexueller Aktivität innerhalb einer Paarungssaison, weil das helfen könnte, die Anzahl der Verpaarungen zu erhöhen (z. B. Murphy 1994 für Bellfrösche *Hyla gratiosa*). Und schließlich gehen all jene Fähigkeiten auf die Wirkweise der sexuellen Selektion zurück, mit denen es gelingt, Partner schneller ausfindig zu machen, als Mitkonkurrenten dies vermögen. Eine früheres Schlüpfen der Männchen (oder ihre frühere Geschlechtsreife, **Protandrie**) resultieren aus diesem Wettlauf genauso wie eine Verfeinerung jener Sinnesorgane, mit denen Partner lokalisiert werden können.

3.1.1 Wettbewerb durch Zurschaustellung und Bevorzugung fitnesssteigernder Merkmale

In der Regel konkurrieren Männchen untereinander um befruchtungsfähige Eier. Im gleichsam „einfachsten Fall“ sind Männchen motiviert, eine möglichst große Zahl von Weibchen sexuell zu kontrollieren. Vergleichbare Interessen werden sich bei Weibchen in der Regel nicht finden lassen, denn ihr Reproduktionserfolg ist durch eine Vermehrung von Sexualpartnern nicht zu steigern (Ausnahmen: s. 3.2.2). Die Fitness der Weibchen hängt vorrangig davon ab, wie viele Eier sie zu produzieren vermögen, vor allem aber auch davon, was nach der Befruchtung mit den Zygoten geschieht.

Übt der männliche Fortpflanzungsbeitrag einen merklichen Einfluss auf die Fitness der gemeinsamen Nachkommen aus, sollten Weibchen eine sorgfältige Auswahl unter den möglichen Partnern treffen und dabei auf erfolgversprechende Merkmale achten. Entsprechend sollten Männchen in genau diese Merkmale investieren und sie zwecks Erhöhung ihrer Chancen in der Paarungskonkurrenz gebührend ausspielen. Um welche Merkmale es dabei im einzelnen gehen kann und welche Aspekte des Fortpflanzungserfolgs sie beeinflussen können, zeigen folgende Beispiele.

3.1.1.1 Ressourcen und Investment anzeigende Merkmale

Weibliche Ochsenfrösche *(Rana catesbeiana)* bevorzugen eine Verpaarung mit möglichst großen Männchen. Dies ist biologisch adaptiv, weil die Körpergröße der Männchen mit der Güte ihrer Territorien kovariiert. Howard (1978) konnte zeigen, dass die Embryonalsterblichkeit aus Gründen von Raubdruck und Wasserüberhitzung in den Territorien der größeren Männchen geringer ist (Abb. 3-1). Männchen konkurrieren in ihrem Tümpel um die nach Vegetation und Wasserqualität besser geeigneten Stellen zur Laichablage, und dabei verteilen sich die Gewinnchancen nach Körpergröße der Konkurrenten.

Sehr häufig bringen Männchen aber nicht nur ein Territorium ins Brutgeschäft ein, sondern investieren darüber hinaus via Verteidigung und/oder Futterbeschaffung in die Aufzucht der Nachkommen. Deshalb sollten Weibchen die zukünftige Nützlichkeit eines möglichen Partners für eine erfolgreiche Jungenaufzucht schon vor der Paarung zu erkennen und zu bewerten versuchen.

Die während der Balz unter Vögeln häufig zu beobachtenden **Futtergaben** könnten dafür zweckdienlich sein. Ein Männchen sollte sich dann bemühen, möglichst viel und energiehaltige Beute zu übergeben, damit das umworbene Weibchen dessen Beutefangvermögen und mithin dessen

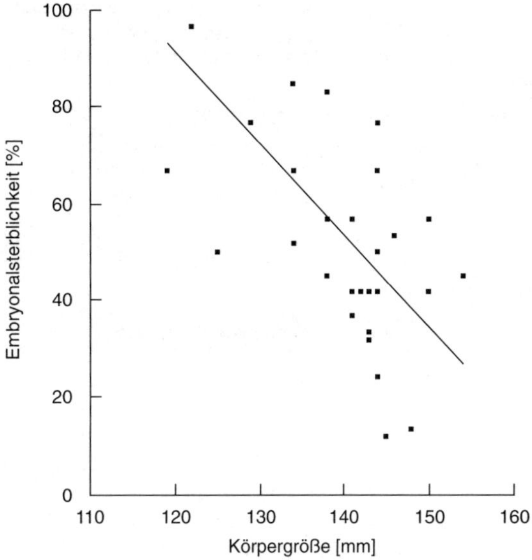

Abb. 3-1: Die Abhängigkeit der Embryonalsterblichkeit von der Körpergröße des Territoriumseigners bei Ochsenfröschen *(Rana catesbeiana)* (nach Howard 1978).

mutmaßliche Tauglichkeit als Investor erkennen kann. Diese Hypothese könnte für Flussseeschwalben *(Sterna hirundo)* zutreffen, denn Nisbet (1971) konnte signifikante Korrelationen zwischen dem Umfang des Werbe-Fütterns und Parametern des Bruterfolgs nachweisen (Tab. 3-1). Allerdings fehlt noch der Nachweis, dass Weibchen ihre Partner auch tatsächlich nach Maßgabe dieses Kriteriums auswählen. Nachgewiesenermaßen tun dies Mückenhafte der Art *Hylobittacus apicalis* (Thornhill 1988). Männchen fangen mit ihren Hinterextremitäten verschiedenartige Beute, wie Fliegen, Spinnen oder Blattläuse und bieten diese den mittels Duftstoffsekretion herbeigelockten Weibchen als „Hochzeitsgeschenk" dar (Abb. 3-2). Sobald das Weibchen zu fressen beginnt, leitet das Männchen die Kopulation ein.

Die Hylobittacus-Weibchen sind jedoch sehr wählerisch bei der Annahme dieser Gaben, indem sie nur hinreichend große oder genießbare Beutestücke akzeptieren und verzehren. Entspricht die Werbegabe nicht ihren Gütestandards, brechen die Weibchen die Kopulation ab. Dies ge-

Tabelle 3-1: Spearman-Korrelationskoeffizienten (r_s, n = 12) zwischen der Futterübergabe (gemessen in Biomasse an Fischen und Krabben) während der Balz *(courtship feeding)* und Parametern des Bruterfolgs für Flussseeschwalben *(Sterna hirundo)* (aus Nisbet 1971).

	r_s
Gesamtgewicht des Geleges	+0,58
Gewicht des dritten Eis	+0,51
Häufigkeit des Fütterns der geschlüpften Jungtiere durch das Männchen	+0,57
Gewicht der Nachkommen am 4. Tag nach dem Schlüpfen	+0,66

schieht meist innerhalb der ersten fünf Minuten. Akzeptiert hingegen das Weibchen die Gabe, dauern Kopulation (und Beuteverzehr) im Mittel 23 Minuten an. Dann bricht die Paarung abrupt ab, und die Partner streiten um die verbliebende Restbeute. Diese Zäsur wird verständlich, wenn man die Abhängigkeit der übertragenen Samenzellen von der Kopulationsdauer betrachtet (Abb. 3-3): Nach ca. 23 Minuten haben weder Männchen noch Weibchen etwas von einer fortgesetzten Paarung, weil dies den

Abb. 3-2: Paarung unter Mückenhaften der Art *Hylobittacus apicalis*: Während der Kopulation frisst das Weibchen von der Schmeißfliege, die ihm das Männchen als "Werbegeschenk" dargeboten hat (Foto: R. Thornhill).

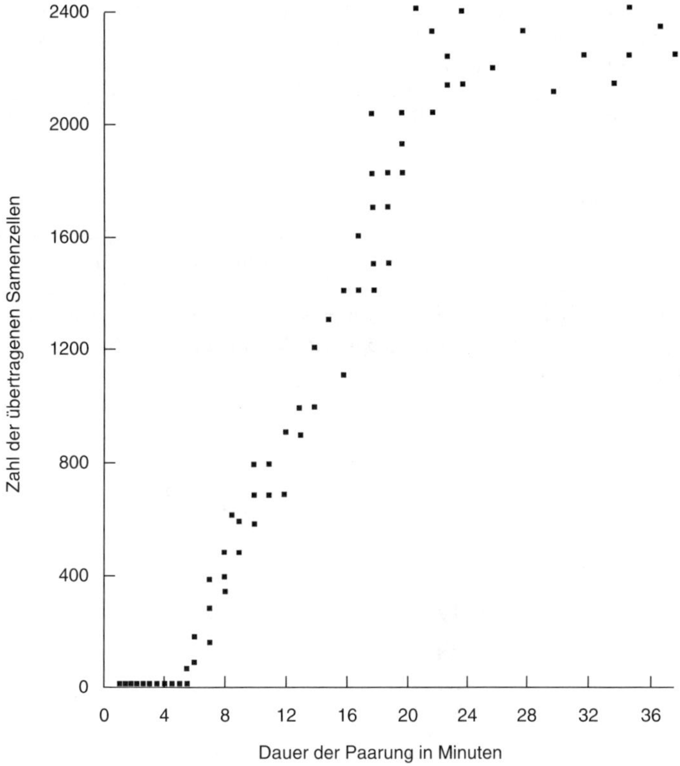

Abb. 3-3: Die Zahl der übertragenen Samenzellen in Abhängigkeit von der Paarungsdauer bei Mückenhaften der Art *Hylobittacus apicalis* (aus Thornhill 1988).

Reproduktionserfolg nicht mehr steigern kann. Die Restbeute wird dann interessanter.

Die wegen zu kleiner Beute abgelehnten Männchen haben praktisch keine Chance zur Fortpflanzung. Folglich wird die sexuelle Selektion solche Männchen hervorbringen, die mit möglichst großer Beute zu werben vermögen, und in der Tat prüfen die Männchen sehr selbstkritisch ihr Jagdglück, bevor sie Weibchen anlocken. Ist ihr Objekt zu klein, fressen sie es selbst oder lassen es fallen.

Wählerische Weibchen haben in zweierlei Hinsicht einen Vorteil von der Paarungskonkurrenz der Männchen. Je größer nämlich die Beutestücke sind, je reichhaltiger also die angebotene Nahrung, desto seltener müssen die Weibchen selbst auf Beutefang gehen. Sie laufen so seltener Gefahr, in ein Spinnennetz zu geraten oder sonst wie Opfer eines Räubers zu werden. Im Hochsommer bleibt den Weibchen das Risiko der eigenen Nahrungssuche praktisch vollständig erspart.

Thornhill (1988) konnte darüber hinaus einen zweiten Effekt des Werbefütterns nachweisen. Wählerische Weibchen, die nur Männchen mit großer Beute akzeptieren, legen im Mittel mehr Eier pro Zeiteinheit ab als die weniger wählerischen. Mit diesem Zusammenhang stellt sich das Werbefüttern der Männchen als indirektes väterliches Investment dar (Wickler 1994).

Die zweifellos aufwendigste Form des Ressourcentransfers ist erreicht, wenn Männchen ihre Verpaarung mit dem Leben bezahlen, weil sie vom Weibchen gefressen werden. **Sexueller Kannibalismus** ist von einigen Spinnen, Skorpionen und der Gottesanbeterin bekannt. Seine Logik beruht auf einfacher Ökonomie, denn durch den terminalen Einsatz der

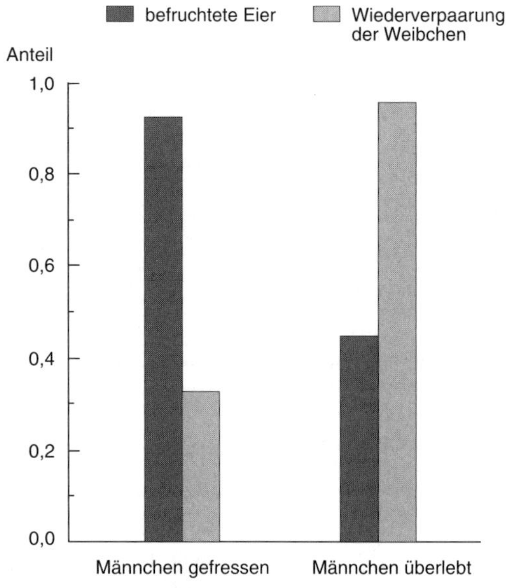

Abb. 3-4: Auswirkungen des sexuellen Kannibalismus auf den Anteil der Eier, den ein Männchen befruchten kann und die Wahrscheinlichkeit des Weibchens, sich noch einmal zu verpaaren für Kugelspinnen der Art *Latrodectus hasselti* (nach Andrade 1996 aus Elgar 1998).

Männchen ist Vaterschaft zu steigern. Sofern Männchen nur wenig Aussicht haben, auf ein weiteres Weibchen zu treffen und sich Ihnen auch keine Möglichkeit bietet, die Fitness über Brutpflegeverhalten zu erhöhen, ist die Selbstopferung der Männchen die ertragreichste aller Reproduktionsmöglichkeiten (z. B. Andrade 1996 für Kugelspinnen der Art *Latrodectus hasselti,* Abb. 3-4).

Als weiterer möglicher Anzeiger väterlichen Investmentvermögens wird der **Vogelgesang** diskutiert (Bradbury und Davies 1987). Männchen mit einem umfangreicheren und komplexeren Gesangsrepertoire vermögen Weibchen in besonderem Maße sexuell zu stimulieren, und sie verpaaren sich häufig früher in der Brutsaison als ihre weniger eloquenten Mitkonkurrenten.

Gute Sänger haben darüber hinaus Vorteile bei der Verteidigung ihres Territoriums gegen Nachbarn und Eindringlinge (z. B. Krebs et al. 1978 für Kohlmeisen, *Parus major*), so dass man gemeinhin die Evolution des Vogelgesangs ursächlich der innergeschlechtlichen Männchen-Konkurrenz zuschreibt. Reichhaltigkeit und Komplexität eines Gesangs lassen jedenfalls Voraussagen über die aus der Größe und Güte seines Territoriums erwachsene Fitness eines Männchens zu.

Unklar bleibt häufig, ob Weibchen den im Vogelgesang enthaltenen Informationsgehalt tatsächlich nutzen, oder ob der überdurchschnittliche Paarungserfolg der dominanten Sänger nicht durch ein individuenblindes, ausschließlich territoriumsorientiertes Wahlverhalten der Weibchen zustande kommt. Die alleinige Präferenz der Weibchen für gute Territorien würde die konkurrenzfähigen Männchen begünstigen ohne dass dabei weibliches Partnerwahlverhalten im eigentlichen Sinn eine Rolle spielt. Bei Drosselrohrsängern *(Acrocephalus arundinaceus)* konnte man diese beiden Möglichkeiten analytisch trennen. Danach bevorzugen Weibchen sowohl große Territorien als auch Männchen mit einem umfangreichen Gesangsrepertoire. Letzteres wird vor allem offensichtlich, wenn bereits verpaarte Weibchen, also solche, die sich bereits für ein Territorium entschieden haben, mit fremden, evtl. benachbarten Männchen mit elaborierten Gesangsqualitäten kopulieren. Aus diesen zusätzlichen Verpaarungen erwachsen keine Ressourcengewinne, statt dessen aber genetische Vorteile, denn die Nachkommen dieser attraktiven Männchen genießen bessere Überlebensraten, auch noch nach der Zeit des Függewerdens (Hasselquist et al. 1996). Bei der weiblichen Partnerwahl unter Drosselrohrsängern kommt es also zu einer Überlagerung zweier Präferenzen, nämlich sowohl für produktive Territorien als auch für *good genes* (s. 3.1.1.3), und beides ist im Gesang der Männchen angezeigt.

Die Alltagserfahrung lehrt, dass inner- und zwischengeschlechtliche Konkurrenz auch das **menschliche Partnerwahlverhalten** begleitet. Eine reichhaltige Literatur zeigt, wie Männer und Frauen in geschlechtstypischer Weise körperliche, soziale und psychische Merkmale als Entscheidungshilfe bei ihrer Partnerwahl verwenden (Buss 1989; Campbell et al. 1999; Miller 1998; Pérusse 1994, s. Kasten 3-1). Soziobiologisch bedeutsam ist die Frage der biologischen Angepasstheit und nach den Fitnesskonsequenzen dieser proximaten Partnerwahlmechanismen. Führen die Entscheidungskriterien im Durchschnitt zu größeren Fitnessgewinnen als eine in dieser Hinsicht zufällige Partnerwahl? Bevorzugen beispielsweise Frauen tatsächlich Männer mit überdurchschnittlichem Ressourcenpotenzial, weil diese ihnen ein überdurchschnittliches väterliches Investment garantieren und damit Aussicht auf einen überdurchschnittlichen Aufzuchtserfolg bieten? Aufzuchtserfolg ist in menschlichen Gesellschaften freilich nicht nur an der Überlebensrate der Nachkommen zu messen, sondern auch an deren sozialer Konkurrenzfähigkeit, also an der Frage, mit welchen Lebens- und Reproduktionschancen sie durch Leben gehen können.

Kasten 3-1: Geschlechtstypische Partnerwahlpräferenzen (aus Buss 1989).

Als Merkmale eines/einer Heiratspartners/Heiratspartnerin bewerteten in 37 Gesellschaften:

- Frauen signifikant höher als Männer:

„gute finanzielle Aussichten“	36 mal
„Ehrgeiz und Fleiß“	29 mal

- Männer signifikant höher als Frauen:

„Jugend“	37 mal
„äußere Erscheinung“	34 mal
„Virginität“	23 mal

Eine auf Kirchenbuchdaten basierende historisch demographische Familienrekonstitutionsstudie der ostfriesischen Krummhörn lieferte einige in dieser Hinsicht interessante Daten (Voland und Engel 1990). Während im 18. und 19. Jahrhundert die Männer aus allen Sozialgruppen durchschnittlich in praktisch demselben Alter die Ehe eingingen, waren die Bräute der vergleichsweise wohlhabenden Großbauern deutlich jünger (Abb. 3-5).

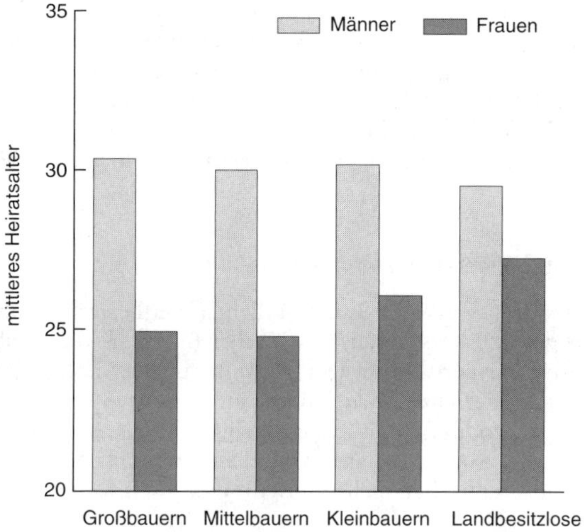

Abb. 3-5: Durchschnittliches Heiratsalter von Männern und Frauen nach Landbesitz der Männer (Krummhörn, Ostfriesland, 1720-1874) (aus Voland und Engel 1990).

Trotz ausgeprägter sozialer Heiratskreise (Endogamie) übte übrigens der Besitz der Brauteltern keinen statistisch signifikanten Einfluss auf das Heiratsalter der Töchter aus, wohl aber der des Bräutigams. Je jünger nämlich die Frauen heirateten, desto wahrscheinlicher einen gut situierten Mann. Fast ein Drittel der unter 20jährigen Frauen, aber nicht einmal 10% der über 30jährigen heirateten einen reichen Großbauern. Und umgekehrt heiratete fast jeder fünfte Großbauer, aber nur jeder 25. Landbesitzlose eine Frau unter 20. Geht man davon aus, dass für Männer unabhängig von ihrem sozialen Hintergrund junge Frauen gleichermaßen attraktiv als Heiratspartnerinnen waren, können die Unterschiede im Heiratsalter der Krummhörner Frauen nur als Effekt ihrer Partnerwahl mit Bevorzugung der „besseren Partien" aufgefasst werden.

Ähnliche Tendenzen zeigten sich im Heiratsalter der sozial mobilen Bräute. Hypergame Frauen, also jene, die bei der Partnerwahl erfolgreich hohe Standards verfolgt haben und mit ihrer Heirat sozial aufzusteigen vermochten, heirateten im Durchschnitt deutlich jünger als die „Absteiger-Frauen". Diese Partnerwahlpräferenzen zugunsten sozial erfolgreicher, besitzender Männer blieben nicht ohne Bedeutung für die reproduktive Fitness, denn der Lebensreproduktionserfolg, ausgedrückt als die durchschnittlich in die lokale Bevölkerung eingebrachte Anzahl erwachsen gewordener Kinder, war für jung heiratende Frauen mit hohem Partnerwahlstandard überdurchschnittlich. So brachte eine mit unter 20 Jahren heiratende Großbauersfrau durchschnittlich 1,2 erwachsene Kinder mehr in die nächste Generation ein als eine in demselben Alter heiratende Tagelöhnerfrau.

3.1.1.2 Vitalität anzeigende Merkmale

Nach der Funktionslogik des geschlechtlichen Wettbewerbs zahlt sich für Angehörige des wählerischeren Geschlechts (meistens die Weibchen, s. 3.1.7) selektive Partnerwahl im Durchschnitt aus. Der Lohn besteht häufig in direkten, materiellen Vorteilen, die auf eine gewisse jeweils arttypische Weise in reproduktive Fitness einmünden (s. 3.1.1.1, ausführlicher: Price et al. 1993). Nun gibt es aber zahlreiche Arten, bei denen die Männchen außer ihre Keimzellen nichts in Reproduktion investieren. Sie bieten den Weibchen weder ein Territorium, noch Brutplätze, noch Nahrung, noch väterliche Jungenfürsorge an, so dass die Weibchen eigentlich keinen Grund hätten, ihre Partner sorgfältig auszuwählen. Paradoxerweise sind es aber gerade diese Arten, in denen *female choice* eine ganz entscheidende Rolle in der sexuellen Selektion spielt und Männchen mit auffälligen Merkmalen behaftet sind. Bekannte Beispiele sind die überaus langen Schwanzfedern der Paradiesvögel, das schmucke Pfauenrad oder die roten Kehlsäcke der Fregattvögel, die offensichtlich zu nichts anderem nutze sind, als um Akzeptanz bei Weibchen zu werben. Bei saisonal brütenden Arten kann dieser auffällige Sexualdimorphismus möglicherweise nur während der Paarungszeit in Erscheinung treten.

Die Evolution dieser geschlechtsgebundenen, der sog. **epigamen Merkmale** der Männchen, zu denen neben den genannten morphologischen auch ethologische Merkmale wie spezifische Balzrituale gehören, erklärt man sich durch ihre wiederholte Bevorzugung im Zuge weiblicher Partnerwahl, denn wenn Weibchen regelmäßig Männchen nach der Länge ihrer Schwanzfedern aussuchen, nimmt – soweit die Ausprägungsunterschiede des Merkmals auf erblichen Unterschieden beruhen – die durchschnittliche Schwanzfedernlänge in der Population auf Dauer zu.

Allerdings steckt die natürliche Selektion dem evolutiven Erfolg epigamer Merkmale mehr oder weniger enge Grenzen. Beispielsweise beeinträchtigen lange Schwanzfedern das Flug- und Beutefangvermögen. Zudem erhöhen derartige Merkmale das Risiko, erbeutet zu werden, denn Signale, die Weibchen anlocken sollen, locken freilich auch Predatoren an (Magnhagen 1991), so dass sexuelle und natürliche Selektion gegensätz-

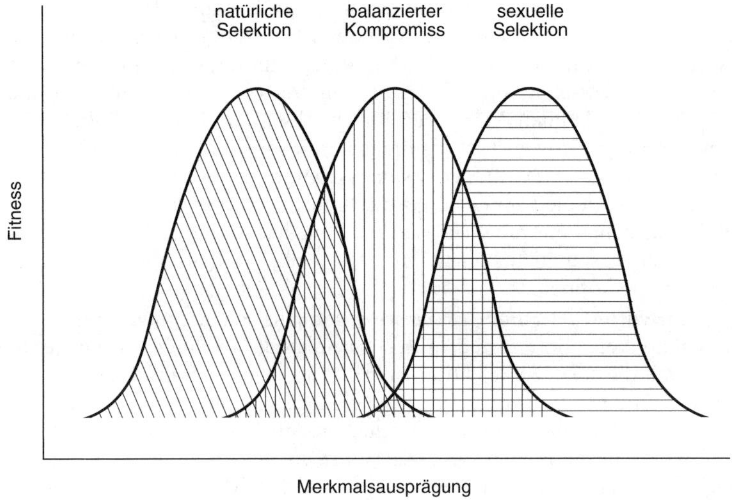

Abb. 3-6: Wenn natürliche und sexuelle Selektion zu unterschiedlichen Optima in der Ausprägung geschlechtsgebundener Merkmale führen, wird die Merkmalsverteilung einem ausbalanciertem Kompromiss entsprechen.

lich wirken können. Was sich als vorteilhaft in der Paarungskonkurrenz erweist, kann durchaus nachteilig im „Alltagsleben“ sein und umgekehrt (Abb. 3-6).

Das offensichtliche Paradox gegensätzlicher Effekte aus natürlicher und sexueller Selektion haben Evolutionsbiologen verschiedenartig zu erklären versucht. Im wesentlichen werden dabei zwei deutlich voneinander verschiedene Argumentationsschienen verfolgt, die als *runaway selection-*, bzw. als *good genes*-Modelle in die Literatur eingegangen sind.

Befürworter des ***good genes*-Modells** sehen in den epigamen Merkmalen Zeichen der Lebenstüchtigkeit eines Männchens und damit letztlich Signale seiner genetischen Ausstattung. Aus dieser Sicht sind Männchen mit beispielsweise überdurchschnittlich langen Schwanzfedern diejenigen, die überdurchschnittlich gesund und vital und trotz der Fährnisse des Lebens überdurchschnittlich alt geworden sind und auf diese Weise ganz unmittelbar belegen, dass sie über „gute Gene“ für ein überdurchschnittlich erfolgreiches Leben verfügen. Ein gleichsam „natürliches Experiment“ an Hausfinken *(Carpodacus mexicanus)* unterstützt auf beeindruckende Weise die Annahme, dass extravagante Männchen Träger ökologisch besonders gut angepasster Genotypen sind: Zwischen 1994 und 1996 sind in den USA mehrere zehn Millionen Individuen dieser Art in einer „Geflügel-Schnupfen“-Epidemie (hervorgerufen durch den Erreger *Mycoplasma gallisepticum*) zugrunde gegangen, und wie sich herausstellte, waren die überlebenden Männchen im Durchschnitt durch eine kräftigere Rotfärbung gekennzeichnet als die gestorbenen (Nolan et al. 1998). Sie mussten logischerweise in der besseren Kondition gewesen sein. Ein Weibchen steigert dementsprechend seine Fitness, wenn es bei seiner Partnerwahl Männchen mit möglichst starker Gefiederfärbung bevorzugt, weil so dessen „lebenstaugliche“ Gene an die eigenen Nachkommen weitergegeben werden können.

Befürworter des ***runaway selection*-Modells** sehen demgegenüber keinen adaptiven Hintergrund in der Ausprägung epigamer Merkmale. Sie begreifen die sexuelle Selektion vielmehr als einen sich in dieser Hinsicht verselbständigenden Vorgang, dessen Eigendynamik allein ausreicht, die Evolution der übertriebenen Männchen-Attribute zu erklären (Fisher 1930). Wenn zu irgendeinem Zeitpunkt in der Stammesgeschichte die Weibchen einer Art ein bestimmtes männliches Merkmal – aus welchen ursprünglichen Gründen auch immer, oder sei es auch nur zufällig gewesen – bevorzugt haben, konnte sich daraus eine eigenständig „davonlaufende“ Dynamik entwickeln. Denn Weibchen mit dieser anfänglichen Paarungspräferenz geben die genetische Basis für ihr Wahlverhalten an ihre Töchter und die genetische Basis für die bevorzugten männlichen Attribute an ihre Söhne weiter. Dies führt zu einem sich selbst verstärkenden genetischen Rückkopplungsprozess, der die gleichzeitige Ausbreitung der weiblichen Präferenzen und der männlichen Attribute in der Population bewirkt. Aus dieser Sicht gibt es die langen Schwanzfedern allein deshalb, weil die Weibchen sie mögen, ohne dass damit ein „echter“ Lebens- oder Reproduktionsvorteil verbunden wäre. Und Weibchen wiederum bevorzugen die mit diesem Merkmal gesegneten Männchen allein deshalb, damit auch ihre Söhne über diese Attribute verfügen und entsprechend gut bei den Weibchen ankommen, weshalb man in diesem Zusammenhang auch von der *„sexy-son*-Hypothese“ spricht.

Forschungsstrategisch ist es nicht ganz einfach, diese beiden miteinander konkurrierenden Modelle einem direkten Vergleich zu unterziehen. Für das *runaway selection*-Modell spricht vor allem die Theorie, denn ausgefeilte Computersimulationen konnten zu seiner Schlüssigkeit beitragen (Arnold 1983). Aber natürlich bedeutet der Nachweis einer theoretischen Möglichkeit nicht automatisch, dass solche denkbaren Prozesse in der Stammesgeschichte der Organismen auch wirklich eine Rolle gespielt haben, und tatsächlich fehlen dem *runaway selection*-Modell immer noch überzeugende empirische Belege (Andersson 1994).

Für das *good genes*-Modell spricht nicht nur neue Theorieentwicklung (z. B. Andersson 1994; Roff 1997), sondern vor allem auch die Empirie, denn was zunächst für nordamerikanische Singvögel gefunden wurde, nämlich eine negative Korrelation zwischen dem Belastungsrisiko durch Blutparasiten, dem eine Art ständig ausgesetzt ist, und der Gefiederprächtigkeit ihrer Männchen (Hamilton und Zuk 1982), gilt vergleichbar für viele andere Arten: Je aufwendiger, übertriebener und farbenprächtiger sich die Männchen einer Art in Morphe oder Verhalten darstellen, desto gefährdeter ist die Art durch Protozoen, Nematoden oder andere Parasiten.

Inzwischen ist die als **Hamilton und Zuk-Hypothese** in die Literatur eingegangene Annahme einer durch pathogenen Stress angetriebenen sexuellen Selektion vielfach durch zwischenartliche Vergleiche bestätigt worden, wenngleich freilich das Ausmaß des Effekts von Art zu Art und je nachdem, um welche Parasiten es sich handelt, schwanken kann (Hamilton und Poulin 1997; Møller et al. 1999). Aber auch im innerartlichen Vergleich hat die „Hamilton und Zuk-Hypothese" häufig ihren Erklärungswert bewiesen, weil nur gesunde, parasitenfreie Männchen in der Lage sind, ihre epigamen Show-Merkmale (Prachtgefieder, Farbsignale, Balzrituale) maximal auszuprägen (Abb. 3-7).

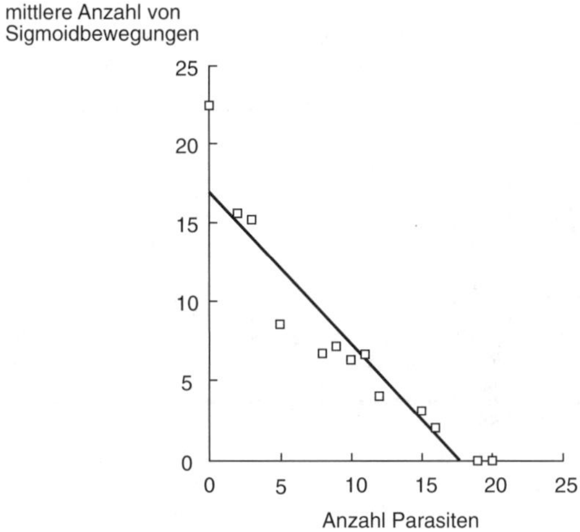

Abb. 3-7: Abhängigkeit der Werbeintensität, gemessen als mittlere Anzahl von „Sigmoid-Bewegungen", vom Befall an Darm- und Hautparasiten für männliche Guppies *(Poecilia reticulata)* (aus Kennedy et al. 1987).

Weibchen verfügen so über einen verlässlichen Maßstab, die werbenden Männchen nach ihrer Widerstandskraft und Vitalität einzuschätzen. Wenn beispielsweise die Abwehrkraft gegen Parasiten zumindest zu einem gewissen Teil auf genetischer Veranlagung beruht, bevorzugen Weibchen auf diese Weise ganz automatisch die „guten Gene" für Vitalität. Von ganz entscheidender Frage ist allerdings, ob die Fitness der Männchen eigentlich erblich ist, ob also die wählenden Weibchen die *good genes* der Männchen an ihre Nachkommen weitergeben können oder nicht (Burt 1995; Møller und Alatalo 1998).

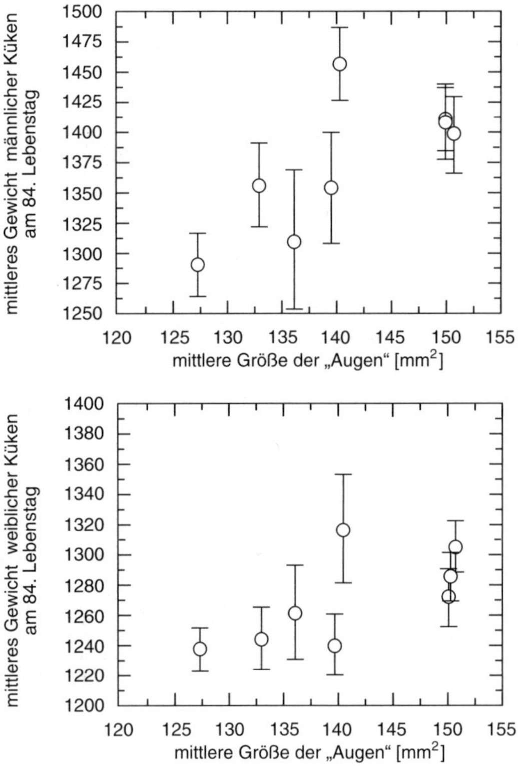

Abb. 3-8: Zusammenhang zwischen der Größe der Augenflecken im Schwanzgefieder von Pfauen *(Pavo cristatus)* und dem Gewicht seiner männlichen und weiblichen Nachkommen am 84. Lebenstag (aus Petrie 1994)

Bei Pfauen *(Pavo cristatus)* jedenfalls ist dies der Fall (Petrie 1994). Weibchen bevorzugen jene Männchen mit den meisten, größten und farbenprächtigsten „Augen" im Schwanzgefieder, und es sind genau diese Männchen, deren Nachwuchs nicht nur besser gedeiht (gemessen an der Gewichtszunahme) (Abb. 3-8), sondern auch besser überlebt. Dieser Befund einer **Erblichkeit von Fitness** konnte inzwischen für mehrere Arten wiederholt werden, wenngleich die gefundenen Effekte nicht selten quantitativ eher bescheiden ausfallen (Møller und Alatalo 1998).

Die Ausprägungsstärke der männlichen „Show-Merkmale" kann selbstverständlich nur dann als zuverlässiger Indikator für „gute Gene" dienen, wenn keine Täuschung möglich ist. Wäre sie möglich, d. h. könnten auch Männchen minderer genetischer „Tauglichkeit" die jeweiligen Merkmale ebenfalls maximal ausbilden, würden sie im Interesse des eigenen Paarungserfolgs zweifellos geneigt sein, dies auch tatsächlich zu tun, also genetische Qualitäten nur vortäuschen. In der Folge würde die Korrelation zwischen Merkmalsausprägung und Fitness verschwinden, und die infragestehenden Merkmale verlören ihren Wert als Qualitätsmaßstab. Dass dies aber tatsächlich nicht der Fall ist, liegt an den Kosten dieser Merkmale. Ein attraktiver Pfauenschwanz, das kräftige Rot des Stichlings, der stramm aufrechte Hahnenkamm und all die anderen Indikatoren „guter Gene" können schlichtweg nicht billig nachgeahmt werden. Sie sind teuer in der Herstellung und/oder Unterhaltung und deshalb **ehrliche Signale**. Männchen, die ihre teueren Merkmale aufwendig zur Schau stellen, müssen sich dies notwendigerweise auch leisten können. Dieser Zusammenhang war Anlass für Zahavi (1975), das **Handicap-Prinzip** zu entwickeln (Grafen 1990; Iwasa et al. 1991; Maynard Smith 1991; Zahavi und Zahavi 1998). In der anglo-amerikanischen Literatur werden diese Ideen häufig auch unter dem Namen *costly signalling theory* geführt. Die Logik erscheint auf den ersten Blick einfach: Wer es sich leisten kann, teuere Signale herzustellen, sich selbst gleichsam zu handicappen, muss wirklich gut sein, weshalb Weibchen ihre Partnerwahlpräferenzen an diese Merkmale binden und so für deren evolutionäre Persistenz sorgen.

Weshalb diese Merkmale nicht nachgeahmt werden können, also weshalb sie eigentlich so teuer sind, ist freilich nicht in jedem Einzelfall klar. Es scheint so, dass häufig Testosteron in diesem Zusammenhang eine wichtige Rolle spielt (Folstad und Karter 1992; Wedekind und Folstad 1994; Zuk 1994), denn dieses männliche Sexualhormon führt einen physiologischen Doppeleffekt im Schlepptau: Es erleichtert zwar die Herstellung einiger der epigamen Merkmale (Owens und Short 1995), erhöht aber zugleich die Anfälligkeit gegen Parasiten, so dass nur gesunden Männchen, also solchen mit einer guten Immunkompetenz genug Testosteron zur Elaboration ihrer sexuellen Merkmale „übrig bleibt" (z. B.

Saino et al. 1995 für Rauchschwalben *Hirundo rustica*; Salvador et al. 1996 für Algerische Sandläufer *Psammodromus algirus*; Zuk et al. 1990 für das Bankivahuhn *Gallus gallus*; Alatalo et al. 1996 für das Birkhuhn *Tetrao tetrix*). Demnach wäre letztlich ein Abgleichproblem zwischen Investition in das Immunsystem und Investition in extravagante „Handicaps“ eine maßgebliche Bühne der sexuellen Selektion, auf der sich die Evolution von Partnerwahlpräferenzen abspielt. Die in diesem Zusammenhang wirksamen physiologischen Prozesse sind freilich noch nicht bis ins letzte Detail verstanden, was Raum für alternative Hypothesen zum genauen Zusammenhang von Immunsystem, „guten Genen“, epigamen Merkmalen und Partnerwahl lässt (Møller et al. 1999; Westneat und Birkhead 1998).

Darüber hinaus gibt es einen weiteren Indikator für „gute Gene“. Er besteht in dem, was Biologen als **fluktuierende Asymmetrie** bezeichnen. Gemeint ist damit die Abweichung von der perfekten Symmetrie zwischen den jeweils sich entsprechenden Merkmalen der linken und rechten Körperhälfte. Dass praktisch nie eine vollkommene Symmetrie (beispielsweise zwischen einem linken und rechten Schmetterlingsflügel) erreicht wird, liegt an störenden Einflüssen (genetischer oder umweltlicher Herkunft), die die Entwicklung dieser Merkmale mehr oder weniger beeinträchtigt haben. Das Ausmaß fluktuierender Asymmetrie ist deshalb ein guter und sensibler Indikator für die erreichte Entwicklungsstabilität (Møller und Swaddle 1997). Vor allem die Widerstandskraft gegen Pathogene spiegelt sich hier wider: Je symmetrischer ein Organismus ist, desto besser ist er während seiner Entwicklung mit den Krankheitserregern fertig geworden, desto vitaler ist er also.

Im Tierreich korreliert das Ausmaß fluktuierender Asymmetrie deshalb negativ mit der Überlebenswahrscheinlichkeit: je symmetrischer, desto langlebiger, und auch die Fruchtbarkeit und die Wachstumsrate fallen um so unterdurchschnittlicher aus, je weniger symmetrisch ein Organismus ist (Møller 1997, 1999; Møller und Thornhill 1998; kritisch: Clarke 1998). Die Zusammenhänge zwischen *good genes*, Entwicklungsstabilität, phänotypischer Fitness und ihrem Indikator, der fluktuierenden Asymmetrie, gelten auch für Menschen, weshalb es gute Gründe für die Annahme gibt, dass fluktuierende Asymmetrie als Zeichen der gesundheitlichen Konstitution in vielerlei Beziehung zum menschlichen Krankheitsgeschehen steht (Thornhill und Møller 1997).

Weibliche Partnerwahl wird deshalb bei vielen Arten sehr stark von der fluktuierenden Asymmetrie der Männchen beeinflusst. Je symmetrischer die Männchen, desto größer ist ihr Paarungserfolg (Überblick: Møller und Thornhill 1998; aber: Carchini et al. 2000). Dies gilt auch für Menschen, denn je geringer die fluktuierende Asymmetrie von Männern ausfällt, desto attraktiver werden sie von Frauen eingeschätzt, desto mehr Intimbeziehungen nehmen sie auf, desto häufiger kommt es zu außerehelichen Beziehungen, desto kürzer ist die „Werbezeit" bis zum ersten Beischlaf und desto wahrscheinlicher erlebt die Partnerin einen Orgasmus (Thornhill et al. 1995).

Allerdings stellt sich auch bezüglich der Entwicklungsstabilität und ihrem Marker, der fluktuierenden Asymmetrie dieselbe Frage wie sie weiter oben mit Bezug auf die Fitness der „guten Gene" aufgeworfen wurde: Ist Entwicklungsstabilität als eine wesentliche Komponente reproduktiver Fitness eigentlich erblich? Nur wenn dem so wäre, würden entsprechende Partnerwahlpräferenzen, weil sie zu Vorteilen für die Fitness der Nachkommen führen, durch die sexuelle Selektion genetisch fixiert werden. Wenngleich wegen technisch-methodischer, aber auch theoretischer Bedenken die Antwort auf die Frage nach der Erblichkeit nicht ganz unumstritten ist (Simmons et al. 1999, vergl. auch Heft 1 des Journal of Evolutionary Biology, Vol. 10, 1997), gibt es ein beeindruckendes Datenmaterial aus den verschiedensten systematischen Tiergruppen, das die Erblichkeit von Entwicklungsstabilität insgesamt deutlich anzeigt (Møller und Thornhill 1997).

3.1.2 Partnerwahl gemäß Kompatibilität

Partnerwahlentscheidungen basieren gelegentlich auch auf Geruch. Dies verdankt sich den Genen des **Haupt-Histokompatibilitätskomplex (MHC)**, die sowohl den Körpergeruch beeinflussen als auch den Aufbau des Immunsystems kodieren, so dass mit dem Geruch ein direktes sensorisches Fenster zum Erkennen „genetischer Qualität" zur Verfügung steht. Präferenztests zeigen, dass weibliche Hausmäuse (*Mus musculus domesticus:* Penn und Potts 1998) und Frauen (Wedekind et al. 1995) auf geruchlicher Basis Sexualpartner bevorzugen, deren MHC-Gene sich von den eigenen möglichst kontrastreich unterscheiden (vergl. auch Ober et al. 1995). Nachkommen, die aus einer solchen Verbindung hervorgehen, verfügen wegen ihrer **Heterozygotie** über eine überdurchschnittliche immunologische Abwehrkraft mit deutlichen Überlebensvorteilen in pathogen belasteten Situationen (Wedekind 1999). Anders als die „guten Gene", die sich über die weiter oben besprochenen epigamen Merkmale mitteilen (s. 3.1.1.2), lässt sich die Qualität der Gene eines möglichen Partners hinsichtlich dessen MHC-Systems sinnvollerweise nur in Bezug zum eigenen Genotyp bestimmen. Was im Hinblick auf das Immunsystem „gute Gene" sind, ist deshalb von Frau zu Frau, von Weibchen zu Weibchen verschieden, je nach dem welche Allelkombinationen aus den väterlichen und mütterlichen Immunogenen zu erwarten sind. Man kann deshalb, wenn genetische Heterogenität von Vorteil ist, nicht erwarten, für die jeweilige Spezies generell gültige Maßstäbe sexueller Attraktivität zu finden. Stattdessen sind geschlechtliche Präferenzen konditional zum eigenen Genotyp und möglicherweise (Wedekind 1999) auch konditional zur Stärke der pathogenen Belastung des persönlichen Lebensumfelds.

Die Präferenz für MHC-Heterozygotie mag letzten Endes mit Inzuchtvermeidung zusammenhängen. Inzucht-Nachkommen sind im Mittel weniger vital (Brown und Brown 1997 für Graubrusthäher, *Aphelocoma ultramarina*; Jiménez et al. 1994 für Weißfußmäuse, *Peromyscus leucopus noveboracensis*; Saccheri et al. 1998 für rostgelbe Moorwiesen-Wegerich-Scheckenfalter, *Melitaea cinxia*), weshalb die sexuelle Selektion entsprechende Vermeidungsstrategien hervorgebracht hat (Bischof 1985; Pusey und Wolf 1996): Entweder gelingt Inzestvermeidung durch Abwanderung eines Geschlechts vom Ort bzw. aus der Gruppe der Geburt oder genetisch Verwandte werden als solche erkannt und sexuell gemieden.

3.1.3 Partnerwahl unter eingeschränkten Möglichkeiten

Weibliches Partnerwahlvermögen kann durch männliche Monopolisierungsambitionen stark eingeschränkt sein. Dies ist augenfällig der Fall, wenn die dominanten Männchen haremsbildender Arten, wie etwa Mantelpaviane *(Papio hamadryas)* oder Rothirsche *(Cervus elaphus)*, ihre Mitkonkurrenten von den Weibchen fernhalten und letzteren so die Chance nehmen, frei ihren Paarungspräferenzen nachzugehen. Allerdings wäre es voreilig, anzunehmen, dass weibliche Partnerwahl unter solch eingeschränkten Bedingungen überhaupt keine Rolle spielt, denn schließlich kennt man Situationen, in denen Weibchen ihre Haremsgruppe mehr oder weniger ungehindert wechseln können, um auf diese Weise zu Paarungen mit bevorzugten Männchen zu kommen (z. B. Smuts 1986 für Primaten und Rutberg 1990 für Ponies, *Equus callabus*). Vor allem aber sind verdecktere und indirektere Formen der Partnerwahl zu erwarten. Hierzu zählen weibliche Strategien, in die Gewinnchancen männlicher Rivalenkämpfe einzugreifen, um so die Favoriten zu bevorteilen, überhaupt das Anheizen der Männchen-Konkurrenz und schließlich zahlreiche postkopulatorische Maßnahmen, Vaterschaft zu beeinflussen.

Grünanolis-Weibchen *(Anolis garmani)* können auf herausgehobenen Stellen ihres Territoriums ihre sexuelle Bereitschaft signalisieren und auf diese Weise nicht-territoriale Männchen zu Übernahmeversuchen ermutigen (Trivers 1976). Weibchen haremsbildender Primaten werden häufig dabei beobachtet, bevorzugt neu in die Gruppe eindringende, fremde Männchen zur Kopulation aufzufordern. Auch ein solches Verhalten stachelt die Männchen-Konkurrenz an und dient deshalb weiblichen Reproduktionsinteressen (Sommer 1996 für Hanuman-Languren, *Presbytis entellus*). Eine ähnliche Funktion wird den so genannten **Paarungslauten** zugewiesen. Das sind charakteristische Lautäußerungen, mit denen Weibchen während einer Paarung die Aufmerksamkeit anderer Männchen zu erregen versuchen. Weil weibliche See-Elefanten *(Mirounga angustirostis)* sofort bei Beginn einer Verpaarung zu rufen beginnen – und dies um so lauter, je niederrangiger das Männchen ist – dienen die Kopulationslaute hier wohl dem Zweck, möglichst nur Sperma von dominanten Männchen zu empfangen (Cox und LeBoeuf 1977). Gelbe Babuine *(Papio cynocephalus)* hingegen vokalisieren häufig erst nach der Ejakulation, so dass bei dieser Art wohl die Spermien-Konkurrenz (s. 3.1.5) angeheizt werden soll (O'Connell und Cowlishaw 1994).

Selbst wenn die Verpaarung bereits stattgefunden hat, bestehen teilweise recht subtile, von Eberhard (1996) „kryptisch" genannte Formen der Partnerwahl, denn Weibchen der verschiedensten Taxa, von Nematoden bis zu Säugern, können über eine Reihe von Mechanismen (Eberhard 1996 beschreibt über 20) in die Wahrscheinlichkeiten eingreifen, mit der bestimmte Männchen Väter werden. Solche Mechanismen laufen vor allem über selektive Spermiennutzung beziehungsweise selektive Ovulation (Birkhead 1998; Eberhard 1996) und sind deshalb bei interner Befruchtung erleichtert.

Aber auch bei externer Befruchtung bestehen in gewissen Grenzen Möglichkeiten für Weibchen, Vaterschaft selektiv zuzuweisen, selbst dann, wenn männliche Monopolisierungen die weiblichen Entscheidungsspielräume stark einengen. Dies ist beispielsweise häufig bei Fröschen und Kröten der Fall, deren Männchen die Weibchen fest umklammern und diesen keinerlei Chance des Partnerwechsels lassen. Reyer et al. (1999) konnten zeigen, dass Weibchen, wenn sie von unerwünschten Männchen umklammert werden, weniger Laich produzieren. Dies hilft ihnen, Reserven anzulegen entweder für eine zweite Verpaarung in demselben Jahr oder eine vermehrte Eiproduktion im Jahr darauf.

Die Verhaltensforschung hat solch raffinierte weibliche Gegenmaßnahmen als Antwort auf männliche Monopolisierungsinteressen bisher noch zu wenig beachtet, als dass über das Vorkommen und die Fitnesskonsequenzen **kryptischer Partnerwahl** verlässliche Aussagen getroffen werden könnten. Das Bild von den passiven, männliche Dominanz geduldig ertragenden Weibchen ohne eigene Freiräume bei der Partnerwahl ist jedenfalls mit Sicherheit überzeichnet und wird selbst in Paarungssystemen mit hohen Anteilen männlicher Aggression und Dominanz der Realität wenig gerecht (Barrett und Warner 1997; Campbell et al. 1999; Eberhard 1996; Hrdy 1986).

3.1.4 Wettbewerb mit alternativen Taktiken

Sexuelle Konkurrenz erzeugt Gewinner und Verlierer. Wenn einzelne Männchen im Wettbewerb um Geschlechtspartnerinnen voraussichtlich nicht erfolgreich bestehen, sondern zu den wahrscheinlichen Verlierern gehören werden, erscheint es für sie oft vorteilhafter, sich der für sie ungünstigen Form der Konkurrenz entziehen und statt dessen zu versuchen, über so genannte **alternative Taktiken** ihre Verhaltensziele zu erreichen. So entstehen **ethologische Polymorphismen**, also diskrete Variation bei gleichbleibender Zwecksetzung des Verhaltens. Beispielsweise können Kopulationen erkämpft oder erschlichen werden (s. u.), zwischen beiden Möglichkeiten gibt es keine Übergänge. Nicht gemeint ist kontinuierliche Variation im Verhalten. Eine je nach individueller Motivationslage unterschiedliche Ausdauer in Rivalenkämpfen beispielsweise ist Ausdruck für Verhaltensvariabilität innerhalb einer Taktik, nämlich „Kampf" und nicht etwa Abbild alternativer Taktiken.

3.1.4.1 Signalfälscher, Opportunisten, Satelliten und Piraten

Männliche Blaukiemenbarsche *(Lepomis macrochirus)* können drei verschiedenartige Reproduktionstaktiken verfolgen (Gross 1982). Die übliche ist die „Territorial-Option": Männchen errichten Nester und verteidigen diese gegen Rivalen. Man hat ein solches Verhalten, das auf Investition in eine Ressource abzielt, in Anlehnung an die Terminologie der Spieltheorie (Maynard Smith 1982) als **bourgeois-Taktik** bezeichnet (Taborsky 1997). Als Territoriumsinhaber werben sie um gravide Weibchen und übernehmen nach dem Ablaichen die Jungenfürsorge. Einige Männchen gehen allerdings alternative Wege und ersparen sich so Nestbau und Brutpflege: sie ahmen in Körpergröße, Farbzeichnung und Verhalten weibliche Signale nach und werden deshalb von den territorialen Nestbauern nicht als männliche Mitkonkurrenten erkannt. Vielmehr sind sie in irrtümlicher Erwartung zusätzlicher Reproduktionschancen als vermeintlich zweites Weibchen willkommen und im Nest geduldet. Dort drängen sie sich jedoch zum Nachteil des territorialen Männchens an das echte Weibchen und haben an der Besamung teil. Dieses als **Weibchen-Mimikrie** bezeichnete Verhalten, also das „Erschleichen" von Reproduktion durch Vortäuschung weiblicher Merkmale, ist außer von Fischen auch von Insekten, Isopoden, Lurchen und Vögeln bekannt (Gross 1996).

Wiederum andere Blaukiemenbarschmännchen werden zu reproduktiven Opportunisten, so genannten **sneakers**. Sie halten sich in der Vegetation am Nestrand versteckt, warten dort auf den Moment des Ablaichens, um dann blitzartig in das Nest des Territoriumshalters einzudringen und sich an der Besamung zu beteiligen. Dies geschieht innerhalb von nur wenigen Sekunden, anschließend verlassen die Opportunisten das fremde Territorium. Manchmal stürmen mehrere Opportunisten gleichzeitig das Nest, wodurch das territoriale Männchen in seinen Verteidigungsbemühungen verwirrt und überfordert wird. Im Gegensatz zu den Territoriumsinhabern sind Opportunisten nicht aggressiv, sondern vermeiden kämpferische Auseinandersetzungen und fliehen sofort im Fall ihrer Entdeckung. Solch ein opportunistisches „Abstauber-Verhalten“ durch nichtkompetitive, sozial unterlegene Männchen ist von zahlreichen Arten bekannt und kommt auch unter Säugern vor (z. B. Hogg 1984 für Dickhornschafe, *Ovis canadensis canadensis*, oder Küster und Paul 1989 für Berberaffen, *Macaca sylvanus*). Alternative männliche Paarungsstrategien, womit solche gemeint sind, die den Paarungsaufwand von „bourgeois“-Männchen ausbeuten, werden auch als **kleptogame** oder **parasitäre Strategien** bezeichnet (Taborsky 1997).

Interessanterweise unterscheiden sich die drei Blaukiemenbarschmännchen-Typen nicht nur im Verhalten, sondern auch in ihren physischen Eigenschaften (Tab. 3-2). Während die älteren und größeren Männchen, also die kampfstärksten, die Territorialtaktik verfolgen, übernehmen die jüngsten und kleinsten Individuen die Opportunistenrolle. Dass sie damit durchaus erfolgreich sein können, zeigen die Beobachtungen von Gross (1982): In rund 14% aller Ablaichungen kommt es zur Beteiligung von Opportunisten und Signalfälschern. Die Platzeigner können trotz ihrer Stärke und Überlegenheit nicht verhindern, dass ihr Reproduktionsaufwand durch nichtterritoriale, kleptogame Männchen ausgebeutet wird.

Tabelle 3-2: Physische Merkmale (x ± SD) von Opportunisten, Signalfälschern und territorialen Männchen bei Blaukiemenbarschen *(Lepomis macrochirus)* (aus Gross 1982).

	Alter (Jahre)	Länge (mm)	Gewicht (g)	Gonadengewicht (g)
Opportunisten	2,7 ± 0,9	72,9 ± 8,9	5,2 ± 1,9	0,23 ± 0,09
Signalfälscher	4,2 ± 0,7	94,8 ± 8,6	12,1 ± 3,7	0,40 ± 0,12
Territoriumshalter	8,5 ± 1,0	172,1 ± 10,8	82,0 ± 17,0	0,92 ± 0,26

Vor diesem Hintergrund sollte man erwarten, dass die Fische während ihres Lebens je nach Alter und Größe verschiedene Reproduktionstaktiken verfolgen. Dies scheint aber nur begrenzt der Fall zu sein. Während mit zunehmendem Alter zwar Opportunisten zu Signalfälschern werden können, nämlich dann, wenn sie die Größe erwachsener Weibchen erreicht haben, gibt es wohl keine biographische Übergangsmöglichkeit weder von der Opportunisten- noch von der Signalfälscher- zur Territorialoption. Dies ist aus physiologischen Gründen kaum möglich, denn um ein erfolgreicher Territoriumshalter zu werden, muss ein Männchen in den ersten sechs bis sieben Jahren seines Lebens maximal wachsen, sonst erreicht es nicht die zur Verteidigung eines Brutterritoriums notwendige Kampfstärke. Wachstum wird allerdings durch Spermaproduktion behindert. Ein Blaukiemenbarschmännchen steht deshalb vor der Entscheidung, entweder auf maximales Wachstum zu verzichten, dafür aber schon in jungen Jahren Sperma zu produzieren und ein Leben lang zu versuchen, sich als „reproduktiver Parasit" fortzupflanzen, oder aber auf frühe Fortpflanzung zu verzichten, dafür in Körperwachstum zu investieren und später als vollerwachsenes Tier die erfolgreichste aller Reproduktionstaktiken, nämlich die Territorialoption zu verfolgen.

Diese beiden Lebenslaufwege sind mit nachhaltigen und unumkehrbaren Konsequenzen verbunden. Wollte – einmal theoretisch angenommen – ein ehemaliger Opportunist oder Signalfälscher nunmehr ein eigenes Nest bauen, müsste er mit rund 30% geringerer Körpergröße in die Auseinandersetzung um ein Territorium eintreten. Bereits ein sechsprozentiger Unterschied in der Körpergröße führt jedoch zu einem fünfzigprozentigen Unterschied im Reproduktionserfolg. Mit anderen Worten: Ein ehemaliger Alternativer, der seine Wachstumsmöglichkeiten zugunsten früher Spermaproduktion nicht vollends ausgeschöpft hat, bliebe bei seinen territorialen Ambitionen praktisch chancenlos. Deshalb ist es zweckmäßig, die Entscheidung für den einen oder den anderen Weg schon früh in der Ontogenese zu treffen. Rund 21% aller Männchen verfolgen den alternativen Weg, reifen sexuell schnell und beteiligen sich bereits früh, d. h. im Alter von zwei bis sechs Jahren an der Reproduktion ihrer Population. Rund 79% der Männchen hingegen schlagen den Lebens- und Reproduktionsweg eine „bourgeois" ein. In Anbetracht der unterschiedlichen Entwicklungswege führt das zu einer Überzahl der parasitären Männchen. Diese machen zwar etwa 85% aller reproduktiv aktiven Männchen einer Saison aus, befruchten aber – nach Gross' Berechnungen – nur ca. 14% aller Eier einer Population.

Grillen-, Kröten- und Froschmännchen werben mit Rufsignalen um Weibchen. Dies ist nicht nur mit Energie, sondern auch mit Lebensrisiken verbunden, denn nicht nur die ersehnten Weibchen, sondern auch gefürchtete Räuber werden so angelockt. Einige Männchen vermeiden diese Kosten, indem sie sich als **Satelliten** stumm in der Nähe der Rufer aufhalten und die sich nähernden Weibchen abzufangen versuchen.

Die Satelliten-Taktik ist aber auch aus einem weiteren Grund evolviert. Sie stellt nämlich die best mögliche Fortpflanzungsmöglichkeit für wettbewerbsbenachteiligte Männchen dar. Viele Anuren-Weibchen bevorzugen möglichst große Männchen. Eine Verpaarung mit ihnen verspricht im Durchschnitt den höchsten Reproduktionserfolg, weil größere Männchen Vorteile bei der Eroberung und Verteidigung von für die Larvenentwicklung günstigen Gewässerabschnitten haben (s. 3.1.1.1). Jüngere, kleinere Männchen können bestenfalls randständige, unattraktive Laichplätze auf Dauer einnehmen, weshalb für sie die Satelliten-Taktik häufig die erfolgversprechendere der beiden Optionen darstellt. Es mag sich unter gegebenen Umständen mehr lohnen, in einem guten Territorium stumm in der Nähe eines möglichst attraktiven Rufers zu verweilen, um die sich nähernden Weibchen abzufangen, als über einen zwar eigenen, aber von Weibchen gemiedenen Platz zu verfügen.

Anders als im oben geschilderten Blaukiemenbarschbeispiel beobachtet man bei einigen Anuren-Arten eine beachtliche Verhaltensflexibilität bezüglich beider Möglichkeiten. Dieselben Männchen können mal Rufer, mal Satellit sein und auch kurzfristig von einer Taktik zur anderen umschalten. In der von Krupa (1989) untersuchten Präriekröten-Population *(Bufo cognatus)* beispielsweise variierte der Anteil der Satelliten je nach Stichprobe zwischen 0% und 57%. Für diese Variabilität ist u. a. die relative Männchendichte verantwortlich. Je mehr Rufer sich auf gleicher Strecke Tümpelufer drängen, desto größer wird der Satellitenanteil (Abb. 3-9).

Dieser Zusammenhang ist leicht einsichtig, denn je mehr Männchen in gleichem Raum miteinander konkurrieren, desto schwieriger und anstrengender und letztlich kostspieliger wird die Verteidigung eines Rufplatzes. Außerdem ist die akustische Auffälligkeit jedes einzelnen Männchens eingeschränkt, wenn er mit vielen anderen im Chor singen muss. Jene Männchen, die im Wettbewerb benachteiligt sind und deshalb die vergleichsweise höchsten Kosten eingehen würden, verhalten sich vorteilhaft, wenn sie in ihrer Taktik umschalten und zu Satelliten werden. Allerdings senken sie dadurch nicht nur ihre Kosten, sondern im Durchschnitt auch den zu erwartenden Reproduktionserfolg, denn 92% der Präriekröten-Weibchen verpaaren sich mit Rufern, während für die durchschnittlich 27% Satelliten einer Population nur die restlichen 8% der Weibchen verbleiben. Dass tatsächlich die weniger wettbewerbsfähigen Männchen eher bereit sind, auf die Satellitentaktik umzuschalten, konnte Arak (1988) für Kreuzkröten *(Bufo calamita)* belegen. Die Wahrscheinlichkeit als Rufer bzw. Satellit angetroffen zu werden, war signifikant abhängig von der relativen Körpergröße der Männchen (Abb. 3-10).

Unter **Piraten** schließlich versteht man Männchen, die nicht aufgrund ihrer „List“, sondern wegen ihrer körperlichen Überlegenheit einen von

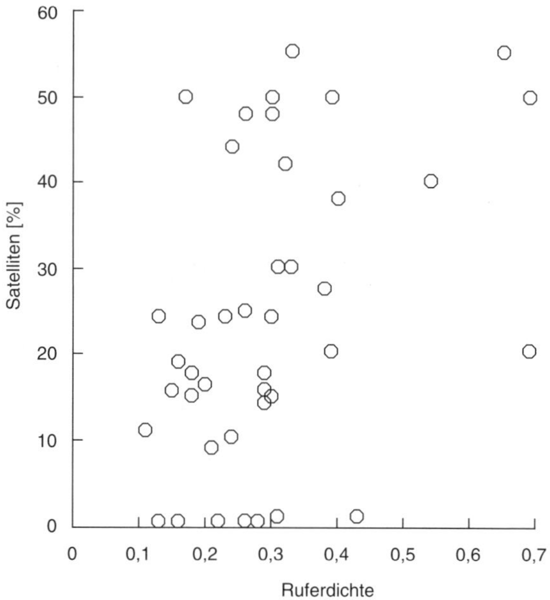

Abb. 3-9: Abhängigkeit des Anteils von Satelliten an allen Männchen von der Ruferdichte (= Anzahl der Rufer pro Meter Tümpelufer) für Präriekröten *(Bufo cognatus)* (aus Krupa 1989).

anderen erbrachten Paarungsaufwand für sich selbst auszunutzen verstehen. Dies ist insofern ungewöhnlich, weil alternative Taktiken typischerweise von jüngeren, kleineren und unterlegenen Männchen verfolgt werden, die in der Konkurrenz der adulten, dominanten Männchen nur verminderte Fortpflanzungschancen hätten. Die größten und kampfstärksten Lippfische *Symphodus tinca* umgehen die Kosten für Nestbau und Brutpflege, indem sie die Nester von territorialen Männchen übernehmen (van den Berghe 1988). Dies tun sie vorzugsweise dann, wenn aufgrund der bisherigen Laichablage diese Nester als besonders erfolgreich und attraktiv für die Weibchen gelten können. Bevor die übernommenen Nester eigenen Nachwuchs enthalten, fressen die Piraten nicht selten unmittelbar nach der Nestübernahme einen Teil der vom Vorgänger übernommenen Brut. Nach Ende der Laichzeit zieht sich der Pirat zurück und überlässt das vorübergehend besetzte Nest wieder dem eigentlichen Territoriumseigner, der dann die notwendige Brutpflege leistet. Allerdings geht die

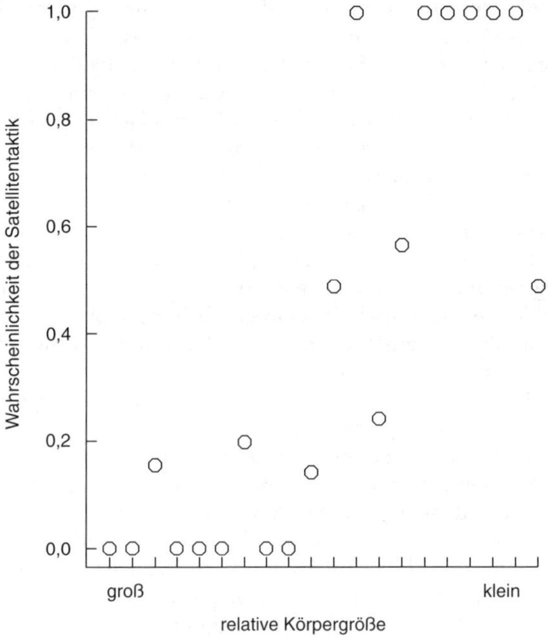

Abb. 3-10: Die Wahrscheinlichkeit, als Satellit angetroffen zu werden in Abhängigkeit von der relativen Körpergröße für 20 Kreuzkröten *(Bufo calamita)* (aus Arak 1988).

Rechnung für die Piraten nicht immer auf, denn die von ihnen vertriebenen Männchen verzichten nicht selten auf die Rücknahme der Nester, so dass die Brut der Piraten unversorgt bleibt. Es ist deshalb fraglich, ob Piraterie sich wirklich als eine so erfolgreiche Taktik herausstellt, wie sie auf den ersten Blick erscheint (Taborsky 1994).

3.1.4.2 Strategie und Taktik

In der Geschichte der Soziobiologie haben alternative Verhaltensstrategien eine hervorgehobene Rolle gespielt, indem ihre Erforschung maßgeblich die Entwicklung einer **evolutionären Spieltheorie** (Maynard Smith 1982, vergl. 1.1), und hier vor allem das Konzept der **evolutionsstabilen Strategien (ESS)** angeregt haben. Eine ESS liegt vor, wenn innerhalb einer Population bei keiner anderen Häufigkeitsverteilung derjenigen Individuen, die die „übliche" bzw. eine „alternative" Strategie verfolgen, eine höhere durchschnittliche Fitness zu erzielen ist. Beispielsweise würde eine übermäßige Zunahme von Signalfälschern in einer Blaukiemenbarschkolonie (3.1.4.1) den durchschnittlich zu erwartenden Reproduktionserfolg dieser Männchen verringern, weil selbstverständlich in gleichem Maße die territorialen Männchen seltener würden, deren Reproduktionsaufwand überhaupt ausgebeutet werden könnte. Weil gemäß der Funktionslogik der **frequenzabhängigen Selektion** die Fitness eines Männchens nicht nur von seiner eigenen Strategiewahl abhängt, sondern auch von der seiner Konkurrenten, ist unter stabilen Verhältnissen die Mengenrelation der Strategien innerhalb einer Population evolutiv ausbalanciert, und aus jeder resultiert im Durchschnitt eine gleich hohe Fitness. Jede zufällige Verschiebung dieses Verhältnisses würde durch die natürliche Selektion zwangsläufig korrigiert werden.

Eine evolutive Stabilisierung ethologischer Polymorphismen durch frequenzabhängige Selektion gelingt freilich nur dann, wenn die Verhaltensunterschiede direkt auf genotypische Unterschiede zurückgehen. Nur in solchen Fällen sollte man von alternativen Strategien sprechen (Tab. 3-3). Dominey (1984) definiert eine **Strategie** als evolvierte „Regelsammlung", die festlegt, mit welcher Wahrscheinlichkeit welches Verhalten unter welchen Bedingungen gezeigt wird. Weil unterschiedliche Strategien auf unterschiedliche Genotypen zurückgehen, kann ein einzelnes Individuum im Laufe seines Lebens nur eine einzige Strategie verfolgen. Jeder intraindividuelle Strategiewechsel ist folglich ausgeschlossen.

Tabelle 3-3: Zur Unterscheidung von Verhaltensvariation, die auf alternative Strategien bzw. auf alternative Taktiken innerhalb einer konditionalen Strategie zurückgeht.

alternative Strategien	konditionale Strategie (mit alternativen Taktiken)
genetisch polymorph	genetisch monomorph
frequenzabhängig selektiert	statusabhängig selektiert
gleiche mittlere Fitness der verschiedenen Strategien	ungleiche mittlere Fitness der verschiedenen Taktiken

Der Wechsel von einem Verhalten zu einem anderen ist Ausdruck von variabler **Taktik**. Zu einer (genotypischen) Strategie können verschiedene (phänotypische) Taktiken gehören. Werden die zur Verfolgung einer Strategie verfügbaren Taktiken nach Zufallsprinzipien gewählt, etwa wenn ein

Männchen mit einer bestimmten, genetisch fixierten Wahrscheinlichkeit mal mit dem üblichen Aufwand um ein Weibchen wirbt, mal sich opportunistisch zu verpaaren versucht, liegt eine **stochastische (oder gemischte) Strategie** vor – eine spieltheoretische Variante, für die es aus der Verhaltensforschung aber bislang kein überzeugendes Beispiel zu geben scheint (Gross 1996). Enthält eine Strategie hingegen keine solchen Zufallselemente, handelt es sich um eine **einfache Strategie**. Innerhalb einfacher Strategien kommt taktische Vielfalt durch zusammenhangsspezifische Verhaltensänderungen und nicht durch Zufallsvariation zustande. In dem in 3.1.4.1 beschriebenen Rufer/Satelliten-Beispiel wäre die Regel „Bei starker Männchenkonkurrenz werde zum Satelliten, bei geringer Männchenkonkurrenz zum Rufer!" Ausdruck einer einfachen und nicht einer stochastischen Strategie. Eine einfache Strategie mit einer oder mehreren Regeln zur Übernahme situationsgerechter Taktiken nennt man auch **konditionale Strategie**.

Grundsätzliche Verhaltensunterschiede (diskrete Variation) in der Paarungskonkurrenz ist sehr häufig Ausdruck alternativer Taktiken im Zuge einer konditionalen Strategie. Die in 3.1.4.1 referierten Beobachtungen an Prärie- und Kreuzkröten belegen sehr gut, wie Veränderungen in den entscheidenden Bedingungen der Männchen-Konkurrenz (z. B. Männchen-Dichte, Alter, Körpergröße) zu einem Wechsel der taktischen Optionen führen können, mit denen die Männchen in den Paarungswettbewerb eintreten. Ändern sich die Bedingungen, ändert sich eventuell die Taktik, nicht aber die Strategie.

In der Literatur zu alternativen Strategien und Taktiken herrscht eine sprachliche Uneinheitlichkeit, die nicht selten zu Missverständnissen geführt und deshalb die Diskussion der Fachleute erschwert hat. Vor allem eine häufig zu unscharfe Trennung von Strategie und Taktik hat zur Verwirrung und zur Fehleinschätzung derjenigen Mechanismen beigetragen, die ethologische Polymorphismen in einer Population aufrechterhalten. Da gemäß obiger Definition alternative (genotypische) Strategien der frequenzabhängigen Selektion unterliegen und ein evolutionsstabiles Optimum finden, liefern sie im Mittel **gleiche Fitnesserträge**. Dies gilt selbstverständlich nicht notwendigerweise für alternative (phänotypische) Taktiken. Diese muss man als jeweils optimale Lösungen einer konditionalen Strategie für je spezielle Situationen auffassen. Je nach eigenem Status (z. B. Körpergröße) und Kontext (z. B. Männchendichte) entscheidet sich ein Individuum für die eine Taktik (z. B. Rufen) oder die andere (z. B. Abstauben), weshalb konditionale Strategien als statusabhängig selektiert verstanden werden müssen (Tab. 3-3).

Die häufig unter jungen und wenig wettbewerbsfähigen Männchen zu beobachtende Taktik, Kopulationen opportunistisch zu erschleichen, anstatt sich auf den üblichen Modus der Männchenkonkurrenz (die „bourgeois-Taktik") einzulassen, kann evolutiv bestehen, auch wenn ihr durchschnittlicher Erfolg wesentlich hinter dem der bourgeois-Taktik zurückbleibt. Dawkins (1980) bezeichnet solche Taktiken zweiter Wahl als *the best of a bad job*. Unter suboptimalen Bedingungen zählt ein unterdurchschnittlicher Fitnessgewinn immer noch mehr als gar keiner. Weil alternative Taktiken im Gegensatz zu alternativen Strategien sehr unterschiedlich zum Lebensreproduktionserfolg beitragen werden, sind gleiche Fitnesserträge hier freilich nicht zu erwarten.

Es fällt schwer, eindeutige Belege für evolutionär stabile Paarungsstrategien zu finden, in denen einem phänotypischen Polymorphismus ein genotypischer unterliegt und die Voraussage gleicher mittlerer Fitness der alternativen Strategien erfüllt ist (Gross 1996). Möglicherweise könnte der Polymorphismus männlicher Meeresasseln der Art *Paracerceis sculpta* – auch hier gibt es „Kämpfer", „Signalfälscher" und „Abstauber" (Abb. 3-11) – ein Beispiel dafür sein (Shuster und Wade 1991). Weil frequenzabhängige Selektion und ESS-Modelle aber offensichtlich nur in speziellen Einzelfällen diskontinuierliche Verhaltensvariation erklären können, rückt

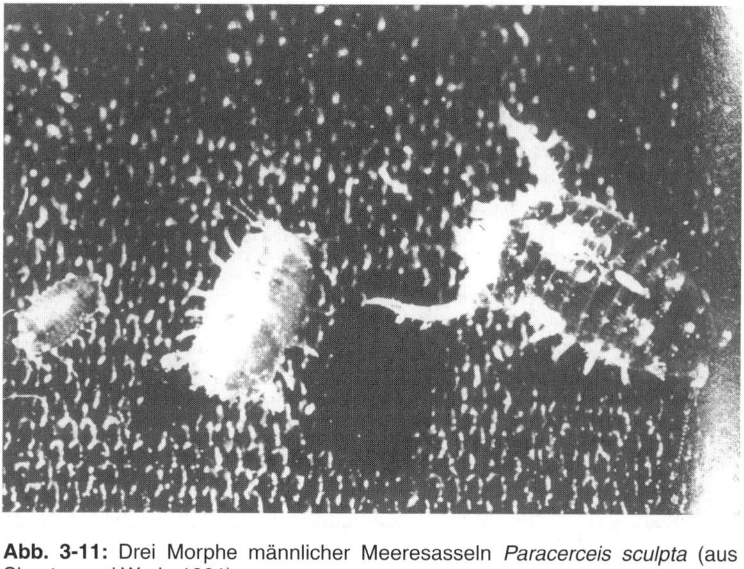

Abb. 3-11: Drei Morphe männlicher Meeresasseln *Paracerceis sculpta* (aus Shuster und Wade 1991).

vermehrt die Analyse derjenigen Bedingungen in den Vordergrund, die maßgeblich die eine oder die andere Taktik hervorrufen. Nicht die Annahme **genotypischer Heterogenität** (wie in den ESS-Modellen), sondern die **genotypischer Äquipotenz** kennzeichnet die neueren Forschungsansätze zur Analyse alternativer Paarungstaktiken.

Die offensichtliche Seltenheit alternativer (genotypischer) Strategien innerhalb einer Population darf jedoch nicht dahingehend fehlinterpretiert werden, als hingen Unterschiede im Paarungsverhalten überhaupt nicht mit genetischen Unterschieden zusammen. Vielmehr muss man die Möglichkeit genetischer Unterschiede bezüglich der individuellen Sensibilität und Reaktionsbereitschaft gegenüber sich verändernden Umweltbedingungen in Rechnung stellen. Männchen mit derselben konditionalen Paarungsstrategie, die beispielsweise vorsieht, ab einer bestimmten Konkurrenten-Dichte von der Rufer- auf die Satellitentaktik umzuschalten, können sich sehr wohl bezüglich ihres Interpretationsschemas genetisch unterscheiden, mit dem sie ihre Wettbewerbssituation bewerten. Ihr tatsächlicher Wechsel auf die alternative Taktik vollzieht sich dann bei einer unterschiedlichen Männchendichte. Bezüglich solcher Umschaltstellen kann die zugrunde liegende Strategie kontinuierlich variieren, auch wenn sich die phänotypischen Taktiken diskontinuierlich darstellen (Dominey 1984). Die sexuelle Selektion wird diejenigen Männchen favorisieren, die innerhalb dieser Variationsbreite ihren individuellen Umschaltpunkt so dicht wie möglich am Optimum finden.

3.1.5 Spermienkonkurrenz

Spermienkonkurrenz bezeichnet geschlechtlichen Wettbewerb während der Insemination, also in der Phase zwischen Samenabgabe und Befruchtung. Kopulation und innere Befruchtung selbst können als Anpassungen an Spermienkonkurrenz verstanden werden, denn diejenigen Männchen, denen es ursprünglich gelang, ihre Gameten möglichst dicht bei den Ova abzusetzen, werden einen durchschnittlich geringeren Verlust ihres genetischen Materials zu beklagen gehabt haben.

Damit Spermienkonkurrenz überhaupt entstehen kann, müssen Weibchen sich innerhalb desselben Reproduktionszyklus mit mehreren Männchen verpaart haben. Aber weshalb sollten sie das tun, wenn doch in der Regel das Sperma eines Männchens zur Befruchtung ausreicht? Als Antwort kommen verschiedene Vorteile infrage, deretwegen **Mehrfachverpaarungen** sich lohnen können (Tab. 3-4).

Wenngleich innere Befruchtung Spermienkonkurrenz sicherlich zu vermindern vermochte, wurde diese damit aber keineswegs gänzlich ausgeschaltet. Bei zahlreichen Arten konkurrieren Ejakulate in den reprodukti-

Tabelle 3-4: Vorteile für Weibchen, sich mit mehreren Männchen zu verpaaren (verändert nach Birkhead und Parker 1997).

Vorteil	**Beispiele**
direkte Vorteile	
Sicherstellung der Befruchtung	s. 3.2.2.1
Erwerb von Nahrung	s. 3.1.1.1
Akquisition von männlichem Fürsorgeverhalten	s. 3.2.4
Vermeidung sexueller Aggression	s. 3.1.6.2
Wechsel des Paarmännchens	Ens et al. 1993 für Austernfischer *(Haemotopus ostralegus)*
indirekte Vorteile	
genetisch heterogene und heterozygote Nachkommen	Brown 1997
good genes	s. 3.1.3.1

ven Organen der Weibchen, und der daraus erwachsene Selektionsdruck hat zu einigen bemerkenswerten Verhaltensanpassungen geführt. Dabei lassen sich zum einen offensive Anpassungen unterscheiden, die für eine Erhöhung der Befruchtungswahrscheinlichkeit des eigenen Spermas sorgen, indem konkurrierende Ejakulate vernichtet werden und zum anderen die entsprechende defensive Gegentaktik, die verhindern helfen soll, selbst Opfer dieser Konkurrenz zu werden (Parker 1998).

Spermienkonkurrenz ist besonders augenfällig unter Insekten, weil – anders als bei den meisten Vertebraten – die Weibchen vieler Arten gleichzeitig die Keimzellen mehrerer Männchen in Spermatheken sammeln und bevorraten. Die eigentliche Befruchtung findet unabhängig von der Samenaufnahme (z. T. erst erhebliche Zeit später) statt, wobei typischerweise das Sperma des letzten zur Paarung gelangten Männchens einen deutlichen Vorteil in der Befruchtungslotterie hat (Simmons und Siva-Jothy 1998). Dieser Vorteil entsteht zunächst aus stochastischen Gründen, kann aber durch entsprechend wettbewerbsorientiertes Verhalten verstärkt werden, indem beispielsweise vor der Abgabe des eigenen Spermas mit einem speziell dazu eingerichteten Penis das Ejakulat des Vorgängers aus der Spermatheke bzw. der Bursa copulatrix ausgekratzt wird (z. B. Waage 1984 für Wasserjungfern und Libellen). Eventuell verbleibende

Reste durchmischen sich frei mit dem eigenen Samen und senken anteilmäßig die eigenen Befruchtungschancen. Ein kopulierendes Männchen steht deshalb vor einem Kosten/Nutzen-Abgleichproblem: Soll es eher länger kopulieren, um möglichst alles vom Vorgänger stammende Sperma zu entfernen und so seine Befruchtungschancen maximieren, oder soll es eher kürzer kopulieren und weniger Sperma entfernen, dafür sich aber mit mehreren Weibchen verpaaren?

Selbst wenn eine zweite Kopulation nicht die Spermien einer ersten vernichten oder verdrängen kann und Spermienkonkurrenz deshalb als rein stochastischer Prozess aufzufassen ist, haben sich im „Rüstungswettlauf" der innergeschlechtlichen Konkurrenz defensive Anpassungen zur Verteidigung der eigenen Befruchtungschancen gegen die von Mitkonkurrenten vollzogen. Hierzu gehören:

- **Plomben** (entweder aus sich verhärtenden Sekreten oder aus Spermatophorenabschnitten), mit denen ein Männchen nach der Kopula den weiblichen Genitaltrakt verschließt, um so das Entfernen seines Spermas durch ein nachfolgendes Männchen zu verhindern (bei einigen Würmern, Insekten, Spinnen, Schlangen und Säugern). Weibchen akzeptieren solche Plomben, weil sie von deren Nährstoffgehalt profitieren. Unter einigen Ameisen, Bienen und Mücken kann es zu suizidalen Kopulationen kommen, indem die Männchen ihren Genitalapparat in den Weibchen zurücklassen und sie auf diese Art und Weise um den Preis des eigenen Lebens und zum Nutzen einer maximal möglichen Vaterschaft versiegeln (Thornhill und Alcock 1983).
- **Verlängerte Kopulationen.** Unter einigen Insekten und Säugern (vor allem unter Marsupialia: Taggart et al. 1998) kann die Kopula extrem lang ausgedehnt werden. In diesen Fällen fungieren die Männchen gleichsam als „lebende Keuschheitsgürtel" im Interesse einer Maximierung ihrer persönlichen Befruchtungswahrscheinlichkeit (Abb. 3-12). Diese Interpretation wird eindrucksvoll durch die Beobachtung gestützt, dass sich bei vielen Insektenarten ein positiver Zusammenhang

Tabelle 3-5: Die prozentuale Verteilung kurzer (1–8 h) und langer (8–24 h) Kopulationen in Abhängigkeit von der Geschlechterrelation für Langwanzen der Art *Neacoryphus bicrucis* (aus McLain 1989).

	Weibchenanteil in der Population				
	0,75	**0,67**	**0,50**	**0,33**	**0,25**
kurze Kopulationen	100	85,7	57,5	12,7	0
lange Kopulationen	0	14,3	42,5	87,3	100

zwischen der Kopulationsdauer und der Männchendichte findet. Je mehr Männchen miteinander konkurrieren, desto länger dauert der Akt, obwohl das Sperma in der Anfangsphase der Kopula übertragen wird und seine Menge unabhängig von der Kopulationsdauer bleibt (z. B. McLain 1989 für Langwanzen der Art *Neacoryphus bicrucis*, Tab. 3-5).

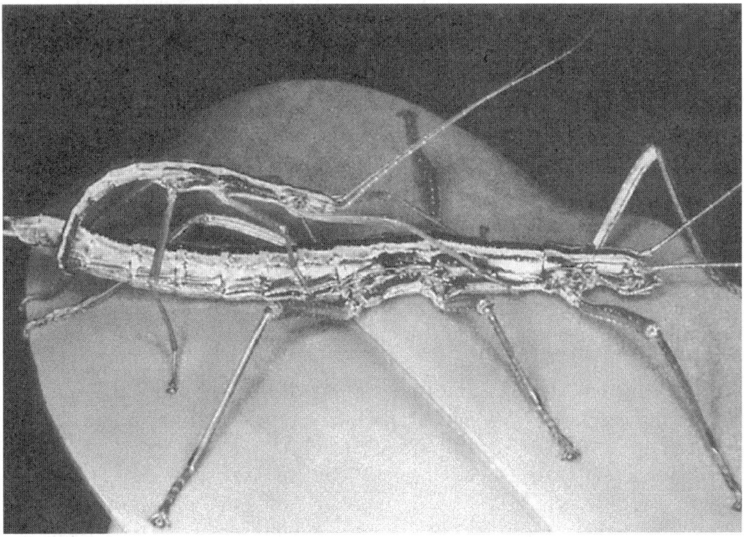

Abb.3-12: Kopulierende Stabschrecken. Je nach Art kann eine Kopulation bis zu mehreren Tagen dauern (Rekord: *Necroscia sparaxes*, 79 Tage, Sivinski 1978), wobei das kleinere Männchen als „lebender Keuschheitsgürtel" eine weitere Verpaarung der Weibchen verhindert (aus Thornhill und Alcock 1983).

- **Duftmarkierung der Weibchen.** Einige Insektenmännchen markieren während der Kopulation die Weibchen mit einem Pheromon, das den anderen Männchen fälschlicherweise Nichtrezeptivität dieses Weibchens signalisiert und so die eigenen Befruchtungschancen erhöht (z. B. Gilbert 1976 für Schmetterlinge der Art *Heliconius erato*).
- **Überwachung der Weibchen.** Männchen – vor allem vieler „monogamer" Vogelarten – folgen ihrem Paarweibchen auf Schritt und Tritt (Abb. 3-13), um auf diese Weise die Gefahr „außerpaarlicher Kopulatio-

nen“ (*extra-pair copulations*, „EPCs“) abzuwehren (Birkhead und Møller 1992). Dass es sich hier tatsächlich um männliche Monopolisierungsbemühungen im Dienst einer Erhöhung von Vaterschaftswahrscheinlichkeiten handelt, wird durch die zeitliche Verteilung der Überwachung deutlich. Es sind nämlich die fertilen Tage, an denen dieses Verhalten maximale Ausprägung findet (Abb. 3-14).

Abb. 3-13: Partnerbewachung bei Streifengänsen *(Anser indicus)* (Foto: J. Lamprecht).

Männchen können sich allerdings in ihrem Engagement unterscheiden, mit dem sie sich der Partnerüberwachung widmen, wobei die Einschätzung der eigenen sexuellen Attraktivität maßgeblich ist. Männliche Blaukehlchen *(Luscinia s. svecica)* investieren dann viel in Partnerbewachung, wenn sie aufgrund einer nur mäßigen Ausprägung ihres farbigen Brustflecks annehmen müssen, für ihr Weibchen als nicht besonders attraktiv zu gelten und deshalb einem besonderen Risiko ausgesetzt zu ein, dass ihr Paarweibchen EPCs suchen könnte. Überdurchschnittlich attraktive Männchen hingegen können sich auf ihre Qualität verlassen: Ihre Paarweibchen haben wenig Grund für EPCs, weshalb Partnerüberwachung weniger notwendig wird (Johnsen und Lifjeld 1995).

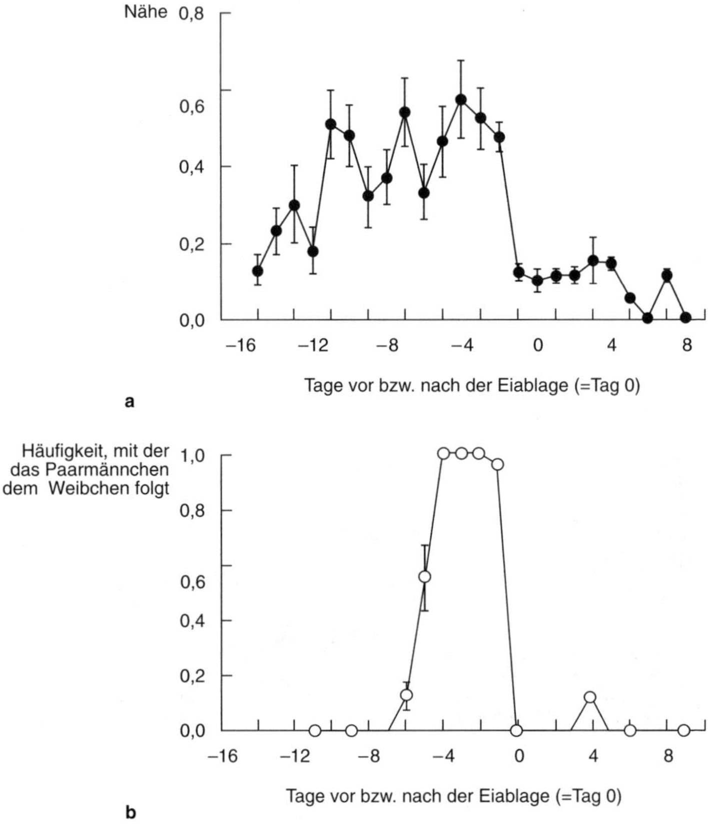

Abb. 3-14: Partnerbewachung bei Seychellen-Rohrsängern *(Acrocephalus sechellensis)* in Abhängigkeit vom Zeitpunkt der Eiablage (Tag 0 = Tag der Eiablage): a.: Aufenthalt (Anteil Zeit) des Paarmännchens in der Nähe des Paarweibchens, b.: Anteil der Ortsveränderungen des Paarweibchens, der das Männchen gefolgt ist (aus Komdeur et al. 1999).

- **Wiederholte Kopulationen.** Der Vorteil des „letzten Männchens" ist häufig auch gegeben, ohne dass zuvor das Sperma der Vorgänger vernichtet werden müsste, denn viele Insektenweibchen verfahren bei der Verwendung des Spermas nach der Devise *last in, first out*. Entsprechend haben Männchen einen Vorteil, wenn sie während der Eiablage wiederholt mit demselben Weibchen kopulieren, um sicherzustellen, dass es tatsächlich auch ihre Gameten sind, die das Weibchen zur Fertilisation ihrer Eier verwendet (Thornhill und Alcock 1983). Aber auch wenn die Befruchtungschancen – einer Lotterie vergleichbar – nur von der Zahl der übertragenen Gameten abhängt, werden Mehrfachverpaarungen evolutiv begünstigt.

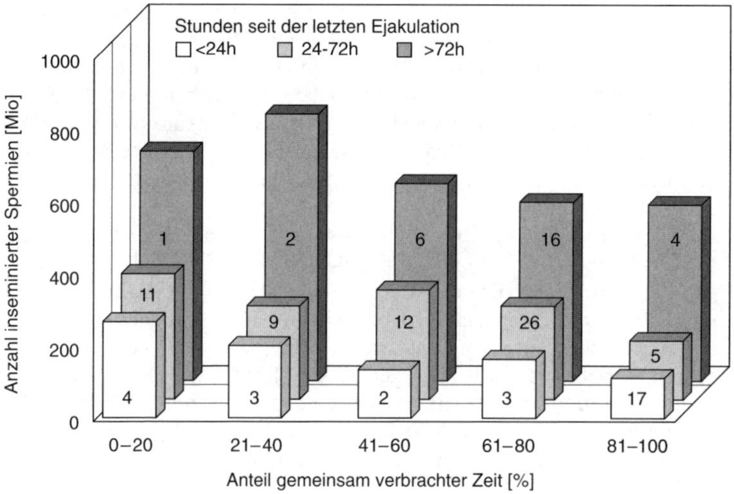

Abb. 3-15: Menge abgegebener Spermien (in Mio.) nach zeitlichem Abstand zur letzten Ejakulation und nach zeitlichem Umfang des Zusammenlebens eines Paares (aus Baker und Bellis 1995).

- **Erhöhung der Spermienzahl pro Insemination.** Wenn Männchen weder die Möglichkeit haben, konkurrierende Ejakulate zu vernichten, noch Weibchen von anderen Männchen fernzuhalten, besteht für sie die beste Aussicht auf Fortpflanzung, mit möglichst viel Spermatozoen in den Wettbewerb um Vaterschaft einzutreten. So steigern beispielsweise männliche Heimchen *(Acheta domesticus)* und Feldgrillen *(Gryllodes supplicans)* die Spermienzahl ihrer Spermatophoren bei Anwesenheit anderer Männchen, wenn sie sich also einer Paarungskonkurrenz ausgesetzt sehen (Gage und Barnard 1996). Es gibt Hinweise auf ein vergleichbares Verhalten von Männern, denn die Spermienzahl pro Ejakulat nimmt in dem Maße zu, wie das Paar seit seines letzten Verkehrs getrennt war und dies vor allem bei Paaren, die ihre Zeit nicht dauernd zusammen verbringen (Abb. 3-15). Das variable Investment in Keimzellen spiegelt die variable Möglichkeit einer außerpaarlichen Kopulation der Frau. Sieht ein Mann hier seine Chancen gefährdet, reagiert er mit erhöhter Gametenproduktion (Baker und Bellis 1995).

- **Kamikaze-Spermien.** Spermatozoen kommen in verschiedenen Morphen, weshalb man vermuten könnte, dass nicht alle Typen als potenzielle Befruchter infrage kommen, sondern dass einige stattdessen die Aufgabe haben, fremde Spermien auf ihrem Weg zu blockieren oder diese sogar zu zerstören. Der Wettbewerb von Ejakulaten verschiedener Männchen im weiblichen Reproduktionstrakt gleicht in dieser Sicht weniger einem Wettrennen als vielmehr einer Schlacht um die pole-position (Baker und Bellis 1995). Wenngleich die „Kamikaze-Spermien"-Hypothese viel Aufmerksamkeit gefunden hat – nicht zuletzt, weil sie gut erklären könnte, weshalb die Ejakulate beispielsweise von Männern so viel befruchtungsunfähige und konventionell als dysfunktional betrachtete Spermatozoen enthalten – bleiben doch Zweifel bestehen (Gomendio et al. 1998). Diese werden vor allem dadurch genährt, dass sich unter Primaten – trotz starker Kontraste in den Paarungssystemen – im Polymorphismus der Ejakulate nur wenig Variation zeigt (Harcourt 1991). Variabilität wäre aber gemäß der Logik der „Kamikaze-Spermien"-Hypothese zu erwarten, denn der Anteil der mutmaßlichen „Killer-Spermien", wie sie auch genannt wurden, sollte mit der Prävalenz von Spermienkonkurrenz zunehmen, d. h. mit dem Paarungssystem variieren.

  Andererseits machen männliche Taufliegen *(Drosophila melanogaster)* die vom Weibchen bevorrateten Spermien eines Vorgängers mithilfe toxischer Komponenten ihrer Samenflüssigkeit (also nicht mit den Spermien selbst) untauglich (Price et al. 1999). Es bedarf also gar nicht der postulierten, aber fraglichen „Kamikaze-Spermien", um fremde Ejakulate zu inaktivieren.

Weil Spermienkonkurrenz allein schon wegen der Regeln des Zufalls diejenigen Männchen begünstigt, die viel Samen produzieren können, sollte dies stammesgeschichtlich zu einer Vergrößerung der Hoden geführt haben. Und in der Tat lässt sich in vielen Taxa ein Zusammenhang zwischen der **Hodengröße** und der Paarungskonkurrenz zeigen (Gage 1994 für Schmetterlinge, Hosken 1997 für Fledermäuse, Jennions und Passmore 1993 für Frösche, Møller 1991 für Vögel und Stockley et al. 1997 für Fische). Auch die Evolution der Spermiengröße (und damit der Beweglichkeit) scheint ebenso von der Spermienkonkurrenz beeinflusst, weil größere Spermien aufgrund der größeren Kraft ihrer längeren Flagelli sich schneller fortbewegen können (Dixson 1993; Gomendio und Roldan 1991). Harvey und Harcourt (1984) haben die Hypothese eines Zusammenhangs zwischen Hodengröße und Spermienkonkurrenz an Primaten überprüft und prompt einen Zusammenhang zwischen der relativen Hodengröße, also dem Investment in die Spermatogenese, und dem Paarungssystem gefunden (Abb. 3-16).

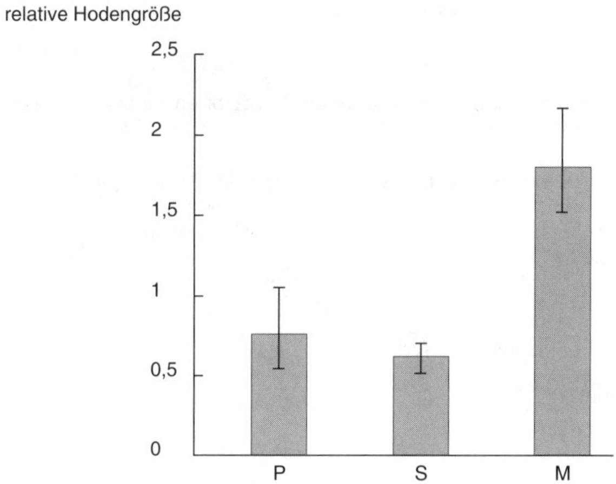

Abb. 3-16: Relative Hodengröße unter Primaten: P = 4 Gattungen mit einem monogamen Paarsystem, S = 7 Gattungen mit Haremsstruktur (Ein-Männchen-Gruppen) und M = 8 Gattungen mit Mehr-Männchen-Gruppen (nach Harvey und Harcourt 1984).

Gemäß dieser Hypothese hat die sexuelle Selektion in Paarungssystemen, in denen mehrere Männchen gleichzeitig Zugang zu Weibchen haben, relativ große Hoden und damit die Fähigkeit zu erhöhter Samenproduktion hervorgebracht. Vorwiegend in Paaren oder Harems (also in Ein-Männchen-Konstellationen) lebende Männchen können sich diese Investition sparen, weil nur sie allein Zugang zu den Weibchen haben. Dieser Zusammenhang gilt übrigens auch für Menschenaffen. Aufgrund ihrer Paarungssysteme spielt für Gibbons, Orang-Utans und Gorillas Spermienkonkurrenz praktisch keine Rolle, sei es, weil wie im Fall der Gibbons eine gewisse Monogamie vorherrscht, oder wie bei den Orang-Utans eine weitgehende solitäre Lebensweise oder wie bei den Gorillas eine Haremsstruktur dafür sorgen, dass Männchen sich des Reproduktionspotenzials ihrer Weibchen sicher sein können. Penislänge, Hodengröße, Ejakulat-Volumen und Spermienmenge spiegeln diese mangelnde Konkurrenz wider (Tab. 3-6). Alle vier Merkmale sind bei diesen Arten unterdurchschnittlich entwickelt. Anders Schimpansen. Sie leben in Mehr-Männchen-Gruppen, in denen es immer wieder zu Gelegenheitsverpaarungen kommt und von daher reichlich Spermienkonkurrenz besteht. Die entsprechenden Merkmale zeigen, wie die Schimpansenmännchen ihrer eher promisken Lebensweise angepasst sind (Tab. 3-6).

Tabelle 3-6: Männliche Sexualmerkmale bei Großen Menschenaffen und Menschen (aus Smith 1984).

	Orang-utan	Gorilla	Schimpanse	Mensch
Hodengewicht in % des Körpergewichts	0,063	0,031	0,300	0,079
Penislänge (cm)	4	3	8	13
Ejakulat-Volumen (ml)	1,2	0,4	1,1	2,5
Anzahl Spermien pro Ejakulat ($\times 10^6$)	91	65	603	175

Tab. 3-6 enthält auch die vergleichbaren Angaben für Männer. Nach dem bisherigen Interpretationsschema muss man daraus schließen, dass im Verlauf der Hominisation Spermienkonkurrenz als Triebfeder der sexuellen Selektion durchaus eine gewisse Rolle gespielt haben muss. Es erscheint unwahrscheinlich, dass die Menschwerdung in einem sozio-kulturellen Milieu stattgefunden hat, das ausnahmslos durch dauerhafte und strikte Paarbeziehungen gekennzeichnet war. Weder die Monogamie noch eine exklusive Haremsstruktur kommen wahrscheinlich als vorherrschende pleistozäne Paarungssysteme infrage (Vogel 1990). Vielmehr wird ein fakultativ polyandrisches Paarungsverhalten – also „Mehr-Männchen-Verhältnisse“ – das Sexualleben unserer weiblichen Vorfahren geprägt und damit für ein gewisses Maß an Spermienkonkurrenz gesorgt haben.

Auch in den zeitgenössischen westlichen Bevölkerungen wären zweifellos Voraussetzungen für Spermienkonkurrenz geschaffen, denn – einmal ganz abgesehen von speziellen Situationen wie Vergewaltigung oder Prostitution – auch bei nominell monogamer Lebensweise kann es bekannt-

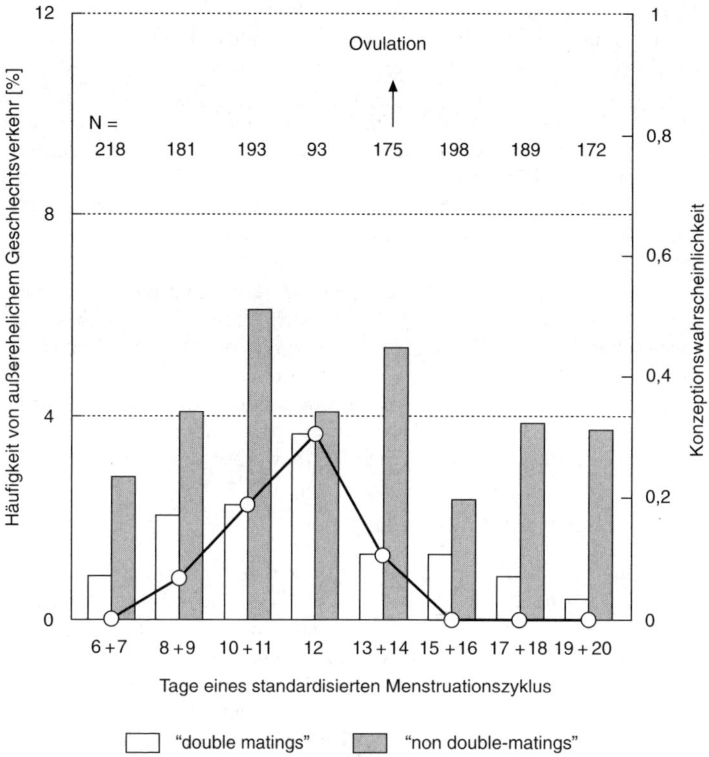

Abb. 3-17: Häufigkeitsverteilung von außerehelichem Geschlechtsverkehr (in % aller Kopulationen an diesen Tagen) britischer Frauen wahrend der Tage 6–20 eines standardisierten Zyklus und die entsprechenden Konzeptionswahrscheinlichkeiten. (Erklärung im Text) (aus Bellis und Baker 1990).

lich zu außerehelichen Beziehungen kommen. Bellis und Baker (1990) haben hierzu einige verblüffende Befunde vorgelegt, die sie nach einer Fragebogenaktion mit 2708 Leserinnen einer britischen Frauenzeitschrift gewonnen hatten. Danach findet ehelicher Geschlechtsverkehr (in dieser Kategorie ist auch der Verkehr in dauerhaften Partnerschaften ohne formalen Trauschein eingeschlossen) überwiegend in der zweiten, der unfruchtbaren Zyklushälfte statt. Weibliche Seitensprünge hingegen haben ihr Maximum in der fekunden Zyklusphase.

Menschliches Sperma bleibt nach der Insemination ca. fünf Tage befruchtungsfähig. Unterteilt man die Seitensprünge danach, ob während des außerehelichen Koitus noch motiles Sperma des Ehemanns vorhanden gewesen sein könnte, weil der letzte eheliche Akt weniger als fünf Tage zurücklag *(double-matings)* oder länger *(non-double-matings)*, offenbaren die Zahlen eine weitere Überraschung. Die Verteilung der *double-matings* korreliert höher mit der Konzeptionswahrscheinlichkeit als die Verteilung der *non-double-matings* (Abb. 3-17). Übrigens machte es keinen Unterschied, ob der außereheliche Verkehr kontrazeptiv geschützt war oder nicht.

Bellis und Bakers (1990) Daten legen die Vermutung nahe, dass einige Frauen Spermienkonkurrenz geradezu provozieren, indem sie bevorzugt in ihrer fekunden Zyklusphase *double-matings* eingehen. Ein Vorteil dessen wäre dann gegeben, wenn eine unterschiedliche Durchsetzungsfähigkeit der Spermien zu einem gewissen Teil auf erbliche Unterschiede zurückginge. Dann nämlich würden Frauen, die Spermienkonkurrenz anheizen, ihren Söhnen in dieser Hinsicht einen Wettbewerbsvorteil mitgeben.

3.1.6 Manipulation und Ausbeutung

Zweigeschlechtliche Fortpflanzung erfordert an sich ein gewisses Mindestmaß an Kooperation. Wenn die sich jedoch nicht einstellt, weil sich die Interessen der Beteiligten nicht treffen, kann es zu Situationen kommen, die in anthropomorpher Diktion als „schmutzige Tricks" bezeichnet werden müssen. Durch Täuschung, sexuelle Gewalt oder Kindstötung soll es gelingen, eigene Vorteile einzufahren, auch wenn dies die Lebensfitness des Partners bzw. der Partnerin unter Umständen dramatisch reduziert.

3.1.6.1 Bluff

Simple Formen der zwischengeschlechtlichen Täuschung bestehen in der **Übertreibung** jener Merkmale, die für das jeweils andere Geschlecht wichtige Kriterien der Partnerwahl bilden. Wenn entsprechend Männer ihre Absichten als seriöser darstellen, als sie es vielleicht sind, und wenn sie ihre Tüchtigkeit und ihren sozialen und ökonomischen Erfolg schönfärben, und wenn andererseits Frauen ihre äußere Erscheinung zu korrigieren versuchen und – vor allem wenn sie zwischen 35 und 50 Jahre alt sind – falsche Altersangaben zu machen geneigt sind (Mealey 1997; Pawlowski und Dunbar 1999b; Tooke und Camire 1991), dann sind dies letztlich Maßnahmen, die eigene sexuelle Attraktivität zu erhöhen.

Täuschung und Bluff sind freilich keine rein menschlichen Erfindungen, denn die Evolution hat auch im Tierreich kommunikative Strategien hervorgebracht, in denen mit falschen Angaben operiert wird (Semple und McComb 1996; Sommer 1992a). Allerdings hat sie einer inflationären Lügerei auch zugleich einen Riegel vorgeschoben, indem die potenziell Betrogenen immer besser in den Stand versetzt wurden, die Mogeleien als solche zu erkennen. In diesem Zusammenhang ist die Evolution von so genannten **Handicaps** zu verstehen (Zahavi und Zahavi 1998). Damit werden Signale gemeint, von denen allein schon deshalb ein hoher Wahrheitsgehalt angenommen werden muss, weil sie teuer in der Herstellung sind. Wer sich als Pfauenhahn ein überdurchschnittlich prächtiges Gefieder leisten kann, muss wirklich „gute Gene" haben, denn ein solches Merkmal ist nicht billig zu fälschen (ausführlich in 3.1.1.2). Menschliche Sprache gehört freilich nicht zu den teueren Signalen. Wortproduktion kostet nicht viel, und deshalb kann sich die sexuell betrügerische Absicht so leicht des flüchtigen Liebesschwurs bedienen.

In polygynen Paarungssystemen (s. 3.2.1) wird der Reproduktionserfolg eines Weibchens um so stärker durch die Anzahl der weiteren Weibchen eines Harems gedrückt, je mehr das Männchen durch eine direkte Beteiligung an der Jungenaufzucht in seine Nachkommen investiert. Logischerweise wird sich sein Reproduktionsaufwand um so mehr verdünnen, mit je mehr Weibchen er sich fortpflanzt, auf je mehr Nachwuchs sich dementsprechend sein Investment verteilen muss. Dies kommt besonders krass z. B. bei Rauhfußkäuzen *(Aegolius funereus)* zum Ausdruck. Hier beträgt der Reproduktionserfolg (gemessen an der Zahl flügge gewordener Jungtiere) eines zweiten („sekundären") nur rund die Hälfte von dem eines ersten („primären") Weibchens, weil das betreffende Männchen nicht gleichermaßen die Brut aus zwei Nestern versorgen kann (Korpimäki 1991). Warum denn aber lassen sich einige auf die Rolle des sekundären Weibchens ein, wo dies doch ihrer Fitness so abträglich ist?

Es deutet einiges darauf hin, dass dies durch Täuschung der Weibchen erreicht wird. Wenn nämlich das Brutgeschäft mit dem ersten Weibchen gut in Gang gekommen ist, verlassen bei entsprechenden Gelegenheiten Rauhfußkauz-Männchen ihr Nest samt brütendem Weibchen und errichten in einiger Entfernung ein weiteres Territorium, um hier erneut zu werben (**Polyterritorialität**). Die dortigen Weibchen vermögen nicht zu erkennen, dass das Männchen bereits an anderer Stelle im Reproduktionsgeschäft engagiert ist und laufen deshalb Gefahr, auf einen Bigamisten hereinzufallen. Haben diese Männchen Erfolg mit ihrem versteckten Spiel und brüten auch die sekundären Weibchen, verlassen sie häufig den Ort des Geschehens und kehren zu ihrem primären Weibchen zurück, um diesem bei der Aufzucht der inzwischen geschlüpften Jungtiere zu helfen. Das sekundäre Weibchen bleibt nun weitgehend auf sich allein gestellt, und entsprechend hoch ist die Jungen-Sterblichkeit in ihrem Nest. Um den Risiken geteilten Vaterinvestments vorzubeugen, werden Weibchen mögliche polygyne Optionen für ihre Männchen zu minimieren versuchen. In Vogelgemeinschaften mit männlicher Polyterritorialität entwickeln Weibchen deshalb aggressive Tendenzen untereinander, denn schließlich sollen Nachbarinnen vertrieben oder zumindest auf große Distanz gehalten werden (Slagsvold und Lifjeld 1994).

Dies wiederum kann die Männchen auf den Plan rufen, die in Verfolg ihrer polygynen Interessen die aggressiven Tendenzen der Weibchen durch Intervention zu mäßigen suchen (Eens und Pinxten 1996 für den Europäischen Star, *Sturnus vulgaris*). In diesem reproduktiven Geschlechterkonflikt haben die Weibchen aber ein ganz entscheidendes Argument: Sie fordern das Männchen vermehrt zur Kopulation auf, was nicht nur vom zweiten Weibchen ablenkt, sondern das umworbene Männchen verstärkt an das eigene Nest bindet.

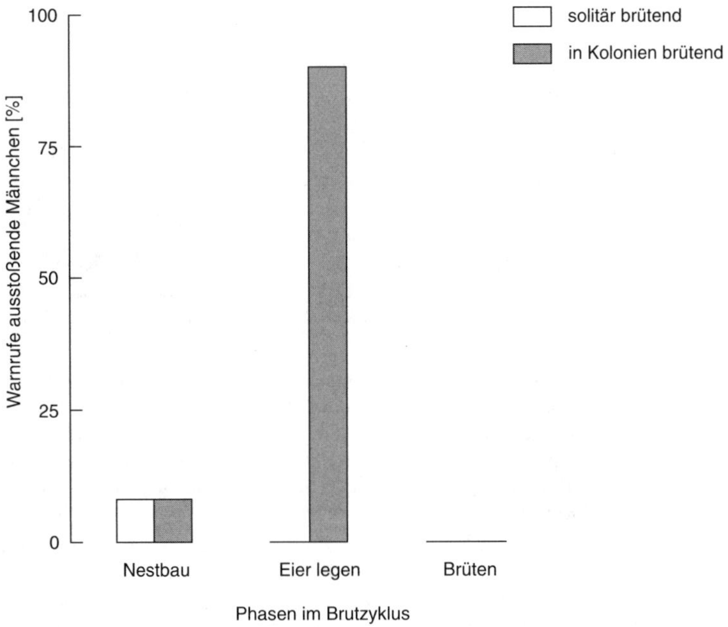

Abb. 3-18: Prozent der Fälle, in denen ein zum leeren Nest zurückkehrendes Rauchschwalben-Männchen *(Hirundo rustica)* einen Warnruf ausstößt, in Abhängigkeit von der jeweiligen Phase im Brutzyklus (nach Møller 1990).

Wenngleich in den Fitnesskonsequenzen weniger drastisch, so doch in dem angewendeten Bluff nicht minder trickreich ist das Verhalten männlicher Rauchschwalben *(Hirundo rustica)*. An sich verpaarte Weibchen verlassen nicht selten bei Abwesenheit des Männchens ihr Nest, um sich auf Paarungen mit anderen Männchen einzulassen. Dies stellt freilich eine außerordentliche Bedrohung der Vaterschaftsaussichten des Paar-Männchens dar, weshalb dieses versuchen wird, die „Seitensprünge" seines Weibchens so gut es irgend geht zu verhindern. Eine Maßnahme dazu besteht in einer **Lüge**: Wenn er nach seiner Abwesenheit zu einem leeren Nest zurückkehrt und von daher „außereheliche Affären" vermuten muss, kann das Paar-Männchen ohne eigentlichen Grund einen Warnruf ausstoßen, was alle Schwalben – einschließlich des Paar-Weibchens – zur Rückkehr zum eigenen Nest veranlasst (Møller 1990). Dass diese falsche Signalgebung tatsächlich zur Manipulation der Weibchen im Interesse der eigenen Fitness dient, wird aus Abb. 3-18 deutlich. Dieser Bluff gelangt nämlich vor allem während der Eiablage zur Anwendung gelangt, wenn also die Vaterschaft tatsächlich bedroht erscheint und nicht etwa während der nachfolgenden Brutphase. Außerdem sind es praktisch nur in Kolonien brütende Männchen, die ohne „echten" Grund den Warnruf ausstoßen, nicht aber die solitär brütenden, die ja wegen ihrer Vereinzelung keine Nebenbuhler zu fürchten brauchen.

3.1.6.2 Vergewaltigung

Eine sozial ungezwungene weibliche Partnerwahl gereicht weniger konkurrenzfähigen Männchen zum Nachteil, müssen sie doch damit rechnen, leer auszugehen und aus dem Darwinischen Wettbewerb auszuscheiden – es sei denn, es gelänge ihnen eine Einschränkung weiblicher Entscheidungsautonomie.

Dies versuchen regelmäßig männliche Skorpionsfliegen der Gattung *Panorpa* (Thornhill 1980). Üblicherweise suchen und verteidigen Männchen tote Insekten und signalisieren mit spezifischen Duftstoffen diese Nahrungsquelle den Weibchen. Während die angelockten Weibchen von der Nahrung fressen, lassen sie eine Verpaarung zu. Geeignete Beute ist manchmal knapp, weshalb einige Männchen sogar das Risiko auf sich nehmen und Nahrungspartikel aus Spinnennetzen zu holen versuchen, oder sie stellen nahrhaftes Sekretmaterial bereit, das sie aus ihren vergrößerten Speicheldrüsen an geeigneten Stellen absetzen. Wie mit toten Insekten als Anreiz werden auch hier durch Duftstoffe die Weibchen angelockt, die dann im Gegenzug für diese „Hochzeitsgabe" eine Kopulation erlauben.

Eine alternative Paarungstaktik besteht in aktiver Suche nach Geschlechtspartnerinnen. Unter Umgehung der zeit- und energieaufwendigen und risikoreichen Beschaffung, Verteidigung und Bereitstellung von kritischen Ressourcen versuchen diese Männchen, zufällig aufgespürte Weibchen mit ihren Beinen oder Flügeln zu ergreifen und sie dann mit einem speziell zum Klammern geeigneten Abdominalanhang festzuhalten. Die Weibchen wehren sich vehement, und meistens kommen sie auch tatsächlich frei. Hin und wieder jedoch gelingt es einem Männchen, gewaltsam Genitalkontakt herzustellen und Sperma abzugeben.

Handelt es sich hierbei tatsächlich um Vergewaltigung? Die Frage ist trotz der augenscheinlichen Evidenz deshalb nicht so ohne weiteres zu beantworten, weil nicht von vornherein ausgeschlossen werden kann, dass der ganze Verhaltensablauf durchaus den reproduktiven Interessen der Weibchen dient. Es könnte ja sein, dass ihre Sprödigkeit als eine aus der sexuellen Selektion hervorgegangene Barriere aufzufassen ist, die als Meßlatte weiblicher Standards nur durch eine überaus aggressive Werbung überwunden werden kann. Verhaltensforscher stehen vor dem Erkenntnisproblem, heftiges Werbungsverhalten, über das Weibchen männliche Aggressivität und Konkurrenzfähigkeit abfragen, zu unterscheiden von tatsächlicher Vergewaltigung. Das entscheidende Kriterium für diesen Unterschied liefern die Fitnesskonsequenzen. Weibliche Sprödigkeit und wählerisches Verhalten mit hohen Standards sollte als Anpassung an die sexuelle Selektion im Durchschnitt mit Fitnessvorteilen für die Weibchen verbunden sein. Vergewaltigungen jedoch richten sich per definitionem gegen die weiblichen Interessen und liegen zweifelsfrei dann vor, wenn sie mit Fitnessnachteilen für die Weibchen verbunden sind. Bei den Skorpionsfliegen scheinen die Verhältnisse klar. Durch Vorenthalten der üblichen Werbegabe durch die Vergewaltiger müssen die Weibchen nun selbst auf Nahrungssuche gehen. Sie laufen so vermehrt Gefahr, Beute von räuberischen Spinnen zu werden, was natürlich den Lebensreproduktionserfolg beeinträchtigt.

Aber auch das „Umkehrproblem" existiert. Nicht jede Kopulation, die augenscheinlich einvernehmlich erfolgt, liegt tatsächlich auch im weiblichen Interesse. Es könnte sein, dass der Aufwand an Zeit, Energie und Risiko, um einer Vergewaltigung zu entkommen – letztlich also die Fitnesskosten – größer sind als das widerstandslose Ertragen des Akts. Solche Kosten/Nutzen-Abwägungen scheinen Lehmwespen der Art *Abispa ephippium* vorzunehmen. Die Weibchen sind zum Bau ihrer Nester auf viel Wasser angewiesen, weshalb die Männchen an Ufern von Bächen und Tümpeln patrouillieren und die wasserholenden Weibchen abzufangen versuchen. Diese vermeiden wenn irgend möglich einen Kontakt mit den lauernden Männchen. Wenn sie aber doch entdeckt werden, wehren sie sich nicht gegen eine Kopulation, obwohl sie keinerlei erkennbare Vorteile davontragen – etwa einen gesicherten Zugang zum Wasser. Es scheint vielmehr so, dass es für die Weibchen günstiger ist, zwei bis drei Minuten für eine Kopulation zu verlieren, als einen energie- und zeitaufwendigen Fluchtversuch mit ungewissem Ausgang zu starten (Smith und Alcock 1980).

Vergewaltigungen sind von mehreren Arten aus verschiedenen systematischen Gruppen beschrieben worden, wobei sich die Aufmerksamkeit der Wissenschaftler bisher schwerpunktmäßig auf männliche Angepasstheiten gerichtet hat. Aber natürlich können auch in diesem Kontext des Geschlechterkonflikts weibliche Gegenmaßnahmen vermutet werden, um der männlichen Aggression zu entgehen und Kontrolle über die Verpaarungen zu behalten (Clutton-Brock und Parker 1995; Mesnick 1997; Smuts und Smuts 1993). Arnqvist und Rowe (1995) beispielsweise zeigen, dass die Abdominalstacheln weiblicher Wasserläufer der Gattung *Gerris* die Funktion haben, männliche Übergriffe zu vereiteln. Diese – nur den Weibchen eigenen – Strukturen überdecken die Genitalsegmente und erschweren so den Männchen die Herstellung des Genitalkontakts. Und der

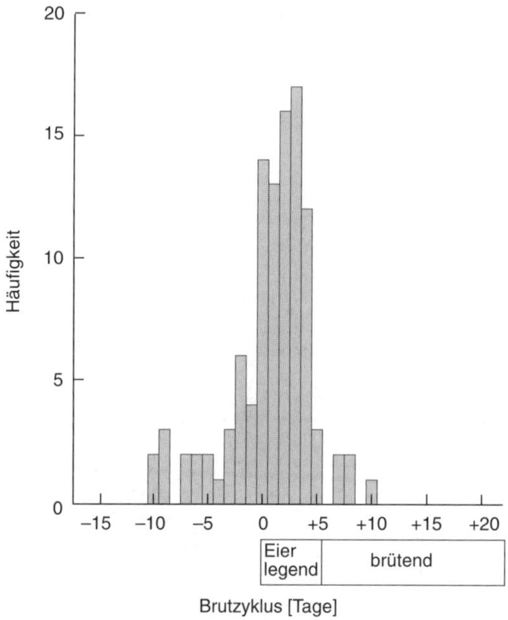

Abb. 3-19: Die Verteilung von Vergewaltigungsversuchen über den Brutzyklus bei Weißstirnspinten *(Merops bullockoides)* (aus Emlen und Wrege 1986).

Vorteil einiger weiblicher afrikanischer Schwalbenschwänze der polymorphen Art *Papilio dardanus*, männliche Merkmale anzunehmen, besteht offensichtlich in der schützenden Tarnung vor sexuellen Übergriffen (Cook et al. 1994).

Ein mit der Brutbiologie und dem Paarungssystem zusammenhängendes Problem sind Vergewaltigungen vor allem für viele monogame und koloniebrütende Vögel (Westneat et al. 1990). Männchen dieser Arten verfolgen häufig eine doppelte Strategie: Bewachung und reproduktive Monopolisierung eines „eigenen" Weibchens bei gleichzeitigem Bestreben, zusätzlich benachbarte, momentan unbewachte Weibchen zu begatten. Letzteres geschieht häufig mit Gewalt, wobei die Männchen wählerisch sind, was die Auswahl der Opfer angeht. Vor allem Weibchen in den Tagen der Eiablage, also in ihrer fruchtbaren Phase, werden angegangen (Abb. 3-19), besteht doch nur jetzt eine gewisse Aussicht auf Erzeugung von „Extra-Kindern". Entsprechend intensiv sind die Bewachungsbemühungen der Paar-Männchen gerade zu dieser Zeit (s. 3.1.5).

Wie Kriminalstatistiken aus den städtischen Metropolen der USA belegen, wählen Vergewaltiger ihre Opfer ebenso wenig zufällig aus, sondern

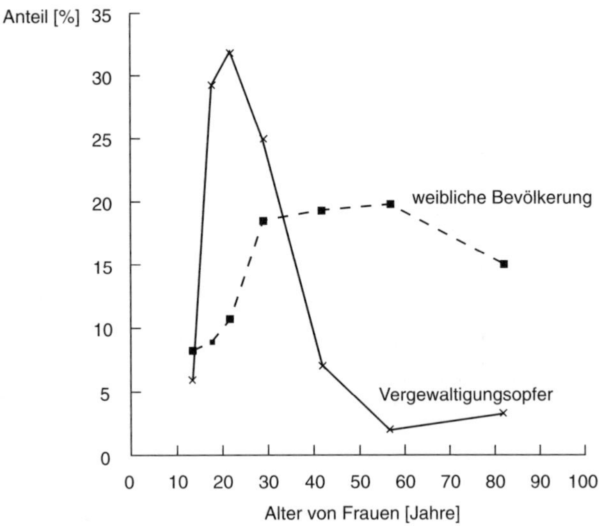

Abb. 3-20: Altersverteilung von Vergewaltigungsopfern und aller Frauen in 26 US-Städten aus den Jahren 1974 und 1975 (aus Thornhill und Thornhill 1983).

ebenfalls nach deren Fekundität, der altersabhängigen physiologischen Fähigkeit zur Fortpflanzung (Abb. 3-20).

Die Altersverteilung der vergewaltigten Frauen unterscheidet sich übrigens deutlich von der der Opfer anderer Gewaltverbrechen (Thornhill und Thornhill 1983). Die Daten der Abb. 3-19 spiegeln nicht die altersspezifischen Risiken amerikanischer Großstädterinnen wider, überhaupt Opfer einer Gewalttat zu werden, sondern tatsächlich eine spezifische Auswahl seitens der Täter. Zu diesem Befund passt die Beobachtung einer altersabhängig unterschiedlichen psychischen Verletzung der Opfer. Es sieht so aus, dass – unter sonst gleichen Bedingungen – fekunde Frauen unter einer Vergewaltigung mehr leiden als nichtfekunde (Thornhill und Thornhill 1990). Interpretiert man psychisches Leid als Anpassung zur Wahrnehmung, Vermeidung und Korrektur ungünstiger Lebensumstände, wird dieser Unterschied evolutionsbiologisch verständlich.

Vergewaltiger sind im Mittel durch einige bemerkenswerte soziologische Besonderheiten gekennzeichnet. Beispielsweise sind sie typischerweise in einem Alter, in dem Männer in die sexuelle Konkurrenz ihrer Gesellschaft eintreten und die biographisch intensivste Phase des geschlechtlichen Wettbewerbs erfahren. Sie gehören zudem häufig Sozialgruppen an, die im Wettstreit um sozialen Erfolg deutlich benachteiligt sind. Thornhill und Thornhill (1983) interpretieren diese und einige weitere Befunde vor dem Hintergrund unserer evolutionären Geschichte, in der der Paarungs- und Reproduktionserfolg von Männern entscheidend von ihrer sozialen Wettbewerbsfähigkeit abhing. Solche Bedingungen führen zu gesellschaftlich verursachten Unterschieden in der männlichen Fitness und haben zur Folge, dass vor allem die im üblichen, d. h. im kulturell gebilligten sexuellen Wettstreit unterlegenen Männer, alternative Reproduktionstaktiken verfolgen.

Allerdings entspricht diese Interpretation den Lebensumständen nur eines Teils der Täterschaft, denn selbstverständlich gibt es auch Vergewaltiger, die der **Deprivationshypothese** nur wenig entsprechen, sondern durchaus als attraktiv und sozial erfolgreich gelten können und eventuell in längerfristigen sexuellen Partnerschaften leben. Wie immer in der Soziobiologie gilt auch hier, dass Verhaltensvariation durch eine Fülle einflussreicher biographischer und kontextueller Faktoren entsteht, die in je ganz spezifischem Zusammenspiel persönliche Kosten/Nutzen-Bilanzen generieren. Lalumière et al. (1996) diskutieren einige solcher Faktoren (wie z. B. die Ehezufriedenheit) unter der Perspektive, ihre Wirkungen in eine soziobiologische Theorie der Vergewaltigung einzubauen.

Vergewaltigung in der Ehe wird demgegenüber auf einer anderen Anpassungsgeschichte beruhen. Angesichts der Beobachtung, dass Mutmaßungen über weibliche Untreue Anlass Nummer eins für Gewalt von

Männern gegen Frauen ist (Wilson et al. 1997), liegt die Vermutung nahe, dass Vergewaltigungen innerhalb einer Beziehung als adaptive Antwort auf Spermienkonkurrenzsituationen zu verstehen sind (s. 3.1.5).

3.1.6.3 Infantizid

Biologisch angepasster Infantizid kann verschiedenartige Funktionen erfüllen und durch entsprechend verschiedenartige Selektionsmechanismen aufrechterhalten werden (s. 2.1.2.3), so beispielsweise auch durch die sexuelle Selektion. Besonders gut untersucht wurde dieser Zusammenhang bei Hanuman-Languren *(Presbytis entellus)*, eine häufig Haremsstrukturen herausbildende Primatenart. Wenn ein adultes Männchen einen Harem mehrerer Weibchen kontrolliert, bleiben die überzähligen Männchen von der Fortpflanzung ausgeschlossenen. Diese leben in so genannten „Junggesellenbanden" und versuchen von Zeit zu Zeit, eingesessene Haremschefs zu vertreiben und selbst an dessen Stelle zu treten. Im Zusammenhang dieser Männchenwechsel wurde mehrfach beobachtet, wie die neuen Männchen die in dem übernommenen Harem lebenden Jungtiere – soweit diese ein gewisses Alter noch nicht überschritten hatten – durch Bisse tödlich verletzten.

Zur Erklärung dieses Phänomen wurden mehrere Hypothesen vorgebracht. So vermutete man, dass das natürliche Verhalten der Affen durch menschliche Einflüsse aus dem Gleichgewicht geraten sei, sich überschüssige und fehlgeleitete Aggressivität ablade, oder aber, dass durch hohe Populationsdichten sozialer Stress entstehe, in dessen Folge es zu einer arterhaltenden Dichteregulation via Infantizid käme.

Die meisten Fachleute favorisieren jedoch eine andere Hypothese, wonach die Kindstötung einen reproduktiven Vorteil für den Aggressor bringen soll. Solange nämlich Mütter ihre Babies stillen, verhindert die Prolaktinausschüttung eine Wiederaufnahme des Ovulationszyklus (**Laktationsamenorrhoe**), so dass der neue Haremschef eventuell über Monate keine Chance hat, eigene Kinder zu zeugen. Bedenkt man, dass wegen der starken Männchen-Konkurrenz seine Ägide nur durchschnittlich 26,5 Monate beträgt (Sommer 1994), kann eine längere Neutralisierung der Reproduktionschancen durchaus mit dramatischen Verlusten für die Lebensfitness des Haremshalters verbunden sein. Tötet er jedoch den noch von seinem Vorgänger stammenden Nachwuchs, entfällt innerhalb weniger Tage die ovulationshemmende Wirkung des Stillens. Die Weibchen werden so vorzeitig wieder fruchtbar und können vom neuen Haremschef inseminiert werden. Die Plausibilität dieser Hypothese hat Sommer (1994) anhand der aus der „Jodhpur-Studie" (Sommer 1996) der längsten Feldstudie an Hanuman-Languren überhaupt, stammenden Daten überprüft. Drei Sachverhalte müssen stimmen, wenn die „Sexuelle-Selektions-Hypothese“ des Infantizids richtig sein soll, nämlich

- *infantizidale Männchen sollten nur fremden Nachwuchs, nicht aber eigene Kinder töten.* Tatsächlich kopulierten die Mütter zur Zeit der Konzeption der später umgebrachten Babies in 95 % der Fälle definitiv nicht mit den infantizidalen Männchen. Wenngleich in den verbleibenden 5 % der Fälle die Mütter zur Zeit der Konzeption mit mehreren Männchen, einschließlich dem Aggressor, Kontakt hatten, so dass nicht mit absoluter Sicherheit deren Vaterschaft ausgeschlossen werden kann, zeigt sich insgesamt eine überwältigende Tendenz, dass die Töter ihre Opfer nach Verwandtschaft diskriminieren.
- *infantizidale Männchen sollten nach der Kindstötung die Mütter ihrer Opfer inseminieren.* Männchenwechsel sind für einen Harem häufig Zeiten sozialer Instabilität, in denen es wegen nicht endgültig geklärter Machtverhältnisse unter den Rivalen häufig zu einer raschen Ablösung der Usurpatoren oder sogar vorübergehend zu Mehr-Männchen-Konstellationen kommen kann. Kindstötungen passieren gerade in diesen Übergangsphasen, und nicht alle infantizidalen Männchen können sich als Haremschefs dauerhaft behaupten. Nach den Daten von Sommer (1994) scheidet in 23,8 % der Fälle das jeweilige infantizidale Männchen mit Sicherheit als Vater des nachgeborenen Babies aus, in 71,4 % der Fälle hingegen ist seine Vaterschaft mit ziemlicher Sicherheit anzunehmen (4,8 % bleiben ungeklärt).
- *Infantizid sollte zu einer Verkürzung des Geburtenabstands führen.* In der Jodhpur-Population beträgt der durchschnittliche Geburtenabstand 17,2 Monate. Stirbt jedoch das zuvor geborene Jungtier, reduziert sich der Wert auf 12,8 Monate (wenn man bei der Berechnung einige fragwürdige Extremfälle außer acht lässt), so dass im Mittel durch den frühen Tod eines Jungtiers die Geburt des nachfolgenden Babies um 4,4 Monate vorverlegt wird. Dabei fällt die Verkürzung des Intergeburtenabstands freilich um so stärker aus, je jünger das Opfer ist (Abb. 3-21). Diese sind im Mittel 4,8 Monate alt, und nur wenige Jungtiere waren zum Zeitpunkt ihrer Tötung älter als sechs Monate. Dies sollte man auch tatsächlich erwarten, denn der Tod von sechs Monate alten und älteren Kindern übt keinen Einfluss auf die Geburtenabstände aus, so dass es folglich für den neuen Haremschef zu keinem Fitnessgewinn führt, ältere Jungtiere zum Ziel seiner Aggression zu machen.

Nach Sommers (1994) Analyse kann kein Zweifel mehr daran bestehen, dass sich infantizidale Languren-Männchen einen beachtlichen Reproduktionsvorteil verschaffen, wenn sie die noch von ihrem jeweiligen Vorgänger gezeugten Babies töten und so über eine Verkürzung der Lakta-

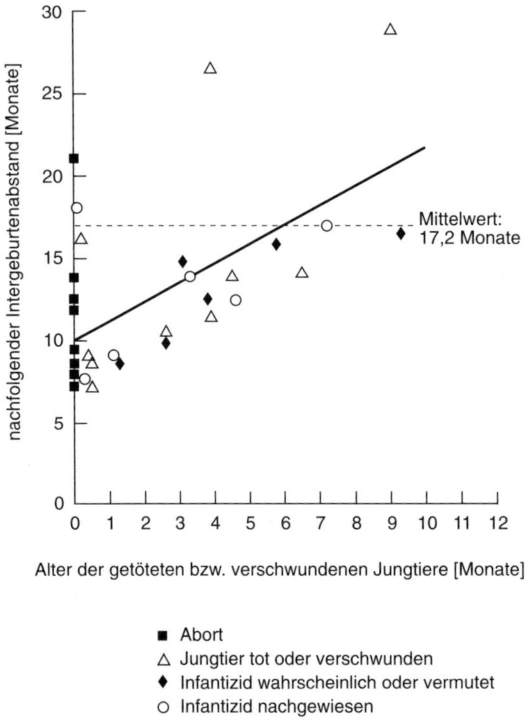

Abb. 3-21: Der Zusammenhang zwischen dem Alter der sicher bzw. wahrscheinlich getöteten Jungtiere und dem nachfolgenden Intergeburtenabstand ihrer Mutter bei Hanuman-Languren *(Presbytis entellus)* (aus Sommer 1994).

tionsamenorrhoe rascher zu eigener Fortpflanzung gelangen. Während damit die **Sexuelle-Selektions-Hypothese** einen brauchbaren Ansatz zur Erklärung des Infantizids bei Languren liefert, bleibt allerdings zu klären, warum denn eigentlich nicht alle neuen Harems-Männchen von dieser blutigen Möglichkeit der Fitnessmaximierung Gebrauch machen, und warum eigentlich nicht alle infragekommenden Babies umgebracht werden. Offensichtlich gibt es eine mit dem Infantizid verbundene Kostenfunktion, deren Identifikation noch aussteht.

Man glaubte lange Zeit, dass Kindstötungen dieser Art typischer Ausfluss der Haremsverfassung mit ihrem Ein-Männchen-Regime sei. In Viel-

Männchen-Gruppen sei derartiges Verhalten wegen unklarer Vaterschaftsverhältnisse nicht zu erwarten. Ein infantizidales Männchen müsste hier riskieren, eigenen Nachwuchs umzubringen. Außerdem leben mit den anderen Männchen immer auch potenzielle Verteidiger der Babies und zugleich Mitkonkurrenten um die Befruchtung der wieder ovulierenden Mutter in der Gruppe. Und schließlich bleibt unter Mehr-Männchen-Verhältnissen das Opportunitätsfenster für eigene Reproduktion länger geöffnet als in einem Harem, was den Druck vermindert, die eigene Fortpflanzung möglichst schnell auf den Weg zu bringen. Der Plausibilität dieser Überlegungen zum Trotz werden Kindstötungen auch in Mehr-Männchen-Gruppen beobachtet, etwa in der Languren-Population des nepalesischen Ramanagar, wo sie für mindestens beachtliche 31% der kindlichen Todesfälle verantwortlich sind (Borries 1997). Auch für diese zunächst unerwarteten Beobachtungen lassen sich adaptive Erklärungen finden, wenn man die Populationsdynamik dieser Population in ihrer ganzen Komplexität mit berücksichtigt (Borries et al. 1999a; Borries und Koenig 2000). Häufige männliche Immigrationen führen zusammen mit einem vergleichsweise hohen Entwöhnungsalter zu Situationen, in denen fremde Männchen auf fremde Babies treffen und die Kosten/Nutzen-Bilanz einer Kindstötung trotz der oben genanten Risiken und Kosten in summa doch positiv für einige Männchen werden kann.

Durch die sexuelle Selektion geförderter Infantizid ist inzwischen von sehr vielen Primaten, Carnivoren und Nagern beschrieben worden (Parmigiani und Vom Saal 1994; Van Schaik und Janson 2000), bleibt aber keineswegs auf Säuger beschränkt. Veiga (1990) ermittelte für die von ihm untersuchten Haussperlinge *(Passer domesticus)*, dass zwischen 9 und 12% aller Brutzyklen mit Infantizid beginnen. Auch hierbei geht es um eine Steigerung des männlichen Reproduktionserfolgs durch Umlenken des mütterlichen Investments von einer fremden auf die eigene Brut. Haussperlinge gelten als weitgehend monogam, und beide Elternteile kümmern sich um den gemeinsamen Nachwuchs. Eine hohe Sterblichkeit führt jedoch häufig zu „Verwitwungen". Die freigewordene Brutstelle eines gestorbenen Paarmännchens wird rasch von einem anderen Männchen eingenommen. Dieses muss allerdings im Mittel 18 Tage warten, bis es zu einem eigenen Gelege kommt, es sei denn, er tötet bei der Nestübernahme die vorhandene Brut. Dann dauert es bis zur Eiablage nur noch sieben Tage.

Besonders aggressive Männchen warten erst gar nicht, bis ein Brutplatz frei wird, sondern suchen von sich aus momentan unbewachte Nester auf, um das darin vorgefundene Gelege zu zerstören. Brutverlust führt häufig zur Trennung der Elterntiere, und meistens gelingt es so dem zuvor unverpaarten infantizidalen Männchen, mit der Mutter seiner Opfer in das

Fortpflanzungsgeschäft einzutreten (z. B. Møller 1988a für Rauchschwalben, *Hirundo rustica*, Hotta 1994 für Weißbürzelsegler, *Apus affinis*).

Unter an sich monogamen Vögeln kann es zu bigamen Verhältnissen kommen, wenn es einem Männchen gelingt, zwei Brutterritorien zu halten (s. 3.1.6.1). Allerdings favorisiert das Männchen die gemeinsame Jungenfürsorge mit dem ersten, dem „primären Weibchen". Erkennt nun ein zweites, ein „sekundäres Weibchen" seine missliche Lage und muss es befürchten, in Sachen männlicher Kooperation zu kurz zu kommen, kann es die Brut der Rivalin umbringen, um so das Vaterinvestment auf den eigenen Nachwuchs zu lenken. Sexuell selektierter Infantizid – unter polygamen Säugern eine Sache der Männchen – kann bei monogamen Vögeln durchaus auch zu einer weiblichen Reproduktionstaktik werden (Chek und Robertson 1991 für Baumschwalben, *Tachycineta bicolor*).

Infantizidales Verhalten in Vogel-Populationen ist vor allem wahrscheinlich

- in Brutkolonien, weil unverpaarte Männchen hier vermehrte Möglichkeiten vorfinden, unbewachte Nester zu entdecken (Møller 1988a),
- bei asynchronen Brutzyklen und langen Brutsaisons, die eine Neuverpaarung nach Infantizid erlauben (Møller 1988a),
- bei Männchenüberschuss, was die sexuelle Konkurrenz anheizt (Crook und Shields 1985),
- bei geringer Verwandtschaft unter den Koloniemitgliedern, also dem Fehlen von Verwandtenselektion (Crook und Shields 1985),
- bei hoher Sterblichkeit, was einen Aufschub der Fortpflanzungstätigkeit aus Mangel an momentanen Opportunitäten auf die nächste Saison als wenig erfolgversprechend erscheinen lässt (Veiga 1990).

Das Phänomen des Infantizids ist wegen seines ausbeuterischen und artschädigenden Charakters in besonderem Maße dazu geeignet, die Prinzipien von Gruppenselektion und Arterhaltung in Frage zu stellen und statt dessen das genetische „Prinzip Eigennutz" zu verdeutlichen (s. 1.1). Wohl nicht zuletzt deshalb hat es gerade hierzu immer wieder heftige und teilweise leidenschaftliche Debatten gegeben (vergl. Sommer 2000). Nach neuestem Erkenntnisstand mit einer inzwischen beachtlichen Datenfülle (Parmigiani und Vom Saal 1994; Van Schaik und Janson 2000) steht jedoch fest, dass Kindstötungen in vielen systematischen Gruppen und Populationen – von Insekten bis zum Menschen – zu den regulären, „genegoistisch" evolvierten reproduktionsstrategischen Verhaltenstendenzen gehört und im allgemeinen nicht als Ausdruck einer gestörten, aus dem Gleichgewicht geratenen Verhaltenssteuerung aufzufassen sind. Und mehr noch: Die Prävalenz des Infantizidrisikos hat ganz offensichtlich die Evolution der Sozialstrukturen – und gerade auch die der Primaten – ganz entscheidend mitgeprägt (s. 2.1.3).

3.1.7 Fazit: Die Funktionslogik der sexuellen Selektion

Darwin (1871) erkannte, dass Individuen, die sich in ihrer Überlebenstauglichkeit nicht voneinander unterscheiden und deshalb als gleich gut an die Bedingungen der natürlichen Selektion angepasst gelten, sich sehr wohl in ihren Reproduktionserfolgen unterscheiden können. Er sah die Gründe dafür in den Umständen von Partnerwahl und innergeschlechtlicher Konkurrenz und nannte deshalb diese Quelle für Fitnessunterschiede *selection in relation to sex* oder kurz *sexual selection*. Weiterhin erkannte Darwin einen weitverbreiteten Geschlechtsunterschied: Während häufig die Männchen einer Population um den Zugang zu Weibchen konkurrieren, sind letztere deutlich wählerischer bei der Auswahl ihrer Geschlechtspartner (s. 3.1.1).

Direkte Folge dieses verschärften Wettbewerbs unter Männchen ist ein erhöhter Selektionsdruck, der für die Evolution epigamer Kampforgane und Verhaltensmerkmale wie Geweihe, Hauer, Prachtgefieder, Werbungsgesänge, Balzrituale usw. verantwortlich ist. Warum dies aber so ist, und warum häufig die Männchen gegeneinander antreten während die Weibchen wählen und nicht etwa umgekehrt, wusste Darwin noch nicht zu erklären. Ein Jahrhundert später – in einem Handbuch, das dem 100. „Geburtstag" von Darwins *Descent of Man, and Selection in Relation to Sex* gewidmet war – hat Trivers (1972) unter Anknüpfung an die klassischen Experimente von Bateman (1948) der Darwinischen Theorie von der sexuellen Selektion entscheidende neue Impulse verliehen:

In einer Serie von Versuchen verpaarte Bateman (1948) jeweils fünf männliche und fünf weibliche Taufliegen der Art *Drosophila melanogaster*. Anhand genetischer Marker konnte er nach einigen Tagen erkennen und auszählen, welche der inzwischen geschlüpften Jungtiere von welchem Männchen bzw. Weibchen stammte. Auf diese Weise entdeckte Bateman zwei für die sexuelle Selektion äußerst folgenreiche Sachverhalte:

Erstens: Mit jeder Verpaarung erhöhten Taufliegen-Männchen die Zahl ihrer Nachkommen, während die Weibchen bereits mit einer Kopulation ihr Reproduktionsmaximum erreichten. Die Kopulationshäufigkeit hatte also keinen Einfluss auf den weiblichen, sehr wohl aber auf den männlichen Reproduktionserfolg.

Zweitens: Die **Varianz im Reproduktionserfolg** war unter Männchen größer als unter Weibchen. Während nur 4% der weiblichen Taufliegen nachkommenslos blieben, waren es 21% der Männchen (was wiederum notwendigerweise bedeutet, dass einige Männchen überdurchschnittlich erfolgreich in der Paarungskonkurrenz abgeschnitten haben müssen). Dieses Prinzip konnte inzwischen für mehrere Arten aus verschiedenen systematischen Gruppen dargestellt werden. Beispielhaft seien die Verhältnisse für Rothirsche *(Cervus elaphus)* wiedergegeben (Abb. 3-22). Entsprechendes gilt selbstverständlich auch für menschliche Gesellschaften, zumindest sofern sie polygyn leben wie die der brasilianischen Xavante-Indianer (Abb. 3-23).

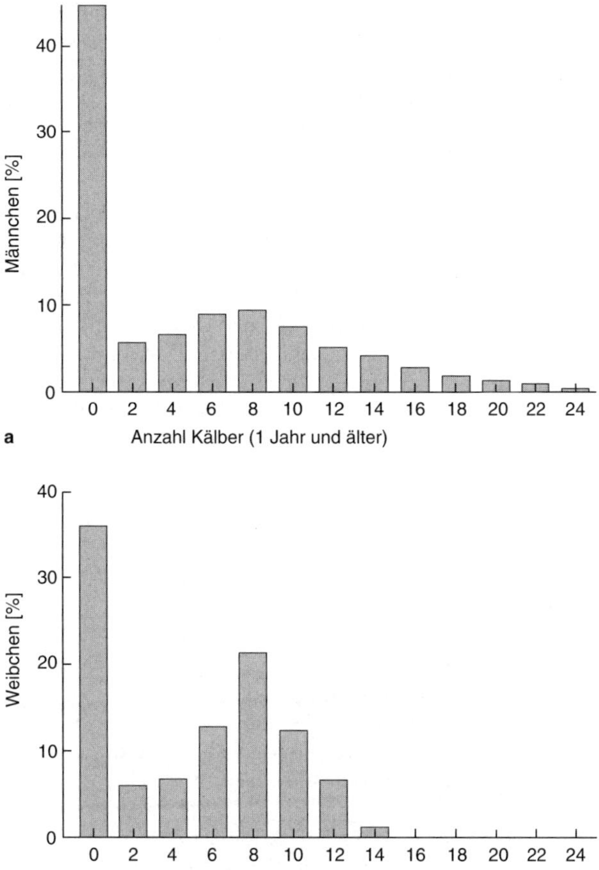

Abb. 3-22: Geschlechtstypische Varianz im Lebensreproduktionserfolg bei Rothirschen *(Cervus elaphus).* Verteilung der Nachkommenzahl (nur Jungtiere, die ihr erstes Lebensjahr überlebt haben) von Männchen (a) und Weibchen (b) (aus Clutton-Brock et al. 1982).

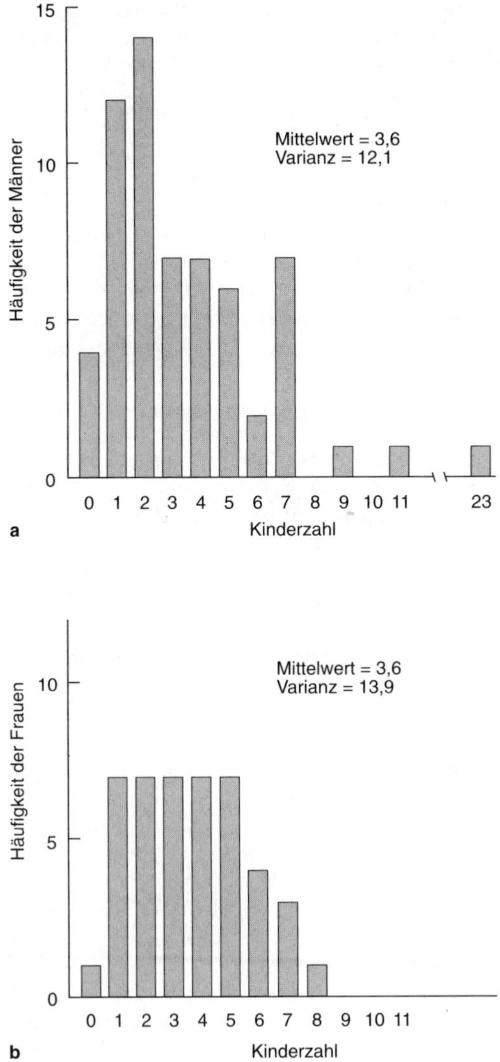

Abb. 3-23: Geschlechtstypische Varianz im Reproduktionserfolg bei Xavante-Indianern. Verteilung der Kinderzahl von 40-Jährigen (bzw. bereits verstorbenen) Männern (a) und Frauen (b) (aus Daly und Wilson 1983).

Bateman (1948) erklärte diese Geschlechtsunterschiede mit den unterschiedlichen energetischen Kosten für die Herstellung von Samen- und Eizellen. Die Produktion der voluminösen und nährstoffreichen Eizellen ist physiologisch einigermaßen aufwendig, weshalb der Reproduktionserfolg weiblicher Drosophila maßgeblich von ihrer Fähigkeit begrenzt wird, die zur Gametenproduktion notwendigen Ressourcen zu beschaffen.

Samenzellen sind hingegen ohne vergleichbar hohen Aufwand herzustellen, weshalb der Reproduktionserfolg von Männchen nicht von ihrer Samenproduktionskapazität begrenzt wird. Theoretisch könnte ein Männchen mit vergleichsweise geringem physiologischen Aufwand sehr viele Weibchen befruchten, was zwangsläufig zu einer Verschärfung der Fitness-Konkurrenz unter Männchen führen muss. Damit hat Bateman die Ursachen sexueller Selektion jeweils für Männchen und Weibchen im Kern beschrieben:

- **Männchen** sind gekennzeichnet durch geringere Kosten bei der Gametenproduktion. Dies erhöht die innergeschlechtliche Konkurrenz um Paarungspartner (bei geringerer Selektivität gegenüber den Partnerinnen weil „Fehlverpaarungen“ nur wenig kosten), was eine erhöhte Varianz im Reproduktionserfolg zur Folge hat, und das wiederum erhöht den Selektionsdruck auf epigame Merkmale.
- **Weibchen** sind gekennzeichnet durch höhere Kosten bei der Gametenproduktion. Dies erhöht die Partnerwahlstandards (weil eine „falsche Wahl“ sehr viel, u. U. den Aufwand eines ganzen Brutzyklus kosten kann und bei zugleich geringerer innergeschlechtlicher Konkurrenz um Paarungspartner), was eine geringere Varianz im Reproduktionserfolg zur Folge hat, und dies wiederum verringert den Selektionsdruck auf epigame Merkmale.

Dieser Argumentationsstrang erklärt allerdings nicht alle Phänomene, die der sexuellen Selektion zugeschrieben werden müssen, z. B. weder das Fehlen des Sexualdimorphismus in monogam lebenden Arten, noch den in der Natur gelegentlich zu beobachtenden Geschlechterrollentausch. In beiden Fällen bilden Männchen zwar die billigeren Gameten ohne aber dass sich die selektiven Konsequenzen einstellen, wie sie unter Rückgriff auf das Batemansche Konzept prognostiziert werden müssten.

Trivers (1972) hat die Batemansche Idee entscheidend weiterentwickelt, indem er nicht nur die energetische Leistung bei der Gametenproduktion, sondern darüber hinaus viele andere Leistungen im Zusammenhang des Fortpflanzungsgeschehen (einschl. des nachgeburtlichen Fürsorgeverhaltens) mit in den Kostenkatalog des reproduktiven Aufwands aufnahm. Um all diese reproduktiven Leistungen vergleichbar zu machen, muss man sie einheitlich bilanzieren können. Zu diesem Zweck formulierte Trivers (1972) das Konzept des **Elterninvestments**, als *»jegliches*

Investment durch den Elter [an Zeit, Energie und Lebensrisiken] in einen einzelnen Nachkommen, das die Überlebenswahrscheinlichkeit (und folglich den Reproduktionserfolg) dieses Nachkommens zu lasten der Fähigkeit des Elters erhöht, in andere Nachkommen zu investieren« (S. 139, s. 4.1.).

Dieses Konzept erlaubte Trivers die entscheidende Ausweitung der Batemanschen Idee, die sich nunmehr folgendermaßen generalisieren lässt: Je ähnlicher die Höhe des Elterninvestments (pro Nachkomme) von Vätern und Müttern ausfällt, desto geringer wird der Unterschied in den geschlechtstypischen Varianzen im Reproduktionserfolg und desto weniger ist die intrasexuelle Konkurrenz ausgeprägt. In strikt monogamen Gesellschaften, in denen Väter und Mütter gleichviel in die Jungenaufzucht stecken (s. 3.2.3.), wird sich deshalb weder die Fitnessvarianz zwischen Männchen und Weibchen unterscheiden, noch wird die sexuelle Selektion auffällige Geschlechtsunterschiede hervorbringen, obwohl die Unterschiede in den energetischen Kosten der Gametenproduktion freilich auch hier bestehen.

Je geringer hingegen der väterliche Anteil an der Jungenaufzucht ausfällt, desto ausgeprägter wird der geschlechtstypische Unterschied im Reproduktionserfolg, desto polygyner fällt das Paarungssystem aus, desto stärker ist der Selektionsdruck für die Ausprägung epigamer Merkmale und desto sexualdimorpher wird folglich die Art entwickelt sein. Die Dynamik der sexuellen Selektion gründet also letztlich auf einem ganz entscheidenden Geschlechtsunterschied, nämlich einem bei Männchen und Weibchen verschieden hohen Elterninvestment pro einzelnem Nachkomme.

In der überwiegenden Mehrzahl aller Arten wird das Elterninvestment fast ausschließlich von den Weibchen besorgt, während die Männchen außer ihren Samenzellen nichts zur Reproduktion beitragen. Besonders drastisch ist dieser Geschlechtsunterschied bei Säugern, wo die Weibchen nicht nur die größeren Gameten herstellen, sondern auch die Investmentkosten von Schwangerschaft, Geburt und Laktation tragen und häufig auch allein für den Schutz und die Betreuung der Jungtiere sorgen. Nicht von ungefähr leben deshalb die meisten Säuger in polygynen Gesellschaften (s. 3.2.1).

Freilich sind unter den vielfältigen Lebensformen auch gegenteilige Verhältnisse zu entdecken. Einige Insekten, Seepferdchen und andere Fische, Frösche und Vögel zeigen **vertauschte Geschlechterrollen**. Hier sind es die Weibchen, die untereinander aggressiv um Männchen konkurrieren und häufig größer oder farbenprächtiger sind, während die Männchen das wählerische Geschlecht bilden. Die Erklärungen für diese Rollenwechsel stimmen perfekt mit den Triversschen Vorstellungen von der sexuellen Selektion überein, denn in diesen Fällen bringen die Männchen aus jeweils ganz spezifischen sozio-ökologischen Gründen den größeren Anteil am Elterninvestment auf. Deshalb bilden sie den begrenzenden Faktor für die weibliche Reproduktion.

Beispielsweise können sich Weibchen der Kleinen Schlangennadel *(Nerophis ophidion)* schneller wiederverpaaren als Männchen, weil letztere die aufwendige Brutpflege übernehmen. Folglich wird der Reproduktionserfolg von Weibchen durch die Knappheit väterlichen Investments begrenzt. Hier betreiben die Männchen einen höheren Reproduktionsaufwand als die Weibchen, weshalb man erwarten kann, dass die sexuelle Selektion bei dieser Art ausnahmsweise die Männchen zum wählerischeren Geschlecht geformt hat. In geradezu perfekter Umkehr der gewohnten Rollenverteilung verfügen Weibchen über ein geschlechtstypisches Merkmal, nämlich einer ventralen Hautfalte, die sich nur während der Paarungszeit entwickelt, danach aber verschwindet. Diese Falte zeigt Fekundität an, denn je länger sie ist, über desto mehr reife Eier verfügt das Weibchen, und dieses Signal machen sich die Schlangennadel-Männchen bei ihrer Partnerwahl zunutze (Rosenqvist 1990).

Bei Langfühlerschrecken besteht das väterliche Investment in der Bereitstellung sehr nährstoffreicher Spermatophoren, die von den Weibchen gefressen und deren Energie und Baustoffe direkt zur Nachkommensproduktion verwendet werden. Die reproduktive Bedeutung der Männchen hängt deshalb vom vorhandenen Nahrungsangebot ab. Je knapper dieses ausfällt, desto entscheidender wird der männliche Beitrag für den Reproduktionserfolg der Weibchen, weshalb man erwarten sollte, dass die Geschlechterrollenverteilung von der Nahrungsmenge abhängt. Und genau das konnten Gwynne und Simmons (1990) experimentell belegen. Sie veränderten in einer Versuchsreihe die Futtermenge dieser Tiere und konnten so zeigen, dass eine Zunahme des Nahrungsangebots den unter knappen Verhältnissen sonst üblichen Geschlechterrollentausch mit konkurrierenden Weibchen und wählerischen Männchen rückgängig macht – eine phantastische Bestätigung der Triversschen Ideen!

3.1.8 Partnerwahl und Ehe – Menschliche Arenen der Geschlechterbeziehungen

In den historischen Milieus der Menschwerdung war der Reproduktionserfolg von Männern vor allem durch die Verfügbarkeit weiblicher Fekundität begrenzt, während der Reproduktionserfolg von Frauen vor allem von den Ressourcen abhing, die nötig waren, um die Kinder auch tatsächlich groß zu bekommen. Entsprechend dieses Unterschieds sind geschlechtstypische Partnerwahlpräferenzen entstanden, die diese Begrenzungen persönlich so weit wie möglich hinauszuschieben helfen sollen.

Bei der Partnerwahl achten Männer deshalb zunächst auf Indikatoren des generativen Erfolgs (also das Alter der Frauen und ihre äußere Erscheinung als Zeichen von Fruchtbarkeit und Gesundheit), während demgegenüber Frauen vorrangig Indikatoren des sozialen Erfolgs (Besitz, Sozialstatus, Clanzugehörigkeit als Zeichen des Investmentpotenzials) Bedeutung beimessen. Und je nachdem, ob sie eine kurz- oder langfristige Partnerwahlstrategie verfolgen, gewichten Männer und Frauen die einzelnen Komponenten ihrer geschlechtstypischen Präferenzen unterschiedlich (Buss 1999).

In einer sozial und ökologisch begrenzten Welt können sich evolvierte Partnerwahlpräferenzen natürlich nicht ohne Abstriche in tatsächliche Partnerwahlentscheidungen verlängern. Traumfrauen und Märchenprinzen sind eher selten, und wo sie auftauchen, sorgen sie für scharfe Konkurrenz unter Mitbewerbern. Das richtige Leben wird deshalb von Kompromissen regiert. Es stellt sich die Frage, welche persönlichen oder sozioökologischen Faktoren Einfluss auf das tatsächliche Partnerwahlverhalten nehmen. Woher rührt die Variabilität menschlicher Partnerschaften und Eheformen? Welchen Abgleichproblemen sehen sich Männer und Frauen bei ihren Partnerwahlentscheidungen ausgesetzt?

In diesem Abschnitt werden derzeitige Überlegungen bezüglich der Plastizität menschlicher Geschlechterbeziehungen vorgestellt: Es geht um ästhetische Präferenzen, Heiratsmärkte, Brautpreise und Mitgift, Verwandtenehen und Paarungssiebung und schließlich um Beziehungsstabilität. In diesen Aspekten zeigt sich eine beachtliche ethno-historische und interpersonelle Variabilität, um deren Aufklärung sich Soziobiologen bemühen.

3.1.8.1 Ästhetische Präferenzen in der Sexualität

Neben jenen phänotypischen Merkmalen, die unmittelbare oder mittelbare Vorteile im Reproduktionsgeschäft erwarten lassen, sollten (zur Sicherheit noch einmal: „sollten“ ist hier wie im Folgenden immer prädiktiv, niemals normativ gemeint) bei der Partnerwahl auch Aspekte genotypischer Qualität Berücksichtigung finden, denn für den Reproduktionserfolg sich geschlechtlich fortpflanzender Organismen kann es nicht unerheblich sein, mit welchen Genkombinationen ihre Zygoten ins Leben treten. Partnerwahl hat deshalb auch zu tun mit der Suche nach „guten Genen“ (s. 3.1.1.2).

Gute Gene beweisen sich vor allem in den ontogenetischen Entwicklungsverläufen. Je erfolgreicher Pathogene oder andere physische Störungen abgepuffert werden können, und je geringer die genetischen Belastungen ausfallen, wie sie durch Homozygotie und Mutationsbelastung entstehen können, desto stabiler und regelgerechter vollziehen sich die Ontogenesen. Phänotypisch zeigt sich die Qualität der „guten Gene“ im Ausmaß fluktuierender Asymmetrie (FA). Bilaterale Organismen weichen mehr oder weniger von perfekter Symmetrie ab. Je weniger das der Fall ist, desto ungestörter hat sich die Individualentwicklung vollzogen und desto fitter sind die Phänotypen (s. 3.1.1.2). Einige Autoren (Gangestad et al. 1994; Grammer und Thornhill 1994; Mealey et al. 1999; Singh 1995; Thornhill und Gangestad 1993) sehen in der negativen Korrelation zwischen fluktuierender Asymmetrie und phänotypischer Fitness den ultimaten Grund, weshalb Symmetrie eine ganz entscheidende Komponente menschlicher Konzepte von Schönheit und sexueller Attraktivität ist (vergl. aber Perrett et al. 1999; Swaddle und Cuthill 1995). Erste Untersuchungen zeigen, wie die sexuelle Responsivität von Männern und Frauen durch das Ausmaß an fluktuierender Asymmetrie ihrer Partner/innen beeinflusst ist (möglicherweise durch geruchliche Kommunikation unterstützt: Rikowski und Grammer 1999; Thornhill und Gangestad 1999), was Anlass für die Vermutung gibt, dass die sexuelle Selektion Individuen bevorzugt, die über entsprechende erbliche Merkmale verfügen (Gangestad und Thornhill 1997, 1998; Møller et al. 1995; Thornhill und Gangestad 1994; Thornhill et al. 1995). Tatsächlich hat die menschliche **Körpersymmetrie** eine starke erbliche Komponente (Livshits und Kobyliansky 1991; Thornhill und Gangestad 1994). Menschliche Attraktivität – sofern sie auf Körper- und Gesichtssymmetrie beruht – ist deshalb als Indikator „guter Gene“ biologisch funktional und sexuelle Ästhetik hätte einen sehr naturalistischen Hintergrund (Miller und Todd 1998; Møller und Thornhill 1998; Thornhill und Gangestad 1996; vergl. aber auch Kalick et al. 1998; Yu und Shepard 1998).

In ihrer Ausprägungsstärke unterliegen Partnerwahlpräferenzen einer interindividuellen und ethno-historischen Variabilität, deren reproduktionsökologischer Hintergrund zwar noch nicht gut verstanden wird, für deren Erklärung sich aber angesichts obiger Befunde spannende Hypothesen anbieten. Wenn tatsächlich die Evolution von ästhetischen Partnerwahlpräferenzen entscheidend von **pathogenem Stress** vorangetrieben wurde, wie dies die *good genes*-Modelle gut begründet annehmen, können wir erwarten, dass die jeweilige Rolle der Schönheit bei der Partnerwahl von der jeweiligen lokalen Belastung durch Erreger abhängt. Tatsächlich konnten Gangestad und Buss (1993) erste Hinweise für einen solchen Zusammenhang finden (Abb. 3-24). Danach spielt Schönheit in tropischen Regionen eine ungleich gewichtigere Rolle in der Sexualität als in den weniger belasteten gemäßigten Gebieten dieser Welt.

Ein anderes Beispiel für die Soziobiologie ästhetischer Präferenzen bei der Partnerwahl liefern Manning et al. (1996). Angesichts der durch

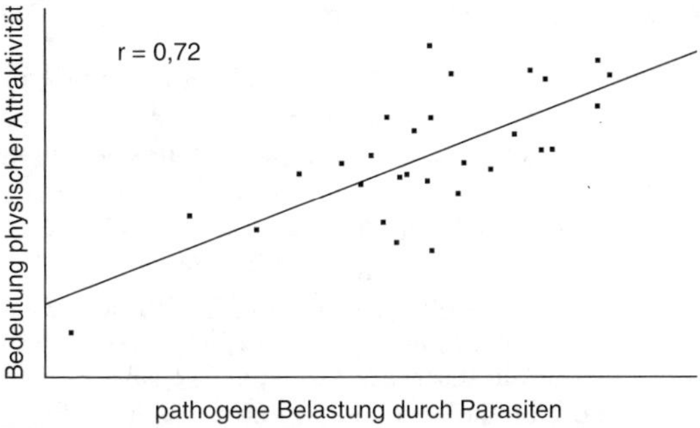

Abb. 3-24: Zusammenhang zwischen der Bewertung physischer Attraktivität bei der Partnerwahl (Fragebogendaten) und Pathogenprävalenz (Index aus epidemiologischen Daten) für 29 Länder (aus Gangestad 1993).

Testosteron vermittelten Kovariation der weiblichen Körperform (Hüftumfang) und der Wahrscheinlichkeit, einen Sohn zu gebären, könnten männliche Präferenzen für starke Frauen in sozio-kulturellen Milieus erwartet werden, in denen Männer eine hohe Söhnepräferenz entwickeln. Weibliche Präferenzen für große, kräftige Männer werden vor allem dort gefunden, wo Männer die Rolle des Beschützers der Frauen und ihrer Kinder gegen die sexuell aggressiven Tendenzen anderer Männer übernehmen (Hill und Hurtado 1996; Mesnick 1997; Wilson und Mesnick 1997).

Frauen mit einer eher gynoiden Körperfettverteilung genießen eine längere fekunde Lebensphase als Frauen mit einer eher männlichen Körperform (Kirchengast und Hartmann 1995). Daher ist es plausibel, wenn Anderson et al. (1991) im Kulturenvergleich einen Zusammenhang zwischen der jeweils gesellschaftlich idealisierten weiblichen Körperform und den vorherrschenden Einstellungen zur Fruchtbarkeit finden. Je schlanker das bevorzugte Frauenbild ausfällt, desto weniger wahrscheinlich wird es um Fertilitätsmaximierung gehen. Stattdessen wird in diesen Gesellschaften produktiver Frauenarbeit ein hoher Stellenwert beigemessen. Vergleichbar argumentierend macht Smuts (1992) den für die westlichen Industrienationen typischen Zusammenbruch der traditionelle Schranken zwischen der Arbeitswelt von Männern und Frauen für den Wandel des weiblichen Schönheitsideals von Rundlichkeit in früheren Epochen zu zunehmender Schlankheit verantwortlich.

3.1.8.2 Variable Partnerwahlstandards

Nach der Analyse zahlreicher Kontaktanzeigen, wie man sie in Zeitschriften findet, konnten Waynforth und Dunbar (1995), Bereczkei et al. (1997) und Pawlowski und Dunbar (1999a) zeigen, dass die persönlichen Umstände, sofern sie die eigene Konkurrenzfähigkeit auf dem Partnerwahlmarkt beeinflussen, zugleich auch den Standard für die Erwartungen an den gesuchten Partner beziehungsweise an die gesuchte Partnerin vorgaben. Je mehr man anzubieten hat (Frauen: Jugend, physische Attraktivität, keine Kinder; Männer: Einkommen und Besitz, keine Kinder), desto anspruchsvoller waren die Inserenten (Kasten 3-2). Als Folge dieser Partnerwahlpsychologie gibt die sexuelle Attraktivität einer Frau im Durchschnitt einen guten Indikator für den Sozialstatus ihres Mannes ab (Udry und Eckland 1984).

Kasten 3-2: Konditionale Partnerwahlstrategien in Kontaktanzeigen britischer und US-amerikanischer Zeitschriften (aus Waynforth und Dunbar 1995).

- Frauen fordern weniger, je älter sie werden
- Männer werden anspruchsvoller, je älter sie werden
- Frauen, die physische Attraktivität anbieten, fordern mehr
- Männer, die Ressourcen anbieten, fordern mehr
- Männer ohne Ressourcen bieten „familiäre Tugenden" an
- Männer und Frauen mit abhängigem Nachwuchs fordern weniger

Die Selbsteinschätzung der eigenen Attraktivität hat überdies Konsequenzen für das Sexualverhalten: Je unattraktiver sich Frauen selbst beurteilen, desto mehr Sexualpartner haben sie (Walsh 1993), und Waynforth (1998) fand für eine Gruppe von Männern aus dem ländlichen Belize, dass die physisch attraktiven unter ihnen mehr in Paarungsaufwand investieren, während die weniger attraktiven eher die Rolle des väterlichen oder nepotistischen Investors zu übernehmen bereit sind. Ganz offensichtlich gibt es also einen psychischen Mechanismus, mit dessen Hilfe man seinen eigenen **Marktwert** erfasst, und die persönlichen Standards und Taktiken bei der Partnerwahl festlegt. Je größer der eigene Marktwert ist, desto weniger bereit wird man sein, Kompromisse bei der Partnerwahl einzugehen und den Inklinationen des anderen Geschlechts nachzugeben.

Um die Variabilität der Partnerwahlentscheidungen vollständig zu verstehen, müssen wir – wie bei jeder soziobiologischen Verhaltensanalyse –

die damit verbundenen Nutzen und Kosten (natürlich auch der Opportunitätskosten) in Beziehung zueinander setzen. Während die Nutzen der Partnerwahlstandards zunehmend besser verstanden werden (Das Alter der Frauen korreliert mit Fekundität, männlicher Besitz mit den Investmentpotenzial, und „gute Gene" erhöhen die kindliche Fitness), bleibt die Kostenseite der Partnerwahl noch vielfach unaufgeklärt. Kosten entstehen auf grundsätzlich zweierlei Weise. Erstens: Sich für die Vorteile eines Partners zu entscheiden, bedeutet zugleich den Verzicht auf mögliche Vorteile, die andere Partner anbieten. So entstehen Opportunitätskosten, deren Höhe forschungsstrategisch nur schwer zu ermitteln sind, die aber bekanntermaßen persönliche Partnerwahlentscheidungen ganz wesentlich mitprägen. Zweitens, Partnerwahlentscheidungen beeinflussen das Ausmaß sexueller Konkurrenz, dem man sich aussetzt. In einer Ressourcenverteidigungs-Polygynie (s. 3.2.1.2) beispielsweise ist ein landreicher Mann interessant für viele Frauen, was zwangsläufig den Wettbewerb unter ihnen anheizt, und deshalb entstehen für die Frauen der kenianischen Kipsigis reproduktive Kosten, wenn sie sich für einen bevorzugt wohlhabenden Mann entscheiden, der mit mehr als zwei Frauen verheiratet ist. Diese Kosten zeigen sich beispielsweise in einer leicht verringerten Zahl von Kindern, die mindestens fünf Jahre alt werden (Borgerhoff Mulder 1992a, s. 3.2.1.2). Die Entscheidung für einen sehr attraktiven Mann wird hier bezahlt mit erhöhter reproduktiver Konkurrenz, was die erwarteten Vorteile einer guten Partie ziemlich neutralisieren kann.

Von Männern mit geringem Selbstbewusstsein wird gesagt, dass sie häufig darauf verzichten, attraktiv erscheinende Frauen zu umwerben. Wenn das Selbstbewusstsein als Reflex des eigenen Marktwerts evolviert wäre, was Buss und Schmitt (1993) durchaus für möglich halten, dann würde diese Verzichtshaltung vor unnötigem Paarungsaufwand, und damit letztlich vor unnötigen Kosten bewahren. Partnerschaft bedarf eines gegenseitigen Einvernehmens. Deshalb wäre es ineffizient, in den Versuch eines Beziehungsaufbaus zu investieren, wenn der mögliche Partner/die mögliche Partnerin sehr wahrscheinlich kaum zur Kooperation bereit sein wird, weil sein/ihr eigner Marktwert einen höheren Partnerwahl-Standard erlaubt. Deshalb wird das Bemühen um einen Partner/eine Partnerin vermutlich dann am größten ausfallen, wenn sich die Marktwerte der Flirtenden in etwa entsprechen (Miller und Todd 1998).

3.1.8.3 Brautpreis und Mitgift

Eheschließungen sind häufig mit materiellen Transaktionen zwischen den Partnern (oder ihren Familien) verbunden. Um die Variabilität dieser Transaktionen zu verstehen, und zwar sowohl was ihre Richtung, als auch ihre Höhe angeht, ist eine genaue Kenntnis der **Angebots-/Nachfrage-Struktur des Heiratsmarkts** vonnöten. In Betracht gezogen werden müssen dabei sowohl das Vermögen zu zahlen als auch der Marktwert von beiden Verhandlungspartnern, also von Mann und Frau (und ihren Familien) gleichermaßen (Borgerhoff Mulder 1995). Weil das häufigste menschliche Paarungssystem – die Ressourcen-Verteidigungs-Polygynie (s. 3.2.1.2) – Konkurrenz unter Männern anheizt und unter diesen Bedingungen Frauen deshalb a priori einen höheren Marktwert besitzen als Männer, beobachtet man Brautpreis- insgesamt häufiger als Mitgift-Zahlungen (Gaulin und Boster 1990). Dennoch kommt es unter bestimmten Marktsituationen zu einer erhöhten Konkurrenz unter Frauen (oder ihren Verwandten) um bevorzugte Männer (Dickemann 1981). So werden Mitgift-Zahlungen dann wahrscheinlich, wenn eine Gesellschaft sowohl deutlich besitzstratifiziert ist und deshalb Männer mit unterschiedlichem Ressourcenhintergrund hervorbringt und gleichzeitig die herrschenden Heiratsvorschriften nur Monogamie zulassen. So entsteht Knappheit an attraktiven Ehemännern, und weibliche Konkurrenz durch inflationäre Mitgiftzahlungen mit im Extrem ruinösen Folgen nehmen zu (Gaulin und Boster 1990). Mitgiftzahlungen sind aus soziobiologischem Blickwinkel als Investitionen in höherrangige Enkel zu verstehen, als Investition also, deren Amortisation in einer Vergrößerung des zukünftigen Reproduktionspotenzials der eigenen Stammlinie erwartet wird.

Angebots/Nachfrage-Asymmetrien auf dem Heiratsmarkt können auch durch rein demographische Veränderungen entstehen. Wenn beispielsweise Frauen traditionell ältere Männer zu heiraten geneigt sind, und wenn – wie in weiten Teilen Südasiens – wegen einer abnehmenden Sterblichkeit jüngere Kohorten größer sind als ältere, entsteht automatisch ein Überangebot an heiratswilligen Frauen. Dieser *marriage squeeze* genannte Effekt führt ganz gemäß ökonomischer Rationalität zu einer Inflation der Mitgiftforderungen – vorausgesetzt Polygynie scheidet zur Kompensation aus (Bhat und Halli 1999; Rao 1993). Geldzahlungen im Zusammenhang mit Eheschließungen spiegeln deshalb die Konkurrenz um Ehepartner wider. Der Wettbewerb ist heftiger innerhalb des Geschlechts, das zahlt.

3.1.8.4 Verwandtenehen und Paarungssiebung

Aus genetischen Gründen kann Inzucht zu weniger vitalen Nachkommen führen (Abb. 3-25). Deshalb hat die natürliche Selektion einen psychischen Mechanismus hervorgebracht, der Verpaarungen unter nahen Verwandten („Inzest") weitestgehend ausschließt (der so genannte **Westermarck-Effekt**, vergl. Bischof 1985; Van den Berghe 1983). Verpaarungen

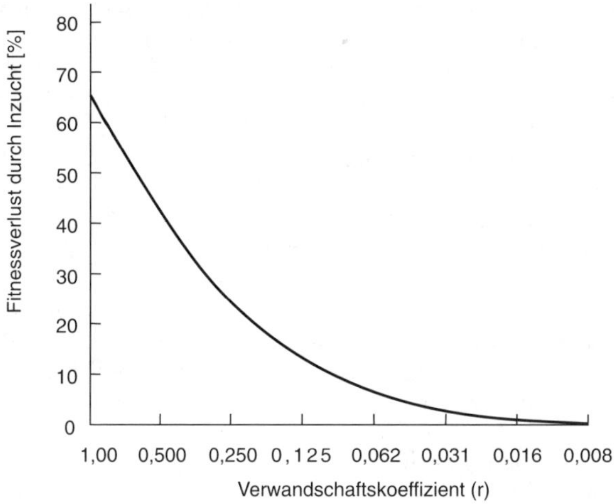

Abb. 3-25: Schätzung der mit dem Verwandtschaftsgrad zunehmenden Verringerung genetischer Fitness (aus Boyd und Silk 1997).

unter entfernteren Verwandten (z. B. Cousin/Cousinen-Ehen) sind hingegen psychisch nicht übermäßig erschwert.

Es stellt sich damit die Frage, unter welchen sozio-ökologischen Bedingungen Eheschließungen innerhalb der eigenen Familie oder des eigenen Clans infrage kommen, auch wenn damit gewisse reproduktive Risiken verbunden sind. Ökonomische Chancen bilden einen Teil der Antwort, denn durch Verwandtenehen kann häufig einer **Zersplitterung des familiären Besitzes** und der Verdünnung des politischen Einflusses, also dem Zerfließen wichtiger Komponenten der familiären Wettbewerbsfähigkeit, vorgebeugt werden (Calderón et al. 1993; Spiess 1993; Thornhill 1991). Eine Ehe unter Familienangehörigen stellt sich vor diesem Hintergrund als Strategie dar, spätere zu Lasten der momentanen Fitness zu erhöhen. Die zukunftsfähige Stärkung der eigenen Linie wird erkauft mit Nachteilen für die Vitalität der Nachkommen („Inzucht-Depression"). Verwandtenehen werden um so wahrscheinlicher, je stärker der kulturelle (und damit korrelierend der biologische) Erfolg einer Familie von vererbbarem Besitz abhängt und dynastisches Denken die Lebensführung bestimmt. Dies wird unter Bedingungen eines Verdrängungswettbewerbs eher der Fall sein als unter Bedingungen eines Expansionswettbewerbs.

Aber Besitzwahrung ist nur ein Grund für Verwandtenehen. Ein anderer besteht in zu hohen Marktpreisen möglicher Ehepartner/innen. Miteinander verwandte Familien erlassen sich aus leicht einsehbaren nepotistischen Gründen häufig einen Teil der Geldforderungen, wie sie an sich bei Eheschließung marktüblich zu zahlen wären (Afzal und Afzal 1995; Bittles 1994; Reddy 1988), weshalb Ehen unter Blutsverwandten vor allem auch in den ärmeren Segmenten einer Gesellschaft zu erwarten sind, wo Brautpreis- oder Mitgift-Zahlungen entweder gar nicht entrichtet werden könnten oder den Ruin der Familien bedeuteten (Bittles 1994). Die Alternative lautet hier Verwandtenehe oder Ehelosigkeit, und dann ist natürlich eine Verwandtenehe trotz ihrer reproduktiven Risiken immer noch die bessere von zwei schlechten Möglichkeiten.

Aus funktioneller Perspektive nach wie vor weitgehend ungeklärt ist eine lange bekannte Eigenart menschlichen Paarungsverhaltens: Ehepartner sind sich hinsichtlich phänotypischer Merkmale ähnlicher als es per Zufall zu erwarten wäre und zwar nicht nur in Bezug auf allgemeine soziologische Merkmale wie Bildungsstand, Sozialgruppe, Konfessionszugehörigkeit usw., sondern auch mit Bezug auf morpho- und psychometrische Merkmale. Dieses Phänomen wird als **Paarungssiebung** bezeichnet, sofern die phänotypische Korrelation auf aktive Partnerwahl zurückgeht und nicht etwa auf Konvergenzentwicklungen aufgrund gemeinsamer Lebenswege und damit verbunden langjährig gemeinsamer Umwelteinflüsse. Unklar ist die Evolution dieses Phänomens, denn es gibt bislang nur sehr wenig Hinweise dafür, dass Paarungssiebung mit erhöhtem Reproduktionserfolg einhergehen könnte. Wahrscheinlich stabilisiert Paarungssiebung ko-adaptierte Genkomplexe und wirkt so der disruptiven Selektion entgegen (Mascie-Taylor 1995).

Demgegenüber argumentiert Rushton (1989), dass Ähnlichkeit (womit letztlich genetische Ähnlichkeit gemeint ist) auch unabhängig von gemeinsamer Abstammung (also außerhalb der Verwandtenselektion) nepotistische Transaktionen fördert, und zwar unter Eheleuten ebenso wie unter Freunden oder innerhalb ethnischer Gruppen *(genetic similarity theory)*. Danach würde man deshalb Partner bevorzugen, die einem in Aussehen und Verhalten ähnlich sind, weil dies altruistische Tendenzen wahrscheinlich werden lässt. Viele Kritiker (siehe Diskussionsbeiträge in Rushton 1989; Russell und Wells 1995) mahnen allerdings eine nachhaltige Theorieverbesserung an, bevor sie dieser Hypothese Erklärungswert für das „Gleich-und-Gleich-gesellt-sich-gern" zugestehen wollen.

3.1.8.5 Scheidung

Soziobiologische Theorie nimmt an, dass ein Teil der ehedestabilisierenden Energie ihren ultimaten Ursprung in der Frustration reproduktiver Erwartungen und Interessen hat, und in der Tat wird diese Hypothese durch beachtliche ethnographische und demographische Evidenz gestützt. Im Wertesystem vieler Kulturen wird das Ansehen von Frauen primär über ihre Fertiliät und „Aufzuchtsleistung" definiert, und absolute oder relative Unfruchtbarkeit, sexuelle Verweigerung, Untreue, Kindersterblichkeit oder fortgeschrittenes Alter legitimiert in zahlreichen Gesellschaften eine Scheidung (Betzig 1989). In einigen Gesellschaften gilt die Ehe überhaupt erst als vollzogen, wenn sie mit Kindern gesegnet ist, und auch die mit einer Eheschließung verbundenen Vermögenstransaktionen werden häufig vom generativen Erfolg der Ehe abhängig gemacht (Betzig 1989). Auf der anderen Seite ist Scheidung auch dann häufig legalisiert, wenn Männer den reproduktiven Interessen ihrer Frauen nicht gerecht werden, sei es aus Gründen der Unfruchtbarkeit, sexuellen Vernachlässigung, Gewalt oder ökonomischer Misserfolge (Betzig 1989; Buckle et al. 1996). Entsprechend lassen sich Anlässe und Ausmaß von Beziehungsstress recht gut vor dem Hintergrund einer evolvierten Psyche verstehen, die die Kosten/Nutzen-Bilanz einer Beziehung ständig mit alternativen Optionen vergleicht (Shackelford und Buss 1997).

Dass in der Einstellung vieler Menschen Ehe und Kinderkriegen untrennbar miteinander verknüpft sind, zeigt sich am deutlichsten in der Tatsache, dass – überall auf der Welt – sich kinderlose mit größerer Wahrscheinlichkeit als reproduktive Paare trennen (Betzig 1989; Fisher 1989). Und auch in den modernen Industriestaaten findet sich regelmäßig ein enger Zusammenhang zwischen Kinderlosigkeit und Scheidung (Babka von Gostomski 1998; Betzig 1989; Haskey 1986; Klein et al. 1996).

Dabei ist Scheidung kein genuin menschliches Phänomen. Auch an sich dauerhaft monogame Vogel-Paare können ihre bisherige Kooperation aufkündigen (Choudhury 1995). Die Kosten/Nutzen-Bilanz einer Trennung wird hier vor allem durch zwei Umstände geprägt, nämlich der bisherigen Reproduktionsgeschichte – als best möglicher Indikator für zukünftigen Reproduktionserfolg – und der Verfügbarkeit von möglichen Partnern besserer Qualität. Bisheriger **reproduktiver Misserfolg** und **hohe Opportunitätskosten**, die bei Verzicht auf einen attraktiveren Partner entstehen, wirken einer Aufrechterhaltung der Paarbeziehung entgegen, wobei einige Studien Hinweise dafür liefern, dass sich im Durchschnitt der Partnerwechsel reproduktiv auch tatsächlich lohnt (z. B. Dhondt und Adriaensen 1994 für Blaumeisen *Parus caeruleus*).

Eine dem vergleichbare Kosten/Nutzen-Matrix entscheidet maßgeblich über die Partnerschaftsstabilität auch in polyandrischen Ehen. Ob ein Co-Ehemann bereit ist, seine jetzige (geteilte) Ehe zugunsten einer anderen Partnerschaft zu verlassen, hängt entscheidend von seinem bisherigen Reproduktionserfolg und seiner weiteren reproduktiven Perspektive in dieser Ehe ab (Levine und Silk 1997 für die nepalesischen Nyinba). Auch unter den eher ungewöhnlichen Bedingungen einer „kooperativen Polyandrie" (s. 3.2.2) behalten Männer ihre reproduktiven Opportunitäten im Auge, wägen Kosten und Nutzen ihrer Optionen ab und sind, wenn es sein muss, zu einer Revision des bisherigen Lebensweges zugunsten eines vermutlich profitableren bereit. Opportunitätskosten spielen hier eine hervorgehobene Bedeutung für die Ehestabilität, denn wenn sich die Chance zur eigenen (monogamen) Ehe bietet, wird diese häufig auch genutzt und zwar erwartungsgemäß von den jüngeren und bisher eher reproduktiv benachteiligten Ehemännern.

Während gemeinsame Kinder Ehen eher kitten, wirken Stiefkinder eher dissoziativ auf Partnerschaften (Daly und Wilson 1996). Auseinandersetzungen um Stiefkinder und ihre Angelegenheiten gehören zu den Hauptursachen für Querelen in Zweitehen, und entsprechend wird dort ein geringeres Maß an Ehe-Zufriedenheit und eine höhere Scheidungsrate erreicht, wenn Stiefkinder im Spiel sind (White und Booth 1985).

Auch destabilisieren chronisch kranke und behinderte Kinder die Partnerschaft ihrer Eltern (Mauldon 1992). Die ultimaten Hintergründe hierfür sind indes nicht ganz klar. So könnte die verminderte Vitalität der Kinder ursächlich irgendwie mit dem Partner in Beziehung gebracht werden, was Hoffnung auf Überwindung eines vermeintlichen oder tatsächlichen Inkompatibilitätsproblems durch eine neue Partnerschaft nähren muss. Oder aber der Reproduktionsaufwand, den ein behindertes Kind erfordert, wird als zu groß empfunden. Angesichts einer vermeintlich negativen Bilanz scheint es dann vorteilhafter, das Reproduktionspotenzial in einer neuen Partnerschaft zu realisieren zu versuchen.

3.2 Fortpflanzungssysteme

Je nach Erkenntnisinteresse gibt es verschiedenartige Zugänge, die soziologische Vielfalt des geschlechtlichen Mit- und Gegeneinander in ein überschaubares Schema zu bringen. Evolutionsbiologen werden dabei den Unterschieden in der **geschlechtstypischen Varianz des Reproduktionserfolgs** besondere Aufmerksamkeit widmen (Abb. 3-26). Populationen, in denen diese unter Männchen größer als unter Weibchen ist, Populationen also, an deren genetischer Reproduktion weniger Männchen als Weibchen beteiligt sind, gelten als **polygyn** (s. 3.2.1). Charakteristischerweise erreichen in solchen Sozialverbänden einige wenige Männchen einen höheren Lebensreproduktionserfolg als die reproduktiv erfolgreichsten Weibchen. Unter Bedingungen eines in etwa ausgeglichenen Geschlechterverhältnisses von 1:1 führt das zwangsläufig dazu, dass mehr Männchen als Weibchen gänzlich ohne Nachkommen bleiben.

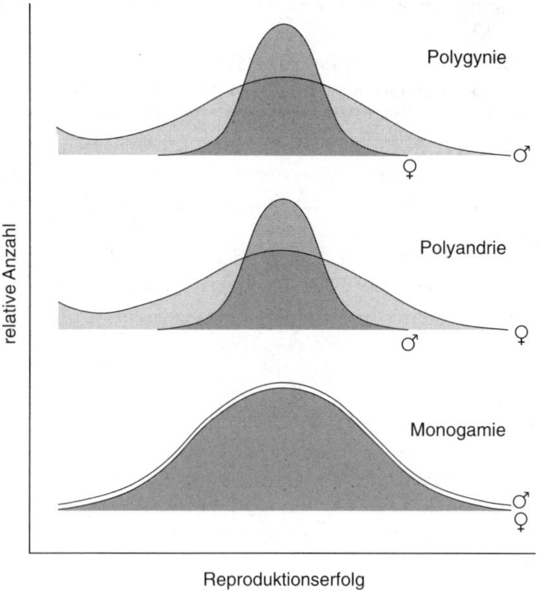

Abb. 3-26: Geschlechtstypische Varianzen im Reproduktionserfolg und Paarungssystem.

Ist hingegen die Varianz im Reproduktionserfolg unter Weibchen größer als unter Männchen, liegen also zur Polygynie gleichsam spiegelverkehrte Verhältnisse vor, spricht man von **Polyandrie** (s. 3.2.2). Gibt es in dieser Hinsicht keinen grundsätzlichen Unterschied zwischen den Geschlechtern, herrscht **Monogamie** vor (s. 3.2.3).

Diese Einteilung der Fortpflanzungssysteme ist freilich nur dann hilfreich, wenn die individuellen Lebensreproduktionserfolge aller Populationsmitglieder auch tatsächlich gemessen werden können. Dies ist jedoch im Freiland nur selten möglich, weshalb man sich in der Verhaltensforschung hilfsweise eines Kunstgriffs bedient und die Einteilung der Fortpflanzungssysteme nach den soziologischen Kriterien des „wer mit wem und wie vielen" vornimmt. So definiert, sind polygyne Gesellschaften solche, in denen sich einige wenige Männchen jeweils mit mehreren Weibchen verpaaren, während in polyandrischen Sozietäten sich ein Weibchen typischerweise mit mehreren Männchen verpaart. In Monogamien hat jeder nur jeweils einen Geschlechtspartner, wobei sich unterscheiden lässt, ob die Paarbindung lebenslang oder nur für jeweils eine Fortpflanzungssaison („serielle Monogamie") währt.

Mit der Definition der Fortpflanzungssysteme nach der jeweiligen Anzahl an Geschlechtspartnerinnen bzw. Geschlechtspartnern (pro Brutsaison) ist nichts über die Exklusivität dieser Beziehungen ausgesagt. Die Weibchen polygyner Männchen (bzw. die Männchen polyandrischer Weibchen) können sich entweder monogam oder promisk verhalten. Im letzteren Fall spricht man auch von **Polygynandrie**. Man muss also deutlich unterscheiden, ob die Bezeichnungen „Polygynie", „Polyandrie" und „Monogamie" Fortpflanzungsverhalten oder ein Fortpflanzungssystem bezeichnen (vergl. Fuentes 1999; Wickler und Seibt 1983a).

3.2.1 Polygynie

Die überwiegende Mehrzahl aller tierlichen und menschlichen Populationen (Abb. 3-27) leben polygyn, d. h. Männchen konkurrieren um möglichst viele Ova. Die sexuelle Selektion belohnt die in dieser Hinsicht erfolgreichsten unter ihnen und so werden ganz zwangsläufig jene Verhaltenstendenzen genetisch fixiert, die diese Gewinner-Männchen in die Lage versetzt haben, im Wettbewerb um Paarungserfolg und Vaterschaft einen persönlichen Vorteil zu erzielen. Je nachdem, wie die Männchenkonkurrenz um möglichst viele Weibchen abläuft, lassen sich verschiedenartige Polygynie-Systeme voneinander unterscheiden.

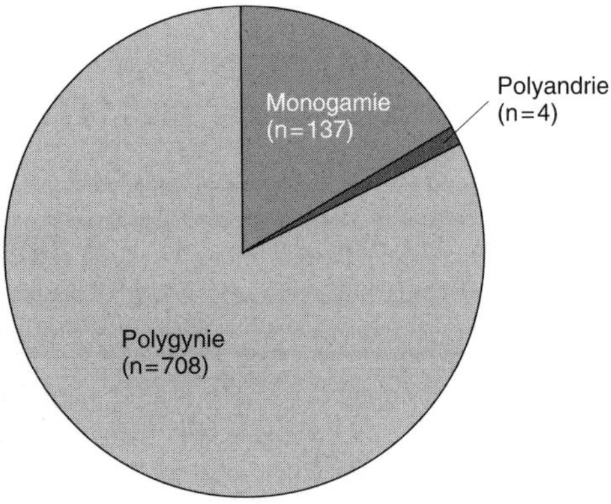

Abb. 3-27: Verteilung der Eheformen in 849 menschlichen Gesellschaften (aus Flinn und Low 1986).

3.2.1.1 Weibchenverteidigungs-Polygynie

Aus diesen oder jenen Gründen können Weibchen einen Vorteil davontragen, wenn sie sich sozial zusammenschließen, etwa, weil sie im Verband besser dem Raubdruck gewachsen sind oder das Nahrungsangebot effizienter nutzen können (s. 2.1.1). Solche Gegebenheiten sind geradezu prädestiniert für die Entstehung einer Weibchenverteidigungs-Polygynie, vermögen doch Männchen ganz direkt um solche Weibchengruppen („Harems“) zu konkurrieren.

Die australischen Lehmwespen der Gattung *Epsilon* gelten als weibchenverteidigungspolygyn (Smith und Alcock 1980). Jeweils mehrere Weibchen bauen an einer gemeinsamen Stelle zusammen nicht selten bis zu 75 Brutzellen. Die *Epsilon*-Männchen schlüpfen vor den Weibchen, was sie in die Lage versetzt, nach noch ungeöffneten, also Weibchen hervorbringenden Brutzellen zu suchen. Ist ein Männchen fündig geworden, verteidigt er die Zellaggregate gegen weitersuchende Männchen und wartet auf das Schlüpfen der Weibchen. Sobald diese ans Tageslicht kommen, werden sie vom Platzhalter begattet. Weil sich die Weibchen offensichtlich nur einmal verpaaren, steht für die um Vorherrschaft an den Brutplätzen konkurrierenden Männchen viel auf dem Spiel, und entsprechend heftig können ihre Kämpfe ausfallen.

Das Ausmaß einer Weibchenverteidigungs-Polygynie wird durch den Aufwand beschränkt, den ein einzelnes Männchen zur erfolgreichen **Monopolisierung** „seiner“ Weibchen leisten muss. Aufwandssenkend wirkt eine möglichst enge zeitliche und räumliche Ansammlung der Weibchen: Je dichter und gleichzeitiger sie vorkommen, desto einfacher gelingt Kontrolle. Aufwandssteigernd wirken hingegen eine **reproduktionsphysiologische Synchronisation** der Weibchen und verlängerte Paarungszeiten. Unter solchen Umständen ist ein Besitzanspruch schwerer durchzusetzen, allein schon deshalb, weil dem Aufmerksamkeitsvermögen der Haremshalter Grenzen gesetzt sind. Dann haben auch an sich sozial unterlegene und jüngere Männchen eine Chance auf Verpaarung und Fortpflanzung.

3.2.1.2 Ressourcenverteidigungs-Polygynie

Die Weibchen nicht aller Arten leben in leicht zu monopolisierenden Aggregaten oder sozialen Gruppen, so dass Männchen überfordert wären, wollten sie ihre Fortpflanzung im Stil einer Weibchenverteidigungs-Polygynie einrichten. Der Aufwand, mehrere Weibchen gleichzeitig zu kontrollieren, wenn diese sich weitgehend unabhängig voneinander bewegen, wäre für ein einzelnes Männchen häufig zu hoch, als dass diese Strategie Erfolg bringen könnte.

Aber auch unter Bedingungen mangelnder Weibchenverteidigungsmöglichkeiten können polygyne Strukturen entstehen und zwar wenn Männchen die Ressourcen beherrschen, die lebenswichtig und reproduktionslimitierend für die Weibchen und ihre Nachkommen sind. Voraussetzung ist allerdings ein konzentriertes (geklumptes) vorkommen der Ressourcen, so dass sie mit einem nicht übermäßigen Aufwand kontrolliert werden können. Dann lohnt es sich für Männchen, um diese Ressourcen ein Territorium zu errichten und Mitkonkurrenten daraus fernzuhalten. Je attraktiver solch ein Territorium ist, desto mehr Weibchen werden es aufsuchen und mit desto mehr Weibchen wird sich der Territoriumshalter fortzupflanzen vermögen.

Weil der Reproduktionsaufwand pro einzelnem Nachkomme in der Regel für Männchen geringer als für Weibchen ist, sollte man generell seitens der Männchen mehr oder weniger stark ausgeprägte polygyne Tendenzen erwarten. Die Naturbeobachtung lehrt jedoch, dass keineswegs alle Fortpflanzungssysteme dieser Erwartung entsprechen. Deshalb muss man vermuten, dass die sexuelle Selektion nur dann polygyne Fortpflanzungssysteme hervorbringt, wenn diese auch im Interesse der Weibchen liegen. Aber wie können Vorteile daraus erwachsen, sich einem reproduktiven „Harem“ anzuschließen? Was kann ein Weibchen dazu veranlassen, sich die nicht beliebig vermehrbare Ressourcen seines Territoriums oder das Investment des Vaters mit anderen Weibchen zu teilen, anstatt sich mit einem noch unverpaarten Männchen fortzupflanzen? Schließlich wäre dessen ganze ungeteilte Kraft für die eigene Reproduktion zu nutzen.

Verner und Willson (1966) und später Orians (1969) haben zu diesem Problem eine Vorstellung entwickelt, die unter dem Namen **Polygynieschwellen-Modell** in die Literatur eingegangen ist und ganz entscheidend zum Verständnis der Ressourcenverteidigungs-Polygynie beigetragen hat (Abb. 3-28).

Wenn sich die Qualität der von einzelnen Männchen gehaltenen Territorien unterscheidet, erzielen Weibchen einen reproduktiven Vorteil, wenn sie wählerisch sind und ein gutes einem schlechten Territorium vorziehen. In dem Modell (Abb. 3-28) gibt es vier Territorien unterschiedlicher Güte (W, X, Y, Z). Das erste ankommende Weibchen hat „freie Wahl“. Es wird die Ressourcensituation erkunden und sich für das Männchen des Z-Territoriums entscheiden, weil auf diesem Platz ihr Reproduktionserfolg (z_1) voraussichtlich am größten sein wird. Das zweite ankommende Weibchen wird sich für das Y-Territorium entscheiden und nur den zweitgrößten Reproduktionserfolg (y_1) erzielen können. Dem dritten Weibchen stehen zwei gleichwertige Optionen zur Verfügung. Es könnte entweder das Territorium X aufsuchen oder sich aber als zweites Weibchen in Territorium Z niederlassen. Beide Möglichkeiten versprechen ein

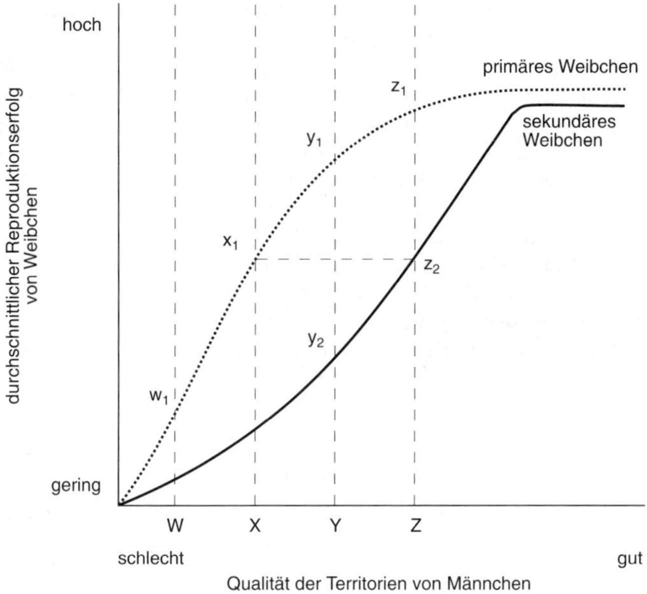

Abb.3-28: Das Modell der Polygynieschwelle (Erklärung im Text).

gleichhohes Reproduktionsergebnis (x_1, z_2). Damit ist die „Polygynieschwelle" erreicht. Das W-Territorium ist hingegen dermaßen wenig produktiv, dass Weibchen immer noch besser fahren, wenn sie sich bigam mit Männchen Z oder Y verpaaren als sich monogam mit W fortzupflanzen.

Abb. 3-28 schematisiert eine typische polygyne Situation mit einem unverpaarten Männchen (W), einem Monogamisten (X) und zwei Bigamisten (Y, Z). Für diese Variabilität im Paarungserfolg der Männchen ist letztlich das Wahlverhalten der Weibchen verantwortlich, wobei es keine Rolle spielt, ob sich dieses an den Merkmalen der Männchen selbst oder aber an denen der Territorien orientiert.

Aus diesem Modell folgt, dass Polygynie umso unwahrscheinlicher entstehen wird, je flacher die Kurve des Reproduktionserfolgs verläuft, je weniger also die Güte der Territorien variiert. Ferner wird Polygynie umso unwahrscheinlicher entstehen, je weiter die beiden Kurven von primären und sekundären Weibchen auseinanderliegen, d. h. je relativ mehr Investment der Territoriumshalter für die Nachkommen seines primären Weibchens leistet. In beiden Fällen werden die Weibchen eher zu der für sie vorteilhafteren Monogamie tendieren.

Das Modell der Polygynieschwelle setzt das Vermögen von Weibchen voraus, vor Aufnahme ihres Reproduktionsgeschäfts die Territoriumsqualitäten der Männchen erkunden und danach ihre Wahl treffen zu können. Aber können und tun sie dies denn wirklich? Für Trauerammern der Art *Calamospiza melanocorys* (nordamerikanische Singvögel der Großen Prärien) jedenfalls konnte dies zweifelsfrei nachgewiesen werden. Vor der Ankunft der Weibchen verteilen die Männchen die Brutplätze unter sich. Deren Qualität hängt entscheidend davon ab, wie schattig sie gelegen sind. Garson et al. (1981) konnten zeigen, wie vor allem dies als wichtigster Einzelfaktor den Reproduktionserfolg dieser Vögel in der baumlosen Landschaft beeinflusst. Die Autoren beobachteten nun, in welcher Reihenfolge die Territorien von den ankommenden Weibchen gewählt wur-

	Territoriumsqualität																			
relatives Datum der Territoriumsbesetzung	maximaler Schatten																			minimaler Schatten
	1	2	3	4	5	6	7	8	9	10	11	12	13	14	15	16	17	18	19	20
1977																				
1	1°	1°	1°	1°	1°	1°	1°	1°												
2									1°	1°										
3											1°									
4												1°	1°							
5	2°	2°	2°		2°									1°	1°					
6				2°		2°	2°	2°								1°	1°			
7																		1°	1°	
8	3°		3°																	
9		3°				3°														
1978																				
1	1°	1°	1°	1°	1°	1°														
2							1°	1°	1°	1°										
3											1°	1°	1°							
4	2°	2°												1°						
5			2°	2°	2°															
6															1°	1°				
7	3°	3°				2°														
8				3°													1°	1°		
9			3°		3°															
10						3°														
11																			1°	
12							2°													

Abb. 3-29: Entstehung einer Ressourcenverteidigungs-Polygynie bei Trauerammern *(Calamospiza melanocorys)*: Reihenfolge der Partnerwahl durch die eintreffenden Weibchen nach Qualität der männlichen Territorien (aus Garson et al. 1981).

den (Abb. 3-29) und fanden, dass in beiden Untersuchungsjahren die Territoriumsqualität die entscheidende Rolle für die Partnerwahl spielte. Mehr noch: Die Männchen mit den besten Plätzen waren nicht nur diejenigen, die als erste gewählt wurden, sondern auch diejenigen, zu denen sich als erstes ein zweites, ja sogar ein drittes Weibchen gesellte – und dies obwohl gleichzeitig noch unbesetzte Territorien zur Verfügung standen.

Eine dem in gewisser Weise analoge Situation hat Borgerhoff-Mulder (1990) für die kenianischen Kipsigis untersucht. Im Zuge der Kolonisation wurde den traditionellen Hirtennomaden ihr Territorium weggenommen, um europäischen Siedlern die Gründung von Farmen und Teeplantagen zu ermöglichen. Den Kipsigis wurde ein Reservat zugewiesen, Landbesitz wurde individualisiert, und Maisanbau ergänzte die Einkünfte der Bevölkerung. Das Land im Reservat wurde auf Dauer knapp, weshalb es zu mehreren Auswanderungswellen in benachbarte Territorien kam. Zwischen 1930 und 1949 besiedelten 25 Pioniere einen Landstrich im angrenzenden Massaigebiet. Jeder dieser Männer nahm nach Gutdünken Land in persönlichen Besitz. Die ersten Siedler konnten so vergleichsweise große Areale für sich beanspruchen, während die nachfolgenden sich mit immer kleineren Flächen zufrieden geben mussten. Entsprechend unterschiedlich groß waren die „Brutplätze", die die Kipsigis-Bauern den später nachfolgenden Frauen anbieten konnten.

Wenn das Modell der Polygynieschwelle auch in diesem „historischen Experiment" gelten soll, dann müssten die Männer in der Reihenfolge geheiratet worden sein, wie sie den heiratswilligen Frauen anteilig Ressourcen (Ländereien) angeboten haben. Und tatsächlich wurde in 43% der insgesamt 29 Eheschließungen jeweils derjenige Mann geheiratet, der seiner Braut anteilig am meisten oder am zweitmeisten Land anbieten konnte (Borgerhoff Mulder 1990). So kam es zu Mehrfachehen der besonders landreichen Bauern, obwohl noch unverheiratete Männer, allerdings mit weniger Besitz, zur Verfügung standen.

Weitere Zusammenhänge traten zutage: Die Anzahl der bereits zuvor geheirateten Frauen verringerte die Wahrscheinlichkeit einer weiteren Ehe. Die Bräute bevorzugten – unter sonst gleichen Bedingungen – Männer mit möglichst wenig weiteren Frauen. Das Alter der Männer spielte übrigens keine Rolle, wohl aber ihre bisherigen Reproduktionserfolge. Je mehr überlebende Kinder er mit seinen bisherigen Frauen gezeugt hatte, desto wahrscheinlicher wurde ein Mann ein weiteres Mal geheiratet.

Diese Befunde entsprechen in gewisser Weise dem Polygynieschwellen-Modell und belegen, wie auch unter menschlichen Bedingungen Konkurrenz um Ressourcen und deren persönliche Anhäufung zur Entstehung polygyner Fortpflanzungssysteme beiträgt. Das auf Landbesitz hin ausgerichtete Partnerwahlverhalten der Kipsigis-Frauen (bzw. das ihrer Eltern, die zwar nominell die Eheschließungsverhandlungen führen, dabei aber faktisch nicht gegen die Interessen ihrer Töchter verstoßen) ist biologisch adaptiv, denn Borgerhoff Mulder konnte nachweisen, dass der persönliche Reproduktionserfolg der Frauen ganz entscheidend vom Reichtum ihrer Ehemänner abhing. Die Kipsigis-Frauen maximierten ihre genetische Fitness, wenn sie die wohlhabenderen Männer bevorzugten. Entsprechend sollten Männer um möglichst viel persönlichen Landbesitz konkurriert haben. Und genau das war der Fall. Die ethnographische Literatur ist reich an Belegen für nachhaltige und teilweise erbittert geführte Streitereien unter den Kipsigis-Männern um Landbesitzansprüche.

Polygynie hat aber auch ihren Preis (für Frauen, nicht für die verheirateten Männer!), denn die Anzahl überlebender Kinder nimmt mit der Anzahl der Mitfrauen ab (Abb. 3-30). Das erklärt sehr gut, warum bei der Partnerwahl der Ehestatus der Männer eine so entscheidende Rolle gespielt hat. Wegen dieser Kosten entstehen Konflikte zwischen den Geschlechtern, weil hinsichtlich des Polygyniegrads männliche und weibliche Interessen auseinanderlaufen.

Wenn monogam verpaarte Weibchen im Durchschnitt einen höheren Reproduktionserfolg erzielen als polygyn verpaarte (wie in obigem Bei-

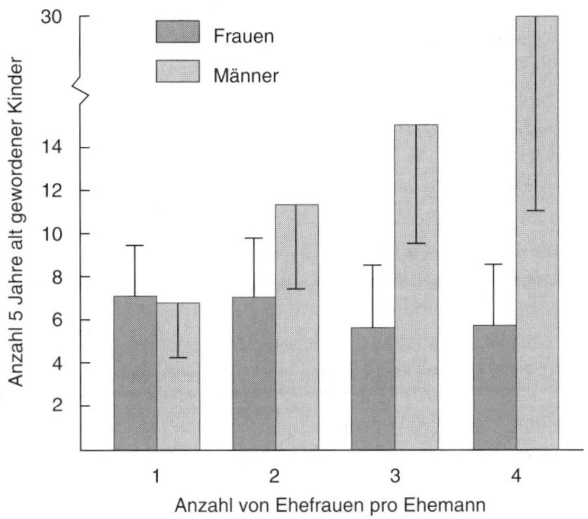

Abb. 3-30: Anzahl der Kinder, die ihren 5. Geburtstag erlebt haben, für Kipsigis-Männer (n = 95) und Kipsigis-Frauen (n = 280) nach Anzahl der Ehefrauen des Mannes (aus Borgerhoff Mulder 1992a).

spiel oder auch bei Heckenbraunellen, *Prunella modularis*, Davies 1990), kann man die Gültigkeit des Polygynieschwellen-Modells bezweifeln, denn bei ungezwungener Partnerwahl (einer seiner entscheidenden Voraussetzungen) wäre **Fitnessgleichwertigkeit** monogamer und polygyner Verpaarung zu erwarten. Allerdings können wegen bestimmter sozio-ökologischer Gründe Weibchen ihre reproduktiven Interessen nicht immer optimal durchsetzen. Zweites Weibchen eines Bigamisten zu werden, kann sich auch angesichts eines besseren Abschneidens der Monogamistinnen lohnen, wenn die Alternative völliger Ausschluss vom Reproduktionsgeschehen lautet. Polygynie wird nicht der Monogamie vorgezogen, sondern entsteht lediglich aus Mangel an den eigentlich vorteilhaften und deshalb bevorzugten monogamen Gelegenheiten (s. 3.2.4).

Dies scheint bei den im Sahel Malis lebenden Dogon der Fall zu sein (Strassmann 1997). Das Sterberisiko eines in einer polygynen Ehe geborenen Kindes ist sieben- bis elffach höher als das eines nach Alter und Geschlecht vergleichbaren Kindes einer monogamen Ehe. Dass trotz dieses Risikos Frauen zur Eheschließung mit einem Polygamisten bereit sind, liegt an der demographischen Situation. Weil der Altersunterschied zwischen den Eheleuten im Durchschnitt acht Jahre beträgt, hält der Heiratsmarkt ein Überangebot junger Frauen vor *(marriage squeeze)*. Diese für sie (aber nicht für die Männer!) ungünstige Situation drängt die jungen Frauen trotz der inhärenten Kosten in eine an sich ungeliebte polygyne Ehe, weil die an sich bevorzugte Alternative, nämlich Monogamie, zu selten verfügbar ist.

Über je mehr Ressourcen und/oder Status Männer verfügen, mit desto mehr Frauen sind sie im Durchschnitt verheiratet. Entsprechend findet sich im Kulturenvergleich eine starke **Korrelation zwischen sozialer Stratifikation und Polygyniegrad** (Betzig 1986). Im Detail noch wenig verstanden sind allerdings die funktionellen Hintergründe dieses Zusammenhangs. Dickemann (1979) glaubt, dass extrem fluktuierende Umwelten mit ihren unregelmäßig wiederkehrenden traumatisierenden Einflüssen auf das Bevölkerungsgeschehen eine Ungleichverteilung der Ressourcen verursachen und deshalb Polygynie fördern. Tatsächlich ist ein statistischer Zusammenhang zwischen der Saisonalität und mangelnder Vorhersagbarkeit von Niederschlag (als Indikator ökologischer Schwankungen) und dem Polygyniegrad der Gesellschaften nachgewiesen (Low 1990a). Auch gibt es einen Zusammenhang mit der endemischen Belastung durch Krankheitserreger, was ebenfalls für einen ökologischen Einfluss auf die Eheform spricht: Je stärker der pathogene Stress ausfällt, desto weniger Männer kommen als taugliche Ehepartner infrage, und Polygynie ist die Folge (Low 1990a).

3.2.1.3 Opportunistische Polygynie

Wenn wegen bestimmter sozio-ökologischer Gegebenheiten die Durchsetzung polygyner Interessen mittels Weibchen- oder Ressourcenverteidigung nicht lohnt, wird dies zu einer Art **Wettsuchen** nach möglichst vielen fruchtbaren Weibchen *(scramble competition polygyny)* führen. In solch einem Umfeld wird die sexuelle Selektion nicht diejenigen Männchen belohnen, die sich auf risikoreiche und zeit- und energieaufwendige Investitionen in ein Territorium einlassen, sondern diejenigen, die am beständigsten und ausdauerndsten nach Geschlechtspartnerinnen suchen und besonders effektiv bei deren Auffinden sind.

Im wesentlichen sind drei Faktoren für die Entstehung eines weitgehend kampflosen Wettrennens um Fortpflanzungsgelegenheiten verantwortlich:

- *ein im Habitat weit verstreutes Vorkommen einzelner Weibchen.* Weil beispielsweise bei den Glühwürmchen weder die Weibchen in Aggregaten leben, noch ihre Ressourcen gebündelt vorkommen, haben Männchen keine erfolgversprechenden Chancen, ihren Reproduktionserfolg durch Weibchen- oder Ressourcenverteidigungs-Polygynie zu erhöhen. Bei weitgehender Nichtbeachtung ihrer Rivalen begeben sie sich stattdessen auf Wanderschaft, um möglichst vielen Weibchen zu begegnen. Wegen des unterschiedlichen Abschneidens der Männchen bei ihrer Suche entsteht faktisch ein polygynes Fortpflanzungssystem, auch ohne dass Männchen direkt um Ressourcen oder Weibchen konkurrieren müssten.
- *explosionsartige Vermehrung.* Bei einigen Arten ist die Paarungssaison auf wenige Tage, evtl. auf eine sogar noch kürzere Zeitspanne gestaucht. Beispielsweise laichen in einigen Waldfroschpopulationen *(Rana sylvatica)* alle Weibchen innerhalb derselben Nacht ab. Die Waldfrosch-Männchen warten auf diese Nacht, und wenn es soweit ist, wäre es für sie fatal, wollten sie angesichts der zahlreichen versammelten Mitkonkurrenten mühsam und mit einigem Zeiteinsatz ein Territorium verteidigen. Stattdessen hasten sie herum und versuchen, in der für sie überaus knappen Zeit auf soviel Weibchen wie möglich zu treffen (Berven 1981).
- *genetische Verwandtschaft unter den Rivalen.* Feigenwespen legen ihre Eier – wie der Name andeutet – in Feigen. Bei einigen Arten (z. B. der Gattung *Idarnes*) sind die Männchen flügellos. Sie entwickeln sich in den Früchten, verpaaren sich dort und sterben anschließend ohne jemals das Tageslicht erblickt zu haben, während die befruchteten (geflügelten) Weibchen die Frucht verlassen. Die *Idarnes*-Männchen sind einsatzfreudige Kämpfer. Mit speziellen Waffen lassen sie sich auf tödliche

Auseinandersetzungen ein. Das dichte Vorkommen der Weibchen macht eine solche Risikobereitschaft im Durchschnitt profitabel. Anders die Männchen der Gattung *Blastophaga.* Auch sie sind flügellos, aber anstatt zu kämpfen, ignorieren sie ihre Rivalen und versuchen, im Stil einer *scramble competition polygyny* innerhalb ihrer Feige möglichst viele Weibchen zu finden. Der Unterschied zwischen den *Idarnes*-Arten mit ihrer Weibchenverteidigungs-Polygynie und den *Blastophaga*-Arten mit ihrer opportunistischen Polygynie verdankt sich der unterschiedlichen Fortpflanzungsbiologie der beiden Gattungen (Hamilton 1979). Die *Idarnes*-Weibchen stechen mehrere Feigen an und legen in jede nur ein oder wenige Eier. Folglich sind die Männchen innerhalb einer Frucht in der Regel nicht miteinander verwandt. Die *Blastophaga*-Weibchen hingegen legen alle ihre Eier in eine einzige Frucht, und entsprechend sind die Männchen innerhalb einer Feige mit sehr hoher Wahrscheinlichkeit Brüder. Die genetische Verwandtschaft unter den Rivalen dämpft ihre reproduktive Konkurrenz. Hier ist es also nepotistische Rücksichtnahme (s. 2.2.2.3), deretwegen die kämpferische Weibchenverteidigungs-Polygynie zugunsten eines friedfertigen reproduktiven Opportunismus aufgegeben wird.

3.2.1.4 Lek-Polygynie

Auch die Lek-Polygynie entsteht unter Bedingungen, die es den Männchen verwehren, einen Harem oder kritische Ressourcen zu monopolisieren. Zur Paarungszeit finden sich die erwachsenen Männchen beispielsweise einiger Populationen des Europäischen Damwilds *(Dama dama)* in einem bestimmten eng begrenzten Abschnitt des Streifgebiets der Weibchen zusammen und bilden dort unter Imponieren, Drohen und Kampf kleine Territorien mit nur jeweils wenigen Metern Durchmesser. Die paarungsbereiten Weibchen bewegen sich relativ frei zwischen den Männchen und kopulieren mit Partnern ihrer Wahl. Das ganze gleicht in gewisser Weise einer „Show-Arena“ oder einer **Balz-Arena**, in der Männchen um die Gunst der Weibchen buhlen (Abb. 3-31). Solche Einrichtungen („Leks“) kennt man von einigen Insekten, Fröschen, Vögeln und Säugern (hier vor allem von Ungulaten) (Höglund & Alatalo 1995).

Bei einigen Arten sind die einzelnen Plätze innerhalb eines Leks unterschiedlich begehrt. Häufig konkurrieren Männchen um die inneren Areale, was sich deshalb lohnt, weil nicht selten die Weibchen eine Vorliebe gerade für diese zentralen, besonders durchsetzungsfähigen Männchen zeigen. Diese setzen sich meist aus den älteren, „lebenserfahrenen“, vitalen Männchen zusammen, während die nachwachsenden Jungmännchen eventuell erst mehrere Brutperioden an den Schauturnieren teilnehmen müssen, bevor sie in den Genus eines überdurchschnittlichen Paarungserfolgs kommen können. In der Stichprobe von Clutton-Brock et al. (1988) waren in der Saison 1987 der erfolgreichste unter den 34 territorialen Hirschen eines Leks an 16%, die fünf erfolgreichsten an der Hälfte und die zehn erfolgreichsten an zusammen 3/4 aller Kopulationen beteiligt. So kommt es zur polygynen Fortpflanzung der erfolgreichsten Schaukämpfer – verursacht durch das Partnerwahlverhalten der paarungsbereiten Weibchen.

Abb. 3-31: Ein Lek Europäischer Damhirsche *(Dama dama)*: Zwischen den kleinräumig territorialen Männchen bewegen sich die Weibchen relativ ungehindert und verpaaren sich mit den Hirschen ihrer Wahl. Junge, sexuell nicht aktive Männchen werden toleriert (Foto: T. H. Clutton-Brock).

Leks sind für partnersuchende Weibchen eine vorzügliche Einrichtung, das Angebot an Freiern zu prüfen. Hier geht es um männliche Attribute, die Vitalität – letztlich „gute Gene" – signalisieren, denn nichts anderes als ihre Keimzellen tragen Lek-Männchen zur Reproduktion bei (s. 3.1.1.2), und auf nichts anderes als auf Anzeichen der genetischen Ausstattung schauen die wählerischen Weibchen bei ihrer Partnerwahl. Was wäre zu diesem Zweck besser geeignet als ein Marktplatz, der direkte Angebotsvergleiche zulässt?

Im Gegensatz zur Ressourcenverteidigungs-Polygynie ist bei der Lek-Polygynie die Partnerwahl eindeutig männchen- und nicht etwa orts-orientiert, denn die individuellen Territorien enthalten nichts, was die Weibchen für ihre Reproduktion nutzbringend ausbeuten könnten. Es sind demnach vier typische Merkmale, die Leks kennzeichnen (vergl. Höglund und Alatalo 1995), nämlich

- keine Beteiligung der Männchen an der Jungenfürsorge
- ein gehäuftes, engräumiges Vorkommen sich darstellender konkurrierender Männchen
- eine Verteidigung kleiner Territorien ohne besonderen Ressourcengehalt
- freie Partnerwahl durch die Weibchen.

3.2.2 Polyandrie

Polyandrische Paarungssysteme gelten sowohl in tierlichen als auch in menschlichen Gesellschaften eher als Ausnahmeerscheinungen. Man sollte meinen, dass sie eigentlich weder den männlichen noch den weiblichen Reproduktionsinteressen dienen. Für die Befruchtung aller Eier einer Brutperiode reicht in der Regel das Sperma eines einzigen Männchens, so dass Weibchen zunächst nichts davon haben, wenn sie sich innerhalb einer Saison mit mehreren Männchen verpaaren. Im Gegenteil: Kopulationen erfordern einen mehr oder weniger hohen Paarungsaufwand. Sie kosten Energie und Zeit, und eine abgelenkte Aufmerksamkeit lässt das Infektions- und Beuterisiko ansteigen.

Allerdings kann für spermaspeichernde Insektenweibchen, z. B. für Taufliegen *(Drosophila)* die Menge der einmalig aufgenommenen Gameten kritisch werden, indem diese nicht für die Befruchtung aller Eier einer Reproduktionsperiode ausreichen. Dann sind Mehrfachpaarungen selbstverständlich vorteilhaft, lässt sich doch dadurch der Samenvorrat immer wieder auffüllen und so die reproduktionsphysiologische Grenze maximaler Reproduktion deutlich hinausschieben.

Auch den Männchen nützt „im Normalfall" Polyandrie nichts. Sie sollten vielmehr zur Steigerung ihrer Vaterschaftswahrscheinlichkeit für exklusive Paarbeziehungen sorgen und Konkurrenten von ihren Weibchen fernzuhalten versuchen. Weil unklare Vaterschaftsverhältnisse zu Fehlinvestitionen führen können, droht Polyandrie die Fitness von Männchen zu verringern und dies um so mehr, je bedeutsamer väterliches Investment für das Überleben der Kinder wird.

Wenn man trotz dieser offenkundigen Nachteile für beide Geschlechter reproduktive Mehr-Männchen-Konstellationen vorfindet, muss man erwarten, dass entweder spezielle Bedingungen eine ganz direkte, gleichsam „unverfälschte" Durchsetzung (vor allem männlicher) Fortpflanzungsinteressen nicht erlauben, sondern stattdessen besondere Anpassungen erzwingen, oder aber dass aus polyandrischen Mehrfachverpaarungen ganz unmittelbare Vorteile erwachsen, beispielsweise materieller Art.

Weibchen haben gute Gründe für Mehrfachverpaarungen und Männchenwechsel, wenn Samenflüssigkeit und Spermatophoren nahrhafte Materialien enthalten, die dem Stoffwechsel zuführt werden können (s. 3.1.1.2). Auch „Hochzeitsgeschenke", mit denen sich werbende Männchen Zugang zu Weibchen verschaffen (s. 3.1.1.1), bringen einen für Weibchen vorteilhaften **Ressourcengewinn**. Solche Situationen begünstigen opportunistischen Partnerwechsel.

Weibliche Granatkolibris *(Eulampis jugularis)* verpaaren sich mit Männchen, die nektarproduzierende Blüten kontrollieren, um diese Ressourcen ausbeuten zu können (Wolf 1975). Ähnlich verlangen Wollbienen-Männchen der Art *Anthidium maculosum* eine sexuelle Vorleistung, bevor sie die nektar- und pollensuchenden Weibchen in ihr Territorium lassen (Alcock et al. 1977). Zum *food for sex* kommt es auch unter Bonobos *(Pan paniscus)* (De Waal 1991), und *cash for sex* gibt es bekanntlich unter Menschen. So verschiedenartig all diese Paarungssysteme im einzelnen sein mögen, gründen sie im Kern doch auf einer selben Kosten/Nutzen-Analyse, in der materielle Vorteile zu einer für Weibchen positiven Bilanz der Polyandrie führen.

Wenngleich selten, gibt es unter Insekten, Fischen, Fröschen, Reptilien und Vögeln (nicht aber unter Säugern!) einige Arten, die aus jeweils ganz bestimmten sozio-ökologischen Gründen einen Geschlechterrollentausch praktizieren. Die amerikanischen Wasserläufer *Actitis macularia* gehören beispielsweise dazu. In perfekter Umkehr der gewohnten Geschlechterrollen sind es bei dieser Art die Weibchen und nicht die Männchen, die zuerst an den Brutplätzen eintreffen, um sich eigene Territorien zu erstreiten und zu sichern. Die weiblichen Wasserläufer sind entsprechend größer und aggressiver als die männlichen. Ein Territorium eines Weibchens kann gleichzeitig für zwei oder drei der später eintreffenden Männchen attraktiv sein. Diese teilen den weiblichen Herrschaftsbereich unter sich auf, indem sie ihrerseits kleinere Territorien einrichten. Jedes dieser Männchen verpaart sich mit dem Weibchen und bekommt ein Gelege zum Ausbrüten, während letzteres die Territorialverteidigung übernimmt und sich ansonsten kaum um Eier oder Jungtiere kümmert (Oring und Lank 1986).

Das Fortpflanzungssystem der Wasserläufer ist ein spiegelverkehrtes Abbild der Ressourcenverteidigungs-Polygynie (s. 3.2.1.2), weshalb es als Ressourcenverteidigungs-Polyandrie bezeichnet wurde. Eine Maximierung des Reproduktionserfolgs wird durch die Inbesitznahme eines vorteilhaften Brutplatzes mit reichlichem Nahrungsangebot erreicht und nicht etwa durch eine Erhöhung des mütterlichen Pro-Kopf-Investments. Letzteres wäre wenig produktiv, denn die Biologie dieser Tiere (Nestflüchter, die nur ausgebrütet und bewacht, nicht aber gefüttert werden müssen) erlaubt es einem Elternteil allein, die Jungenfürsorge praktisch genauso effektiv zu erledigen, wie dies zwei kooperierende Elterntiere zusammen könnten. Deshalb hängt der weibliche Reproduktionserfolg ganz direkt von der Anzahl der in die gemeinsame Fortpflanzung investierenden Partner ab. Männchen können nur jeweils ein Gelege pro Saison versorgen. Dies bindet ihre Kraft und Zeit, und folglich ist – wiederum in perfekter Umkehr des gewohnten Bilds – die Varianz ihres Reproduktionserfolgs geringer als die der Weibchen.

Das Delegieren der Jungenfürsorge an den Partner – üblicherweise die männliche Strategie – eröffnet vermehrte Fortpflanzungschancen, indem das Elterninvestment mehrerer Partner gleichzeitig für die eigene Reproduktion genutzt werden kann. Dies kann – wie in obigen Beispielen – nicht nur durch Ressourcen-, sondern auch durch direkte Partnerverteidigung (**Männchenverteidigungs-Polyandrie**) erreicht werden. Weibliche Odinshühnchen *(Phalaropus lobatus)* – ebenfalls eine Art mit Geschlechterrollentausch – konkurrieren nicht wie Wasserläufer um möglichst produktive Territorien, sondern direkt um die Männchen. Bis die Paarung erfolgt ist, werden die umworbenen Männchen auf Schritt und Tritt verfolgt, streng bewacht und Nebenbuhlerinnen mit aggressiven Schnabelhieben ferngehalten. Nachdem die Weibchen ihre Eier in das Nest des vereinnahmten Männchens gelegt haben, verlassen sie ihren Partner, überlassen ihm das Brutgeschäft und machen sich ggf. auf die Suche nach einem zweiten Männchen (Reynolds 1987).

Bisher sind in diesem Abschnitt Verhältnisse beschrieben worden, in denen die polyandrisch verpaarten Männchen entweder überhaupt keine Brutfürsorge leisten, oder aber mit sehr großer Wahrscheinlichkeit in ihren eigenen Nachwuchs investieren. Darüber hinaus gibt es aber auch Arten, bei denen mehrere Männchen gleichzeitig Zugang zu einem reproduktiven Weibchen haben und sich kooperativ am Brutgeschäft beteiligen. Tasmanische Pfuhlhühner *(Tribonyx morterii)* verhalten sich so (Maynard Smith und Ridpath 1972). Ein Weibchen kann gelegentlich zwei (selten sogar drei oder vier) Brüder akzeptieren. Alle Tiere beteiligen sich an der Jungenaufzucht, ohne dass es zu einem Geschlechterrollentausch kommt.

Als seltenes Beispiel unter Säugern gelten Braunrückentamarins *(Saguinus fuscicollis)* (Terborgh und Goldizen 1985). In gewisser Weise gleicht dieses Fortpflanzungssystem den kooperativen Helfer-am-Nest-Gesellschaften (s. 2.1.1.5). In einem soziobiologisch überaus wichtigen Punkt gibt es jedoch einen wesentlichen Unterschied: Es kommt zu gleichzeitigen Beziehungen von einem Weibchen zu mehreren Männchen, folglich zu einer **geteilten Vaterschaft**. Vor dem Hintergrund der Verwandtenselektion (s. 1.1) kann dann freilich nicht überraschen, dass die kooperativen Männchen in der Regel genetisch miteinander verwandt sind, was ihre reproduktive Konkurrenz in Grenzen hält. Auch die wenigen menschlichen polyandrischen Gesellschaften, wie sie vor allem in den Himalayahochtälern ihre Tradition haben, basieren auf einer gemeinsamen Verheiratung mehrerer Brüder mit einer Frau (**fraternale Polyandrie**) (Abb. 3-32).

Abb. 3-32: Eine 12-jährige tibetische Braut mit 2 ihrer 5 Ehemänner. Alle Ehemänner sind Brüder. Ihr Alter reicht von 7 bis 22 Jahre (aus Gould und Gould 1989).

Polyandrische Familien können als Angepasstheit an ein ausgesprochen lebensfeindliches Habitat verstanden werden, das wegen naturräumlicher Begrenztheit und klimatischer Härte kein Populationswachstum zulässt und zudem intensive Landarbeit zur Subsistenzsicherung erfordert. Die Tragekapazität der Himalayahochtäler ist erschöpft: kämen alle überlebenden Kinder zur Reproduktion, etwa bei einem Übergang der Gesellschaft zur Monogamie, würde wegen einer nicht zu verkraftenden Wachstumsrate das demographische Gleichgewicht zusammenbrechen müssen. Abwanderungsmöglichkeiten für die *surplus*-Kinder existieren in den abgelegenen Regionen kaum, und dort, wo sie sich am ehesten ergeben, etwa in der Nähe der sich entwickelnden urbanen Zentren mit ihren nichtagrarischen Beschäftigungsmöglichkeiten, wird in der Tat vermehrt ein sozio-demographischer Strukturwandel beobachtet. Hier kommt es immer seltener zu polyandrischen Ehen, während Monogamie zunimmt.

Unter traditionellen Bedingungen erfüllt Polyandrie zwei wesentliche sozio-ökologische Funktionen:

- Begrenzung der Haushalte, dadurch Vermeidung einer Ressourcenzersplitterung und
- Vermehrung der Arbeitskraft innerhalb der Haushalte.

Beides trägt zu einer gewissen Abpufferung der latenten ökologischen Bedrohung bei. Tatsächlich konnten Crook und Crook (1988) für tibetische Familien nachweisen, dass nicht nur der Lebensreproduktionserfolg von polyandrisch verheirateten Frauen über dem der monogamen Frauen lag, sondern dass sich dieser reproduktive Vorteil bis in die Enkelgeneration fortsetzte. Frauen haben also etwas davon, die Arbeitsproduktivität mehrerer Männer gleichzeitig zu nutzen und in die eigene Haushaltsökonomie und Reproduktion zu kanalisieren.

Für die Männer sieht die Rechnung freilich anders aus. Gegenüber einer Einehe büßen sie an Fitness ein, wenn sie sich zu einer Polyandrie zusammenschließen. Allerdings scheint der Fitnessverlust weniger groß, als man zunächst vermuten sollte, denn erstens ziehen polyandrische Familien mehr Kinder auf und zweitens sind die Väter genetisch eng miteinander verwandt, so dass eine Zunahme der indirekten Fitness via Verwandtenselektion teilweise für den Verlust an direkter Fitness entschädigt. Wenn die Vaterschaftswahrscheinlichkeiten nicht für alle Ehemänner gleichverteilt sind, weil der ältere, dominante Bruder die sexuellen Möglichkeiten seiner jüngeren Mit-Ehemänner einengt, sollte in der Tat zumindest für nachgeborene Männer eine polyandrische Ehe nicht die reproduktionsstrategische Entscheidung erster Wahl sein. Wenn immer sich Möglichkeiten zur Gründung einer eigenen, unabhängigen Ehe auftun, sollten jüngere Brüder diese nutzen. Und genau das beobachtet man auch (Levine und Silk 1997). Wenn dennoch polyandrische Ehen beobachtet werden, dann deshalb, weil in einem saturierten Habitat die Alternative nicht „Polyandrie oder Monogamie!“ lautet, sondern „Polyandrie oder Ehelosigkeit!“, und dann ist selbstverständlich die Entscheidung für eine Mehr-Männer-Familie die reproduktiv effektivste. Die polyandrisch verheirateten jüngeren Brüder wählen die beste aller schlechten Optionen, und genau das ist biologisch angepasst und funktional.

Trotz aller unleugbaren Fortschritte in den Versuchen, menschliche Paarungspräferenzen und Eheformen mit sozio-ökologischen Variablen zu erklären, ist noch Vieles im Unklaren, und zu wenig Varianz scheint aufgeklärt. So führen vergleichbare ökologische Drücke häufig zu unterschiedlichen adaptiven Antworten. Warum – so wird man fragen müssen – führen beispielsweise ökologische Zwänge, die ein Populationswachstum verhindern, mal (wie in Tibet oder Teilen Nepals) zur kooperativen Polyandrie und mal (wie in Europa) zu hohen Raten der Ehelosigkeit, mit ausgeprägtem „Helfer-am-Nest"-Charakter (z. B. Strassmann und Clarke 1998 für Irland). Oder, um es anders auszudrücken: Warum tolerieren Tibeter das sich Teilen einer Ehefrau, Iren aber nicht?

3.2.3 Monogamie

Ebenso wie die Entstehung der Polyandrie erscheint auch die der Monogamie zunächst wenig nachvollziehbar, entspricht sie doch gar nicht den polygamen Tendenzen männlicher und weiblicher Reproduktionsstrategien. Und in der Tat ist – mit Ausnahme unter Vögeln – ihre Verbreitung im Tierreich und in menschlichen Gesellschaften vergleichsweise selten. Monogamie wird vor allem aus drei Gründen vorzufinden sein:

- Mangelnde Gelegenheit zur Polygynie (z. B. weil die Weibchen zu verstreut leben)
- vermehrte Jungenfürsorge erweist sich als vorteilhafter als ein verstärkter Wettbewerb um polygyne Gelegenheiten
- Männchen wirken als Beschützer der Weibchen und ihrer Nachkommen dem Risiko des Infantizids entgegen (s. 2.1.1.2).

Garnelen der Art *Hymenocera picta* sind aus dem ersten der drei genannten Gründe monogam, denn die Weibchen kommen nur vereinzelt vor und sind auch nur ca. alle drei Wochen für jeweils wenige Stunden paarungsbereit (Wickler und Seibt 1981). Unter diesen Bedingungen versprechen weder eine Weibchen- noch eine Ressourcenverteidigungs-Polygynie (s. 3.2.1.1–3.2.1.2) Erfolg. Auch eine opportunistische Polygynie (s. 3.2.1.3) erscheint wenig angebracht, weil bei dieser Art das Geschlechterverhältnis zu den Männchen hin verschoben ist. Dies verringert die Aussicht auf Mehrfachverpaarungen enorm, so dass der Aufwand eines opportunistischen Herumsuchens nach kopulationsbereiten Weibchen sich im Durchschnitt nicht lohnt. Eine Aufgabe polygyner Interessen scheint unter diesen Bedingungen erfolgversprechender. Trifft ein Garnelen-Männchen auf ein Weibchen, bleibt es in dessen Nähe, wehrt ankommende Mitkonkurrenten ab und verpaart sich zu gegebener Zeit (Wickler und Seibt 1981). Monogamie ist der Preis oder Lohn – wie man es sehen will – einer solchen konsequenten Partnerbewachung.

Diesem Beispiel in gewisser Weise vergleichbar sind die Verhältnisse bei einigen Insekten, z. B. den Honigbienen *(Apis mellifera)*. Auf jede Königin kommen rein rechnerisch mehrere hundert Drohnen. Welchen Erfolg hätte da eine auf Polygynie angelegte Strategie? Stattdessen setzen die Männchen ihr ganzes Leben ein, um ihre Fortpflanzungschancen zu erhöhen, denn nach der Kopula bleiben ihre Genitalien als „Plomben“ im weiblichen Körper (s. 3.1.5). Die mit Suizid teuer bezahlte Monogamie stellt jedoch angesichts der drückenden Konkurrenz für die Drohnen die einzige Möglichkeit zur Weitergabe ihres Erbguts dar. Allerdings liefern die Genitalplomben keine hundertprozentige Vaterschaftssicherheit, denn die Königin kann gelegentlich die Plomben entfernen und sich mehrfach verpaaren. Weil jedoch die Chancen einer Drohne, eine zweite Königin finden und begatten zu können, praktisch gleich Null sind, rentiert sich im Durchschnitt der Suizid allein dann schon, wenn er auch nur einen kleinen Vorteil in der Spermienkonkurrenz mit sich bringt.

Unter **kooperativer Monogamie** versteht man eine für die Dauer einer Fortpflanzungsperiode mehr oder weniger exklusive Paarbeziehung, in der Männchen und Weibchen gemeinsam zur Jungenfürsorge beitragen. Partnerbewachung spielt bei der Aufrechterhaltung dieses Systems sicherlich auch eine Rolle. Schließlich erwarten Männchen Vaterschaftsgewissheit, wenn sie in die Nachkommen ihrer Weibchen investieren, und Weibchen wollen verhindern, dass väterliches Investment nach außen getragen wird. Der Anpassungswert der kooperativen Monogamie liegt jedoch vorrangig in einem anderen Zusammenhang. Männchen stehen grundsätzlich vor einem Abgleichproblem: Sollen sie möglichst viele Weibchen befruchten, also möglichst viele Jungen zeugen, dafür aber einen hohen Brutverlust in Kauf nehmen, weil sie nicht in jeden einzelnen Nachkommen sehr viel investieren können, oder sollen sie der Mutter stärker bei der Brutpflege helfen und so den Aufzuchtserfolg steigern. Dafür müssen sie aber die Aussicht auf mit anderen Weibchen gezeugte „Extra-Kinder“ aufgeben. Mal mag die eine, mal die andere Taktik günstiger sein – je nach den vorherrschenden sozio-ökologischen Gegebenheiten.

Anders als Säuger- haben Vogel-Männchen von vornherein bessere Möglichkeiten zur Steigerung des Aufzuchtserfolgs. Schließlich können sie ebenso wie die Weibchen brüten und die geschlüpften Jungtiere füttern. Wohl nicht zuletzt deshalb beobachtet man kooperative Monogamie vor allem unter Vögeln (in rund 90% aller Arten) und weniger unter Säugern (in nur rund 4% aller Arten) (Mock und Fujioka 1990).

Dass kooperative Männchen tatsächlich einen wesentlichen Beitrag zum Reproduktionserfolg leisten, ließ sich experimentell an Schneeammern *(Plectrophenax nivalis)* belegen. Weibliche Einzeltiere, denen man ihre Männchen genommen hatte, konnten nur selten mehr als drei Jungtiere erfolgreich aufziehen. Komplette Paare schafften hingegen in der Regel vier oder mehr (Abb. 3-33).

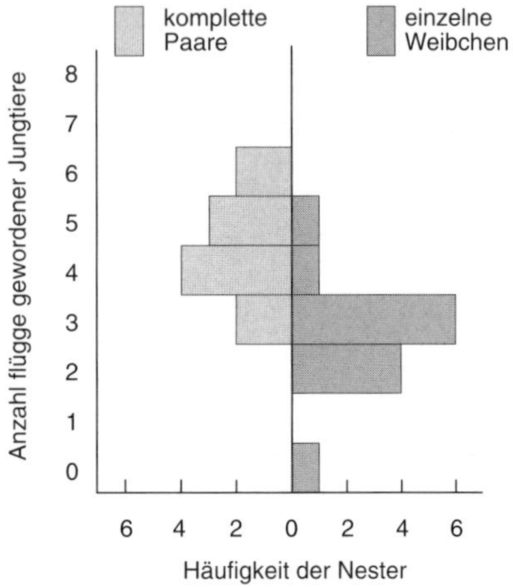

Abb. 3-33: Reproduktionserfolg (gemessen an flüggen Jungtieren) von kompletten Paaren und einzelnen Weibchen bei Schneeammern *(Plectrophenax nivalis)* (nach Lyon et al. 1987).

Solcherart Experimente, in denen Männchen entfernt werden, um ihren Anteil am Aufzuchtserfolg innerhalb einer kooperativen Monogamie zu ermitteln, sind inzwischen an mehreren Vogelarten durchgeführt worden. Je nach Spezies und Zeitpunkt innerhalb des Brutzyklus, ab dem das Männchen als Investor ausfällt, kann der männliche Anteil an der Aufzuchtsleistung auf Werte zwischen rund 40% und 100% beziffert werden (Mock und Fujioka 1990). Angesichts dieser Werte scheint Monogamie unter Vögeln maßgeblich durch die Notwendigkeit biparentaler Elternfürsorge motiviert zu schein. Ist hingegen ein einzelnes Tier allein genauso effektiv beim Jungenaufziehen wie ein kooperatives Paar, entfällt der unmittelbare Nutzen der Partnerbindung. Wenn trotzdem monogame Verhältnisse vorherrschen, wird Polygynie aus spezifischen sozio-ökologischen Gründen versperrt sein (z. B. aus Mangel an weiteren Nistplätzen oder Geschlechtspartnerinnen). Für eine Verknappung polygyner Gelegenheiten sorgen die Weibchen teilweise wohl selbst, indem sie sich dermaßen weit voneinander ansiedeln, dass kein potenzieller Bigamist eine reelle Chance hat (z. B. Hannon 1983 für Moorschneehühner, *Lagopus lagopus*).

16% aller menschlichen Gesellschaften gelten nominell als monogam (Abb. 3-27), wobei freilich unklar ist, wie strikt soziologische Einehen tatsächlich sexuelle Exklusivität der Paarbeziehungen widerspiegeln. Monogamie kommt vor allem in ökologisch extremen Habitaten vor, wie etwa in Wüstenrandgebieten oder arktischen Regionen, in denen die Subsistenzsicherung extrem erschwert ist. Durch eine enge Ressourcenbegrenzung ist ein einzelner Mann normalerweise nicht in der Lage, in mehr als die Kinder einer einzigen Frau zu investieren. Auch ist jagbares Wild – im Gegensatz zu Nutzvieh oder Land – schwer zu monopolisieren, so dass in vielen Wildbeutergesellschaften die ökologischen Voraussetzungen für das Entstehen polygyner Ehen – akkumulierbare Ressourcen – nicht gegeben sind. Alexander et al. (1979) sprechen in diesem Zusammenhang von ***ecologically imposed monogamy***, um anzudeuten, dass diese Form der Monogamie primär auf die ökologische Begrenztheit der Lebenssituation zurückzuführen ist.

Daneben finden wir monogame Ehen in den hochdifferenzierten Industriegesellschaften mit sehr komplexen Sozialsystemen. Da solche Gesellschaften durchaus soziale Hierarchien mit erheblichen Unterschieden in den Lebens- und Reproduktionschancen aufweisen können, würde man eigentlich gemäß des Polygynieschwellen-Modells (s. 3.2.1) polygyne Verhältnisse erwarten müssen. Es überrascht zunächst, dass in den westlichen Gesellschaften stattdessen Monogamie vorherrscht. Alexander et al. (1979) bezeichnen sie als ***socially imposed monogamy.*** Während im Tierreich grundsätzlich alle monogamen Systeme auf ökologisch begrenzte Situationen zurückgehen, handelt es sich bei der *socially imposed monogamy* um ein nur beim Menschen vorkommendes Phänomen, das Flinn und Low (1986) mit dem in solchen Gesellschaften idealisierten reproduktiven Egalitarismus erklären. Dieser dient der Minderung von Konkurrenz und stärkt den Zusammenhalt und die Kooperation innerhalb größerer, autonomer Gruppen in ihren Auseinandersetzungen untereinander (MacDonald 1995).

Freilich wird man nicht übersehen dürfen, dass in präskriptiv monogamen Gesellschaften polygyne Tendenzen existieren. Oft nur scheinbar steht hier die kulturelle Norm der Einehe den polygynen Fitnessmaximierungsinteressen von Männern und Frauen entgegen. Sozial angesehene und wohlhabendere Männer beispielsweise haben überdurchschnittlich häufig außereheliche Affären (Pérusse 1993) und überdurchschnittlich hohe Wiederverheiratungschancen nach Scheidung (Haskey 1987) und unterlaufen auf diese Art und Weise die Monogamie.

3.2.4 Reproduktive Konflikte in Fortpflanzungssystemen

Männchen und Weibchen verfolgen grundsätzlich unterschiedliche Reproduktionsinteressen. Dies bringen geschlechtliche Differenzierung und sexuelle Selektion zwangsläufig mit sich (s. 3.1.7). Andererseits sind Männchen und Weibchen nicht selten auf Kooperation angewiesen, wenn sie ihre Fortpflanzung best möglich bewerkstelligen wollen. Dabei hängt

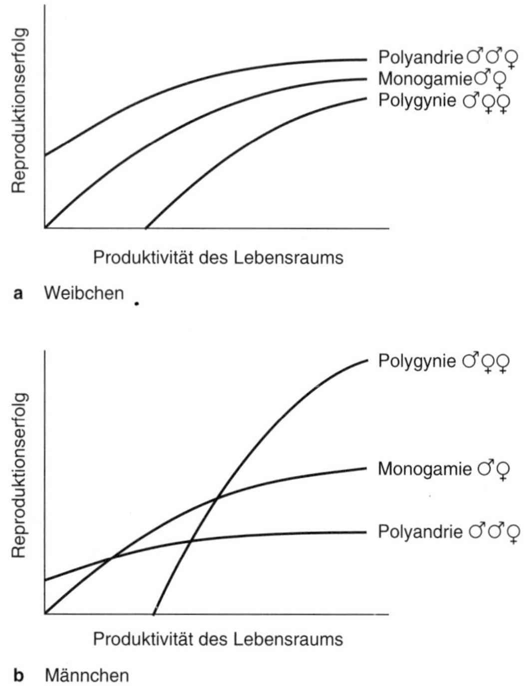

Abb. 3-34: Schematische Darstellung des Zusammenhangs zwischen Fortpflanzungsystem, ökologischer Situation und Reproduktionserfolg für Männchen und Weibchen (aus Davies 1991).

die Frage, welche Paarungsstrategie die reproduktiv erfolgreichste sein könnte, für beide Geschlechter in unterschiedlicher Weise von der **Produktivität des Lebensraums** ab (Abb. 3-34).

Unabhängig von der Ressourcenlage ist es – unter sonst gleichen Bedingungen – für Weibchen immer vorteilhaft, das Investment mehrerer Männchen in die eigene Fortpflanzung zu lenken, also eine polyandrische Taktik zu verfolgen. Der Vorteil einer Polyandrie nimmt zwar mit der Qualität des Habitats ab, wird aber – wieder: unter sonst gleichen Bedingungen – niemals nachteilig gegenüber einer Monogamie oder Polygynie. Anders der Zusammenhang für Männchen: Bei guter Ressourcenlage sollten sie auf Polygynie setzen, bei schlechter auf Polyandrie.

Diese ökologische Kontingenz widerspiegelnd entstehen in einem Spannungsfeld von grundsätzlicher Interessensungleichheit und gleichzeitiger Kooperationsnotwendigkeit die verschiedenartigen Fortpflanzungssysteme. Sie lassen sich am besten als jeweilige **Kompromisse** verstehen, die Männchen und Weibchen miteinander eingehen müssen, um angesichts der sozio-ökologischen Vorgaben zu einem für beide Seiten optimalen Reproduktionsergebnis zu gelangen. Die erreichte Balance ist freilich nicht immer stabil. Ändern sich die äußeren Bedingungen (Nahrungsangebot, Territoriumsqualität, Geschlechterverhältnis usw.), können die Geschlechterkonflikte aufbrechen und zu anderen Paarungsstrukturen führen.

Wie sich die unterschiedlichen reproduktionsstrategischen Interessen der Geschlechter auf die Fortpflanzungssysteme auswirken, ist besonders gründlich für die Heckenbraunellen *(Prunella modularis)* des Botanischen Gartens der University of Cambridge beschrieben worden (Zusammenfassung: Davies 1990). Diese Population ist durch eine ungewöhnliche Variabilität an Paarungsmustern gekennzeichnet (Tab. 3-7).

Tabelle 3-7: Häufigkeitsverteilung von Paarungsmustern innerhalb einer Population von Heckenbraunelen *(Prunella modularis)*, M = Männchen, W = Weibchen (aus Davis 1990).

Paarungsmuster			Häufigkeit
Polyandrie	3 M	1 W	4
	2 M	1 W	77
Monogamie	1 M	1 W	62
Polygynandrie	2 M	2 W	47
	2 M	3 W	16
	2 M	4 W	1
	3 M	2 W	1
Polygynie	1 M	2 W	21

Um diese Vielfalt zu verstehen, muss man ihre Genese betrachten. Im Frühjahr errichten Heckenbraunellen-Weibchen Territorien. Anschließend konkurrieren die Männchen untereinander um den Zugang zu diesen Weibchen-Arealen. Im einfachsten Fall führt das zur Monogamie: Ein Männchen verteidigt das Territorium genau eines Weibchens und sichert sich so dessen Fruchtbarkeit.

Aufgrund seiner polygynen Tendenzen wird sich jedoch ein Heckenbraunellen-Männchen kaum mit dieser Konstellation zufrieden geben und sich statt dessen um territoriale Expansion bemühen, besteht doch so für ihn Aussicht auf ein zweites Weibchen. Dies wiederum kann nicht im Interesse der Weibchen liegen, müssten sie sich doch das Investment des doppelterritorialen Männchens teilen, wenn es diesem tatsächlich gelänge, zwei Weibchenterritorien zu kontrollieren. Erhöhte Aggressivität zwischen benachbarten Weibchen ist die Folge, wenn Polygynie droht. Nicht selten gibt eines der beiden Tiere seinen Brutplatz auf, und das Männchen ist so zur Monogamie gezwungen.

Aber auch polyandrische Tendenzen der Weibchen wirken monogamen Verhältnissen entgegen. Beispielsweise kann sich ein Weibchen dermaßen großräumig einnischen, dass ein Männchen allein die Verteidigung des Areals nicht bewerkstelligen kann. Dies führt zu einem Zusammenschluss zweier oder sogar dreier (übrigens nicht miteinander verwandter) Männchen bei der Territoriumsverteidigung. So kooperativ diese Männchen-Allianzen auch sein mögen, wenn es darum geht, während der fruchtbaren Phase des Weibchens weitere Konkurrenten fernzuhalten, herrscht erbitterte sexuelle Konkurrenz zwischen den polyandrisch zusammengebundenen Männchen. Gelingt es einem dominanten α-Männchen tatsächlich, seinen unterlegenen Kompagnon β vom gemeinsamen Weibchen fernzuhalten, kann das Weibchen seinerseits das subdominante β-Männchen zur Kopulation auffordern und so dem Ausschließlichkeitsanspruch des α-Tieres entgegenwirken.

Davies und seine Mitarbeiter konnten mit Hilfe von DNA-fingerprint-Analysen die tatsächlichen Abstammungsverhältnisse klären. Dabei stießen sie auf einen interessanten Zusammenhang: Männchen beteiligen sich proportional zu ihrer Vaterschaftswahrscheinlichkeit an der Brutfürsorge. Je mehr sexueller Zugang dem β-Männchen vom Weibchen gewährt wird, desto fleißiger hilft es bei der Jungenfütterung mit. Heckenbraunellen-Weibchen haben also guten Grund, sich den Monopolisierungsansprüchen des α-Männchens zu widersetzen, können sie doch durch ihr Sexualverhalten das Investment eines weiteren Männchens auf die eigenen Nachkommen lenken.

Daneben haben sie einen zweiten Grund zur Promiskuität, denn frustrierte β-Männchen stellen eine ernste Gefahr für eine erfolgreiche Jungenaufzucht dar. In vielen Fällen verlassen die unterlegenen und von der Vaterschaft ausgeschlossenen β-Männchen ihren unvorteilhaften Platz, um woanders nach Fortpflanzungsgelegenheiten zu suchen. Oder aber sie zeigen keinerlei Interesse am Brutgeschäft des β-Tieres und des gemeinsamen Weibchens und warten geduldig auf den nächsten Brutzyklus, um dann vielleicht erfolgreicher zu sein. Manchmal jedoch wenden sie eine

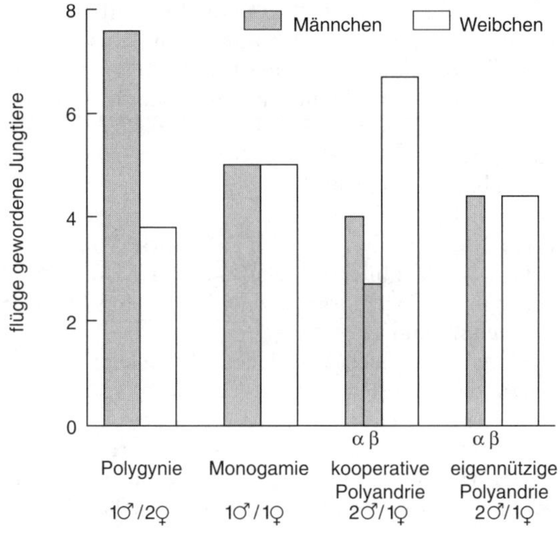

Abb. 3-35: Anzahl flügge gewordener Jungtiere (Heckenbraunellen, *Prunella modularis*) pro Brutsaison, jeweils für Männchen und Weibchen und je nach Paarungssystem. Kooperative Polyandrie = beide Männchen investieren, eigennützige Polyandrie - nur das α-Männchen investiert (aus Davies 1990).

infantizidale Strategie an und zerstören das Gelege. Die Logik dieses Verhaltens ist einfach (vergl. 3.1.6.3): Es zahlt sich für das β-Männchen aus, anstatt vier bis fünf Wochen zu warten, bis die Nachkommen des α-Männchens aufgezogen sind und eine neue Brutperiode beginnt, diese für eigene Reproduktion verlorene Zeit durch eine Vernichtung der Nachkommen seines Konkurrenten zu verkürzen. Dann nämlich legen die Weibchen bereits nach einer bis zwei Wochen das nächste Gelege, und das β-Männchen bekommt frühzeitig eine neue Chance zur Fortpflanzung. Verpaarungen mit dem β-Männchen können diese tödliche Gefahr abmildern und so den weiblichen Reproduktionserfolg steigern.

Damit sind die grundsätzlichen Verhaltenskonflikte beschrieben. Männchen neigen zur Polygynie, was Weibchen zu verhindern suchen; diese wiederum neigen zur Polyandrie, was den männlichen Vaterschaftsansprüchen zuwiderläuft. Die ultimaten Gründe für diese Interessenkonflikte werden aus Abb. 3-35 ersichtlich.

Weibchen erreichen den höchsten Reproduktionserfolg in einer kooperativen Polyandrie, den geringsten in einer Polygynie, was der unterschiedlichen Einbindung von Männchen in die Jungenfürsorge entspricht. Mit dem geteilten Investment in einer polygynen Konstellation ist eben nicht das gleiche Reproduktionsergebnis zu erzielen wie mit dem doppelten Investment in einer Zwei-Männchen-Konstellation. Weibchen verhalten sich also biologisch adaptiv, wenn sie den polygynen Interessen der Männchen entgegenwirken, gleichzeitig aber ein zweites Männchen in ihr Brutgeschäft einzubinden versuchen.

Für Männchen sieht die Bilanz anders aus. Sie erreichen am meisten durch Polygynie und am wenigsten durch Polyandrie. Folglich kann kaum überraschen, dass, wenn immer ein benachbartes Männchen stirbt, ein (meist β-)Männchen die Polyandrie verlässt und die frei gewordene Stelle neben der Witwe einnimmt.

Die gegenläufigen Interessen von Heckenbraunellen-Männchen und -Weibchen führen zu teils offenen, teils verdeckten Verhaltenskonflikten (Abb. 3-36). Die Art des Paarungssystems verrät dem Beobachter, wer in der zwischengeschlechtlichen Fortpflanzungskonkurrenz gewonnen hat. Mal erreichen die Männchen mit einer Polygynie ihr Optimum, mal die Weibchen mit einer Polyandrie, und sehr häufig heißt der Kompromiss Monogamie.

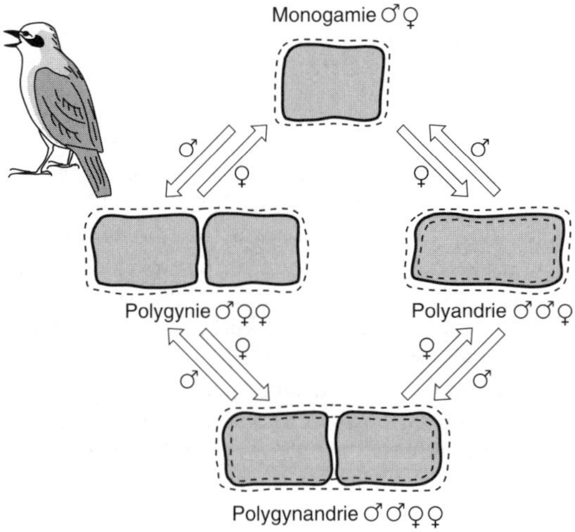

Abb. 3-36: Geschlechterkonflikte bei Heckenbraunellen *(Prunella modularis)*. Weibchen-Territorien (durchgezogene Linien) können von einem oder mehreren (meist zwei) Männchen verteidigt werden (unterbrochene Linien). Die Pfeile zeigen die evolvierten Interessen von Männchen und Weibchen, von einem Paarungssystem in ein anderes zu wechseln (aus Davies 1991).

4 Elternstrategien

Eltern stehen vor einem ständigen Optimierungsproblem. Sollen sie weiter in einen bereits existenten Nachkommen investieren oder aber ihr begrenztes Investment zugunsten eines späteren reproduktiven Vorgangs zurückhalten?

- Warum dies überhaupt ein Optimierungsproblem darstellt, welche Konflikte sich daraus ergeben und zu welchen verschiedenartigen Lösungen die natürliche Selektion führen kann, wird in 4.1 erläutert.
- Anhand welcher Regeln und Merkmale die Organismen die Aufteilung ihres Investments vornehmen, steht in 4.2.
- Das Eltern/Kind-Verhältnis wird nicht allein durch elterliche Reproduktionsinteressen geprägt, sondern auch durch die Nachkommen beeinflusst. Dies führt zwangsläufig zu Konflikten, weil (bei zweigeschlechtlicher Fortpflanzung) die genetischen Interessen von Eltern und Kindern nicht identisch sein können (4.3).

4.1 Lebensgeschichtsevolution und die Optimierung des Elterninvestments

Evolutionsbiologisch lässt sich das Individualleben eines Organismus am besten als Aufwand „egoistischer Gene" zur eigenen Replikation verstehen. Und je nachdem, worauf sich der Aufwand richtet, welcher Zweck verfolgt wird, lassen sich verschiedene Formen des **Lebensaufwands** unterscheiden (Kasten 4-1).

Kasten 4-1

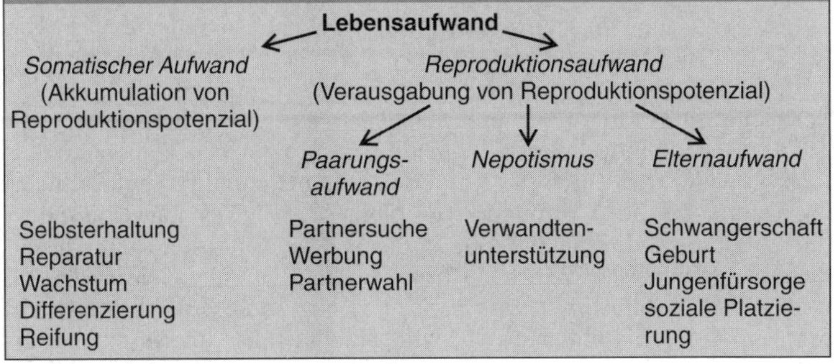

In einer ersten Unterscheidung lassen sich **somatischer** und **reproduktiver Aufwand** von einander trennen, wobei unter somatischem Aufwand alle Leistungen eines Organismus verstanden werden, die seinem Wachstum, seiner Differenzierung und Reifung und seiner Selbsterhaltung dienen. Mit somatischem Aufwand erhöht ein Organismus sein Reproduktionspotenzial, während dem gegenüber Reproduktionsaufwand ihn verringert (Alexander 1987; Williams 1966). Dieser kennt drei Kategorien: **Paarungsaufwand** bezieht sich auf geschlechtlichen Wettbewerb und Partnerwahl, **Nepotismus** umfasst die Investitionen in genealogische Seitenlinien und **Elternaufwand** schließlich meint den unmittelbaren Einsatz für die genetische Reproduktion einschließlich der Aufzucht der Nachkommen und gegebenenfalls ihrer möglichst vorteilhaften sozialen Platzierung.

4.1.1 Elterninvestment und Elternaufwand

Trivers (1972) definiert Elterninvestment als »*jegliches Investment durch den Elter in einen einzelnen Nachkommen, das die Überlebenswahrscheinlichkeit (und folglich den Reproduktionserfolg) dieses Nachkommen zu lasten der Fähigkeit des Elters erhöht, in andere Nachkommen zu investieren*« (S. 139).

Elterninvestment kann sehr verschiedenartige Formen annehmen, kann Zeit, Energie oder Lebensrisiken erfordern, kann im Zusammenhang mit der Gametenbildung, der Embryonalentwicklung oder nachgeburtlich erfolgen. Es umfasst alle Maßnahmen zur Steigerung der kindlichen Fitness, die eine weitere elterliche Reproduktion erschweren. Bemerkenswert an diesem Konzept ist die hervorgehobene Bedeutung der **Kosten** elterlichen Verhaltens. Wegen dieser Eigenschaft unterliegen die Elternstrategien der natürlichen Selektion, denn es kann ja nicht belanglos für die Fitness bleiben, wann und in welchem Umfang man Kosten für seine Fortpflanzung in Kauf nimmt.

Diese entstehen über vielfältige und arttypische Zusammenhänge: Unter Isopoden *(Armadillidium vulgare)* verringert die Abzweigung von Stoffwechselmaterialien und -energien in die Gametenproduktion das Wachstum der Elterntiere und damit spätere Fruchtbarkeit (Lawlor 1976). Gravide Eidechsen sind einem höheren Beutedruck ausgesetzt als nicht-gravide, weil durch die Körpermassenzunahme ihre Laufgeschwindigkeit um 20–30% vermindert ist (Shine 1980). Der Gewichtsverlust und damit die Wahrscheinlichkeit, in die nächste Brutsaison zu überleben, hängt bei Blaumeisen-Weibchen *(Parus caeruleus)* von der Gelegegröße ab (Nur 1984). Kohlmeisen *(Parus major)* bezahlen ihren Brutpflegeaufwand mit verminderter Immunabwehr. Mit zunehmenden Reproduktionsaufwand steigt deshalb die Infektion mit Blutparasiten (Deerenberg et al. 1997; Ots und Hòrak 1996). Rothirschkühe *(Cervus elaphus)*, die Jungtiere führen, verfügen über geringere Fettreserven und sind von daher einem größeren Risiko ausgesetzt, den kommenden Winter nicht zu überleben als Hirschkühe ohne abhängigen Nachwuchs (Abb. 4-1). Halsbandschnäpper-Weibchen *(Ficedula albicollis)*, die bereits als Einjährige brüten, produzieren in den darauffolgenden Jahren kleinere Gelege, als diejenigen, die ihren Brutbeginn um ein Jahr hinauszögern (Abb. 4-2). Große Hufeisennasen *(Rhinolophus ferrumequinum)*, die bereits im Alter von zwei Jahren mit der Fortpflanzung beginnen haben eine signifikant geringere Lebenserwartung als jene, die erst mit drei Jahren ihre ersten Jungtiere produzieren (Ransome 1995). Und schließlich wird auch die Lebenserwartung von Frauen – unter sonst gleichen Bedingungen – durch Fortpflanzung gedrückt (Doblhammer-Reiter 2000; Lycett et al. 2000; Voland und Engel 1989; Westendorp und Kirkwood 1998)

Immer wenn solche Kosten entstehen, also elterlicher Reproduktionsaufwand bezahlt wird mit einem Verlust an potenzieller Reproduktion zu

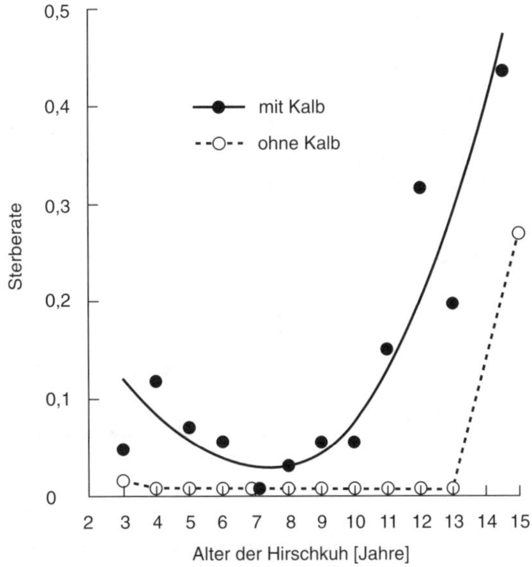

Abb. 4-1: Altersspezifische Sterberate bei Rothirschkühen *(Cervus elaphus)* mit bzw. ohne Kalb (aus Clutton-Brock et al. 1983).

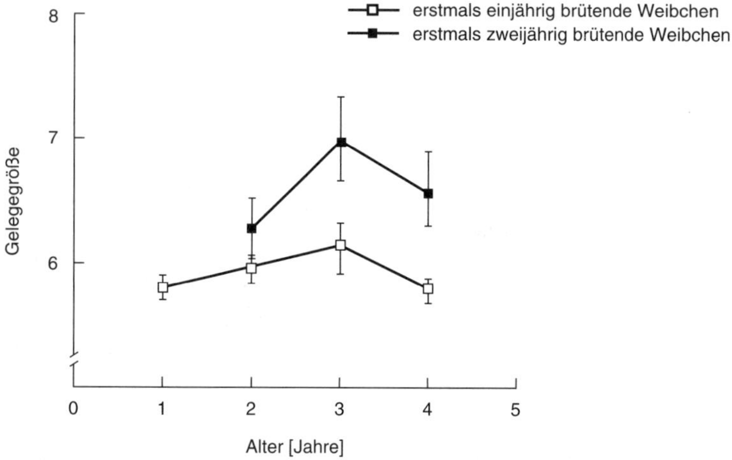

Abb. 4-2: Der Zusammenhang von Alter und Gelegegröße bei Halsbandschnäppern *(Ficedula albicollis)*. (aus Gustafsson und Pärt 1990).

einem späteren Zeitpunkt, liegt Elterninvestment vor. Um mit diesem Konzept empirisch arbeiten zu können, ist ein Maß vonnöten, das die Kostenhöhe elterlichen Investments in einer einheitlichen Währung beziffert. Diesem Zweck dient der **altersspezifische Reproduktionswert** (v_x) nach Fisher (1930). Er errechnet sich nach

$$v_x = m_x + \sum_{i = x+1,\, \omega} \{m_i\, l_{x,i}\,(N_x/N_i)\}$$

mit m_x = altersspezifische Fertilität zum Zeitpunkt x

$l_{x,i}$ = Überlebenswahrscheinlichkeit vom Zeitpunkt x zum Zeitpunkt i

N_x, N_i = Populationsgröße zum Zeitpunkt x bzw. i

ω = Endalter der Fortpflanzung.

Der Reproduktionswert ist demnach ein Maß für die in einer Altersklasse erreichte persönliche Nachkommenzahl plus der gemäß vorherrschender Fertilität statistisch zu erwartenden weiteren Nachkommen in späteren Altersklassen, gewichtet mit der Wahrscheinlichkeit, diese Altersklassen überhaupt zu erleben. Der **Restreproduktionswert** bezieht sich nur auf die

Anzahl weiterer Nachkommen, die ein Organismus mit einem bestimmten Alter noch erwarten kann. Die Gewichtung mit N setzt den eigenen Beitrag zur Reproduktionsleistung der gesamten Population in Beziehung (vergl. Schmid-Hempel 1992). Zur Anwendung gelangen auch leicht abgewandelte Formeln, in denen entweder der Bezug zum Populationswachstum fehlt oder – wie in der Populationsbiologie üblich – nur die weiblichen Nachkommen berücksichtigt werden oder aber die altersspezifischen Reproduktionswerte auf den für die Lebendgeborenen (v_o) bezogen werden. Der Verlauf von v_x über die Altersklassen ist je nach Spezies und Umwelt verschieden. Abb. 4-3 gibt exemplarisch die Verhältnisse für die Bevölkerung der ostfriesischen Krummhörn des 18. und 19. Jahrhunderts wider.

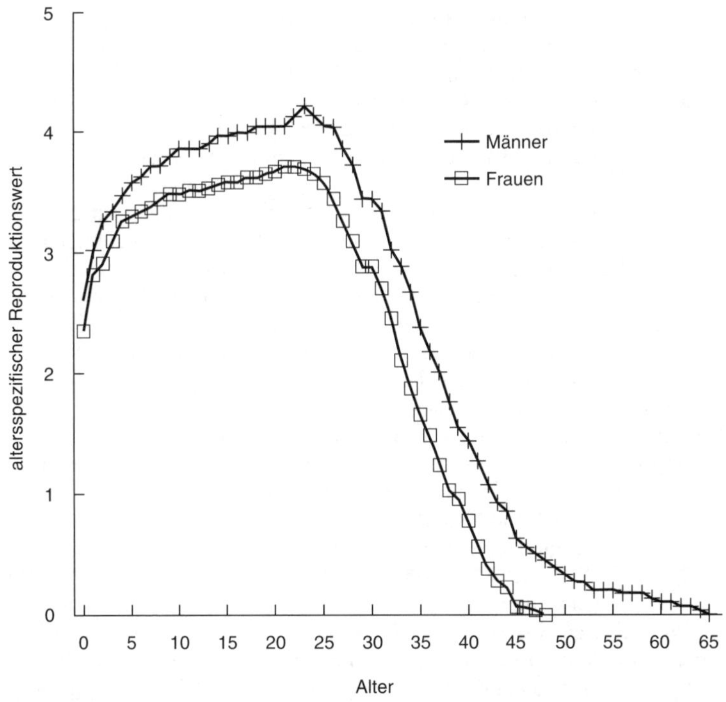

Abb. 4-3: Altersspezifischer Restreproduktionswert (v_x) für Männer und Frauen in der Krummhörn (Ostfriesland) im 18. und 19. Jahrhundert (aus Voland 1990).

In einer nichtwachsenden, zweigeschlechtlichen Population wird jeder Neugeborene im Laufe seines Lebens im Mittel zwei Nachkommen zeugen, die sich ihrerseits reproduzieren. Je nach Höhe der Säuglings- und Kindersterblichkeit steigt die v_x-Kurve zunächst an, bis sie zu Beginn des fruchtbaren Lebensabschnitts ihr Maximum erreicht. Je nach den vorherrschenden Sterblichkeits- und Fruchtbarkeitsverhältnissen fällt sie danach mehr oder weniger stetig gegen Null. Ab einem gewissen Alter hat kein Organismus mehr die Möglichkeit zur nochmaligen Reproduktion.

Investmentkosten drücken den Restreproduktionswert. Wenn ein erhöhter Elternaufwand (beispielsweise in Form eines vergrößerten Geleges) im Alter x mit einer verminderten Überlebenswahrscheinlichkeit verbunden ist (s. oben), kostet das diejenigen Nachkommen, die im Falle des elterlichen Überlebens in deren späteren Lebensphasen zu erwarten gewesen wären. Das Ausmaß dieser Verminderung lässt sich in v_x-Einheiten beziffern. Es gibt die Höhe des Investments an.

Eine optimale Aufteilung des begrenzten Elterninvestments ist dann erreicht, wenn unter Beachtung der vorherrschenden ökologischen Randbedingungen der Restreproduktionswert in jeder Altersklasse möglichst hoch ist, wenn also die Fläche unter der Kurve in Abb. 4-3 ihre maximale Größe hat. Ist das gegeben, ist die maximale Lebensfitness erreicht (Schmid-Hempel 1992).

Reproduktionskosten sind jedoch nicht immer leicht zu ermitteln, weshalb als Schätzer elterlichen Investments in vielen Untersuchungen verschiedene Maße elterlichen Aufwands erhoben wurden. Dieser bezeichnet – unabhängig von den entstandenen Kosten – den Anteil an den zur Verfügung stehenden Ressourcen, der direkt in die Jungenaufzucht gesteckt wird. **Elterlicher Aufwand** lässt sich beispielsweise über Unterschiede in der Zahl, dem Gewicht oder dem Energiegehalt eines Wurfes oder Geleges vergleichen (Williams 1966). Sicherlich wird in vielen Fällen zwischen dem elterlichen Aufwand und seinen Kosten eine einfache, monotone Beziehung bestehen, so dass die Unterscheidung von beidem faktisch an Bedeutung verliert. Es gibt aber auch Situationen, in denen dieser Unterschied wichtig wird: Ein gleichhoher Aufwand kann beispielsweise je nach Alter der Eltern unterschiedlich hohe reproduktive Kosten verursachen (s. 4.2.2). Beide Ausdrücke sind keinesfalls synonym zu gebrauchen, weil sie auf verschiedene Forschungshypothesen mit unterschiedlichen Erkenntnismöglichkeiten abstellen. Folgendes Beispiel mag das verdeutlichen:
Unter sonst gleichen Bedingungen sollte ein Organismus umso mehr

- Reproduktionsaufwand betreiben, je weniger verbleibendes Reproduktionspotenzial (v_x) das kostet (Hypothese nach dem Williamsschen Konzept vom Reproduktionsaufwand, von Williams auch als „Lacks Prinzip“ bezeichnet).

- investieren (Kosten eingehen), je mehr Fitness er dadurch zu erwarten hat (Hypothese nach dem Triversschen Konzept vom Elterninvestment).

Curio (1988) plädiert für eine Überarbeitung der Triversschen Definition. Seiner Meinung nach wäre es sachgemäßer, nicht den Kostenaspekt in den Mittelpunkt der Elterninvestment-Definition zu rücken sondern den Netto-Gewinn, den Eltern aus ihrem Verhalten erzielen. Danach wäre als Elterninvestment alles das zu verstehen, was den Reproduktionserfolg eines Nachkommens und damit gleichzeitig die Lebensfitness der Eltern erhöht und zwar unabhängig davon, ob damit Kosten einhergehen oder nicht (vergl. auch Clutton-Brock 1991).

Der Unterschied zwischen beiden Konzepten wird am Beispiel des „terminalen Investments“ sozialer Spinnen (*Stegodyphus mimosarum* und *S. dumicola*) deutlich: Jungtiere fressen von den sterbenden bzw. bereits gestorbenen Weibchen, die ihre Reproduktion beendet haben. Dies ist vorteilhaft für die Nachkommen, weil sie mit einer Extraportion Nahrung versorgt werden, und es hat den Anschein, als sei genau zu diesem Zweck der Todeszeitpunkt der Mütter von der natürlichen Selektion so eingerichtet worden (Seibt und Wickler 1987). Nach Trivers' Definition wäre diese Form mütterlichen Aufwands kein Investment – weil nicht mit Kosten verbunden: Die alten Weibchen haben keinerlei Reproduktionspotenzial mehr und würden sowieso sterben. Wie aber – wenn nicht mit einer Elterninvestmenttheorie – wäre die Evolution der Selbsthingabe an die Nachkommenschaft zu erklären?

4.1.2 Elterninvestment und Lebensgeschichtsevolution

4.1.2.1 Abgleichprobleme

Weil Elterninvestment Kosten verursacht, kann die natürliche Selektion nicht auf unbeschränkte Reproduktion züchten. Vielmehr optimiert sie die Art und Weise, in der Eltern die Investmentkosten auf sich nehmen, wobei jene Maßnahmen belohnt werden, die in der Lebensbilanz zum größten Netto-Fitnessertrag führen. Auf diese Weise hat die Evolution Eltern zu **Reproduktionsstrategen** geformt, die ständig Entscheidungen über einen möglichst optimalen Einsatz ihrer begrenzten Investmentmöglichkeiten treffen (Borgerhoff Mulder 1992b; Chasiotis 1999; Hill und Kaplan 1999; Stearns 1992; Voland 1998). Einige dieser **Aufteilungsentscheidungen** sind in der Stammesgeschichte genetisch fixiert worden, andere erfordern spontane Anpassungen an die vorherrschenden Lebensbedingungen: In welchem Lebensabschnitt soll ein Organismus mit der Reproduktion beginnen? Wie viele Nachkommen soll er zeugen? Wie groß sollen die Abstände zwischen den einzelnen reproduktiven Phasen sein? Sollen die Kinder möglichst lange behütet und versorgt oder möglichst schnell in die Selbständigkeit entlassen werden? Wie soll der persönliche Einsatz der Eltern ausfallen: sollen sie „alles geben“ und sich dafür seltener fortpflanzen oder eher weniger investieren und dafür häufiger oder mehr Kinder bekommen? Soll in alle Nachkommen gleichviel investiert werden?

Aus der Gesamtheit dieser Entscheidungen ergibt sich eine **Lebensgeschichte**, deren einzelne Merkmale auf vielfältige Art zusammenhängen (sich häufig zu reproduzieren, bedeutet früh mit der Fortpflanzung zu beginnen und/oder die Geburtenabstände kurz zu halten). Deshalb begünstigt die natürliche Selektion nicht das maximal Mögliche für jede einzelne, sondern den **best möglichen Kompromiss** zwischen allen beteiligten Variablen. Weil Organismen ihre Zeit, Energie und andere Ressourcen natürlich nur einmal ausgeben (investieren) können, entstehen **Allokationskonflikte**. Dies ist zwangsläufig der Fall, wenn zwei unterschiedliche Taktiken durch dieselben Ressourcen begrenzt werden – oder anders ausgedrückt: wenn die Gewinne aus einer Taktik mit Kosten in einer anderen bezahlt werden. In der soziobiologischen Forschung sind einige solcher Allokationskonflikte (oder auch: „Abgleichprobleme“, engl.: *trade-off*) beschrieben worden. Die vier bedeutendsten sind in Kasten 4-2 skizziert.

Einige Beispiele für Abgleichprobleme und ihre adaptiven Lösungen: Polygyne Utah Mormonen des 19. Jahrhunderts hätten ihre Fitness durch zusätzliche Ehen erhöhen können oder durch vermehrten Elternaufwand in einer monogamen Ehe. Weil unter Mormonen die Heiratswahrscheinlichkeit (und damit letztlich die Haremsgröße) vom Wohlstand des Mannes abhing, haben überdurchschnittlich reiche Männer die für sie vorteilhafte Heirats-Option gewählt und so mehr weibliche Fekundität für sich gewonnen. Relativ ärmere Männer, deren Aussichten auf Erhöhung des Paarungserfolgs eher eingeschränkt waren, haben stattdessen ihren Elternaufwand erhöht mit der Folge, dass ihre Frauen erfolgreicher in der Aufzucht ihrer Kinder waren (Heath und Hadley 1998).

Studien zum männchentypischen Abgleichproblem zwischen Paarungs- und Elternaufwand liegen auch von nichtmenschlichen Organismen vor, beispielsweise vom Europäischen Star *(Sturnus vulgaris)*: Smith (1995) konnte experimentell zeigen, wie monogam verpaarte Männchen ihre Arbeit am Nest verringerten, sobald sich ihnen Gelegenheit bot, um ein weiteres Weibchen zu werben. Anstatt fleißig zu brüten, begannen sie zu singen.

Voland und Stephan (2000) untersuchten die Lösungen eines typischen Abgleichproblems lediger Mütter. Sollten sie ihren Elternaufwand erhöhen, also das Überleben und die Aufzucht ihres illegitimen Kindes best möglich sicherstellen, auch wenn das eine Eheschließung mit einem ande-

Kasten 4-2: Lebensstrategische Abgleich-Probleme

Selbsterhaltung oder Reproduktion?
(= Somatischer Aufwand vs. reproduktiver Aufwand). Sollte ein Organismus weiterhin in sich selbst investieren, seine physische oder soziale Qualität und Konkurrenzfähigkeit stärken, sich entwickeln und wachsen, sich reparieren und Ressourcen akkumulieren (auch extrasomatischer Art wie Ausbildung oder Besitz) oder sollte er sich stattdessen fortzupflanzen beginnen? Es ist dies der Konflikt zwischen jetziger und späterer Fortpflanzung.

Direkte oder indirekte Reproduktion?
Soll ein Organismus sich überhaupt selbst reproduzieren oder stattdessen in der Rolle des „Helfer-am-Nest“ die Reproduktionsbemühungen seiner Verwandten zu unterstützen suchen?

Paarungs- oder Elternaufwand?
Für Männer besteht das Problem in der Frage, ob sie ihre Fitness besser zu steigern vermögen, indem sie versuchen, die Anzahl ihrer Verpaarungen zu maximieren oder stattdessen väterliches Investment zu leisten (siehe Text). Für Frauen kann ein Abgleichproblem bei der Frage entstehen, ob sie in Erwartung eines Partners besserer Qualität weiterhin Zeit in Partnersuche investieren oder stattdessen mit einem momentan verfügbaren Mann reproduzieren sollten.

Investment in Quantität oder Qualität des Nachwuchses?
Mit zunehmender Zahl von Nachkommen kann in jeden einzelnen nur ein entsprechend geringerer Anteil vom gesamten Elternaufwand gesteckt werden. Daraus folgt ein Optimierungsproblem hinsichtlich der Lebensfitness: Soll man wenige, dafür aber gut ausgestattete, überlebens- und konkurrenzfähige Nachkommen oder viele, dafür aber weniger lebenstüchtige anstreben (s. 4.1.2.2)?

ren Mann als dem Vater des Kindes erschwert, oder sollen sie stattdessen ihren Paarungsaufwand erhöhen und die Ehe mit einem anderen Mann anstreben, was aber unter historischen Bedingungen typischerweise nur mit einer Aufgabe des illegitimen Kindes zu erreichen war? Daten aus dem am nördlichen Harzrand gelegenen Landstädtchen Ditfurt und aus der ostfriesischen Krummhörn belegen, dass im 18., 19. und auch noch am Anfang des 20. Jahrhunderts, dieser Allokationskonflikt häufig zu lasten der illegitimen Kinder ging (Kasten 4-3). Das Sterberisiko der unehelichen Kinder hing ganz entscheidend davon ab, ob die ledige Mutter dauerhaft ledig blieb oder den angeblichen Kindsvater oder einen anderen Mann als den sich öffentlich bekennenden Vater heiratete. Im letzten Fall stieg die Säuglingssterblichkeit auf etwa das sechsfache an, was nur mit Unterinvestment in die Babies erklärt werden kann. Der Tod des Kindes steigerte die Heiratswahrscheinlichkeit der Mutter um rund 75%. Kindesvernachlässigung steigerte also den Paarungserfolg – Grundlage eines die betroffenen Kinder fatalen Abgleichproblems ihrer Mütter.

Kasten 4-3

Ditfurt (1805–1939):

Sterblichkeit ehelicher Säuglinge	17,2%
Sterblichkeit unehelicher Säuglinge, wenn die ledige Mutter	
• den mutmaßlichen Vater geheiratet hat	4,4%
• lebenslang unverheiratet blieb	6,4%
• einen anderen Mann, als den mutmaßlichen Kindsvater geheiratet hat	25,2%

Krummhörn (1720–1874)

Heiratswahrscheinlichkeit lediger Mütter, wenn das illegitime Kind	
• im ersten Lebensjahr gestorben ist	79,2%
• das erste Jahr überlebte	45,4%

aus Voland und Stephan (2000)

Dass Kinder, in die kein Vater investiert, sei es weil er gestorben ist oder die Mutter verlassen hat, ein erhöhtes Risiko haben, getötet oder vernachlässigt zu werden, ist aus vielen und sehr unterschiedlichen kulturellen Kontexten gut bekannt (Bhuiya und Chowdhury 1997; Daly und Wilson 1984; Hill und Hurtado 1996). Für dieses Phänomen kommen jedoch zwei funktionelle Hintergründe in betracht, die analytisch auseinander zu halten sind. Zum einen bedeutet der Ausfall väterlichen Investments in vielen Gesellschaften zwangsläufig eine drastische Verminderung des kindlichen Reproduktionswerts, weil Mütter (oder deren Verwandte) aufgrund der ökologischen Lebenssituation nicht in der Lage sind, das fehlende Investment des Vaters zu kompensieren. Wenn deshalb für die Mütter aus extrinsischen Gründen der Reproduktionswert des Kindes reduziert ist, verringert sich nach gängiger Elterninvestmenttheorie der Nutzen eines fortgesetzten Reproduktionsaufwands. Mütterliches Investment verspricht wenig Erfolg und ist deshalb teuer.

Zum anderen können durch ein fortgesetztes Investment für die Mütter Opportunitätskosten entstehen – ganz unabhängig von der Frage, inwieweit Vaterlosigkeit den Reproduktionswert des Kindes tatsächlich senkt. Es wäre ja denkbar, dass in ökologisch halbwegs abgepufferten Gesellschaften wie in der Ditfurts oder der Krummhörn die Überlebenschancen der illegitimen Kinder durch Unterstützung etwa der Großeltern nicht nennenswert herabgesetzt sein müssten. Diese Kinder zu vernachlässigen, obwohl ihr Reproduktionswert nicht spürbar durch extrinsische Faktoren reduziert ist, kann dennoch als adaptive Reaktion verstanden werden, wenn damit hohe Opportunitätskosten, nämlich der faktische Ausschluss der Mütter vom Heiratsmarkt, vermieden werden können. Mütterliches Unterinvestment in die eigenen Kinder kann deshalb als Folge fehlender männlicher Unterstützung aus zwei verschiedenen Gründen adaptiv sein: entweder vor dem Hintergrund der natürlichen Selektion, die eine Verringerung des elterlichen Investments in Nachkommen mit verringertem Reproduktionswert favorisiert, oder vor dem Hintergrund der sexuellen Selektion, die eine Verringerung des Investments in Nachkommen favorisiert, selbst wenn diese einen durchschnittlichen Reproduktionswert haben, wenn dadurch die Heiratschancen erhöht werden.

Bei der evolutionsbiologischen Analyse von Lebensgeschichten geht es um die Frage, wie Organismen ihre Investmentkosten über ihre Lebensspanne verteilen und mit welchen adaptiven Konsequenzen dies verbunden ist. Die Individuen einer Population werden sich in der Lösung dieser und anderer Allokationsentscheidungen unterscheiden. Das liegt an ihren individuell unterschiedlichen Möglichkeiten. Die persönliche Fortpflanzung begrenzenden Faktoren können aus vielfältigen Gründen (genetischer, ökologischer, sozialer, aber auch zufälliger Art) individuell sehr verschieden sein. Die natürliche Selektion wird deshalb nicht die beste aller theoretisch denkbaren Allokationsstrategien fördern, sondern die beste angesichts der konkreten Rahmenbedingungen auch tatsächlich verfügbare. Innerhalb einer Population kann es deshalb **verschiedene Optima** geben – ein Folge der genzentrierten Wirkweise der biologischen Evolution und zugleich ein starkes Argument dafür, Reproduktionsstrategien nicht nur auf der Ebene ganzer Populationen zu studieren, sondern immer auch den individuellen Kontext mit seinen individuellen Opportunitätsstrukturen im Blick zu haben.

4.1.2.2 r- und K-Strategie

In der Evolution der Primaten hat sich die durchschnittliche individuelle Lebensdauer beständig verlängert. Geht man einmal von der homöostatischen Vorstellung aus, dass eine Population unter natürlichen Bedingungen mehr oder weniger stabil bleibt und sich ihre Kopfzahl langfristig nicht nennenswert verändert, muss sich mit der Verlängerung der Lebenserwartung eine ausgleichende Veränderung anderer Lebensgeschichtsvariablen vollzogen haben. Anderenfalls hätte die wachsende Gesamtfruchtbarkeit (als Resultat der verlängerten Lebensdauer) die mehr oder weniger konstante Populationsdichte aus der Balance bringen müssen.

Dass dies nicht geschehen ist, lag an der gleichzeitigen Zunahme des Elterninvestments. Elterntiere bezahlen jeden reproduktiven Vorgang zunehmend mehr mit Einschränkungen ihres zukünftigen Reproduktionspotenzials. Während z. B. Weißbüscheläffchen *(Callithrix jacchus)* schon mit gut einem Jahr und dann etwa alle fünf Monate ein oder zwei Junge werfen, also pro Nachkommen vergleichsweise wenig investieren, werden Hanuman-Languren *(Presbytis entellus)* erst mit etwa drei Jahren geschlechtsreif und bringen dann durchschnittlich im Abstand von ca. 15 Monaten jeweils ein Jungtier zur Welt. Weibliche Schimpansen *(Pan troglodytes)* werden sogar erst mit zehn Jahren geschlechtsreif und gebären nur alle fünf bis sechs Jahre ein Baby. So geht innerhalb der Primatenreihe (wie bei Säugern allgemein) die stammesgeschichtliche Zunahme der Lebensspanne Hand in Hand mit einer Zunahme des Elterninvestments (Abb. 4-4).

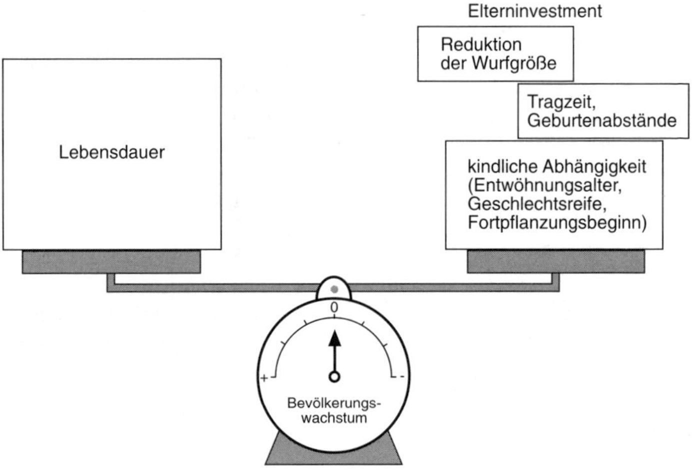

Abb. 4-4: Der balancierte Zusammenhang von Lebenserwartung und Elterninvestment. In stabilen Populationen ohne Wachstum muss eine Zunahme von Elterninvestment durch eine Zunahme der Lebensdauer kompensiert werden. Ansonsten würde sich die Bevölkerungsgröße verringern (nach Voland und Winkler 1990).

Ein Gleichgewicht zwischen Elterninvestment und Lebensdauer lässt sich freilich auf verschiedene Weise erreichen. Eine mögliche Strategie – wie sie unter Säugern beispielsweise bei Mäusen und Kaninchen zu beobachten ist – besteht darin, eine kurze Lebensdauer durch eine erhöhte Fortpflanzungsrate bei relativ geringem Elterninvestment auszugleichen. Oder aber eine lange Lebensdauer geht mit geringer Nachkommenzahl und hohem Pro-Kopf-Aufwand einher (Beispiele hierfür sind Elefanten, Wale, Menschenaffen, Menschen). Unter welchen Umständen die natürliche Selektion mehr in die eine, wann mehr in die andere Richtung wirkt, ist eine Frage nach der ökologischen Bühne, auf der Selektion stattfindet.

Lebt eine kleine Population in artangemessener Umgebung, wird sie zunächst immer rascher anwachsen, weil sich mit der Zeit zunehmend mehr Mitglieder der Population fortzupflanzen vermögen. Irgendwann stößt dieses explosionsartige Wachstum an seine natürliche Grenze, nämlich wenn die **Tragekapazität** des Biotops erreicht ist. Die ökologischen Gegebenheiten des Lebensraums lassen dann keine weitere Vermehrung mehr zu, beispielsweise weil Nahrung oder Brutplätze knapp werden (Abb. 4-5).

Während der Wachstumsphase werden durch die natürliche Selektion all jene Organismen belohnt, die relativ wenig in ihre Nachkommen investieren, sondern stattdessen ihr Reproduktionspotenzial in möglichst hohe Fruchtbarkeit umsetzen. Man nennt dies nach dem Symbol „r" für die Wachstumsrate **r-Selektion** (Pianka 1970), weil bei Abwesenheit begrenzender Faktoren hohe Wachstumsraten positiv selektiert werden. Während der Stabilisierungsphase ist es hingegen von Vorteil, die begrenzenden Ressourcen möglichst effizient zu nutzen. Nicht hohe Vermehrungsraten, sondern die Aufzucht möglichst konkurrenzfähiger Nachkommen, also

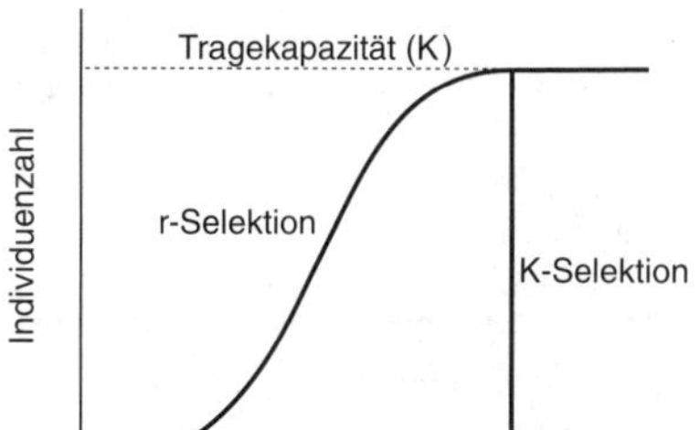

Abb. 4-5: Während der Wachstumsphase einer Population herrscht Expansionswettbewerb (r-Selektion), während der Stabilisierungsphase hingegen Verdrängungswettbewerb (K-Selektion)

ein hohes Elterninvestment, wird unter diesen stagnierenden Bedingungen eines „Nullwachstums“ von der natürlichen Selektion favorisiert. Dies nennt man nach dem Symbol „K“ für die Tragekapazität des Biotops **K-Selektion**.

Je nachdem, ob Populationen eher unter Bedingungen der r- oder K-Selektion leben, sind sie durch verschiedene Lebensgeschichtstypen gekennzeichnet. r-selektierte Organismen haben Lebens- und Reproduktionsmuster entwickelt, die zu hohen Fortpflanzungsraten, also zu Vorteilen im **Expansionswettbewerb**, führen. K-selektierte Organismen hingegen sind so eingerichtet, dass sie Vorteile im **Verdrängungswettbewerb** erzielen. Tab. 4-1 führt einige der Lebensgeschichtskennzeichen auf, die unter r- bzw. K-Selektionsbedingungen adaptiv sind und deshalb eine typische r- bzw. K-Strategie kennzeichnen.

Tabelle 4-1: Lebensstrategische Entsprechungen von r- und K-Selektion (aus Voland und Winkler 1990).

r-Strategie	K-Strategie
raschere Individualentwicklung	langsamere Individualentwicklung
geringere Körpergröße	höhere Körpergröße
kürzere Lebensspanne	längere Lebensspanne
höhere Vermehrungsraten	geringere Vermehrungsraten
früherer Fortpflanzungsbeginn	späterer Fortpflanzungsbeginn
kürzere Geburtenabstände	längere Geburtenabstände
höhere Wurfgröße	geringere Wurfgröße
geringere elterliche Fürsorge	vermehrte elterliche Fürsorge
kleinere (leistungsschwächeres) Gehirn	größeres (leistungsstärkeres) Gehirn

Für das Vorherrschen von r- bzw. K-Selektion sind jeweils spezifische ökologische Faktoren ausschlaggebend (Tab. 4-2). Zu einer r-Selektion kommt es vorrangig dann, wenn die Umweltbedingungen wenig stabil sind und unkalkulierbar schwanken. Wird eine Population in unregelmäßigen Abständen durch Räuber-, Parasiten- oder Wettereinfluss immer wieder auf eine geringe Individuenzahl gedrückt, hat dies den Charakter von lokalen Umweltkatastrophen, in deren Folge die entvölkerten Siedlungsräume wieder ein erneutes rasches Populationswachstum erlauben.

Unter eher stabilen, von solchen Schwankungen freien Lebensbedingungen kommt es hingegen zu einer K-Selektion, und die Populationen leben mit mehr oder weniger gleichbleibender Individuenzahl an der Tragekapazität ihres Biotops.

Tabelle 4-2: Ökologische und demographische Kennzeichen von r- und K-Selektion (aus Voland und Winkler 1990).

r-Selektion	K-Selektion
Klimabedingungen variabel und wenig vorhersehbar	Klimabedingungen konstant oder vorhersehbar schwankend
Variable Sterblichkeitsverhältnisse mit häufig katastrophalen Bevölkerungseinbrüchen und häufig extremer Kindersterblichkeit. Mortalitätsfaktoren weitgehend unabhängig von der Populationsdichte (z. B. Winterkälte, Trockenzeiten, Überschwemmungen etc.)	Mortalität abhängig von der Populationsdichte. Relativ stabile Sterberaten und relativ geringe Kindersterblichkeit
Populationsgröße extrem schwankend, selten im Gleichgewicht befindlich, selten an die Tragekapazität grenzend	Populationsgröße relativ konstant, im Gleichgewicht an der Grenze der Tragekapazität
Häufig Möglichkeit der Neu- oder Wiederbesiedlung von Habitaten durch räumliche Ausbreitung (opportunistische Habitatnutzung)	Gesättigte Habitate, keine Erschließung neuer Habitate möglich (konsistente Habitatnutzung), kaum räumliche Ausbreitung
zusammenfassend:	
variable Umwelt	stabile Umwelt
Expansionswettbewerb	Verdrängungswettbewerb

Aus Gründen der didaktischen Vereinfachung sind in Tab. 4-2 die Merkmale von r- und K-Selektion einander typologisch gegenübergestellt, so dass der Eindruck entstehen könnte, es gäbe zwei deutlich zu trennende Spielarten der natürlichen Selektion. Tatsächlich stellen die typischen r- und K-Bedingungen lediglich zwei Pole einer kontinuierlichen Skala dar. Die beiden Begriffe ergeben nur im Verhältnis zueinander einen Sinn. Vergleicht man z. B. einen Fisch, der pro Jahr 6000 Eier produziert mit einer Auster (500 000 000 Eier jährlich), so erscheint der Fisch eher auf der K-Seite des Kontinuums. Im Vergleich zu Säugern ist er hingegen ein ausgesprochener r-Stratege.

Innerhalb der Säuger gelten die Primaten als typische K-Strategen, aber selbstverständlich gibt es unter ihnen Arten, die vergleichsweise deutlicher K-Merkmale auf sich vereinigen als andere. Als Beispiel sind in Tab. 4-3 einige Angaben über die beiden nah verwandten Halbaffenarten Moholi *(Galago senegalensis moholi)* und Buschwaldgalago *(Galago alleni)* und ihre Lebensbedingungen einander gegenübergestellt. Der Vergleich macht deutlich, dass gegenüber dem Moholi der Buschwaldgalago eher dem K-Selektionsmodell zuzuordnen ist. Er investiert mehr in seine Nachkommen, entwickelt sich langsamer, steht umfassender in inner- und zwischenartlicher Konkurrenz und besitzt ein relativ größeres Gehirn. Die Unterschiede zwischen den beiden Arten fügen sich gut in das r/K-Modell. Der Buschwaldgalago bewohnt die tropischen Regenwälder Gabuns, also einen stabilen Biotop, während der Moholi in den Buschsavannen des südlichen Afrika lebt und deshalb sowohl innerhalb des Jahresgangs als auch von Jahr zu Jahr ausgeprägten ökologischen Schwankungen ausgesetzt ist.

Tabelle 4-3: r- und K-Selektion bei Galagos (aus Voland und Winkler 1990, nach Martin 1981).

	Moholi	**Buschwaldgalago**
Lebensraum	Buschsavanne	Regenwald
Klima	Streng saisonal, extreme Temperatur- und Niederschlagsschwankungen; von Jahr zu Jahr veränderlich	moderat saisonal, wenig ausgeprägte Temperatur- und Niederschlagsschwankungen; von Jahr zu Jahr gleichbleibend
Körpergewicht	200 g	275 g
Enkephalisations-Quotient	0,86	1,10
Sterblichkeit	hoch; starker Beutedruck durch Schleichkatzen, hohe Kindersterblichkeit in kalten Wintern	moderat, jedoch unter erwachsenen Männchen wegen intensiver Konkurrenz erhöht

(Tabelle 4-3 Fortsetzung)

	Moholi	Buschwaldgalago
Konkurrenz	Erwachsene Männchen tolerieren die Überlappung ihrer Streifgebiete mit rangniederen oder nicht voll erwachsenen Tieren, keine zwischenartliche Konkurrenz um die Hauptnahrungspflanzen	Überlappung der Streifgebiete wird von adulten Männchen nicht toleriert, Konkurrenz mit u.a. vier weiteren Halbaffenarten um die Hauptnahrungspflanzen
Fortpflanzung	Jährlich zwei Würfe mit je zwei Jungtieren, Trächtigkeit 123 Tage, Saisonalität, Fortbewegungsfähigkeit mit 25 Tagen voll entwickelt	Jährlich ein Jungtier, Trächtigkeit 140 Tage, keine Saisonalität, Fortbewegungsfähigkeit mit 30 Tagen voll entwickelt
Streifgebiet	Männchen: 10 ha, Weibchen: 6 ha; Streifgebiet des dominanten Männchens umgreift das von zwei bis fünf Weibchen	Männchen: 34 ha, Weibchen: 10 ha; Streifgebiet des dominanten Männchens umgreift das von sechs bis acht Weibchen

4.1.3 Männchen/Weibchen-Unterschiede im Fürsorgeverhalten und der Concorde-Fehler

Von einigen interessanten Ausnahmen abgesehen neigen Weibchen dazu, mehr als Männchen in ihre Fortpflanzung zu investieren. Wie lässt sich das erklären? Intuitiv ist man versucht, die ultimaten Gründe für diesen Geschlechtsunterschied mit dem unterschiedlichen Aufwand bei der Gametenproduktion in Beziehung zu setzen (s. 3.1.7) Während beispielsweise die Gesamtzahl befruchtbarer Eier, die ein Säugerweibchen im Laufe seines Lebens herstellt, durchaus überschaubar und abzählbar bleibt, nimmt die Quantität männlicher Gametenproduktion astronomische Dimensionen an. Das Sperma eines Mannes würde theoretisch ausreichen, sämtliche Frauen dieser Welt zu befruchten.

Der Mengenunterschied geht mit einem qualitativen Unterschied einher. Ein Spermatozoon enthält kaum mehr als den DNA-Faden. Ein Ei hingegen ist reich an Nährstoffen und Energie. Einige Vogelweibchen geben 15–20%, manche sogar bis zu 30% ihres Körpergewichts in ein einziges Ei. Weniger drastisch, aber nichtsdestoweniger deutlich, ist derselbe Unterschied unter Säugern vorhanden. Investment kostet (s. 4.1.1) und die Strategie, Keimzellen materiell und energetisch gut auszustatten, um die Entwicklungschancen der Zygote zu erhöhen, bezahlen Weibchen mit einer Einbuße ihres Vermögens, in weitere Gameten zu investieren. Die Produktion eines Eies schränkt das weibliche Reproduktionspotenzial mehr ein, als die Produktion eines Spermatozoons das Reproduktionspotenzial eines Männchens einschränkt. Haben Weibchen nicht allein schon deshalb, wegen ihres erhöhten Investments bei der Gametenherstellung, allen Grund, auch nachgeburtlich sich intensiver, also mit mehr Investment als Männchen um ihre Nachkommen zu kümmern? Schließlich wäre mit dem Verlust einer Brut mehr weibliches als männliches Investment verloren.

Mehr zu investieren, um den drohenden Verlust bereits getätigter Investition zu verhindern, wurde in der Soziobiologie als „Concorde-Fehler" bezeichnet (Dawkins 1976). Der Ausdruck spielt auf das bekannte Überschallflugzeug an, in dessen kostspielige Weiterentwicklung auf gemeinsamen Beschluss der britischen und französischen Regierung auch dann noch unökonomisch viel Geld gesteckt wurde, als bereits abzusehen war, dass das Projekt nur rote Zahlen schreiben würde. Man wollte geleistete Investitionen nicht verlieren.

Dies ist jedoch ein äußerst unökonomisches Prinzip, und von daher steht kaum zu erwarten, dass die natürliche Selektion solche Investmentstrategien hervorgebracht haben könnte. Eine optimale Kalkulation muss vielmehr der Frage nachgehen, ob ein zusätzliches Investment in einen bereits existenten Nachkommen voraussichtlich zu einer höheren Netto-Lebensfitness führen wird, als ein gleichhohes Investment in einen neuen reproduktiven Vorgang. Die Antwort auf diese Frage hängt nicht davon ab, wie viel in den bereits existenten Nachwuchs gesteckt wurde. Folglich hat die Bereitschaft eines Säugerweibchens, auch nachgeburtlich den Hauptanteil der Jungenfürsorge zu leisten, nichts damit zu tun, dass es schon die teuere Eiproduktion, Embryonalentwicklung und Geburt auf sich genommen hat. Die entscheidende Frage lautet vielmehr (und zwar für Väter und Mütter gleichermaßen): „Lohnt sich Elternfürsorge, indem sie die Überlebenschancen und damit letztlich die Reproduktionschancen der Kinder mehr erhöht, als sie an Einbuße weiterer Reproduktion kostet?" Sozialstruktur, ökologische Ressourcensituation, Sexualproportion usw. lassen die Antwort auf diese Frage nicht selten für Männchen und Weibchen unterschiedlich aussehen.

Hinzu kommt ein struktureller Unterschied in der Fortpflanzung der Geschlechter, denn im typischen Unterschied zu Weibchen können Männchen nie ganz sicher sein, die anstehende Brut auch tatsächlich gezeugt zu haben (s. 4.2.4.3). Ihnen droht von daher immer die Gefahr von Fehlinvestition, was die Kosten/Nutzen-Relation des Elterninvestments für sie von vornherein ungünstiger ausfallen lässt als für Weibchen.

4.2 Adaptive Gründe für unterschiedliches Elterninvestment

Ob eine bestimmte Aufteilung des Reproduktionsaufwands zu einem optimalen Kosten/Nutzen-Verhältnis führt, hängt von vier Dingen ab:

- dem sozio-ökologischen Rahmen: Dieser bestimmt die grundsätzliche Aussicht auf erfolgreiche Reproduktion (4.2.1)
- dem Reproduktionspotenzial der Eltern: Dieses bestimmt die Kostenseite eines Investments (4.2.2)
- dem Reproduktionspotenzial der Kinder: Dieses bestimmt die Nutzenseite eines Investments (4.2.3)
- der genetischen Verwandtschaft zwischen Eltern und Kindern: Diese bestimmt das Risiko von Fehlinvestitionen (4.2.4).

In vielen Fällen kommt den einzelnen Kindern innerhalb einer Familie ein individuell ganz unterschiedlicher Stellenwert in den elterlichen Reproduktionsstrategien zu, was sich beispielsweise darin zeigen kann, dass es innerhalb derselben Familien bevorzugte und weniger bevorzugte Kinder gibt oder dass ihnen ganz unterschiedliche Rollen innerhalb des Familiengeschehens zugewiesen werden. Die Palette elterlicher Möglichkeiten ihre Kinder unterschiedlich zu behandeln, ist weitgefächert. Sie umfasst beispielsweise

- die intrauterine Versorgung der Feten und Embryonen (Peacock 1991)
- Abtreibung und Kindstötung (Daly und Wilson 1988a; Dickemann 1979; Hill und Low 1992; Smith und Smith 1994)
- das nachgeburtliche Fürsorgeverhalten (z. B. die Stilldauer: Gaulin und Robbins 1991; Margulis et al. 1993; Scott und Duncan 1999; die medizinische Versorgung: Cronk 1991)
- Erziehung und Ausbildung (Bereczkei und Dunbar 1997; Borgerhoff Mulder 1998; Low 1989) und die Zuweisung von sozialen Chancen, was Folgen für die reproduktiven Möglichkeiten im Erwachsenenalter haben kann (z. B. Hager 1992; Spiess 1993; Vernier 1984)
- die materielle Ausstattung im Zuge von Mitgift- oder Erbschaftszahlungen mit Auswirkungen vor allem auf die Heiratswahrscheinlichkeit und andere Aspekte kultureller und biologischer Reproduktion (Gaulin und Boster 1990; Hrdy und Judge 1993; Mace 1996).

Aus soziobiologischer Perspektive ist zu erwarten, dass Unterschiede in der Erwünschtheit und Behandlung von Kindern einen biologisch funktionalen Hintergrund haben – durch welche proximaten physiologischen oder psychologischen Mechanismen es auch immer zu den Unterschieden im Umgang mit den Kindern kommen mag. In welche Kinder bevorzugt investiert wird und in welche nicht, hängt dabei von einer Kosten/Nutzen-Bilanz ab. Danach sollten Eltern umso mehr Kosten in Kauf nehmen, also umso bereitwilliger auf Teile ihres verbleibenden Reproduktionspotenzials zugunsten ihres jetzigen Nachwuchses verzichten, je größer ihr Fitnessertrag aus diesem reproduktiven Einsatz voraussichtlich ausfallen wird (**Trivers' Prinzip**). Es ist selbstevident, dass eine bestimmte Menge an Investment sich umso mehr amortisiert, je effektiver dieses Investment den zukünftigen Reproduktionserfolg der Kinder begünstigt – sei es, weil es deren Überlebenschancen erhöht, deren Konkurrenzfähigkeit im Paarungswettbewerb verbessert oder anderweitig die Reproduktionschancen der Kinder vermehrt. Die Nutzenseite der Bilanz wird vor allem bestimmt durch die genetische Verwandtschaft zu den Kindern, ihrem Alter, ihrer Vitalität, ihrem Geschlecht und den Umfang, mit dem sie zur Familienökonomie beitragen können, entweder durch Arbeit (Hewlett 1991: Smith und Smith 1994) oder durch Mithilfe bei den elterlichen Reproduktionsbemühungen („Helfer-am-Nest"-Verhalten) (Margulis et al. 1993).

Andererseits sollten – bei gleichen Nutzenerwartungen – Eltern umso zögerlicher investieren, je kostspieliger für sie dieses Investment ausfällt (**Lacks Prinzip**). Die Kosten für die Aufzucht eines Kindes variieren vor allem aus Gründen einer unterschiedlichen Ressourcenverfügbarkeit, des elterlichen Alters, des Geschlechts des Kindes und eventueller Opportunitätskosten (ökonomischer Natur: Hewlett 1991; Voland und Dunbar 1995; oder reproduktiver Natur: Hill und Hurtado 1996; Hrdy 1992; Voland und Stephan 2000).

In der Lebensrealität kommt es darüber hinaus zu zahlreichen Interaktionseffekten zwischen diesen Einflüssen, was die Analyse differenziellen Elterninvestments zu einem forschungspraktisch ausgesprochen schwierigen Unternehmen werden lässt. Etwas besser bekannte Zusammenhänge werden im folgenden vorgestellt.

4.2.1 Differenzielles Elterninvestment und ökologische Variation

4.2.1.1 Brutreduktion bei sozio-ökologischer Instabilität

Nicht jeder Zeitpunkt ist zur Fortpflanzung gleich gut geeignet. Elterninvestmenttheorie sagt voraus, dass – um vermeidbare Kosten zu sparen – die Organismen möglichst frühzeitig prüfen sollten, ob sich angesichts der momentanen Lebenssituation Reproduktion voraussichtlich lohnen wird oder nicht. Dies ermöglicht einen von Anbeginn an möglichst sparsamen Umgang mit dem begrenzten Investmentpotenzial. Wenn beispielsweise aus Gründen einer zeitweiligen Nahrungsmittelknappheit bereits bei der Verpaarung zu erkennen ist, dass ein ausgetragenes Kind keinerlei Überlebenschancen hätte, sind Implantation, Fetal- und Embryonalentwicklung, Geburt und Laktation für Säugerweibchen vermeidbare Kosten. Ein Weibchen handelt fitnessförderlich, wenn es unter diesen Umständen mit einer Konzeption wartet, bis sich die Aussichten entscheidend verbessert haben. Viele Formen **reproduktionsphysiologischer Dysfunktionen** sind als adaptive Schutz-Maßnahmen zur Vermeidung kostspieliger Fehlinvestitionen zu verstehen. Und diese Interpretation schließt definitiv menschliche Gegebenheiten mit ein (Wasser 1990). Das Säugerovar ist ein sensibel auf Umgebungsveränderungen reagierendes Organ, dessen Funktionen dann erst ihr Optimum erreichen, wenn der sozio-ökologische Lebenskontext ausreichend Reproduktionserfolg verspricht (für Menschen: Ellison 1994).

Verminderte Fruchtbarkeit kann deshalb unter Säugern (z. B. Strum Western 1982 für Grüne Paviane, *Papio anubis*, überblick bei Sadleir 1969), aber auch unter Vögeln (Überblick bei Wingfield 1988) angesichts wechselhafter Lebenssituationen auf adaptive Maßnahmen zurückgehen, das Elterninvestment momentan zurückzuhalten, um es dafür zu einem späteren, besser geeigneten Zeitpunkt wirkungsvoller einzusetzen. Selbstverständlich ist der Umkehrschluss nicht zulässig: Nicht immer ist eingeschränkte Fruchtbarkeit biologisch angepasst.

Umwelten können sich unvorhersehbar und schlagartig ändern, so dass mitten in einem an sich „planmäßig" verlaufenden reproduktiven Vorgang eine Revision der elterlichen Investmententscheidungen zweckmäßig erscheint, einschließlich einer mehr oder weniger drastischen Einschränkung oder gar **vollständige Beendigung des Elterninvestments**. Dies kann aus zweierlei Gründen motiviert sein, je nachdem, ob die Veränderungen in den persönlichen Lebensumständen eher als Chance oder Katastrophe daher kommen.

Im Vollzug der deutschen Wiedervereinigung war die Stimmung mehrheitlich positiv gefärbt. Viele Biographien wurden damals kräftig durcheinander geschüttelt, neue und erfolgversprechende Opportunitäten wurden greifbar, bestehende Lebensentwürfe und reproduktive Entscheidungen angesichts der neuen Situation überprüft. Abb. 4-6 zeigt die Entwicklung der Säuglingssterblichkeit in den alten und neuen Bundesländern. Sie offenbart für die turbulenten Jahre einen Anstieg in den neuen, nicht aber in den alten Bundesländern. Nun könnte man meinen, dass diese negative Entwicklung mit Personalproblemen in den ostdeutschen Kliniken zu tun haben könnte, weil nach der Grenzöffnung zu wenig qualifiziertes Fachpersonal in den Kreißsälen zur Verfügung stand. Dies mag so gewesen sein, kann aber den Anstieg der Säuglingssterblichkeit nicht in vollem Umfang erklären. Denn die Übersterblichkeit betraf vor allem auch ältere Säuglinge, die längst in der familiären Umgebung lebten und auch normalgewichtig geborene, also solche ohne erhöhtem a priori Risiko (Wiesner et al. 1995).

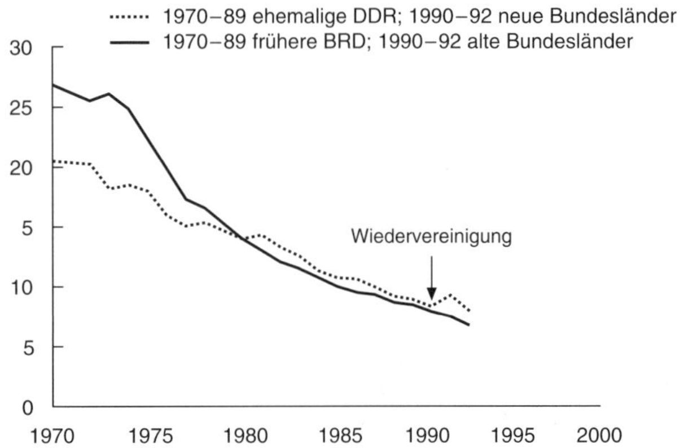

Abb. 4-6: Säuglingssterbefälle je 1000 Lebendgeborene (Jungen) (aus Wiesner et al. 1995).

Besser zu verstehen ist die Zunahme der Säuglingssterblichkeit als Verlust an Interesse und Aufmerksamkeit, den Kinder einiger Eltern erlitten haben – hervorgerufen durch eine veränderte persönliche Kosten/Nutzen-Struktur für reproduktive Entscheidungen. In dieses Bild übrigens auch der dramatische Fertilitätsrückgang, der in den ostdeutschen Ländern seit der Wende zu verzeichnen ist und die persönlichen Gründe, die dafür verantwortlich gemacht werden: »*Die These lautet: Unter den neuen Bedingungen der Marktwirtschaft wird zunehmend deutlich, dass Kinderhaben ein berufliches, ein soziales, ein finanzielles Existenzrisiko ist ... Zuallererst gilt es, den eigenen Lebensweg abzusichern. Erst dann kann frau wagen – vielleicht, möglicherweise, unter günstigen Umständen –, sich auf das „Existenzrisiko Kind" einzulassen*« (Beck-Gernsheim 1997, S. 59).

Unter Vögeln führen ökologische Katastrophensituationen häufig zu einer Verringerung der Gelegegröße. Bei durchschnittlichem Nahrungsangebot gelingt ein maximaler Aufzuchtserfolg in der Regel bei mittlerer Gelegegröße (Abb. 4-7: 1960). Wenn Elterntiere dennoch mehr Eier legen, als sie in Durchschnittsjahren durchbringen können, haben sie eine Reserve an der Hand, deren Aufzucht in besonders guten Jahren (Abb. 4-7: 1959) gelingen könnte. So sind sie auf unterschiedlich vorteilhafte Umweltbedingungen eingerichtet, müssen jedoch für die Extrachance in guten Jahren den Verlust bereits getätigten Investments in schlechten Jahren in Kauf nehmen. **Brutreduktion** ist hier also adaptiver Reflex auf schlechte Umstände.

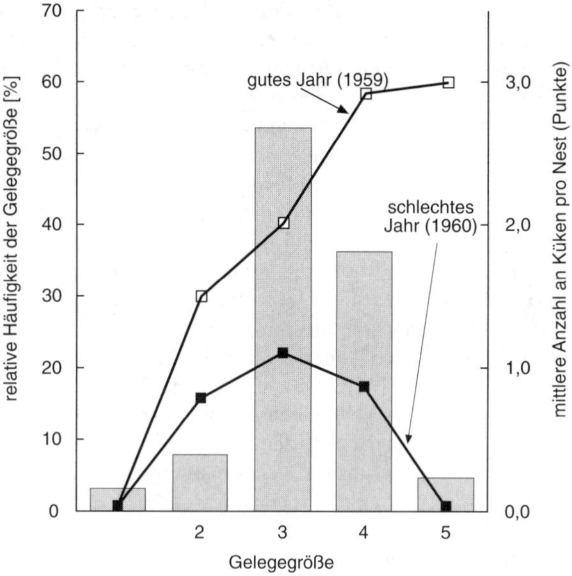

Abb. 4-7: Gelegegröße (Säulen) und Bruterfolg (Kurven) bei Mexiko-Bootsschwänzen *(Cassidix mexicanus)* in einem guten und einem schlechten Jahr (nach Daly und Wilson 1983 und Tutor 1962).

Auch der gleichsam umgekehrte Fall, nämlich Brutreduktion als adaptiver Reflex auf gute Umstände, kann zweckrational sein. Einige Sturm-, See- und Greifvögel beispielsweise legen regelmäßig zwei Eier, ziehen aber genauso regelmäßig nur ein Jungtier auf. Wegen der Ungleichzeitigkeit des Schlüpfens genießt der erste Jungvogel einen Entwicklungsvorsprung, der es ihm ermöglicht, sein jüngeres und schwächeres Geschwister zu dominieren und in der Konkurrenz um Elterninvestment (Futter) auszustechen. Das zweite Jungtier verhungert entweder binnen weniger Tage, oder es wird vom älteren aktiv angegangen, tödlich verletzt oder aus dem Nest geworfen (Überblick: Mock und Parker 1997).

Die Evolution von **Kainismus**, wie tödliche Geschwisteraggression auch genannt wurde, lässt sich am besten mit den Vorteilen einer **Sicherheitsstrategie** erklären. Für den Fall, dass die Entwicklung des ersten Eis scheitert, steht sofort ein zweites zur Verfügung. Ein Jahr Zeitverlust ist so verhindert. Verläuft sie hingegen regelgerecht, entsteht automatisch der Geschwister-Konflikt (Mock und Parker 1997). Einiges spricht dafür, dass

Elterntiere nur ein Jungtier aufziehen, weil entweder ihre beschränkte Brutpflegekapazität nicht mehr erlaubt, oder weil sie sich mit zwei Jungtieren dermaßen verausgaben würden, dass sich ihre Überlebenschancen verminderten und deshalb ihr Lebensreproduktionserfolg submaximal ausfiele (z. B. Aparicio 1997 für Rötelfalken *Falco naumanni*).

Auch von Säugern (z. B. Tüpfelhyänen, *Crocuta crocuta*) kennt man vereinzelt, was man **fakultativen Siblizid** genannt hat, nämlich heftige Aggression unter Wurfgeschwistern unter Inkaufnahme tödlicher Verletzungen (Golla et al. 1999). Hintergrund ist Konkurrenz um Muttermilch. Je mehr die Mutter in Laktation stecken kann, weil ihre Ernährungssituation gut ist, desto entspannter wird das Geschwisterverhältnis.

Neugeborene Hausschweine *(Sus scrofa)* haben ein sehr wehrhaftes Gebiss mit insgesamt acht verlängerten und leicht nach außen gestellten Schneide- und Eckzähnen (Abb. 4-8), obwohl sie doch während ihrer ersten drei Lebenswochen ausschließlich auf Muttermilch angewiesen sind. Auch hier geht es ums Überleben, denn die Funktion dieser eigentümlichen Gebissmorphologie realisiert sich im unter Umständen unerbittlichen Geschwisterkampf um einen lebensnotwendigen Zitzenplatz (Fraser und Thompson 1991).

Dennoch: Trotz der inhärenten Kosten dient Brutreduktion dazu, die Zahl aufgezogener Jungtiere zu erhöhen und nicht etwa zu verringern.

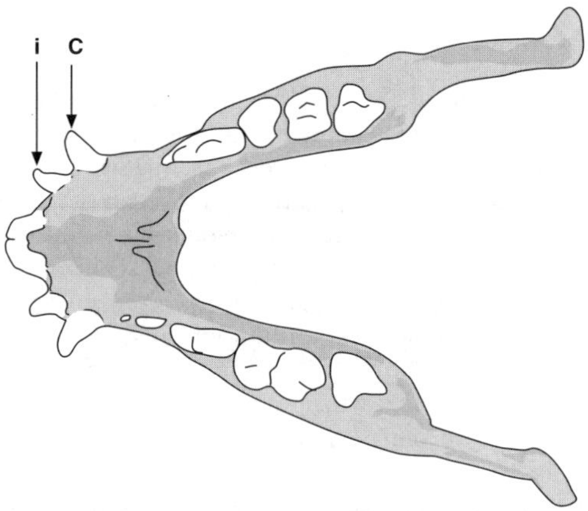

Abb. 4-8: Der Unterkiefer eines neugeborenen Hausschweinferkels *(Sus scrofa)* mit prominenten Schneide- und Eckzähnen (aus Fraser und Thompson 1991).

Mit reproduktiver Selbstbeschränkung (womöglich zugunsten der Art) hat dies absolut nichts zu tun.

Als Sicherheitsstrategie der besonderen Art lässt sich auch die Überproduktion von Nachkommen verstehen, wenn diese vorrangig als lebende Nahrungsspeicher dienen sollen (Mock und Forbes 1995). In guten Zeiten, etwa zu Beginn einer Saison angelegte Nachkommen (eventuell minderer Qualität) konservieren Ressourcen, deren Nutzung später im Jahresgang Versorgungsengpässe zu überwinden helfen kann. Nutznießer sind entweder die Eltern selbst oder die Geschwister der Opfer. Zusammenhänge von Nahrungsknappheit und **Geschwisterkannibalismus** sind beschrieben worden von einigen Käfern, Amphibien und Greifvögeln (Elgar und Crespi 1992).

Wie Umweltfluktuation elterliches Investmentverhalten beeinflusst, ist besonders anschaulich bei denjenigen Arten zu beobachten, die in außerordentlichem Maße ökologischer Variabilität ausgesetzt sind. Hierzu gehören zweifellos die australischen Beuteltiere, von denen einige Arten in dem vermutlich unregelmäßigsten Habitat dieser Erde überhaupt leben. Regen fällt in ihrem Wüstenbiotop besonders irregulär, so dass sie ständig bereit sein müssen, zu reproduzieren oder auch – wenn erforderlich – Investment zu beenden. Unter diesem Selektionsdruck haben einige Känguru-Arten die Fähigkeit entwickelt, ein älteres, sich selbständig fortbewegendes und gleichzeitig im Beutel ein zweites Jungtier zu stillen und dabei beiden Nachkommen eine unterschiedlich zusammengesetzte Milch zu verabreichen. Zudem können diese Tiere auch noch einen Embryo in utero bevorraten, dessen Entwicklung allerdings ruht („Diapause"). Mit dieser für Säuger einmaligen Anpassung nutzen diese Tiere die gelegentlichen und nicht voraussehbaren reproduktionsförderlichen Phasen ihres Lebensraumes mit einer für sie maximalen Effizienz (Low 1978).

Diese enorme Anpassungsfähigkeit hat einen zweiten Aspekt. In dem gleichen Maße, wie die Marsupialia zur kurzfristigen Aufnahme beschleunigter Fortpflanzung in der Lage sind, sind sie auch bereit, bei einer ökologisch für sie ungünstigen Entwicklung ihr Investment zu beenden. Mehrere Arten sind durch extrem hohe Verluste an Embryonen und Jungtieren gekennzeichnet, was sich als Anpassung an ökologische Instabilität verstehen lässt (Sadleir 1969). Es hat geradezu den Anschein, als sei die Brutbiologie der Beuteltiere mit einer kurzen Trächtigkeit, aber einer langen Laktationsphase speziell an diese Umweltfluktuation angepasst, denn schließlich ist eine Einstellung des Elterninvestments durch Aufgabe der Jungtiere weniger kostspielig als das Abortieren der Placentalia (Low 1978).

Soziale Instabilität löst vergleichbare Reaktionen aus. Dies lässt sich besonders bei Säugerweibchen beobachten, die sich typischerweise mit nur einem Männchen paaren. Tauchen in solchen monoandrischen Fortpflanzungsgemeinschaften weitere Männchen auf, signalisiert das bevorstehenden sozialen Umbruch, denn es steht zu erwarten, dass das neue Männchen das alte zu verdrängen suchen wird. Unter diesen Umständen ungeklärter Männchen-Dominanz wäre eine Reproduktionsaufnahme ungünstig. Es könnte passieren, dass zwischen Zeugung und Geburt sich ein Männchen-Wechsel vollzieht, was mit einigen Risiken für die Neugeborenen verbunden wäre, liefen sie doch Gefahr, von ihrem Stiefvater getötet zu werden (s. 3.1.6.3).

Dshungarische Zwerghamster *(Phodopus sungarus campbelli)* (Wynne-Edwards und Lisk 1984) und Hirschmäuse *(Peromyscus maniculatus)* (Dewsbury 1982) beispielsweise reagieren deshalb auf Mehr-Männchen-Konstellationen mit einer **physiologischen Schwangerschaftsblockade** (Überblick für Nager: Huck 1984). In diese Kategorie gehört auch der **Bruce-Effekt**: Nehmen Hausmausweibchen *(Mus musculus)* während der frühen Phase einer Trächtigkeit den Urin eines fremden Männchens wahr, mit dem sie nicht kopuliert haben und das deshalb nicht der Vater der heranwachsenden Jungtiere sein kann, beenden sie mit erhöhter Wahrscheinlichkeit ihr Investment und resorbieren die Embryonen (Bruce 1960).

4.2.1.2 Ökonomische Produktivität

Es gehörte früher zu den Traditionen der Inuit (Eskimo), einen Teil ihrer neugeborenen Mädchen umzubringen. Wie hoch dieser Anteil war, hing von der Unwirtlichkeit des jeweiligen Siedlungsplatzes ab. Abb. 4-9 zeigt die Abhängigkeit des Geschlechtsverhältnisses unter den überlebenden Kindern von der mittleren Jahrestemperatur für 17 Inuitgruppen aus Kanada, Grönland und Alaska. Der Trend ist offensichtlich: je kälter es in einem Siedlungsgebiet ist, desto mehr Mädchen werden nach der Geburt getötet.

Inuit leben praktisch ausschließlich von der Jagd. Unter den harschen Bedingungen der Arktis ist das risikoreiche Verfolgen und Erlegen von Walen, Robben oder Karibus reine Männersache. Wegen der zahlreichen tödlichen Jagdunfälle tendiert das Geschlechterverhältnis unter der erwachsenen Bevölkerung trotz Mädchentötung zu einem leichten Frauenüberschuss. Die Gefährlichkeit des Jagens nimmt mit der klimatischen Lebensfeindlichkeit des arktischen Lebensraums zu. Eine Frau der im Norden Kanadas lebenden Netsilingmiut ist im Laufe ihres Lebens auf durchschnittlich zwei Männer angewiesen, um sich und ihre Kinder durchbringen zu können (Irwin 1989).

Aus diesem Grund investieren Inuit bevorzugt in Söhne, diese werden sofern sie die Kinderjahre überleben mit großer Wahrscheinlichkeit an der

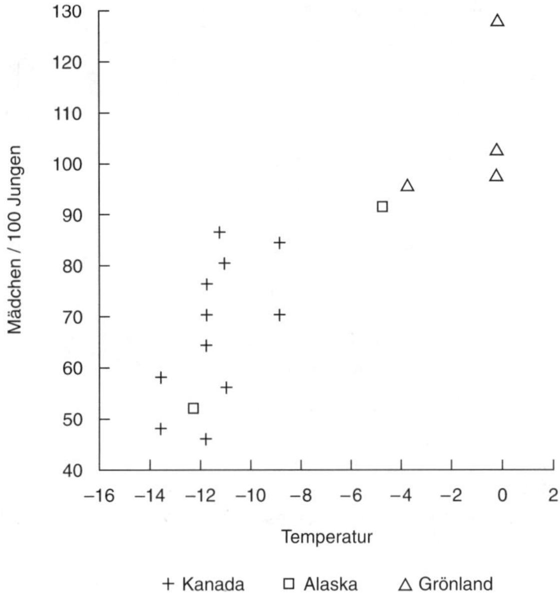

Abb. 4-9: Geschlechterverhältnis der überlebenden Kinder für 17 Inuitgruppen je nach durchschnittlicher Jahrestemperatur (aus Irwin 1989).

Reproduktion ihrer Population teilhaben. An sich folgen die Inuit damit einer einfachen **ökonomischen Optimierung** (Irwin 1989; Smith und Smith 1994): Das Geschlecht mit der höheren Produktivität, weil es am meisten Kalorien erwirtschaften kann, ist wegen seiner Amortisation billiger und wird entsprechend vermehrt aufgezogen (s. 4.2.3.3). Hewlett (1991) hat diesen Zusammenhang im Populationsvergleich studiert und findet für elf vorindustrielle Gesellschaften einen direkten Zusammenhang zwischen dem jeweiligen Anteil, den Männer bei der Nahrungsbeschaffung erbringen, und dem jeweiligen Geschlechterverhältnis unter den Kindern (Abb. 4-10). Je ökonomisch wichtiger Männer sind, desto mehr wird in ihre Aufzucht gesteckt.

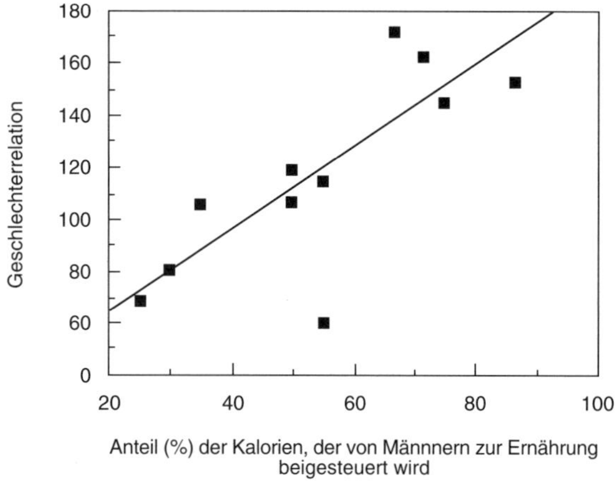

Abb. 4-10: Geschlechterrelation unter Kindern und Jugendlichen je nach Bedeutung der Männer für die Nahrungsbeschaffung in 11 vorindustriellen Gesellschaften (aus Hewlett 1991).

4.2.2 Unterschiedliches Reproduktionspotenzial der Eltern

Eltern sollten einen umso größeren Reproduktionsaufwand betreiben, je geringer ihr verbleibender Reproduktionswert ist (Pianka und Parker 1975; Williams 1966). Je niedriger dieser liegt, desto geringer fallen die Kosten eines Investments aus (s. 4.1.1). Für iteropare Organismen, also für solche, die sich in ihrem Leben mehrfach fortzupflanzen vermögen, wäre es nicht unbedingt fitnesssteigernd, wenn sie gleich ihren ersten Fortpflanzungsakt mit maximalem Aufwand betreiben würden. Dies könnte zuviel ihres verbleibenden Lebensreproduktionspotenzials kosten. Andererseits haben bei sinkendem Restreproduktionswert Organismen gegen Ende ihrer reproduktiven Lebensphase „nichts mehr zu verlieren". Man sollte deshalb erwarten, dass sie ihre Reproduktion jetzt mit mehr Engagement betreiben, entstehen doch bei gleichem Aufwand weniger Kosten.

Die Überprüfung dieser Hypothese stößt auf Schwierigkeiten (Clutton-Brock 1984). So kann beispielsweise die Beobachtung, dass unter Fischen, Amphibien und Reptilien ältere Individuen eine größere bzw. schwerere Brut erzeugen, nicht als ihre Bestätigung gewertet werden, denn bei diesen Arten korreliert Alter mit Körpergröße. Der relative Anteil an Energie, den jeweils ältere große bzw. jüngere kleine Individuen in ihre Reproduktion stecken (also ihr Reproduktionsaufwand) kann theoretisch der gleiche sein, auch wenn die produzierten Nachkommen unterschiedlich groß ausfallen.

Rothirschkühe *(Cervus elaphus)* erreichen demgegenüber eine endgültige Körpergröße, so dass der geschilderte **Allometrieeffekt** hier ausgeschlossen werden kann. Interessanterweise zeigt sich nun, dass die Kälber jüngerer und älterer Mütter die beste Versorgung erhalten. Ihre körperliche Verfassung zu Beginn des Winters ist am besten und ihre Wahrscheinlichkeit, den ersten Winter zu überstehen am größten (Clutton-Brock 1984). Der Erfolg der jungen Mütter rührt von deren überdurchschnittlicher physischen Konstitution her, angesichts derer die Laktation nicht den gleichen Aufwand erfordert wie für ältere Mütter. Diese wiederum gleichen den Nachteil nachlassender körperlicher Reserven mit erhöhtem Aufwand aus und erreichen so das gute Reproduktionsergebnis.

Zwei Belege unterstützen diese Behauptung. Abb. 4-11 zeigt, wie das durchschnittliche Verhältnis von der körperlichen Verfassung des Kalbes zu der der Mutter (gemessen als Verhältnisse ihrer „Nieren-Fett-Indices") mit dem Alter der Mütter zunimmt. Je älter also Rothirschkühe werden,

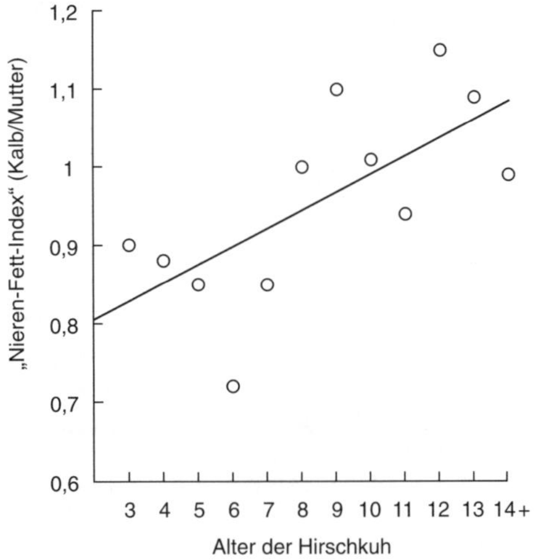

Abb. 4-11: Durchschnittliche Relation der Nieren-Fett-Indices von Kälbern und Müttern nach Alter der Mütter für Rothirsche *(Cervus elaphus)* (aus Clutton-Brock 1984).

desto relativ mehr ihrer Ressourcen stecken sie in ihre Kälber und desto weniger in ihre eigene Selbsterhaltung. Die Mehrleistung der älteren Muttertiere schlägt sich in ihrer Sterbewahrscheinlichkeit nieder. Je älter die Hirschkühe sind, wenn sie werfen, desto wahrscheinlicher kostet sie dies letztlich das Leben (Abb. 4-1).

Auch eine Studie an Möwen *(Larus californicus)* belegt, wie der Reproduktionsaufwand mit dem Lebensalter steigt. Anzahl und Gewicht der Eier nehmen mit dem Alter der Tiere zu (Pugesek 1983). Freilich ist der umgekehrte Befund, wie er z. B. für Bankivahühner, *Gallus gallus*, vorliegt, die im Alter weniger und kleinere Eier legen (Thornhill 1989) oder

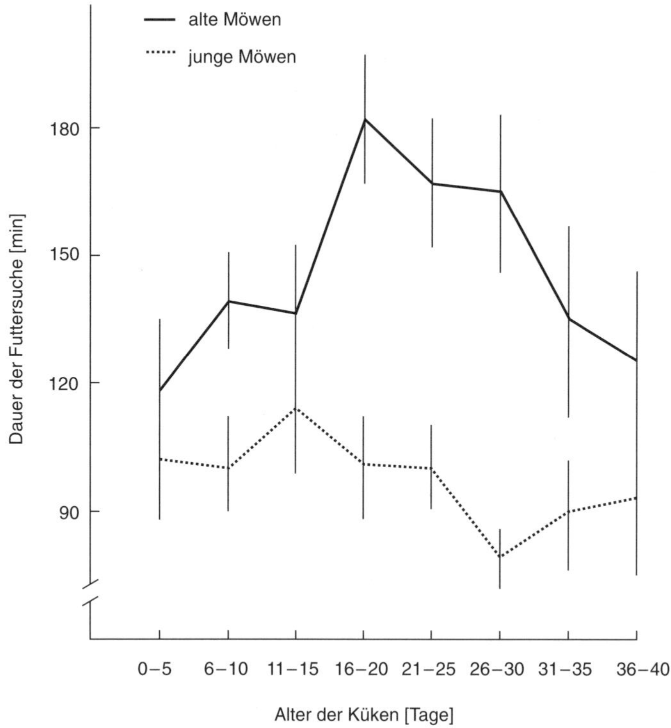

Abb. 4-12: Dauer des Nahrungssuchens (in min) für alte (11-17 Jahre) und junge (3-9 Jahre) Möwen *(Larus californicus)* nach Alter der Küken (aus Pugesek 1983).

die Beobachtung, dass die Fruchtbarkeit vieler Säugerweibchen mit dem Alter abnimmt, kein Gegenbeweis, denn eine mit dem Alter sich vermindernde reproduktive Leistung kann Ausdruck eines eigendynamischen Alterungsvorgangs sein und nicht mit vermindertem Reproduktionsaufwand zurückgehen.

Die kalifornischen Möwen jedenfalls leisten im Alter mehr, indem sie angestrengter (häufiger und länger) als jüngere Tiere auf Nahrungssuche gehen. Ergebnis ist ein vergrößertes Gelege, weil mehr Ressourcen in die Eiproduktion gesteckt werden können, und später ein vermehrter Aufwand beim Füttern der geschlüpften Jungtiere (Abb. 4-12). Außerdem endet die gesamte Phase der Elternfürsorge bei jungen Tieren schon nach rund 48 Tagen, während sich alte Tiere im Mittel 54 Tage um ihre Brut kümmern.

Auch auf eine andere Weise lässt sich der erhöhte Einsatz von älteren Vögeln belegen. Sie sind häufiger bereit, ihr Nest gegen räuberische Artgenossen zu verteidigen und so ihre Brut zu schützen. Nicht selten bezahlen sie ihren persönlichen Einsatz bei der Brutfürsorge mit ernsthaften, sogar tödlichen Verletzungen. Dies scheint sich aber auszuzahlen, denn ältere Möwen erreichen im Mittel einen höheren Aufzuchtserfolg als jüngere.

Es lohnt sich eben für langlebige Organismen, in jungen Jahren nicht gleich alles zu geben, sondern einen Abgleich zwischen Reproduktionsaufwand und -kosten herzustellen. Dabei liefert die altersbedingte Abnahme des Resteproduktionswerts die evolutionäre Begründung für den erhöhten reproduktiven Einsatz älterer Individuen.

Die gleiche evolutionäre Gesetzmäßigkeit gilt sinngemäß auch bei Veränderungen des Reproduktionswerts innerhalb des Jahresgangs. Mit fortschreitender Brutsaison nimmt die Möglichkeit von Vogeleltern ab, ein zweites oder drittes Gelege zu produzieren, d. h. der elterliche Reproduktionswert verringert sich innerhalb einer Altersklasse in dem gleichen Maße wie die Chancen nochmaligen Brütens schwinden. Und tatsächlich nimmt – bei gleichem Alter der Eltern – der **Reproduktionsaufwand über den Saisonverlauf** zu (z. B. Thornhill 1989 für Bankivahühner, *Gallus gallus*, kritischer Überblick bei Montgomerie und Weatherhead 1988). Vergleichbares gilt für Fische (z. B. Poizat et al. 1999 für Dreistachelige Stichlinge *Gasterosteus aculeatus*).

Allerdings nimmt bei vielen Arten der Reproduktionswert einer Brut über die Saison hin ebenfalls ab, weil spätgeborene Jungtiere verminderte Aussichten haben, den sich für sie rascher nahenden Winter zu überleben. Dies freilich wirkt in Richtung einer Senkung des Elternaufwands im Zusammenhang mit einer zweiten oder dritten Brut (Curio et al. 1984). Deshalb sind a priori-Vorraussagen über den Jahresverlauf des Reproduktionsaufwands schwierig.

4.2.3 Unterschiedliches Reproduktionspotenzial der Kinder

Elterninvestmenttheorie sagt voraus, dass Eltern bei der Kinderaufzucht umso mehr investive Kosten in Kauf nehmen sollten, d. h. umso bereitwilliger auf Teile ihres verbleibenden Reproduktionspotenzials verzichten sollten, je größer ihr Fitnessertrag aus diesem reproduktiven Einsatz voraussichtlich ausfallen wird. Die Höhe des auf das Lebenskonto der Eltern zu verbuchenden Fitnessbeitrags eines Kindes hängt dabei auch von dessen Reproduktionswert ab. Eine bestimmte Menge an Investment lohnt sich umso mehr, je effektiver dieses Investment den zukünftigen Reproduktionserfolg der Kinder begünstigt – sei es, weil es deren Überlebenschancen erhöht, deren Konkurrenzfähigkeit im Paarungswettbewerb vermehrt oder sonst wie die Reproduktionsaussichten der Kinder verbessert. Wie hoch das Reproduktionspotenzial der Nachkommen ist, das durch entsprechendes Investment der Eltern auch tatsächlich in Fitness umgesetzt werden könnte, kann von vier Dingen abhängen:

- der Vitalität
- der Wurf/Gelegegröße
- des Geschlechts und
- des Alters der Nachkommen.

4.2.3.1 Vitalität

Die natürliche Selektion wirkt gegen ein Brutpflegesystem, das Eltern dazu motiviert, gleich viel in die Aufzucht aller ihrer Nachkommen zu stecken, unabhängig davon, wie lebensfähig diese in der arteigenen Lebenswelt eigentlich sind. Der Selektionsdruck ist offensichtlich dermaßen hoch, dass ein nach Lebenstauglichkeit abgestuftes Investment meist schon sehr früh in der Embryogenese zum Tragen kommt und dann auch zur Beendigung des Elternaufwands führen kann. Man schätzt, dass zwischen 50% und 78% aller menschlichen Konzeptionen spontan abortiert werden (Wasser 1990). Frühzeitige Beendigung des Elterninvestments wäre demnach in der Reproduktionsbiologie der Menschen die Regel und nicht die Ausnahme. Dies liegt an einem **Filtermechanismus**, der Frauen davor bewahrt, hohe Investmentkosten einzugehen, obwohl der heranwachsende Keim z. B. wegen genetischer Schäden nicht bis zur Geschlechtsreife überlebensfähig wäre und deshalb keine Aussicht auf eigene Reproduktion besitzt (Forbes 1997). Anstatt wegen 40 Wochen Schwangerschaft und zwei bis drei Jahre Stillens (was historisch wohl die Regel gewesen sein dürfte) insgesamt rund drei bis vier Jahre fruchtbare Lebenszeit in die Entwicklung einer Zygote ohne eigene Fortpflanzungsaussichten zu investieren, ermöglicht ein früher Abort die rasche Wiederaufnahme der Ovulation.

Aus diesen Gründen ist ein nach der Vitalität der Kinder unterschiedenes Elterninvestment eher ein physiologisches als ein Verhaltensphänomen. Wenn jedoch Kinder behindert zur Welt kommen, zeigt sich häufig ein vermindertes elterliches Investment auch im Verhaltensbereich. **Behinderte** sind einer überdurchschnittlichen Gefahr ausgesetzt, von ihren Eltern vernachlässigt, misshandelt oder umgebracht zu werden (für ethnographische Beispiele vergl. Daly und Wilson 1984; Hill und Ball 1996). In den USA ist ein solches Risiko für Kinder mit angeborenen Fehlbildungen wie etwa Spina bifida, Kiefer-Gaumen-Spalte und Down-Syndrom rund doppelt so hoch wie für körperlich unauffällige Kinder (Daly und Wilson 1981). Andere Studien weisen z. T. noch deutlich höhere Risiken aus.

Mann (1992) beobachtete das unterschiedliche Fürsorgeverhalten von US-Amerikanerinnen, die frühgeborene, untergewichtige Zwillinge zur Welt gebracht hatten, um der Frage nachzugehen, welches Zwillingskind ein Mehr an mütterlicher Aufmerksamkeit und Zuwendung erfährt. Es könnte etwa jenes sein,

- welches am meisten schreit und Bedürftigkeit signalisiert, weil es die mütterlichen Pflegeinstinkte am besten zu wecken versteht,
- welches durch ein babyhaft-freundliches Verhalten der Mutter am meisten Freude bereitet und sie narzisstisch belohnt,
- welches die meisten Entwicklungsdefizite aufweist, weil die Mütter motiviert sind, besondere Handicaps zu kompensieren, oder
- welches am vitalsten erscheint.

Wenngleich an einer sehr geringen Stichprobe erhoben, sind Manns (1992) Daten in ihrem Trend recht eindeutig: In ausnahmslos allen fünf untersuchten Familien genoss der jeweils gesündere Zwilling, unabhängig von seinem Verhalten, eine mütterliche Bevorzugung (Abb. 4-13).

Dies deutet auf einen psychologischen Mechanismus im menschlichen Brutpflegesystem, der die Lebens- und Reproduktionsfähigkeit der eigenen Kinder prüft und danach das elterliche Engagement portioniert. Drohen Investitionen in Kinder mit verminderten Lebens- und Reproduktionschancen mehr elterliches Reproduktionspotenzial zu binden als sie an Fitnessgewinn erwarten lassen, sind Eltern eher bereit, ihr Investment zu beenden, als wenn die Kinder nach Maßgabe ihrer physischen Konstitution als vielversprechende Hoffnungsträger für die Weitergabe des eigenen Erbguts gelten können.

Erst kürzlich ist eine weitere, weniger augenfällige mütterliche Strategie entdeckt worden, nach Maßgabe der kindlichen Vitalität differenziert zu investieren. Sie reflektiert einen Effekt des *good genes*-Prozesses der sexuellen Selektion. Danach sollten Nachkommen, die von begehrten *high quality* Männchen gezeugt werden, im Durchschnitt fitter sein, weil sie die „besseren Gene“ mitbekommen haben (s. 3.1.1.2). Mütter hätten

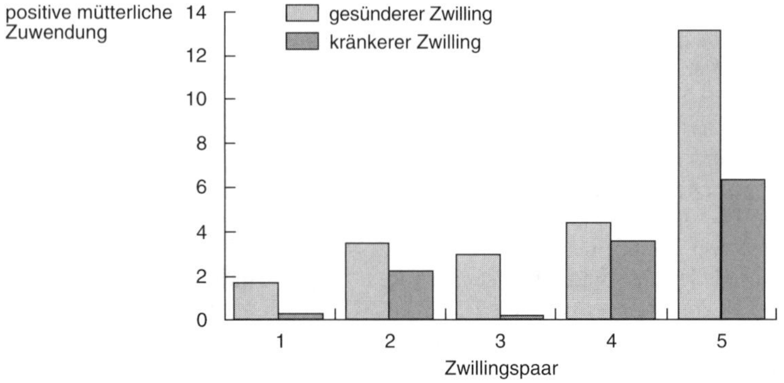

Abb. 4-13: Positive Zuwendung von 5 Müttern ihren 8-Monaten alten Zwillingskindern gegenüber, unterschieden nach dem Gesundheitszustand der Babies (aus Mann 1992).

dann guten Grund, ihren Aufwand gemäß dieser auf die Väter zurückgehenden **genetischen Qualitätsunterschiede** zu dosieren. Dass sie dies auch tun ist beispielsweise von Rauchschwalben *(Hirundo rustica)* bekannt (De Lope und Møller 1993): Je attraktiver das Paarmännchen, desto höher der weibliche Aufwand bei der Jungenaufzucht (Abb. 4-14). Pfauen *(Pavo*

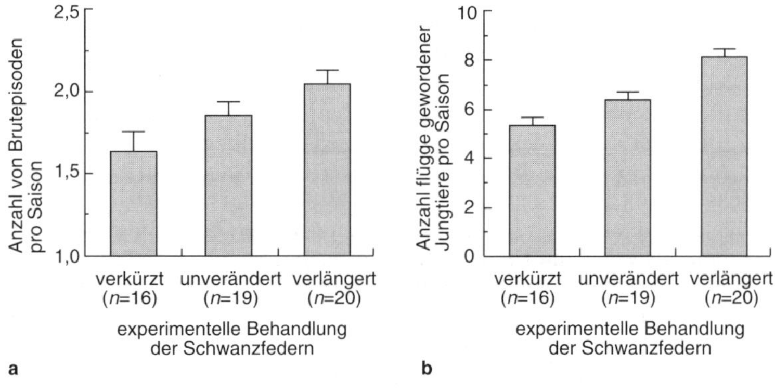

Abb. 4-14: Anzahl der Bruten pro Saison (a) und Anzahl der flügge gewordenen Jungtiere pro Saison (b) für Rauchschwalben (Hirundo rustica), je nachdem ob dem Paarmännchen die Schwanzfedern verkürzt oder verlängert wurden (sehr attraktiv) oder ob sie unbehandelt blieben (aus De Lope und Møller 1993).

cristatus) und Birkhühner *(Tetrao tetrix)* legen mehr Eier, wenn sie von attraktiven Männchen begattet wurden (Petrie und Williams 1993; Rintamäki et al. 1998), und Blaumeisen *(Parus caeruleus)* produzieren mehr männliche Nachkommen, wenn die Väter besonders fit sind (Svensson und Nilsson 1996), ebenso wie Halsbandschnäpper *(Ficedula albicollis)* (Ellegren et al. 1996).

Wie man jetzt von Zebrafinken *(Taeniopygia guttate)* weiß (Gil et al. 1999), kann bereits vor der Eiablage ein nach Maßgabe der väterlichen Qualität differenzielles Investment stattfinden, und zwar in Form einer unterschiedlichen Einlagerung von Testosteron in die Eier. Küken, die aus Eiern mit einer hohen Konzentration dieses Sexualhormons hervorgehen, gedeihen besser und werden, nachdem sie flügge geworden sind, mit größerer Wahrscheinlichkeit andere Vögel dominieren. Wenngleich sicher ist, dass die Testosteroneinlagerung der Mutter Kosten verursachen muss – sonst gäbe es kein Allokationsproblem und alle Küken könnten im gleichen Umfang versorgt werden – ist allerdings bislang noch unklar, worin genau die Kosten bestehen.

4.2.3.2 Gelege-/Wurfgröße

Bei eher r-selektierten Arten, also solchen, die von der natürlichen Selektion auf hohe Vermehrungsraten eingerichtet wurden (s. 4.1.2.2), hängt der Nutzen von Fortpflanzung vor allem von der Zahl der Nachkommen ab. Fische, die beim Umherstreifen ihre Brut zusammenhalten und vor Räubern schützen, behüten ihre Nachkommen als Schwarm, so dass sich der Elternaufwand auf die Brut als Ganzes bezieht. Gemäß soziobiologischer Theorie sollte man erwarten, dass das Elterninvestment umso größer ausfällt, je mehr Reproduktionspotenzial die Jungtiere bilden. Entsprechend sollten Fische die Stärke ihrer Brutverteidigung danach ausrichten, wie zahlenmäßig stark ihre Nachkommenschaft ist. Dies hat man experimentell geprüft, indem man die Zahl der Jungtiere entweder künstlich erhöht oder verringert hat (Carlisle 1985 für die zentralamerikanischen Buntbarsche *Aequidens coeruleopunctatus*). Das Ergebnis ist eindeutig: Die Weibchen verteidigen nach dem experimentellen Eingriff ihre Brut weniger ausdauernd als vorher, wenn diese zahlenmäßig verringert wurde, aber intensiver, nachdem man ihre Kopfzahl künstlich vermehrt hat. Je mehr es zu verteidigen gilt, desto mehr Einsatz wird gezeigt. Entsprechendes gilt für Vögel (z. B. Wiklund 1990 für Merline, *Falco columbarius*, oder Windt und Curio 1986 für Kohlmeisen, *Parus major*).

Ein nach Wurf- oder Gelegegröße unterschiedliches Elterninvestment zeigt sich nicht nur in der Verteidigungsbereitschaft, sondern auch in einer unterschiedlichen Bereitschaft, überhaupt in eine Nachkommenschaft zu investieren bzw. sie ganz aufzugeben. Ein von Anfang an kleines Gelege oder ein hoher Brutverlust durch Räuber oder Parasiten verringert den Ertrag des Reproduktionsaufwands. Dies könnte Eltern dazu veranlassen, ihr Investment vorzeitig zu beenden, um einen erneuten Fortpflanzungsversuch – dann mit erhöhter Nachkommenzahl – zu starten. Oder sie könnten so die reproduktiven Kosten für die nächste Brutsaison sparen.

Genau diesem Grundsatz folgen weibliche Blauflügelenten *(Anas discors)*. Armstrong und Robertson (1988) haben durch Entfernen einiger Eier die Gelegegröße unterschiedlich klein gehalten und beobachtet, mit welcher Wahrscheinlichkeit die Weibchen die so experimentell veränderten Nester aufgeben (Abb. 4-15). Verlust bis rund zu einem Drittel der Eier wurde von den Weibchen toleriert. Zwei Drittel Brutreduktion und mehr hingegen führten in jedem Fall zur Aufgabe des ganzen Nests.

Auch einige weibliche Säuger verfügen über einen adaptiven Mechanismus, mit dessen Hilfe sie Entscheidungen über die Fortsetzung oder Beendigung ihres intrauterinen Investments treffen. Dabei spielt die Embryonenzahl eine maßgebliche Rolle. Hausschweine *(Sus scrofa domesticus)* beenden eine Trächtigkeit, wenn sich am zwölften Tag weniger als fünf Embryonen eingenistet haben (Polge et al. 1966). Dies hilft der Sau, wert-

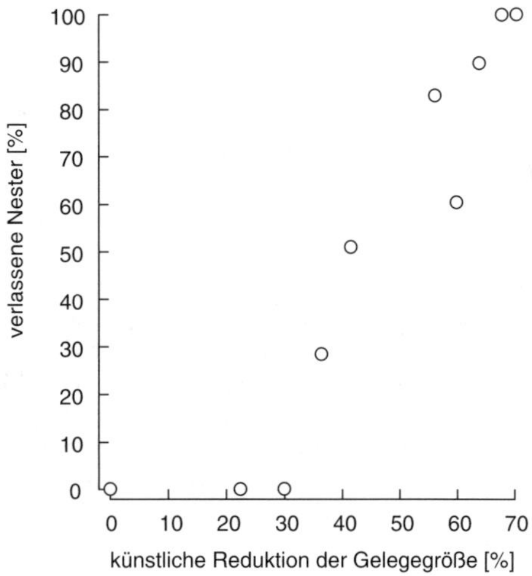

Abb. 4-15: Wahrscheinlichkeit der Nestaufgabe nach experimentell verringerter Gelegegröße für Blauflügelenten *(Anas discors)* (aus Armstrong und Robertson 1988).

volle, ansonsten nicht optimal eingesetzte reproduktive Zeit (115 Tage Trächtigkeit, 55 Tage Säugen) zu sparen. Fitnesskosten, die durch den Verlust der bereits angelegten Embryonen entstehen, werden mehr als ausgeglichen, wenn sich zehn Tage nach Beendigung des mütterlichen Investments eine neue Trächtigkeit mit den durchschnittlichen acht bis neun Embryonen anschließt (Taborsky 1985; Wickler und Seibt 1983b). Deshalb lohnt sich in der Lebensreproduktionsbilanz ein möglichst früher Abort kleinzähliger Würfe bei Arten mit sonst hohen Vermehrungsraten.

4.2.3.3 Geschlecht

Von einigen interessanten Ausnahmen abgesehen (Clutton-Brock 1991), investieren die Arten in etwa gleich viel in die Herstellung und Aufzucht von Männchen und Weibchen. Das schlägt sich in einem bei der Geburt annähernd ausgeglichenen Geschlechterverhältnis (**sekundäre Sexualproportion**) nieder. Eine die Sexualproportion verschiebende Mutation hätte keine Chance, evolutiv fixiert zu werden, weil angesichts zweigeschlechtlicher Fortpflanzung der durchschnittliche Reproduktionserfolg von Männchen und Weibchen zwangsläufig gleich hoch sein muss.

Man kann sich diesen Grundsatz in einem Gedankenexperiment leicht vergegenwärtigen. Einmal angenommen, aufgrund einer zufälligen Laune der Natur würde eine Art Männchen und Weibchen im Verhältnis von 1:10 hervorbringen. Wenn das eine Männchen sich mit allen zehn Weibchen fortpflanzt, ist sein Reproduktionserfolg zehnmal größer als der jedes einzelnen Weibchens. Wären Männchen und Weibchen in der Herstellung gleich teuer, könnten Mütter ihren Reproduktionserfolg verzehnfachen, wenn sie anstatt eine Tochter zu produzieren, einen Sohn großzögen. Eine Tochter brächte ja für sie nur einen Enkel, ein Sohn hingegen zehn. Ein starker Selektionsdruck würde dafür sorgen, dass der Anteil der Söhne produzierenden Mütter in der Population zunimmt, bis schließlich die Sexualproportion wieder das 1:1-Verhältnis erreicht hätte.

Diese Einsicht geht auf Fisher (1930) zurück, der – ohne die erst viel später formulierte Semantik benutzt zu haben – zum erstenmal eine „evolutionsstabile Strategie (ESS)“ beschrieben hat: Jede Abweichung von dem ausbalancierten Verhältnis der beiden Strategien „männlich“ und „weiblich“ würde von der sexuellen Selektion korrigiert. Genaugenommen macht das **Fishersche Prinzip** jedoch eine präzisere Vorhersage als die einer ausgeglichenen Geschlechterrelation. Korrekt formuliert lautet es: Diejenige Sexualproportion ist evolutionär stabil, bei der der Fitnessertrag pro Einheit Investment in Söhne bzw. Töchter gleich hoch ist. Man beachte, dass damit die Frage der relativen Kosten für Söhne und Töchter in den Vordergrund rückt. Das 1:1-Verhältnis ist – wenngleich häufig beobachtet – letztlich nur ein Spezialfall des Fisherschen Prinzips, nämlich wenn gleichhohe Investmentkosten für Söhne und Töchter zu Buche schlagen. Einmal angenommen, die Aufzucht eines Sohnes sei doppelt teuer sei wie die einer Tochter: Dann müsste der männliche Reproduktionserfolg im Durchschnitt doppelt so groß sein wie der weibliche, damit sich ein Sohn lohnt. Dies erfordert ein Geschlechterverhältnis von 1 Männchen : 2 Weibchen, was aber wiederum bedeutet, dass das Gesamtinvestment in beide Geschlechter gleich groß ist. Der doppelt so hohe Preis wird durch die halbe Produktionsmenge ausgeglichen, und damit ist der Gesamtaufwand für beide Geschlechter auch unter den 1:2-Bedingungen gleich hoch. Formal lässt sich das nach Trivers (1985) folgendermaßen ausdrücken:

$$K_m \times M = K_w \times W$$

Wenn das Produkt aus den Investmentkosten zur Herstellung eines Männchens *(K_m)* mit der Zahl der Männchen *(M)* gleich ist dem Produkt aus den Investmentkosten für die Herstellung eines Weibchens *(K_w)* mit der Zahl der Weibchen *(W)*, ist der Gesamtaufwand in beide Geschlechter gleich. Und genau ein solcher austarierter Zustand wird von der sexuellen Selektion aufrechterhalten. Häufig zeigt sich dies in dem 1:1-Verhältnis der Geschlechter bei der Geburt.

Dieses Prinzip erklärt auch **schiefe Geschlechterverteilungen**: Männliche Larven einiger solitärer Wespen- und Bienenarten brauchen zu ihrer Entwicklung mehr Nahrungsvorräte als weibliche. Dementsprechend müssen ihre Mütter für sie größere Brutzellen anlegen und diese mit mehr Nahrung ausstatten. Trivers und Hare (1976) konnten für Stechwespen zeigen, wie das umgekehrte Verhältnis der Brutzellengröße von männlichen und weiblichen Larven die Sexualproportion widerspiegelt: Je relativ teurer die Herstellung von Söhnen ist, d. h. je größer ihre Brutzellen ausfallen, desto seltener werden sie gezeugt.

Ein vergleichbares Beispiel unter Säugern liefern Schwarze Klammeraffen *(Ateles paniscus)*. Die Neugeborenen weisen ein Verhältnis von 37,5 Männchen zu 100 Weibchen auf (Symington 1987). Gemäß dem Fisherschen Prinzip kann allein aufgrund dieses Befunds vorhergesagt werden, dass das seltenere Geschlecht mehr Investment erfordert. Und tatsächlich werden Söhne 36 Monate gestillt, Töchter hingegen nur 29. Auch werden Söhne deutlich länger von ihren Müttern nachgeburtlich getragen.

Eine eventuell vorhandene geschlechtstypische Kindersterblichkeit beeinflusst die relativen Kosten für Söhne und Töchter. Wenn während der Jugendzeit mehr männliche als weibliche Nachkommen sterben (wie dies bei einigen Säugern, einschließlich des Menschen der Fall ist), ist der durchschnittliche Aufwand für jeden konzipierten Sohn geringer als für jede konzipierte Tochter, was nach der Logik des Fisherschen Prinzips eine Überproduktion von Söhnen (dem billigeren Geschlecht) nach sich zieht. Beobachtet man unter den Heranwachsenden eine zu einem Geschlecht hin verschobene Sexualproportion, kann deshalb eine Übersterblichkeit dieses Geschlechts vermutet werden.

In „Helfer-am-Nest-Gesellschaften" (s. 2.1.1.5) kann es zu einer Überproduktion des helfenden – in Vogelpopulationen typischerweise des männlichen – Geschlechts kommen (Emlen et al. 1986). Weil die Helfer einen Teil der in sie getätigten Investitionen in Form ihrer unterstützenden Beteiligung an der Aufzucht weiterer Jungtiere zurückzahlen, ist ihr Nettopreis geringer als der eines Weibchens. Je nach Bedeutung ihres Hilfeverhaltens für die Fitness der Elterntiere wird die natürliche Selektion eine zugunsten des Helfergeschlechts verschobene Geschlechterproportion stabilisieren (z. B. Gowaty und Lennartz 1985 für Dreizehenspechte, *Picoides borealis*, Komdeur 1997 et al. für Seychellen-Rohrsänger *Arcocephalus sechellensis*). Auch dies entspricht dem Fisherschen Prinzip einer Überproduktion des „billigeren" Geschlechts.

Zu besonderer Anwendung kommt das Fisher-Prinzip, wenn ein Geschlecht auch noch nach Erreichen der sexuellen Reife im Streifgebiet seiner Eltern bleibt und in Konkurrenz zu diesen tritt. In solchen Situationen sollte vermehrt dasjenige Geschlecht produziert werden, das abwandert (bei Säugern häufig die Männchen) und deshalb die nachfolgende Reproduktion der Eltern nicht beeinträchtigt, denn in der Netto-Bilanz ist es das billigere (z. B. Caley und Nudds 1987 und Verme 1989 für Weißwedelhirsche, *Odocoileus virginianus*, Clark 1978 für Riesengalagos, *Galago crassicaudatus*, Holekamp und Smale 1995 für Tüpfelhyänen *Crocuta crocuta*, McShea und Madison 1986 für Wiesenwühlmäuse, *Microtus pennsylvanicus*, Perret 1990 für Mausmakis, *Microcebus murinus*). **Konkurrenzminderung durch unterschiedliches Elterninvestment** kann eine vorteilhafte Strategie sein, ob sich nun die Konkurrenz der ortstreuen Tiere vorrangig um Geschlechtspartner (*local mate competition*: Hamilton 1967) oder Ressourcen (*local resource competition*: Clark 1978) abspielt.

Fishers Prinzip gilt auch bei extremer Inzucht. Konkurrieren beispielsweise ausnahmslos Brüder um Zugang zu ihren Schwestern, sollte sich die Sexualproportion auch dann zugunsten der Weibchen verschieben, wenn die tatsächlichen Investmentkosten für Söhne und Töchter gleich sind. Eine 1:1-Geschlechterrelation wäre für die Eltern unter diesen verwandtschaftlichen Bedingungen unvorteilhaft, weil unnötige reproduktive Konkurrenz unter ihren Söhnen entstehen würde. Fitnessmaximierung gelingt hingegen durch eine Überproduktion von Töchtern. Nur so viele Männchen sollten gezeugt werden, wie zur Begattung aller Weibchen notwendig sind. Solche Fortpflanzungssysteme gibt es unter Milben und Insekten, und von Säugern ist das Beispiel der Waldlemminge *(Myopus schisticolor)* einigermaßen bekannt geworden. Ökologische Besonderheiten begünstigen gelegentliche Inzucht in isolierten Restpopulationen, so dass eine Sexualproportion von rund 1:4 das evolutive Optimum bildet (Stenseth 1978).

Die Fishersche Prognose eines ausgeglichenen Investments in beide Geschlechter gilt nur für Betrachtungen auf Populationsebene. Innerhalb einer Population kann es für einzelne Individuen durchaus vorteilhaft sein, auf Kosten des einen vermehrt in das andere Geschlecht zu investieren, weil sich das unterschiedliche Reproduktionspotenzial der beiden Geschlechter je nach Lebenssituation unterschiedlich realisieren kann. Dies bedarf einer beispielhaften Erläuterung:

In polygynen Fortpflanzungssystemen kann je nach Haremsgröße ein Männchen einen wesentlich höheren Reproduktionserfolg erzielen, als ein Weibchen aufgrund seiner physiologischen Beschränkungen jemals erzielen könnte. Bei Fortpflanzung mit vier Haremsweibchen beispielsweise erreicht ein Männchen den vierfachen Reproduktionserfolg eines Weibchens. Dafür müssen drei Männchen zwangsläufig leer ausgehen, so dass eine größere Streuung des Reproduktionserfolgs unter Männchen als unter Weibchen entsteht.

Wegen dieses Geschlechtsunterschieds in den Varianzen des Reproduktionserfolgs beeinflussen die vorherrschenden Lebensumstände den Reproduktionserfolg von Männchen und Weibchen unterschiedlich. Fort-

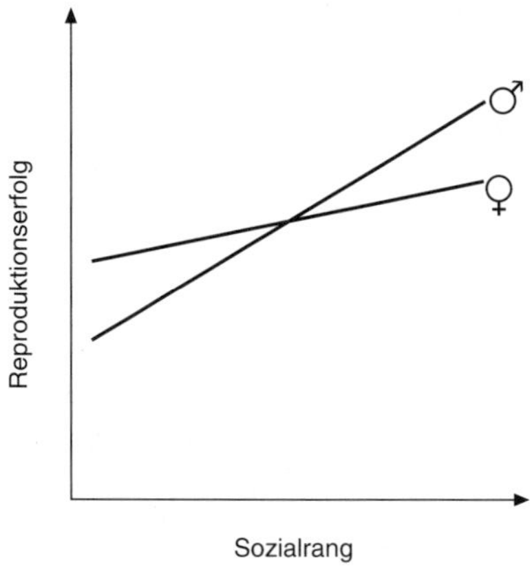

Abb. 4-16: Die unterschiedliche Abhängigkeit des Reproduktionserfolgs von Männchen und Weibchen vom Sozialrang.

pflanzungsförderliche Bedingungen (wie z. B. ein hoher Sozialrang) erhöhen den Reproduktionserfolg von Männchen mehr als den von Weibchen, während umgekehrt ungünstige Bedingungen den Reproduktionserfolg von Männchen mehr drosseln als den von Weibchen (Abb. 4-16).

Dies lässt sich am Beispiel der Rothirsche *(Cervus elaphus)* empirisch untermauern (Clutton-Brock et al. 1984). Aufgrund ihrer bevorteilten Stellung im Sozialsystem können ranghohe Hirschkühe mehr in die Aufzucht ihrer Nachkommen stecken als rangniedere. Dies macht sich auf vielfältige Art bemerkbar und zeigt sich letztlich in einer verbesserten Überlebenschance und körperlichen Verfassung der Kälber ranghoher Mütter. Dieser Entwicklungsvorsprung zahlt sich vor allem für Söhne aus, denn deren Erfolg in der Paarungskonkurrenz ist in erster Linie eine Funktion ihrer Physis. Folglich hängt der Reproduktionserfolg von Männchen (Abb. 4-17), nicht aber der von Weibchen (Abb. 4-18) vom Sozialrang ihrer Mütter ab.

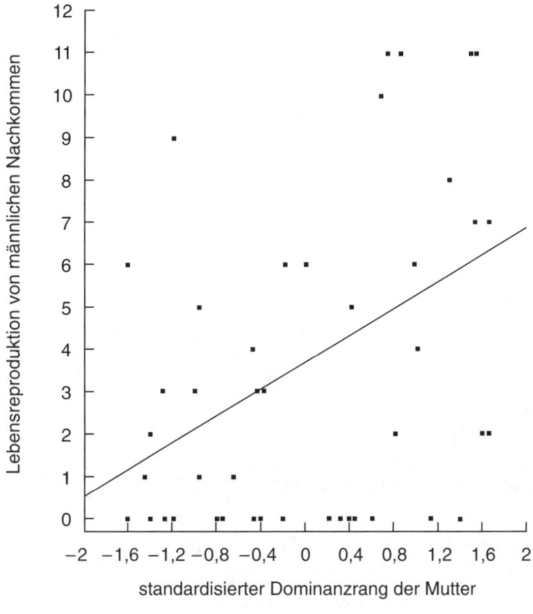

Abb. 4-17: Lebensreproduktionserfolg (gemessen in gezeugten Kälbern, die mindestens ein Jahr alt geworden sind) von männlichen Rothirschen *(Cervus elaphus)* nach dem Dominanzrang ihrer Mütter (aus Clutton-Brock et al. 1984).

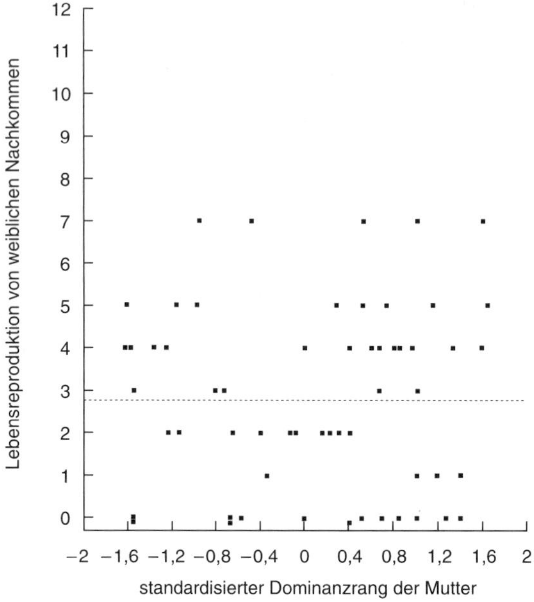

Abb. 4-18: Lebensreproduktionserfolg (gemessen in geworfenen Kälbern, die mindestens ein Jahr alt geworden sind) von Rothirschkühen *(Cervus elaphus)* nach dem Dominanzrang ihrer Mütter (aus Clutton-Brock et al. 1984).

Vergleichbare Verhältnisse finden sich bei Berberaffen *(Macaca sylvanus)*. Söhne hochrangiger Mütter erreichen einen deutlich höheren Reproduktionserfolg als ihre niederrangig geborenen Geschlechtsgenossen (Abb. 4-19), während der Reproduktionserfolg eines Weibchens in wesentlich geringerem Ausmaß vom Sozialrang seiner Mutter abhängt (Paul und Kuester 1990).

Vor diesem Hintergrund wäre es doch für ranghohe Rothirsch- und Berberaffenmütter vorteilhaft, in Söhne zu investieren, während rangniedere Weibchen statistisch mehr Enkel erwarten können, wenn sie vermehrt Töchter in die Welt setzen. Und genau dieser Logik gehorchen Rothirsche und Berberaffen: Der Anteil männlicher Neugeborener nimmt mit dem Dominanzrang der Mütter zu (Tab. 4-4).

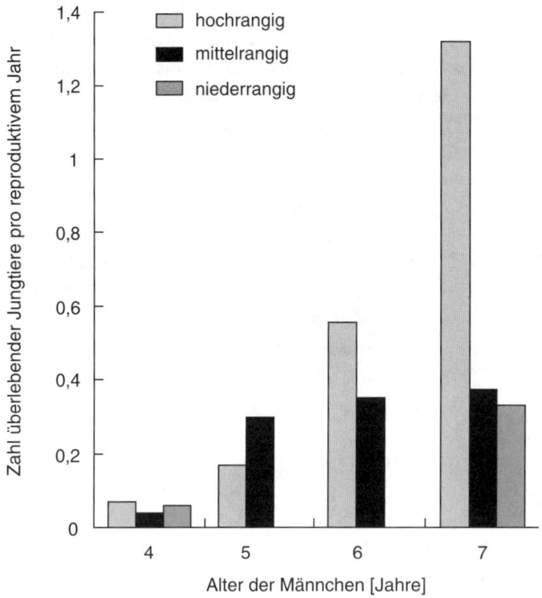

Abb. 4-19: Reproduktionserfolg (gemessen in der Zahl überlebender Jungtiere pro reproduktivern Jahr) für hochrangig, mittelrangig und niederrangig geborene Berberaffenmännchen *(Macaca sylvanus)* verschiedenen Alters (aus Paul et al. 1992).

Tabelle 4-4: Sekundäre Sexualproportion (Anzahl männlicher : 100 weiblicher Neugeborener) je nach Sozialrang der Mütter für Rothirsche *(Cervus elaphus)* und Berberaffen *(Macaca sylvanus)* (aus Clutton-Brock et al. 1984; Paul und Küster 1990).

Sozialrang	**Sexualproportion**	
	Rothirsche	Berberaffen
niedrig	88,8	90,5
mittel	116,9	95,7
hoch	153,6	138,1

Schon in den Anfängen soziobiologischer Theoriebildung haben Trivers und Willard (1973) genau diesen Zusammenhang zwischen mütterlichem Rang und dem Geschlechterverhältnis der Nachkommen vorhergesagt, ohne dass damals beweiskräftige Datensätze ihre Hypothese zu belegen vermochten. Seitdem sind hierzu an verschiedenen Arten eine Reihe von Studien durchgeführt worden, die eine zu Söhnen hin verschobene Sexualproportion unter den Nachkommen ranghoher Mütter, bzw. Mütter in guter körperlicher Verfassung nachweisen (z. B. Krackow und Hoeck 1989 und Meikle und Thornton 1995 für Hausmäuse, *Mus musculus*, Labov et al. 1986 und Pratt et al. 1989 für Syrische Goldhamster, *Mesocricetus auratus*, Cameron et al. 1999 für Wildpferde *Equus caballus*, Arnbom et al. 1994 für Südliche See-Elefanten *Mirounga leonina*).

Einige Hinweise sprechen dafür, dass auch Frauen die sekundäre Sexualproportion ihrer Kinder nach Maßgabe der Lebensumstände – ganz im Sinn der Trivers/Willard-Hypothese – beeinflussen können (Andersson und Bergström 1998; Bereczkei und Dunbar 1997; Betzig und Weber 1995; Chacón-Puignau und Jaffé 1996; Mackey 1993; Mealey und Mackey 1990; Mueller 1993; Winkler und Kirchengast 1994). Der physiologische Regelmechanismus, der dies steuert, ist jedoch noch nicht sicher identifiziert. Zwar gibt es zahlreiche gute Hinweise dafür, dass die Geschlechterdetermination hormoneller Kontrolle unterliegt (James 1994; Krackow 1995), jedoch gibt der genaue Mechanismus noch reichlich Rätsel auf.

Nun gibt es interessanterweise auch genau gegenläufige Befunde: Ranghohe weibliche Gelbe Babuine *(Papio cynocephalus)* und Indische Hutaffen *(Macaca radiata)*, teilweise auch Rhesusaffen *(Macaca mulatta)*, gebären mehr Töchter als Söhne (Altmann et al. 1988; Gomendio 1990; Silk 1988). Der Anpassungswert dieser Strategie ergibt sich aus den Besonderheiten des sozialen und reproduktiven Wettbewerbs innerhalb dieser Primatengesellschaften. Bei den genannten Arten konkurrieren Matrilinien (also Koalitionen genetisch eng verwandter Weibchen) untereinander, und je mehr (weibliche) Mitglieder sie enthalten, desto stärker und konkurrenzfähiger sind diese Verwandtschaftsgruppen. Dominante Weibchen sollten deshalb einerseits versuchen, ihre Stammlinie durch die Aufzucht von Töchtern zu stärken, und andererseits möglichst verhindern, dass Mütter aus den anderen Verwandtschaftsgruppen dasselbe tun. Töchter rangniederer Mütter erfahren deshalb überdurchschnittlich heftige Aggression durch die dominanten Weibchen (z. B. Gomendio 1990 für Rhesusaffen, *Macaca mulatta*, Silk et al. 1981 für Indische Hutaffen, *Macaca radiata*), weshalb es für rangniedere Mütter besonders schwer ist, ihre Töchter gegen die feindseligen Eingriffe der dominanten Mitkonkurrentinnen erfolgreich aufzuziehen.

Die Strategie der niederrangigen Weibchen zur Erhöhung ihrer Enkelzahl sollte deshalb auf ein Söhne-orientiertes Investment hinzielen. Söhne wandern mit der Geschlechtsreife ab und beeinflussen so nicht die Machtbalance in ihrer Gruppe. Deshalb werden sie eher geduldet, und ihre Aufzucht gelingt subdominanten Müttern leichter. Silk (1983) sieht hier ein erweitertes Prinzip der Konkurrenzminderung durch unterschiedliches Elterninvestment (s. o.) wirken.

Auch Rehe *(Capreolus capreolus)* und andere Ungulaten folgen diesem Prinzip: Weibchen in weniger guter Verfassung gebären mehr Söhne. Diese verlassen – besonders bei knapper Ressourcenlage – mit größerer Wahrscheinlichkeit und dann auch früher als Töchter das mütterliche Streifgebiet. Mit einem Söhne-orientierten Investment wird deshalb die Mutter/Kind-Konkurrenz minimiert und das mütterliche Potenzial für spätere Reproduktion geringst möglich in Mitleidenschaft gezogen (Hewison und Gaillard 1996).

Zunächst wurde kontrovers über die Gültigkeit der beiden Prinzipien geschlechtstypischen Elterninvestments diskutiert, weil man irrtümlicherweise das Prinzip der Konkurrenzminderung durch differenzielles Elterninvestment dem Trivers/Willard-Prinzip antithetisch gegenübergestellt sah. Inzwischen ist aber geklärt, dass beide Prinzipien in ihren Grundaussagen übereinstimmen: Eltern investieren – unter sonst gleichen Bedingungen – mehr in dasjenige Geschlecht, dessen Reproduktionspotenzial sich voraussichtlich effektiver in Fortpflanzungserfolg umsetzen wird. Für diese Regel hat sich inzwischen **Trivers/Willard-Prinzip** als Bezeichnung durchgesetzt. Welches Geschlecht vermehrt als Hoffnungsträger für die Weitergabe des eigenen Erbguts in Frage kommt, hängt von den besonderen sozio-ökologischen Rahmenbedingungen ab (Clutton-Brock 1991; Dittus 1998; Gowaty 1993; Hewison und Gaillard 1999; Van Schaik und Hrdy 1991), und wie Holekamp und Smale (1995) für Tüpfelhyänen *(Crocuta crocuta)* gezeigt haben, können Änderungen in den Rahmenbedingungen zu sehr kurzfristigen Änderungen, ja geradezu auch zu Umkehrungen der sekundären Sexualproportion führen.

Bisher ging es um Varianzen in der sekundären Sexualproportion, die nach dem Trivers/Willard-Prinzip als vorgeburtliche Elterninvestmentunterschiede verstanden werden können. Mit gleicher Berechtigung lässt sich das Trivers/Willard-Prinzip auch zur Erklärung nachgeburtlicher Investmentunterschiede heranziehen.

- Wenn dominante Weibchen der Schimpansen des Taï-Waldes einen Sohn gebären, dauert es zwei Jahre länger bis zur nachfolgenden Geburt, als wenn sie eine Tochter zur Welt gebracht haben. Bei subdominanten Weibchen geht der Trend in die andere Richtung: Sie investieren knapp ein Jahr länger in die Aufzucht einer Tochter (Boesch 1997).

- Die erste und spätere Forschung nachhaltig beeinflussende anthropologische Studie zum nachgeburtlich unterschiedlichen Elterninvestment stammt von Dickemann (1979) und hat die Mädchenmorde in der nordindischen Gesellschaft zum Gegenstand. Während Angehörige hochrangiger Kasten (die Brahmanen) in Zeiten vor der englischen Kolonisation die überwiegende Zahl ihrer neugeborenen Mädchen umbrachten, taten dies die Angehörigen der niederen Kasten nicht. Grund für diesen Unterschied liefert das Heiratssystem. Während niederrangige Töchter – wenngleich mit enormen Mitgiftzahlungen – „nach oben" verheiratet werden konnten, sich mit der Aufzucht von Töchtern also vielversprechende Aussichten auf höherrangige Enkel verbanden, waren die Töchter aus „gutem Hause" mangels geeigneter aufwärts orientierter Heiratsmöglichkeiten zum Zölibat verdammt. Dickemann verlängert ihr Modell auf andere stratifizierte Feudalgesellschaften wie das kaiserliche China oder das mittelalterliche Europa. Hier wurden hochrangige Töchter häufig ins Kloster gesteckt, um deren Reproduktionspotenzial zugunsten Söhne-orientierter Familieninteressen zu neutralisieren (vergl. auch Gaulin und Boster 1990; Hager 1992; Hill 1999).
- In den reicheren Familien Indiens und Bangladeshs wird Jungen relativ zu Mädchen mehr an Nahrung und medizinischer Versorgung gewährt als in den ärmeren Familien (Bairagi 1986; Basu et al. 1986), was bedeutet, dass in einer Gesellschaft mit einem ohnehin schon traditionell tief verwurzelten Männer begünstigenden Wertesystem der relative Vorteil, ein Sohn und nicht eine Tochter zu sein, mit dem Sozialstatus der Eltern zunimmt.
- Cronks (1989) Studie der Mukogodo (Kenia) belegt ein höheres Töchterinvestment in dieser Bevölkerungsgruppe. Die Mukogodo genießen bei ihren Massai- und Sambura-Nachbarn ein nur geringes Ansehen, weil sie erst kürzlich ihr Wildbeuterdasein aufgegeben haben und nur vergleichsweise kleine Viehherden besitzen. Auf dem Heiratsmarkt sind die Mukogodo-Töchter relativ preiswert, was ihnen recht gute Heiratschancen bei ihren Nachbarn verschafft. Dieser „Marktvorteil" lässt sie ihren Brüdern gegenüber reproduktionsstrategisch erfolgversprechender erscheinen. Eine Töchter bevorzugende Elternfürsorge mit dem Ergebnis einer Sexualproportion von nur 67,3 Jungen auf 100 Mädchen unter den von null- bis vierjährigen Kindern ist die Folge. Dass diese Schiefe nicht ganz ohne elterliches Zutun zustande kommt, offenbaren die Statistiken einer lokalen Arzneimittelausgabestelle. Zwei Drittel aller dort vorgestellten kranken Mukogodo-Kinder sind weiblich, während man in den benachbarten Bevölkerungsgruppen eher für einen kranken Sohn bereit ist, sich um medizinische Hilfe zu bemühen als für eine kranke Tochter (Cronk 1991).

- Der Mukogodo-Situation in gewisser Weise vergleichbar ist die der in Ungarn lebenden Roma. Für Mädchen bestehen gewisse Aussichten auf hypergame Einheiratung in die benachbarte ungarische Bevölkerung. Dies verleiht ihnen einen höheren Reproduktionswert als ihren Brüdern, und folglich und ganz im Einklang mit dem Trivers/Willard-Prinzip investieren Roma-Eltern im Durchschnitt mehr in ihre Töchter: sie werden länger gestillt als Söhne und bekommen eine längere Ausbildung (Bereczkei und Dunbar 1997).
- Für die USA beschreiben Gaulin und Robbins (1991) mütterliche Investmentunterschiede je nach Geschlecht der Kinder und zwar abhängig zum einen vom Familieneinkommen und zum anderen davon, ob die Mütter als Singles oder in einer Partnerschaft ihre Kinder aufziehen. Fünf von 14 statistischen Tests liefern Trivers/Willard-konforme Ergebnisse, keiner ein gegenteiliges Resultat. Beispielsweise nimmt die Wahrscheinlichkeit eines Sohnes, gestillt zu werden, mit dem Familieneinkommen zu, die einer Tochter nicht (Abb. 4-20). Und die in einer Partnerschaft lebenden Mütter stillen im Mittel Söhne länger als Töchter, Single-Mütter hingegen stillen Töchter länger als Söhne.

Nun gibt es interessanterweise auch hierzu wiederum genau gegenläufige Befunde. In der ostfriesischen Krummhörn nordwestlich von Emden bei-

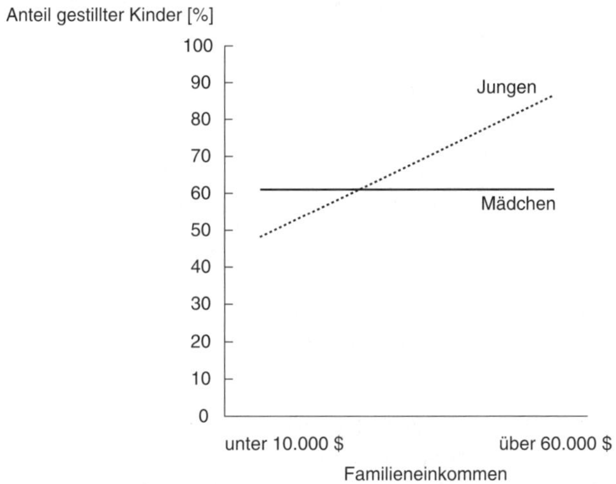

Abb. 4-20: Anteil gestillter Söhne und Töchter nach Familieneinkommen in den USA (aus Gaulin und Robbins 1991).

spielsweise starben im 18. und 19. Jahrhundert in den Bauernfamilien relativ mehr Jungen als Mädchen, und zwar mehr, als aufgrund der konstitutionellen Übersterblichkeit männlicher Säuglinge zu erwarten gewesen wäre.

Dass die Krummhörner Bauern männliche Säuglinge im Schnitt schlechter versorgten als weibliche, wäre evolutionsbiologisch verständlich, denn die Reproduktionsmöglichkeiten von Töchtern der großbäuerlichen Besitzelite waren weit besser als diejenigen der Söhne. Töchter hatten wesentlich höhere Heiratschancen als Söhne und waren nicht wie ihre Brüder durch Statuserwartungen daran gebunden, ihre eigene Familie in derselben Schicht zu gründen, der ihre elterliche Familie angehörte. Darüber hinaus wurden sie mit einem geringeren Erbe abgefunden als Söhne, waren also in rein ökonomischer Hinsicht „billiger". Da die Krummhörn im Westen durch die Nordsee begrenzt und zum Landesinneren hin durch einen Moorgürtel umgeben ist, war das fruchtbare Marschland recht bald bis an seine Grenzen kultiviert und in Besitzungen aufgeteilt worden. Es handelt sich ökologisch gesehen um ein so genanntes „gesättigtes Habitat". Die Zahl der Hofstellen blieb über Jahrhunderte praktisch unverändert, sank sogar eher leicht ab. Die Vererbung einer Hofstelle erfolgte in der Regel nach dem Jüngstenanerbenrecht, der Landbesitz ging ungeteilt an den jüngsten Sohn über. Die restlichen Geschwister wurden ausbezahlt. So konnte sehr häufig nur der den Betrieb erbende Sohn seinerseits ein Großbauerndasein führen. Das ganze sozio-ökologische Szenario muss so zwangsläufig zu Konkurrenz unter den Großbauernsöhnen um Lebens- und Reproduktionschancen geführt haben.

Man hat diese Situationen, die in durchaus vergleichbarer Form auch aus dem Tierreich bekannt sind, als so genanntes *local resource competition*-Szenerie beschrieben. Viele Arten vor allem unter Vögeln (Gowaty 1993) aber auch unter Säugern (Clutton-Brock und Iason 1986; Hewison und Gaillard 1999) und hier wieder besonders unter Primaten (Clark 1978; Dittus 1998; Hiraiwa-Hasegawa 1993; Johnson 1988; Van Schaik und Hrdy 1991) reagieren auf solche ökologisch beengten Bedingungen durch ein differenzielles Elterninvestment, um innerhalb der eigenen Nachkommenschaft eine Konkurrenzminimierung zu erreichen. Denn wenn sich die Nachkommen einer Familie untereinander Konkurrenz machen (oder in Konkurrenz zu ihren Eltern treten), weil alle Beteiligten auf dieselben begrenzten Ressourcen angewiesen sind, drückt das die elterliche Fitness und macht deshalb die Aufzucht dieses Geschlechts teurer. Gemäß des Fisherschen Prinzips sollten jedoch die erhöhten Pro-Kopf-Kosten durch eine geringere Stückzahl ausgeglichen werden (s. o.). Und genau dies taten die Krummhörner Marschbauern. Indem sie die Anzahl der männlichen, kapitalverbrauchenden Erben begrenzten, entschärften sie im Interesse einer Ressourcenkonzentration und einer Bündelung der Reproduktionschancen die Konkurrenz unter ihren Kindern.

Wenn es aber unter ökologisch gesättigten und demographisch stagnierenden Bedingungen wie in der Krummhörn darum gehen muss, über ein Niedrighalten der Anzahl möglicher Erben einen ökonomisch profitablen Hof zu erhalten, der der Verdrängungskonkurrenz standhält und so letztlich dem erfolgreichen Fortbestand der eigenen Linie dient, kann man erwarten, dass sich Fortpflanzungsstrategien herausbilden, die ihrem Wesen nach „konditional" sind und in denen die Anzahl der bereits in den Bauernfamilien lebenden Söhne und Töchter für die Eltern ein entscheidendes Kriterium für den Umfang ihres Investments in jedes weitere Kind darstellen. Und genau das finden wir in der Krummhörn vor. Während

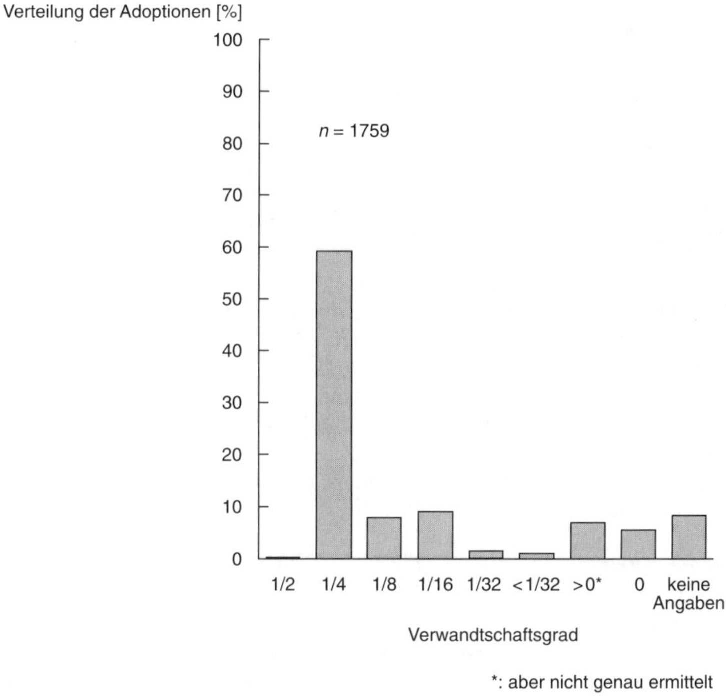

Abb. 4-21: Prozentuale Verteilung der Adoptionen nach Verwandtschaftsgrad für 11 ozeanische Gesellschaften (aus Silk 1980).

nämlich die Überlebenschancen aller Arbeitersöhne gleich gut (oder: gleich schlecht) waren, stieg demgegenüber das Sterberisiko der Bauernsöhne mit der Anzahl ihrer Brüder kontinuierlich an. Mit drei oder mehr lebenden Brüdern erreichte ihr Sterberisiko fast das Doppelte der Arbeitersöhne (Abb. 4-21).

Das Investment der Bauern (nicht aber der Arbeiter!) in männlichen Nachwuchs unterlag einem „Gesetz abnehmender Skalenerträge" *(law of diminishing returns)*: Mit jedem weiteren zusätzlich zum Erben überlebenden Sohn erhöhten sich zwar die „Reproduktionskosten" (allein schon wegen des zusätzlichen Erbteils), während aber der „Nutzen" jedes weiteren Sohnes (gemessen in Einheiten reproduktiver Fitness) nicht im gleichen Maße anstieg: Eine verringerte Heiratswahrscheinlichkeit und übrigens auch eine erhöhte Emigrationsrate verminderten die Fitnesserwartungen, die Bauerneltern mit jedem weiteren Sohn verbinden konnten, und entsprechend nahm das reproduktive Interesse an diesen Kindern kontinuierlich ab.

4.2.3.4 Alter

Unter sonst gleichen Bedingungen investieren Eltern umso bereitwilliger in ihre Nachkommen, je größer deren Reproduktionswert ist. Angesichts einer ständigen Bedrohung durch Jungensterblichkeit nimmt dieser bis zum Beginn der fekunden Lebensphase zu (Abb. 4-3), denn je älter ein Nachkomme ist, desto mehr Fährnisse des Lebens hat er bereits überwunden und desto wahrscheinlicher wird er sich selbst fortpflanzen können. Als methodischer Kunstgriff zur Darstellung dieses Zusammenhangs sind Nestverteidigungsexperimente geeignet. Man konfrontiert brütende Elternvögel mit ihren Predatoren (bzw. deren Attrappen) und misst die Stärke ihrer Verteidigungsreaktion. Im allgemeinen reagieren Vögel umso risikobereiter, je älter ihre Brut ist (Überblick: Montgomerie und Weatherhead 1988),

Im Einzelfall können allerdings andere Einflüsse als das Alter der Nachkommen nicht immer sauber ausgeschlossen werden kann. Beispielsweise könnte eine altersmäßige Zunahme der Nestverteidigung auf die sich für die Elterntiere ständig vermindernde Aussicht auf eine zweite Brut in derselben Saison zurückgehen (s. 4.2.2). Außerdem ist nicht auszuschließen, dass Elterntiere zunehmend Erfahrung gewinnen und die Nestverteidigung zunehmend effektiver gestalten. Trotz dieser Vorbehalte gegenüber einzelnen Studien gibt es inzwischen stichhaltige Belege für die Vorhersage der Elterninvestmenttheorie über eine – von anderen Effekten unabhängige – Zunahme der Brutverteidigung mit dem Alter der Jungtiere (z. B. Thornhill 1989 für Bankivahühner, *Gallus gallus*).

Vergleichbares sollte für andere Tiergruppen mit ausgeprägter Jungenfürsorge gelten. Die Literatur hierzu ist allerdings sehr spärlich. Der Einfluss des altersabhängigen Reproduktionspotenzials der Kinder auf elterliches Investmentverhalten ist bei Säugern praktisch noch kaum untersucht, und Verallgemeinerungen sind derzeit kaum möglich.

4.2.4 Verwandtschaft

4.2.4.1 Bevorzugung eigener Nachkommen

In der Stammesgeschichte sind zwei unterschiedliche Pfade zur Maximierung der reproduktiven Fitness entstanden, entweder über direktes Elterninvestment oder über Unterstützung von Blutsverwandten der genealogischen Seitenlinien („Nepotismus"). Sowohl die direkten Nachkommen eines Individuums als auch die seiner Verwandten tragen Kopien eines Teils von dessen Genen: Die Kinder – wegen der zweigeschlechtlichen Fortpflanzung – Kopien der Hälfte, Nichten und Neffen eines Viertels des Erbguts, und mit abnehmender genealogischer Nähe wird dieser Anteil in statistisch darstellbarer Weise geringer (s. 1.1).

Die natürliche Selektion wird deshalb zunächst alles Verhalten belohnen, was der Erhaltung und letztlich der Reproduktion der eigenen Kinder dienlich ist. Die Bereitschaft zur aufopfernden Elternfürsorge zu Gunsten des Gedeihens der eigenen Nachkommen und ihrer best möglichen Ausstattung mit Lebenschancen ist die zwangsläufige Folge des Darwinischen Prinzips. Ist dieser Weg – aus welchen Gründen auch immer – versperrt, ist Verwandtenunterstützung angesagt, eine wegen des genetischen „Verdünnungseffekts" zwar nicht ganz so effektive, aber unter Umständen einzige Möglichkeit, die Verbreitung eigener Gene voranzutreiben. Auf dieser Grundtatsache fußt unsere je nach Verwandtschaftsgrad fein abgestufte Bereitschaft zu Kooperation und Konkurrenz und parallel dazu unsere ebenfalls abgestufte Grundeinstellung der sozialen Affekte: Liebe zu den eigenen Kindern, Gleichgültigkeit gegenüber den weniger eng verwandten und Misstrauen gegenüber fremden Kindern.

Was in menschlichen Gesellschaften zur Alltagserfahrung gehört, nämlich eine nach Verwandtschaft gestaffelte Bereitschaft zu fürsorglichem Verhalten gegenüber Kindern, ist auch bei anderen Arten mit ausgeprägtem Elterninvestment zu beobachten. Vor allem dort, wo sich in großen Kolonien oder Sozialverbänden fortgepflanzt wird und deshalb reale Gelegenheiten des Verwechselns von Kindern gegeben sind, hat die natürliche Selektion Barrieren errichtet, die Fehlinvestitionen in fremden Nachwuchs ausschließen sollen.

Wie die natürliche Selektion gegen das Risiko von Fehlinvestitionen gewirkt hat, zeigen beispielhaft die Verhältnisse bei Uferschwalben *(Riparia riparia)*. Diese Vögel nisten in hunderten, manchmal tausenden eng benachbarten Bruthöhlen in den Steilufern von Fließgewässern. Jeweils ein Brutpaar besetzt ein Nest für sich. In den ersten beiden Wochen nach dem Schlüpfen bleiben die Jungtiere im Nest und werden dort von ihren Eltern gefüttert. Danach beginnen sie mit den ersten Flugversuchen, bleiben aber weiterhin auf die Versorgung durch die Alttiere angewiesen. Auch nach dem Verlassen des Nests füttern Eltern nur ihre eigenen Nachkommen und nicht etwa unterschiedslos alle bettelenden Jungtiere (Beecher et al. 1981). Manchmal verirren sich die Jungvögel in eine fremde Höhle. Sie werden dort nicht geduldet, sondern hinausgedrängt. Wenn Jungtiere verloren gehen, werden sie von ihren Eltern gesucht, häufig auch gefunden und an fremder Stelle – ggf. sogar in einer fremden Höhle – gefüttert. Uferschwalben erkennen also in dem verwirrenden Durcheinander ihrer Brutkolonie ihre eigenen Jungtiere. Übrigens reift dieses Vermögen nicht allmählich heran, sondern entwickelt sich schlagartig an den Tagen des Flüggewerdens. Austauschexperimente zeigen, dass Uferschwalben weder ihre Eier noch ihre nestabhängigen Jungtiere individuell zu erkennen vermögen. Mit den ersten Flugversuchen jedoch entwickelt sich ein persönlicher Erkennungsruf, der Eltern in die Lage versetzt, ihre Nachkommen sicher zu identifizieren (Beecher et al. 1981).

Bemerkenswert ist die Passgenauigkeit, mit der sich die **Jungenerkennung** vor dem Hintergrund der arttypischen Brutbiologie entwickelt. Je nachdem, wie bedrohlich unter natürlichen Bedingungen die Gefahr des Jungenaustauschs tatsächlich ist, entsteht die Fähigkeit zur Jungenerkennung in verschiedenen Phasen des Brutzyklus. Wenn bereits Eier vertauscht zu werden drohen – wie bei den in engster Nachbarschaft bodenbrütenden Königsseeschwalben *(Sterna maxima)* – lernen die Eltern, schon ihre Eier individuell zu erkennen (Buckley und Buckley 1972). Wenn andererseits überhaupt keine Verwechselungsgefahr droht – wie bei den felsenbrütenden Dreizehenmöwen *(Tissa tridactyla)*, deren Jungtiere absolut keine Chance haben, ihr Nest zu verlassen, bis sie voll flugfähig sind – lernen die Elterntiere möglicherweise überhaupt nie, ihre Nachkommen von anderen zu unterscheiden (Cullen 1957).

Entsprechendes gilt für Säuger. Wenn Verwechselung droht, lernen Mütter sehr schnell, ihre Jungtiere individuell zu erkennen. Wahrscheinlich ist das Absondern vieler Weibchen von ihrem Sozialverband für die Phase der Geburt, wie man es beispielsweise bei Huftieren beobachtet, als Anpassung zur Vermeidung von Kindsvertauschungen evolviert. Erst wenn die persönliche Bindung gefestigt ist, besteht kein Risiko mehr beim Wiederanschluss an die Herde. Andererseits können es sich einige höhlenbewohnende Nager leisten, auf die Fähigkeit zur individuellen Jungtiererkennung zu verzichten, weil es unter natürlichen Bedingungen gar nicht zu Kinderaustausch kommen kann.

Es drängen sich offensichtliche Gegenbeispiele auf, und zwar die europäischen Kuckucke mit ihren etwa 50 brutparasitierenden Arten und ihre amerikanischen Verwandten, die Kuhstärlinge mit drei Arten. Diese Vögel können nur deshalb existieren, weil sie das aufwendige Brutgeschäft an Wirtsvögel delegieren. Warum denn aber ziehen diese fremden Nachwuchs auf, zumal sie doch – zumindest wenn das Kuckucksküken geschlüpft ist – leicht erkennen können sollten, dass sie falsch investieren und damit nicht selten den kompletten Verlust der eigenen Brut riskieren.

Bislang sind zwei adaptive Szenarien beschrieben worden, um das bizarre und soziobiologisch so sperrige Phänomen des **zwischenartlichen Brutparasitismus** zu erklären. Soler et al. (1995) entfernten aus 29 Elster-Nestern *(Pica pica)* die Eier, die zuvor von Häherkuckucks *(Clamator glandarius)* hineingelegt wurden, und trotzdem lag der Reproduktionserfolg dieser Nester unter dem von vergleichbaren Kontrollnestern, die nicht parasitiert worden sind. Dieses kontraintuitive Ergebnis begründet sich aus einem gleichsam „mafiösen" Verhalten der Kuckucke. Sie zerstören nämlich jene Nester, aus denen ihre Eier entfernt worden sind und erzwingen so eine Art „Schutzgeld" von den Elstern. Die Rechnung geht auf, denn der heranwachsende Häherkuckuck verdrängt im Unterschied zu anderen Arten nicht die gesamte Nachkommenschaft seiner Wirtseltern. Dessen eingedenk ist die Akzeptanz des Parasiten zwar kostspielig, aber immer noch günstiger als die Zerstörung des gesamten Nests mitsamt der Brut.

Wenn aber, wie bei vielen anderen Arten die geschlüpften Kuckucke alle Nachkommen ihrer Wirteltern aus dem Nest drängen, wenn also totaler Brutverlust droht, taugt obiges Szenario nicht zu Erklärung. Die evolutionäre Persistenz des zwischenartlichen Brutparasitismus muss also noch einen anderen Grund haben. Das Rätsel wird zudem durch ein merkwürdiges Paradox begleitet. Viele Wirtstiere können zwar fremde Eier, nicht aber fremde Nestlinge von den eigenen unterscheiden.

Eine mögliche Lösung dieses seltsamen Widerspruchs schlägt Lotem (1993) vor und stellt dabei auf ein evolutives Wettrüsten zwischen Kuckuck und Wirtsvögel ab. Vögel lernen über prägungsähnliche Vorgänge, wie ihre Eier aussehen. Ihr erstes Ei dient gleichsam als Modell, und alle Eier, die sich davon unterscheiden, werden abgewiesen, weshalb Kukkucke die Eier ihrer Wirtsvögel möglichst perfekt nachzuahmen versuchen („Eiermimikrie"). Derselbe Lernmechanismus könnte, wenn es um Nestlinge geht, fatale Folgen haben, denn das erste (und dann letztlich einzige) Jungtier im Nest könnte ein Kuckuck sein. Ein darauf geprägter

Wirtsvogel würde sein Leben lang die eigene Brut abweisen, aber jedes Kuckucksküken akzeptieren. Vielleicht liegen in dieser Gefahr die Kosten, deretwegen Wirtsvögel nicht lernen, Kuckucksküken zu diskriminieren. Mit dieser Erklärung wird allerdings das Problem lediglich auf eine andere Frage gelenkt: Warum verfügen die Wirtsvögel nicht über eine „angeborene" Jungenerkennung?

4.2.4.2 Gemeinschaftliche Kinderaufzucht, Adoptiv- und Stiefverhältnisse

Einige Beobachtungen scheinen der Aussage des vorherigen Abschnitts über eine grundsätzliche Bevorzugung der eigenen Nachkommen zuwiderzulaufen, denn schließlich kennt man Beispiele für gemeinschaftliche Kinderaufzucht. Damit sind Szenarien gemeint, in denen Weibchen ihre eigenen Kinder aufziehen und zugleich auch fremde Kinder versorgen. Aus allen Säugetiertaxa kennt man das **Fremdsäugen**. Jungtiere holen sich Milch nicht nur von der eigenen Mutter sondern auch von anderen laktierenden Weibchen ihrer Sozialgruppe, und diese tolerieren das.

Lange Zeit galten Guanaco-Fledermäuse *(Tadarida brasiliensis mexicana)* als Paradebeispiel für ein unterschiedsloses Fürsorgeverhalten. Diese Tiere leben zu Tausenden – man hat sogar Ansammlungen mit Millionen Individuen beobachtet – in Höhlen, in denen die Weibchen jeweils ein Jungtier zur Welt bringen. Schon kurz nach der Geburt werden diese von ihren zur Nahrungssuche ausfliegenden Müttern an einer Art Sammelplatz zurückgelassen. Dort herrscht unter den Jungtieren ein ziemliches Gedränge auf engstem Raum. McCracken (1984) hat 4000 Kinder pro m^2 gezählt. Es erscheint unvorstellbar, dass die Fledermausmütter in einer solchen Massensituation eine reale Chance haben, nach ihrer Rückkehr ihr eigenes Baby wiederzufinden, so dass in früheren Untersuchungen der nahe liegende Schluss gezogen wurde, zurückkehrende Guanaco-Fledermäuse würden irgendeines der Jungtiere säugen – ohne Ansehen der Verwandtschaft.

Dies wäre in der Tat ein bemerkenswerter Sachverhalt, denn schließlich setzen die Mütter täglich 16% ihres Körpergewichts in Milch um, betreiben also einen beachtlichen energetischen Aufwand. Wenn sich das Säugen tatsächlich unterschiedslos vollzöge, müssten zweifellos „betrügerische" Tendenzen zu beobachten sein. Diejenigen Weibchen würden von der natürlichen Selektion begünstigt, die zwar ihre eigenen Jungtiere mit in den „Kinderhort" gegeben hätten, selbst aber ihre energetischen Reserven zurückhielten und sich nicht an der gemeinschaftlichen Versorgung der Babies beteiligten. Diese Mütter hätten sicherlich die besseren Überlebenschancen und letztlich den größeren Lebensreproduktionserfolg.

McCracken (1984) untersuchte 167 Weibchen/Kind-Paare in Hinblick auf ihre genetische Verwandtschaft – soweit das bestimmte serologische Merkmale und elektrophoretische Methoden zuließen. Sein Ergebnis ist verblüffend. Überzufällig häufig stillten die Fledermaus-Mütter genetisch verwandte Jungtiere. In nur 17% der Fälle handelte es sich definitiv nicht um Mutter/Kind-Paare. Das kaum Vorstellbare scheint bei diesen Tieren verwirklicht zu sein, nämlich ein unglaublich wirksamer Mechanismus zum Auffinden der eigenen Kinder im Chaos dieser unüberschaubaren Kinderstube.

Andererseits belegen die Daten aber auch eine ständige Gefahr der Ausbeutung der Muttertiere durch nicht verwandte Babies. Das Zurücklassen der Jungtiere in diesen Horten muss deshalb mit persönlichem Gewinn verbunden sein, der im Mittel die Kosten für gelegentliche Fehlinvestitionen aufwiegt. McCracken vermutet diesen Vorteil im Energiegewinn durch Wärmespeicherung.

Wenngleich vielerlei artspezifische Szenarien beschrieben worden sind, die aus diesen oder jenen Gründen Vorteile des Fremdsäugens auf für die milchspendenden Weibchen erkennen lassen (König 1997), sollte man nicht unbedingt in jedem Fall nach adaptiven Vorteilen suchen. Es könnte ja auch sein, dass ein System gemeinschaftlicher Kinderaufzucht als kostenneutrales Nebenprodukt einer ganz anderen Angepasstheit entstanden ist. Dies scheint bei Löwen *(Panthera leo)* zuzutreffen (Pusey und Packer 1994). Weibchen bilden Gruppen, um sich gemeinschaftlich und deshalb effizienter gegen infantizidale Männchen schützen zu können (s. 2.1.1.2), und im Zuge dieser engen Kooperation kann es dann zu einem gemeinschaftlichen Säugen kommen, ohne dass damit für die Weibchen spezifische Vorteile verbunden wären. Derartige „Nebenprodukte“ können freilich nur entstehen, wenn sie keine Kosten verursachen. Bei Löwen scheint diese Bedingung erfüllt, denn die Weibchen sind ja miteinander verwandt, so dass das Säugen nepotistischen Charakter hat. (Gleichwohl säugen Löwinnen bevorzugt ihre eigenen Babies).

Und schließlich ist nicht auszuschließen, dass Weibchen, wenn sie jung und in der Mutterrolle noch unerfahren sind, es einfach nicht immer verhindern können, wenn fremde durstige Jungtiere Milch zu stibitzen versuchen (z. B. Murphey et al. 1995 für Wasserbüffel *Bubalus bubalis*).

Einige substratbrütende Fische stehlen fremde Brut aus Nachbarterritorien, um sie mit der eigenen zu vermengen. Der adaptive Sinn solcher Adoptionen liegt in der Abmilderung des Raubdrucks (McKaye 1981). Predatoren werden in der Regel nur einen Teil des Nestinhalts erbeuten können, bevor sie von den Elterntieren vertrieben werden, und je mehr fremde Brut vorhanden ist, desto risikovermindernder wirkt der Verdünnungseffekt (s. 2.1.1.1).

Strauße *(Struthio camelus)* legen ihre Eier in größere Gemeinschaftsnester. Zwei bis sieben Hennen sind daran mit zusammen 30–40 Eiern beteiligt, aber nur eine Henne bewacht und bebrütet das Gelege. Ihre Kapazität reicht für nur ca. 20 Eier. Die überzähligen werden aus dem Nest gerollt und nicht weiter versorgt. Wie nicht anders zu erwarten, ist die Bruthenne selektiv und entfernt (fast) nur fremde Eier, während sie ihre eigenen im Nest belässt (Bertram 1979). Auch in diesem Fall dürfte der adaptive Grund für die Adoption fremder Eier in der Abpufferung des Beutedrucks via Verdünnungseffekt liegen und von daher ausbeuterisch und nicht etwa altruistisch motiviert sein.

Ausbeuterische Adoptionen sind auch aus menschlichen Gesellschaften bekannt, schließlich vermögen Kinder – je nach ethno-historischer Situation – in vielfältiger Weise zum Familieneinkommen beizutragen und einen Nettonutzen für die Adoptiveltern zu erwirtschaften. Aber einmal abgesehen von eindeutig egoistisch motivierten Fällen – von Liebe und Fürsorge getragene Adoptionen werden immer wieder als Argumente

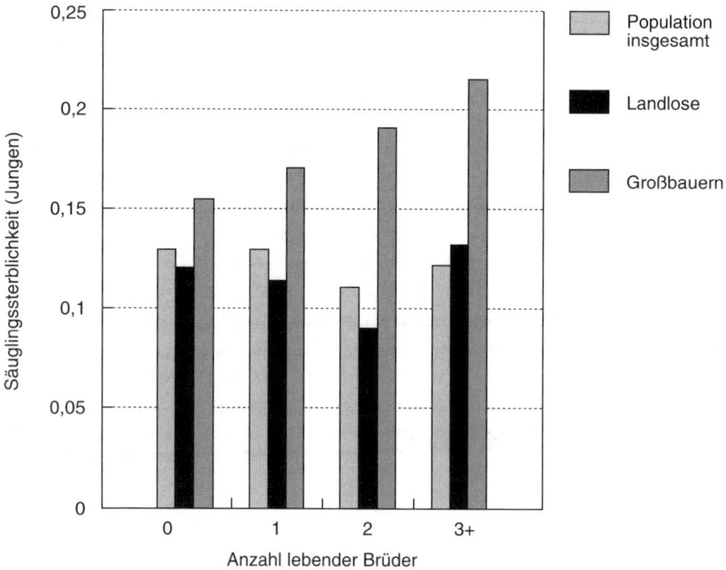

Abb. 4-22: Männliche Säuglingssterblichkeit (ohne Totgeburten) in Abhängigkeit von der Anzahl der zum Zeitpunkt der Geburt in den Familien lebenden Brüder in der Krummhörn (Ostfriesland 1720-1874) (aus Voland und Dunbar 1995).

gegen die Nützlichkeit des Darwinischen Paradigmas bei der Analyse menschlichen Verhaltens vorgebracht. Schließlich widerspricht es jeder evolutionären Theorie des Sozialverhaltens, dass sich Menschen willentlich altruistisch gegenüber fremden Kindern verhalten. Bei genauerer Betrachtung beschränkt sich dieses erklärungsbedürftige Phänomen auf die westlichen Industrienationen, während die Adoptionssysteme traditioneller Gesellschaften recht gut mit der Wirkweise der Verwandtenselektion im Einklang stehen. Genetische Verwandtschaft ist die Hauptschiene, auf der Kinder weitergegeben werden (Abb. 4-22), wobei nicht selten alle Beteiligten – die Adoptiveltern, die Adoptivkinder und die leiblichen Eltern – gleichermaßen von diesem System profitieren (z. B. Silk 1980 für Ozeanien, Silk 1987 für die arktischen Inuit).

Verwandtenadoptionen gewährleisten allerdings keinen von ausbeuterischen Ansinnen freien Umgang mit den Kindern. Reproduktive Konkurrenz besteht auch unter Verwandten, und das kann mit fatalen Folgen für die betroffenen Pfleglinge verbunden sein. Das Rüstringer Recht – eine mittelalterliche friesische Rechtsquelle – enthält eine Bestimmung zu genau dieser Konfliktsituation. Sie besagt, dass elternlose Kinder nicht bei den nächsten Verwandten untergebracht werden sollen, weil sie dort ihres Lebens nicht sicher sein können. Verstirbt das Kind nämlich, würden es seine Pflegeeltern als die nächsten Verwandten beerben (Fink 1970). Adoptiveltern waren seinerzeit nicht nur eine Instanz für lebensrettende Hilfe in persönlichen Katastrophensituationen, sondern von ihnen konnte auch eine Lebensbedrohung ausgehen. Diese Doppelwertigkeit musste von weiten Teilen der Bevölkerung gespürt worden sein, ansonsten wäre es wohl nicht zu der genannten Rechtsvorschrift gekommen.

Im Hinblick auf ein theoriekonformes Verständnis von Adoptionen wesentlich problematischer sind hingegen die **anonymen Fremdadoptionen** in den Industriestaaten. Das menschliche Brutpflegesystem motiviert offensichtlich dermaßen druckvoll zu elterlichem Fürsorgeverhalten, dass es auch in Situationen seinen Ausdruck sucht, in denen es nicht evolviert sein kann. Ein starker „Pflegetrieb" ist sicherlich hochgradig fitnesssteigernd. Auch wenn er sich heute gelegentlich quasi am „falschen Objekt" festmacht, fördert er doch im Regelfall die persönliche Reproduktion. Sicherlich erklären sich auch einige Phänomene der Schoßtierhaltung psychologisch aus einem „umgeleiteten", weil primär nicht befriedigtem Fürsorgebedürfnis. Wie dem auch sei – Adoptiveltern sind in ihrer überwiegenden Mehrzahl selbst kinderlos (Bohman 1980 für Schweden). Genaugenommen gehen sie keine biologischen Kosten ein (im Sinne des Triversschen Investmentkonzepts, s. 4.1.1), weil bei Sterilität die Annahme eines fremden Kindes nicht mit einer Einbuße persönlichen Reproduktionspotenzials einhergeht. Wirklich fatal für eine soziobiologische

Theorie menschlichen Sozialverhaltens wäre es hingegen, wenn Menschen regelmäßig und ohne irgendeinen persönlichen Nutzen daraus zu erzielen, fremde Kinder auf Kosten eigener großzögen. Das wäre in der Tat eine Form von genetischem Altruismus, für den die Verhaltensforschung bisher aber noch kein überzeugendes Beispiel geliefert hat.

Anders als bei Adoptionen steht bei **Stiefverhältnissen** nicht der Wunsch nach einem Kind im Vordergrund, sondern der Wunsch nach einem Partner. Kinder aus früheren Beziehungen müssen damit rechnen, vom Stiefelter lediglich in Kauf genommen zu werden und letztlich von ihm ungeliebt zu bleiben. Der ultimate Grund hierfür ist leicht einsichtig, sind doch menschliche Familien vorrangig auf persönliche Reproduktion angelegte kooperative Systeme, in denen sich die evolvierten Interessen der Beteiligten treffen. Im Regelfall teilen deshalb Eheleute die Sorge um das Wohlbefinden ihrer gemeinsamen Kinder, denn diese vereinigen die Fitnesserwartungen von beiden Elternteilen gleichermaßen auf sich. Gemeinsame Kinder werden von daher im Durchschnitt eher zur Harmonisierung einer Beziehung beitragen als zu deren Zerstörung. In Stiefkinder hingegen bündeln sich tiefe, reproduktionsstrategisch begründete Konflikte. Die natürliche Selektion konnte kein Motivationssystem hervorbringen, das uns – gleichsam „von Natur aus“ – gegenüber allen Kindern unterschiedslos verhalten lässt, weil dies ihrem genzentrierten Prinzip zuwiderlaufen würde. Resultat ist eine mehr oder weniger leicht aufbrechende Konfliktbereitschaft gerade in Stieffamilien, dessen Beherrschung und Kontrolle bekanntermaßen nicht immer gelingt (Daly und Wilson 1988a). Die alltägliche Ausdrucksform dieses Widerspruchs lässt sich auf eine einfache Formel bringen: Der biologische Elter will mehr in seine Kinder aus erster Ehe investiert wissen, als der Stiefelter freiwillig zu leisten bereit ist.

Unschuldige Opfer sich widersprechender Reproduktionsinteressen in Stieffamilien sind vor allem aber die Stiefkinder selbst. Was die Volksweisheit lehrt, ist inzwischen empirisch untermauert. Dabei sind es gleichermaßen traditionelle, historische und moderne Gesellschaften (Daly und Wilson 1988b; Flinn 1988; Phillips 1980; Stephan 1992), in denen sich eine überdurchschnittliche Gefährdung durch Ausbeutung und Misshandlung von Stiefkindern zeigt (Abb. 4-23). Wie neuere Statistiken aus den USA, Kanada und England offenbaren, ist das Risiko für Stiefkinder, von ihrem Stiefelter getötet zu werden, um ein vielfaches höher als für biologische Kinder, von ihren leiblichen Eltern umgebracht zu werden (Daly und Wilson 1988a). Dabei ist tödliche Gewalt zweifellos spektakuläre Spitze eines sonst eher in Privatsphären verborgenen Eisbergs an alltäglicher Aggression und Gleichgültigkeit, dessen evolvierter Begründungszusammenhang lautet: Verringerung des Elterninvestments in nichtverwandte Kinder.

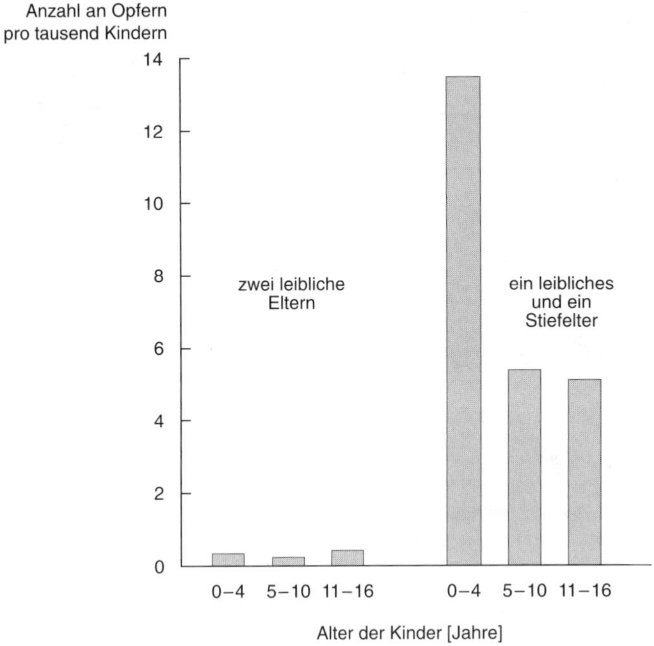

Abb. 4-23: Kindesmisshandlungen nach Haushaltstyp und Alter der Kinder in Hamilton, Ontario (Kanada) (aus Daly und Wilson 1988a).

Dass Stiefverhältnise auch im unspektakulären Alltagsleben für einen latent erhöhten Stresslevel sorgen können, verdeutlicht die Studie von Flinn und England (1995). In einer sechs Jahre dauernden Felduntersuchung haben die Autoren die Konzentrationen des „Stresshormons" Cortisol von 247 Kindern eines karibischen Dorfes ermittelt und aufschlussreiche Unterschiede gefunden – je nachdem in welcher Familienkonstellation die Kinder lebten (Abb. 4-24). Auch leibliche und Stiefkinder innerhalb eines selben Haushalts unterschieden sich signifikant in ihrer Cortisolkonzentration (Abb. 4-25).

Der in diesen Zahlen zum Ausdruck kommende Unterschied in der alltäglichen Belastung bleibt übrigens keineswegs folgenlos, denn eine permanente Aktivierung der Stressabwehrmechanismen ist mit spürbaren Nachteilen für die kindliche Entwicklung verbunden: Die Immunabwehr ist reduziert, das Wachstum gehemmt, Erschöpfungszustände werden

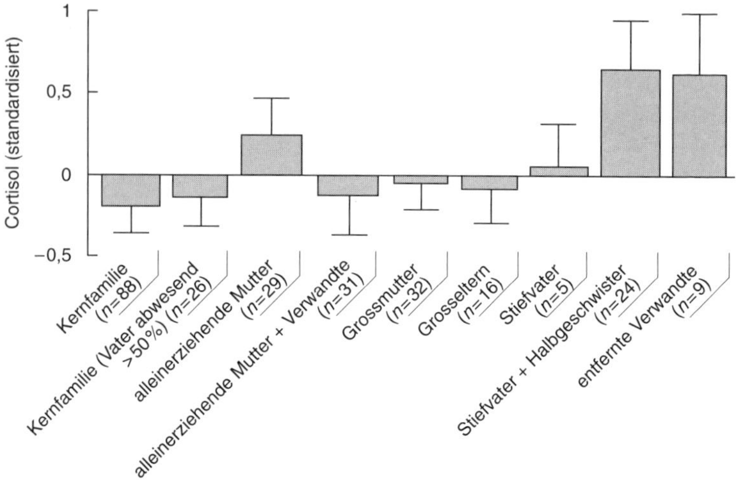

Abb. 4-24: Durchschnittliche Cortisolkonzentrationen bei Kindern je nach Haushaltstyp (aus Flinn und England 1995).

schnell erreicht, die kognitive Entwicklung ist behindert, und psycho-soziale Anpassungsproblem werden wahrscheinlicher. Zu alledem gesellt sich eine materielle Benachteiligung, denn wie Zvoch (1999) für eine US-amerikanische Stichprobe zeigen konnte, wird in die Ausbildung von Stiefkindern weniger investiert als in die der leiblichen Kinder. Im nächsten Abschnitt wird noch einmal von Stiefverhältnissen die Rede sein.

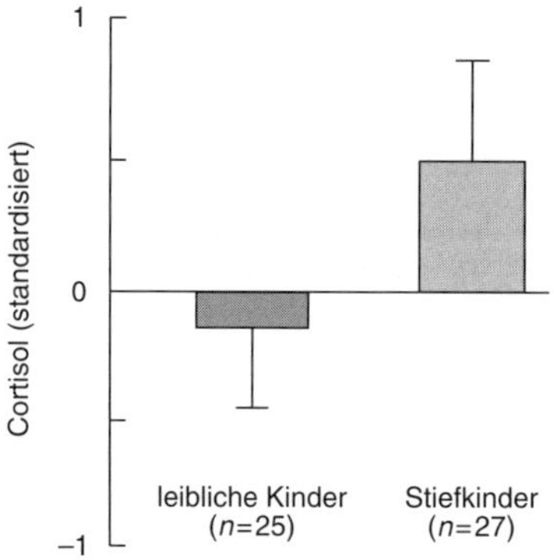

Abb. 4-25: Durchschnittliche Cortisolkonzentrationen von leiblichen und Stiefkindern innerhalb eines selben Haushalts (aus Flinn und England 1995).

4.2.4.3 Vaterschaftsunsicherheit

Verwandtschaft als Dosierungs-Kriterium von Fürsorgeverhalten stellt bei Arten mit innerer Befruchtung beide Geschlechter vor grundsätzlich unterschiedliche Probleme. Während gebärende Weibchen absolut sicher sein können, dass die von ihnen zur Welt gebrachten Kinder auch tatsächlich Kopien von der Hälfte ihrer Gene mitbekommen haben, können Männchen über ihren Anteil zweifeln. Ihr Investment dient nur unter der Bedingung tatsächlicher Vaterschaft dem „gen-egoistischen" Reproduktionszweck. Je unwahrscheinlicher die Vaterschaft ist, desto sparsamer werden Männchen mit ihrem Investment umgehen. Evolutionsbiologisch lohnt es sich nicht, beispielsweise den Aufwand und das Risiko des Futtersuchens für die fremde Brut einzugehen, weil dies nicht zur Replikation des eigenen Erbguts, sondern zu der eines Nebenbuhlers und Mitkonkurrenten beiträgt. Man kann deshalb erwarten, dass die Evolution Männchen hervorgebracht hat, die ihren Pflegeaufwand nach Maßgabe der Vaterschaftswahrscheinlichkeit ausrichten.

Und genau dies tun Rauchschwalben *(Hirundo rustica)*, die als weithin monogam gelten. Die Männchen können also sicher sein, die Jungtiere in ihrem Nest auch tatsächlich gezeugt zu haben. Wie so häufig im Tierreich folgt auch bei Rauchschwalben aus einer relativen Vaterschaftsgewissheit

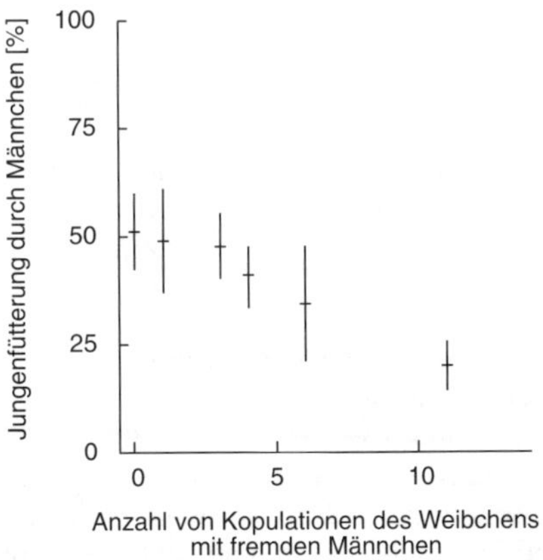

Abb. 4-26: Der Anteil des Paarmännchens an den Jungenfütterungen (Mittelwert und Standardabweichung) nach der Anzahl von Kopulationen des Paarweibchens mit fremden Männchen für Rauchschwalben *(Hirundo rustica)* (aus Møller 1988b).

eine erhöhte Bereitschaft zur männlichen Beteiligung an der Jungenaufzucht. Nun gibt es aber auch unter Rauchschwalben hin und wieder Kopulationen außerhalb der Paarbindung, weshalb die Männchen sich ihrer Vaterschaft so ganz sicher doch nicht sein können. Und prompt spiegelt sich diese Unsicherheit in ihrem Verhalten wider, denn je häufiger ein Paar miteinander kopuliert, je wahrscheinlicher also die Befruchtung der Eier durch das Paar-Männchen erfolgt, desto höher fällt dessen väterliches Investment aus (Møller 1988b). Und je häufiger das Weibchen sich mit einem fremden Männchen verpaart, desto geringer wird der Anteil des Paarmännchens an der Jungenaufzucht (Abb. 4-26).

Eine Abhängigkeit des väterlichen Fürsorgeverhaltens von der Interpretation der Vaterschaftswahrscheinlichkeit findet sich bei sehr vielen Vogelarten (Gowaty 1996; Møller und Birkhead 1993), und dank einer Studie an Rohrammern *(Emberiza schoeniclus)*, bei der man mithilfe der modernen molekulargenetischen Techniken die Väter von 216 Jungtieren aus 58 Nestern bestimmt hatte, weiß man, dass Unterschiede im väterlichen Engagement am Nest auch tatsächliche Vaterschaftsunterschiede widerspiegeln (Dixon et al. 1994). Bleibt eine Frage unbeantwortet (Kempenaers und Sheldon 1996): Warum können männliche Vögel offenbar nicht direkt ihre eigenen von den fremd gezeugten Nestlingen unterscheiden?

Im charakteristischen Unterschied zu Vögeln sind die Verhältnisse unter Säugetieren durch eine folgenreiche Asymmetrie geprägt. Weil die Weibchen die Primärinvestition von Schwangerschaft und Laktation übernehmen, können Männchen zunächst wenig zur Aufzucht ihrer Kinder beitragen. Weniger als 5 % aller Säugetierarten zeigen männliches Fürsorgeverhalten (Clutton-Brock 1991). Primaten bilden eine gewisse Ausnahme. Wegen des dauerhaften Zusammenlebens der Geschlechter ergeben sich hier Möglichkeiten von Männchen/Kind-Interaktionen, und tatsächlich lässt sich gelegentlich beobachten, wie Männchen Kinder gegen andere (womöglich infantizidal motivierte) Männchen in Schutz nehmen (z. B. Borries et al. 1999b für Hanuman-Languren *Presbytis entellus*). Einige Neuweltaffen-Männchen beteiligen sich tatkräftig an der Jungenaufzucht, und Berberaffen-Männchen *(Macaca sylvanus)* bauen enge dauerhafte Beziehungen zu bestimmten Kindern auf (Paul et al. 1996).

Nach gängiger Elterninvestmenttheorie sollte männliches Engagement mit Kindern **Vaterschaftswahrscheinlichkeit** widerspiegeln, und häufig tut es das auch (z. B. Anderson 1992 für Gelbe Babuine *Papio cynocephalus*). Die Sache ist allerdings nicht gar so glatt, denn wie eine genauere Sicht der Dinge offenbart, garantiert hohe Vaterschaftswahrscheinlichkeit nicht automatisch eine ausgeprägte Bereitschaft zur Vaterrolle (Van Schaik und Paul 1996). Monogame Nachtaffenmännchen *(Aotus trivirgatus)* beteiligen sich zwar erwartungsgemäß intensiv an der Jungenfürsorge, monogame Gibbon-Männchen hingegen nicht. Vaterschaftssicherheit ist also keine hinreichende Bedingung für eine väterliche Bereitschaft zu investieren – und wie es aussieht, nicht einmal eine notwendige Bedingung: Die engen Männchen/Kind-Beziehungen der Berberaffen *(Macacva sylvanus)* haben nichts mit Vaterschaft zu tun (Paul et al. 1996).

Statt als Vaterinvestment könnte männliches Fürsorgeverhalten unter Primaten (und anderen Arten) womöglich besser als **Paarungsaufwand** verstanden werden. Indem Männchen sich um Jungtiere kümmern, werben sie um Akzeptanz bei Weibchen (Rohwer et al. 1999; Smuts und Gubernick 1992; Van Schaik und Paul 1996). Für diese These sprechen experimentelle Befunde von Keddy Hector et al. (1989) an Grünen Meerkatzen *(Cercopithecus aethiops)*. Männchen – vor allem wenn sie subordiniert sind und deshalb besonders angestrengt um Weibchen werben müssen – verhalten sich deutlich freundlicher Kindern gegenüber, wenn sie dabei von den Müttern beobachtet werden. Ist diese hingegen nicht anwesend, verliert sich schnell das männliche Interesse an den Babies.

Dieser Befund findet seine Parallele im menschlichen Verhalten, indem aggressive Tendenzen von Stiefvätern abnehmen, wenn die Mutter der Stiefkinder zugegen ist (Flinn 1988 für eine Dorfbevölkerung in der Karibik). Dass väterliches Fürsorgeverhalten sowohl als Paarungsaufwand als auch als Elterninvestment dienen kann, macht darüber hinaus eine aktuelle Studie aus New Mexico deutlich (Anderson et al. 1999). Je nach Beziehung eines Mannes zu einem Kind (leiblich oder nicht) und zur Mutter dieses Kindes (jetzige oder frühere Partnerin) lassen sich vier Klassen männlicher Fürsorge unterscheiden:

- Klasse 1: leibliches Kind, jetzige Partnerin
- Klasse 2: leibliches Kind, frühere Partnerin
- Klasse 3: Stiefkind, jetzige Partnerin
- Klasse 4: Stiefkind, frühere Partnerin.

Der väterliche Aufwand der Klasse 2 kann als reines Investment verstanden werden, denn die Mütter dieser Kinder stehen als Partnerinnen nicht mehr zur Verfügung. Bei allem, was dem Kind zugute kommt, geht es um das kindliche Wohlergehen und nicht um Aufrechterhaltung und Pflege der Beziehung zur Kindsmutter. Im Vergleich zum durchschnittlichen Aufwand von Männern dieser Klasse unterscheidet sich der Aufwand der Männer der jeweiligen anderen Klassen deutlich – hier gemessen an der Wahrscheinlichkeit eines Kindes, ein College zu besuchen (Abb. 4-27).

Die Wahrscheinlichkeit, dass ein Vater in Albuquerque seinem Kind einen Collegebesuch ermöglicht, ist – unter finanziell und auch sonst gleichen Bedingungen! – rund doppelt so hoch, wenn er mit der Mutter des Kindes zusammen lebt. In diesen Fällen addieren sich Vaterinvestment und Paarungsaufwand. Dass das Motiv des Paarungsaufwands in den

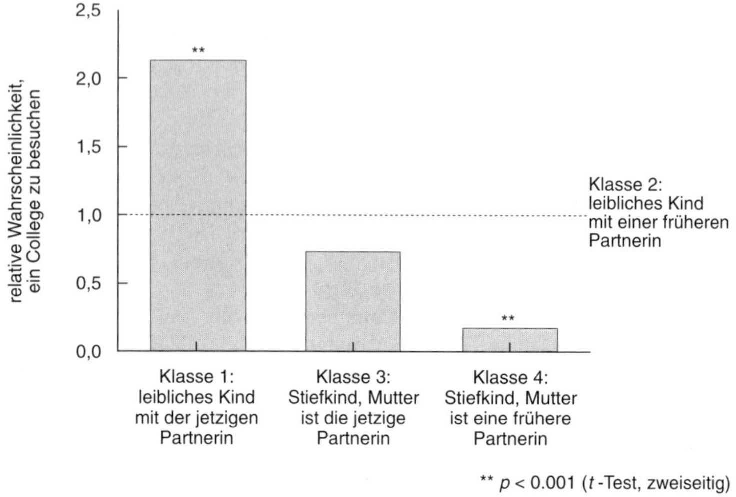

Abb. 4-27: Relative Wahrscheinlichkeit (Odd-ratios) für Kinder der Klassen 1, 3 und 4 (s. Text), ein College zu besuchen im Vergleich zu Kindern der Klasse 2 (aus Anderson et al. 1999).

väterlichen Tendenzen eine Rolle spielt, wird auch im Hinblick auf die Stiefkinder deutlich. Wenn die Mutter der Stiefkinder die gegenwärtige Partnerin ist, vermehrt sich die Fürsorge. Was als stiefväterlicher Altruismus kaum evolutionsbiologisch erklärbar wäre, wird als Paarungsaufwand gut verständlich (vergl. Rohwer et al. 1999 zur Adaptivität stiefelterlichen Investments in Tiergesellschaften).

Ungeklärte Vaterschaftsverhältnisse wirken sich für menschliche Familien belastend aus. So bilden überall auf der Welt – in traditionellen wie in modernen Gesellschaften – männliche Besitzansprüche in Verbindung mit Mutmaßungen über weibliche Untreue das bei weitem häufigste Motiv für innereheliche Gewalt gegen Frauen (Daly et al. 1993). Dennoch gibt es Ethnien, die eine bemerkenswerte sexuelle Freizügigkeit ausleben. Die südindischen Nayar gehören beispielsweise dazu, von denen die ersten westlichen Ethnographen zu berichten wussten, dass die Frauen gewöhnlich zwischen drei und zwölf Liebhabern gleichzeitig haben (Gough 1961).

Zwangsläufige Folge sexueller Promiskuität sind weitgehend ungeklärte Vaterschaftsverhältnisse. Nach der bisherigen Argumentation wäre deshalb für die Nayar ein überaus spannungsgeladenes Verhältnis zwischen den Geschlechtern zu erwarten, gekennzeichnet durch einen ständigen

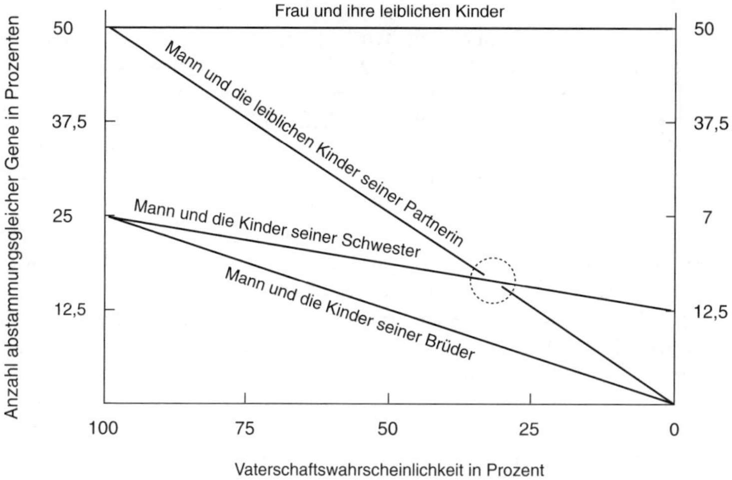

Abb. 4-28: Abhängigkeit des durchschnittlichen genetischen Verwandtschaftsgrades von der Vaterschaftswahrscheinlichkeit (aus Alexander 1979).

Konflikt zwischen männlichen Obsessionen und weiblichen Autonomieansprüchen. Dies scheint aber nicht der Fall zu sein, und ein wesentlicher Grund liegt sicherlich darin, dass Männer sich von vornherein der Vaterrolle verweigern. Sie investieren nichts in die Kinder ihrer Frau, und damit lösen sie den ultimat angelegten Konflikt zwischen verminderter Vaterschaftswahrscheinlichkeit und Investmentbereitschaft auf ihre, eine ungewöhnlich radikale Art und Weise. Stattdessen vererben sie ihre materiellen Güter und gegebenenfalls ihren sozialen Rang an die Kinder ihrer Schwestern. Die adaptive Logik dessen verdeutlicht das Modell von Alexander (1979) (Abb. 4-28).

Die Graphik stellt den Prozentsatz der durch Abstammung gemeinsamen Gene (den Verwandtschaftsgrad) in Abhängigkeit von der Vaterschaftswahrscheinlichkeit dar. Der Verwandtschaftsgrad r zwischen Müttern und ihren leiblichen Kindern beträgt, wie bereits erwähnt, 0,5. Dieser Wert ist selbstverständlich völlig unbeeinflusst von der Vaterschaftswahrscheinlichkeit. Für „Väter" kann r aber bis auf 0 sinken, nämlich dann, wenn keine Vaterschaft vorliegt. Die genetische Verwandtschaft zwischen Geschwistern beträgt durchschnittlich 0,5 im Falle der Vollgeschwisterschaft und 0,25 im Falle der Halbgeschwisterschaft. Männer sind also mit ihren Schwestern immer zu einem gewissen Prozentsatz verwandt, da sie sicher sein können, zumindest dieselbe Mutter zu haben. Folglich sind sie immer auch mit den Kindern ihrer Schwestern zwischen mindestens 0,125 und 0,25 verwandt. Die Verwandtschaft mit den Kindern ihrer Brüder hingegen kann auch hier wieder bis auf 0 absinken. Wenn also die Vaterschaftswahrscheinlichkeit unter einen bestimmten Schwellenwert sinkt, kann es günstiger für einen Mann sein, in die Kinder seiner Schwester (selbstverständlich nicht in die seiner Brüder) zu investieren, als in seine „eigenen". In diesem Modell lässt sich erkennen, dass unter einer durchschnittlichen Vaterschaftswahrscheinlichkeit von rund 30% ein Mann in seinem genetischen Eigeninteresse eher in die Kinder seiner Schwester als in die seiner Partnerin investieren sollte.

Unter Bedingungen sexueller Freizügigkeit findet man in den weltweit verbreiteten matrilinearen Gesellschaften das so genannte **Avunkulat** vor, jene Institution, die dem Bruder der Mutter einen Großteil an Verantwortung und Verpflichtungen für deren Kinder zuweist. Nebenbei: Auch die deutsche Sprache unterscheidet nicht zufällig zwischen dem „Oheim", dem Mutterbruder, zu dem ein besonderes Vertrauensverhältnis besteht, und dem „Onkel", und schon Tacitus wusste von den Germanen zu berichten: »*Sororum filiis idem apud avunculum qui apud patrem honor*« (die Söhne der Schwestern sind dem Oheim ebenso teuer wie ihrem Vater).

In einer kanadischen Studie wurde die Intensität untersucht, mit der Großeltern den Tod eines Enkelkindes betrauern (Littlefield und Rushton 1986). Der psychische Schmerz nahm in folgender Reihenfolge ab: mütterliche Großmutter > mütterlicher Großvater > väterliche Großmutter > väterlicher Großvater. Studierende der Universität-Gesamthochschule Kassel wurden gebeten, die Fürsorglichkeit ihrer Großeltern einzuschätzen. Selbst nach der statistischen Kontrolle einiger konfundierender Faktoren, wie Wohnentfernung, Alter oder die Anzahl weiterer Großeltern, offenbaren die Antworten systematische Ungleichbehandlung (Euler und Weitzel 1996), denn die Fürsorglichkeit (zumindest so, wie sie wahrgenommen wurde) war wie folgt gestaffelt: mütterliche Großmutter > mütterlicher Großvater > väterliche Großmutter > väterlicher Großvater.

Mit derselben Logik lassen sich Investmentunterschiede auch zwischen entfernteren Verwandten vermuten. Je nachdem, ob beispielsweise Onkel und Tante zur mütterlichen oder väterlichen Linie gehören, sollten sie unterschiedlich zu investieren bereit sein – eine Prognose, die Gaulin et al. (1997) für eine US-amerikanische Stichprobe belegen konnten: Mütterliche Tanten investierten – unter sonst gleichen Bedingungen – mehr als väterliche, und für Onkel gilt dasselbe. All die genannten Studien belegen die Bedeutung des *pater incertus* für die emotionale Ausgestaltung von Verwandtschaftsbeziehungen und damit letztlich für innerfamiliäre Investmentströme.

4.3 Eltern/Kind-Konflikte

In den vorherigen Abschnitten zum Elternverhalten ging es um die taktischen Maßnahmen, die Eltern ergreifen, wenn sie ihr begrenztes Reproduktionspotenzial möglichst wirkungsvoll in eine möglichst hohe Lebensfitness ummünzen wollen. Dies gelingt ihnen mit einem vielfach differenzierten Fürsorgeverhalten.

Außer acht geblieben ist dabei das Interesse und das Verhalten sozusagen der „Gegenseite", nämlich der betroffenen Kinder. Gemäß soziobiologischer Theorie sollten sie sich nicht mit einer eventuellen Benachteiligung abfinden, sondern stattdessen Gegenstrategien entwickeln, mit denen sie ihrerseits möglichst erfolgreich ihre „gen-egoistischen" Ziele und dann auch gegen die Interessen ihrer Eltern – durchzusetzen vermögen. In diesem Spannungsfeld entstehen Eltern/Kind-Konflikte (Trivers 1974, 1985).

Evolutiver Grund für solcherart Konflikte ist die soziobiologisch so folgenreiche Tatsache, dass bei zweigeschlechtlicher Fortpflanzung Kinder nur über die Hälfte des Erbguts eines Elters verfügen und von daher elterliche und kindliche Lebens- und Reproduktionsinteressen gar nicht identisch sein können. Unter sonst gleichen Bedingungen hat eine Mutter ein gleiches Interesse an allen ihren Kindern, weil sie mit allen gleich verwandt ist ($r = 1/2$). Anders die Kinder. Sie haben natürlich zunächst ein „gen-egoistisches" Interesse an sich selbst (sie sind ja – wenn man es so ausdrücken möchte – zu 100% mit sich selbst verwandt), aber nur ein halb so großes Interesse an ihren Vollgeschwistern, weil der durchschnittliche Verwandtschaftsgrad mit ihnen nur $r = 1/2$ beträgt. In der Rechnung eines Kindes muss folglich der Nutzen jedes Investments, das eine Mutter einem Vollgeschwister zuteilt, mit 1/2 gewichtet werden. Jedes persönlich empfangene Investment geht natürlich ohne Abstriche in die Bilanz ein. Innerfamiliäre Eifersucht und Konkurrenz sind die Folge. Hierzu ein einfaches Beispiel (Abb. 4-29).

Ein Säugerweibchen sollte ihr Kind solange stillen, wie nicht das Nutzen/Kosten-Verhältnis dieses Handelns den Wert 1 unterschreitet, also mehr Einbuße an Reproduktionspotenzial erfordert als es an Fitness bringt. Wenn dies mit zunehmendem Alter des Säuglings eintritt, sollte sie die Laktation beenden und stattdessen mit dem Investment in ein zweites Kind beginnen. In Abb. 4-29 ist dieser Moment mit p bezeichnet.

Das Kind hingegen sollte zunächst weiterhin auf Investment bestehen. Erst wenn die Kosten doppelt so hoch werden wie der Nutzen, sollte es seine Forderungen einstellen. Wenn es nämlich dann immer noch Milch verlangt und damit die Produktion eines Vollgeschwisters verhindert, schadet es seiner indirekten Fitness mehr, als es seiner direkten Fitness

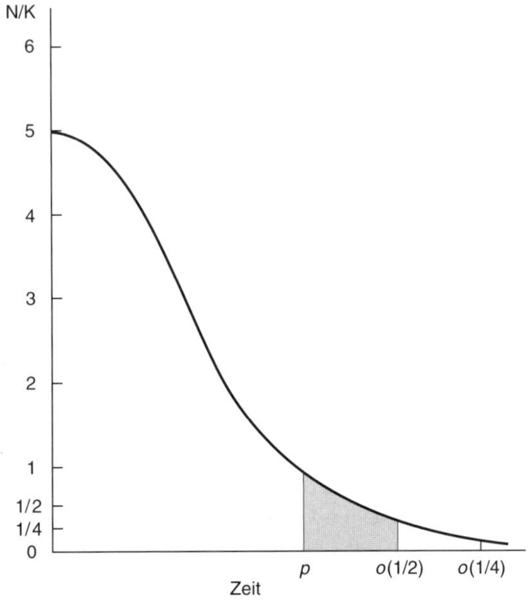

Abb. 4-29: Das soziobiologische Modell des Entwöhnungskonflikts. N = Nutzen, K = Kosten. Erklärung im Text (aus Trivers 1985).

nützt. Schließlich hat ja ein Vollgeschwister durch die gemeinsame Abstammung im Mittel die Hälfte der eigenen Gene mitbekommen und trägt seinerseits zu deren Verbreitung bei. Es wäre deshalb nicht fitnessförderlich, aus blindem Egoismus heraus die Mutter ganz an der Herstellung eines weiteren Kindes zu hindern. Dieser Zeitpunkt umschlagender Interessenslage ist mit *o* in Abb. 4-29 gekennzeichnet. Die Zeitspanne zwischen *p* und *o* ist die Phase, in der Mütter bestrebt sind, mit der Laktation aufzuhören, ihre Kinder aber einiges daran setzen, noch weiterhin gesäugt zu werden. Es ist dies die Zeit des für Säuger so typischen **Entwöhnungskonflikts** (Abb. 4-30). Handelt es sich bei den Kindern nicht um Voll-, sondern um Halbgeschwister, dauert wegen der geringeren Verwandtschaft unter ihnen der Konflikt länger, nämlich bis die Nutzen/Kosten-Relation unter 1/4 fällt.

Der Entwöhnungskonflikt kann überaus dramatisch verlaufen, indem Jungtiere bereit sind, durch ein auffälliges, kraftzehrendes und möglicher-

Abb. 4-30: Entwöhnungskonflikt bei Berberaffen *(Macaca sylvanus):* Eine laktierende Mutter weist die Annäherungs- und Trinkversuche ihres ca. 9 Monate alten Jungtieres zurück (Foto: A. Paul).

weise selbstschädigendes Verhalten ihre Mütter gleichsam zu erpressen. Die von Goodall (1986) für Schimpansen *(Pan troglodytes)* ausführlich beschriebenen wilden Temperamentsausbrüche *(temper tantrums)* beispielsweise, bei denen die Jugendlichen durchaus Gefahr laufen, sich zu verletzen, stehen offensichtlich im Zusammenhang mit dem Entwöhnungskonflikt.

Blurton Jones und Da Costa (1987) beschreiben, wie sich auch in menschlichen Familien Entwöhnungskonflikte abspielen. Sie interpretieren die Beobachtung, wonach rund 20% der Ein- bis Dreijährigen mehr oder weniger regelmäßig nachts nicht durchschlafen, sondern so anhaltend schreien, dass sie ihre Eltern aufwecken, als möglichen Ausdruck dieses Konflikts. Das nächtliche Erwachen von Kindern (sofern es nicht auf einer akuten Erkrankung beruht), hat keine erkennbaren Ursachen, ist durch elterliches Verhalten praktisch nicht zu beeinflussen und hört im Alter von circa drei Jahren spontan auf.

Blurton Jones und Da Costa (1987) argumentieren, dass dieses Verhalten zumindest unter den historischen Bedingungen der Menschheitsgeschichte den Kindern einen Überlebensvorteil gebracht hat, weil

- nächtliches Erwachen zu verlängertem und regelmäßigerem Stillen führt
- dies wegen der ovulationshemmenden Wirkung des Prolaktins die folgende Konzeption der Mutter hinauszögert
- und sich die kindlichen Überlebenschancen mit der Zunahme der Zwischengeburtenabstände erhöhen.

Die Triversschen Überlegungen zu den evolutiven Gründen von Eltern/Kind-Konflikten lassen sich auf Situationen ausweiten, in denen es nicht um die bloße Frage „Investment: ja oder nein?" geht, sondern vielmehr um dessen Umfang (Abb. 4-31).

Ein stillendes Säugerweibchen sollte soviel Milch pro Tag abgeben, wie dies zu einer möglichst großen Differenz zwischen dem Nutzen der Lakta-

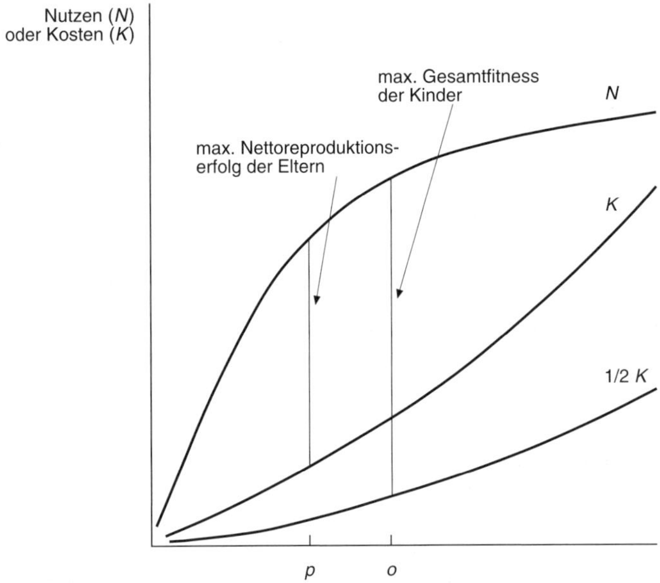

Abb. 4-31: Das soziobiologische Modell des Eltern/Kind-Konflikts über die Höhe des Elterninvestments. N = Nutzen, K = Kosten. Erklärung im Text (aus Trivers 1985).

tion und ihren Kosten führt, also höchste Effizienz erreicht (Punkt *p* in Abb. 4-31). In der kindlichen Bilanz werden die Kosten jedoch halbiert (im Fall von Vollgeschwistern) bzw. geviertelt (im Fall von Halbgeschwistern), so dass aus dieser Sicht eine größere Menge Milch maximal produktiv wirkt (Punkt *o* in Abb. 4-31). Damit gibt es für das Elterninvestment zwei Optima, eines für die Mutter und eines für das Jungtier, womit ein struktureller Eltern/Kind-Konflikt über die Höhe des Investments angelegt ist.

Trivers (1974, 1985) skizziert eine dritte Kategorie von Eltern/Kind-Konflikten, nämlich solche, in denen Eltern und ihre Kinder unterschiedliche Auffassungen über je angebrachte Verhaltenstendenzen entwickeln – vor allem was den Grad innerfamiliären Altruismus betrifft. Ein Jungtier verhält sich biologisch angepasst, wenn es sich seinem Vollgeschwister immer dann altruistisch gegenüber verhält, wenn $N > 2K$. Ein Verhalten, dessen Nutzen das doppelte der Kosten übersteigt, maximiert – wenn es einem Vollgeschwister zugute kommt – die Gesamtfitness. Die Eltern hingegen sind mit beiden Jungtieren gleich verwandt. Sie werden also dann schon einen Reproduktionsvorteil erzielen, wenn $N > K$. Konflikte entstehen im Überlappungsbereich, wenn $K < N < 2K$. Eltern werden deshalb eher altruistisches Verhalten unter ihren Nachkommen verlangen, als diese von sich aus zu entwickeln bereit sind.

Eltern/Kind-Konflikte über altruistische Verhaltenstendenzen sind vor allem dort zu erwarten, wo eine verlängerte Jugendentwicklung zu einem Nebeneinander mehrerer Geschwistergenerationen führt und wo ausgedehnte verwandtschaftliche Netzwerke die Kernstruktur sozialer Verflechtungen bilden, also vor allem auch bei Menschen und anderen höheren Primaten. Ihre soziale und demographische Situation bildet einen idealen Nährboden für die Entstehung von Eltern/Kind-Konflikten, und in der Tat ist gerade das menschliche Erziehungsverhalten durch einige Merkmale gekennzeichnet, die eigentlich nur vor dem Hintergrund genetischer Interessenskonflikte zwischen Eltern und Kindern zu verstehen sind.

Hierzu gehört das elterliche Bestreben, Kinder so zu erziehen, dass diese ihr Leben lang zum reproduktiven Erfolg der Eltern beitragen. Erziehung ist mehr als die spontane Regulation sozialer Transaktionen, sondern etwas auf die Einrichtung dauerhafter Verhaltenstendenzen hin Angepasstes. Eltern hegen Erwartungen, teilweise recht spezifischer Natur, und ihr Erziehungsverhalten wird in Hinblick auf solche Zielvorstellungen ausgerichtet sein. Eltern werden immer geneigt sein, ihre Kinder zur Unterordnung der persönlichen Lebensinteressen unter die vermeintlichen Anforderungen einer „Familiensolidarität" zu erziehen. Alexander (1974) hat dafür den Begriff der **Elternmanipulation** *(parental manipulation)* eingeführt. Welche konkreten Formen das annehmen kann, ist je nach ethno-historischem Hintergrund verschieden (vergl. z. B. die plastischen Fallschilderungen von Reif 1981 zu den Familienstrategien des westfälischen Adels, oder Vernier 1984 zu denen der Bauern auf der griechischen Insel Karpathos: In beiden Fällen führen elterliche Interessen zu einer unterschiedlichen Erziehung der Kinder in Hinblick auf deren spätere reproduktive Rolle).

Kindliche Persönlichkeitsentwicklung einschließlich der Gewissensbildung vollzieht sich in einem nicht auflösbaren Widerspruch zwischen elterlichen Erwartungen und ureigenen Interessen (Voland und Voland 1993). Diese soziobiologische Sicht weist übrigens verblüffende Parallelen zur Freudschen Persönlichkeitslehre auf, gemäß der ebenfalls interne, triebhafte, egoistische Impulse (das „Es") auf die Gegenkraft elterlicher Anforderungen (als „Überich" verinnerlicht) treffen. In dem Handelnden „Ich" finden die beiden konfligierenden Instanzen einen momentanen, aber keineswegs konfliktfreien Ausgleich.

Aus der soziobiologischen Interpretation des Eltern/Kind-Verhältnisses resultiert eine weitere interessante Einsicht, nämlich die eines notwendigen Rollenwechsels innerhalb der persönlichen Biographie. Kinder werden einerseits danach selektiert, wie sie den manipulativen Tendenzen ihrer Eltern zu widerstehen vermögen, andererseits erzielen sie dann eine besonders hohe Fitness, wenn sie als Erwachsene ihrerseits das Schicksal ihrer Kinder zum eigenen Nutzen beeinflussen, selbst also wieder manipulieren.

Psychologisch bereitet dieser biographische Umschwung kaum Schwierigkeiten, denn der Bewusstseinsapparat von Menschen ist geradezu dazu eingerichtet, mit solchen Widersprüchen umzugehen. Wir müssen erwarten, dass die menschliche Psyche in allen ihren Leistungen im „gen-egoistischen" Vermehrungsinteresse fungiert, und das gelingt besonders wirkungsvoll mit einer Weltsicht und in einem intrapsychischen emotionalen Milieu, die keine Widersprüche, Zweifel oder Verhaltensunsicherheit aufkommen lassen. Selbstsicherheit hat ein häufig übersehenes Standbein, nämlich **Selbstbetrug**, und es deutet in der Tat vieles darauf hin, dass die kognitiven Mechanismen persönliche Erfahrungen so interpretieren, dass sie als „falsche Erinnerungen" widerspruchsfrei in bestehende Lebenskonzepte eingepasst werden können.

Literatur

Abbott, D. H. (1993): Social conflict and reproductive suppression in marmoset and tamarin monkeys. pp. 331-372 in: Mason, W. A., Mendoza, S. P. (eds.): Primate Social Conflict. Albany (State University of New York Press).

Afzal, B., Afzal, M. (1995): Effects of inbreeding on marriage payment in North India. Journal of Biosocial Science 27: 333-337.

Alatalo, R. V., Höglund, J., Lundberg, A., Rintamäki, P. T., Silverin, B. (1996): Testosterone and mating success on the Black Grouse lek. Proceedings of the Royal Society London B 263: 1697-1702.

Alcock, J., Eickwort, G. C., Eickwort, K. R. (1977): The reproductive behavior of *Anthidium maculosum* (Hymenoptera: Megachilidae) and the evolutionary significance of multiple copulations by females. Behavioral Ecology and Sociobiology 2: 385-396.

Alexander, R. D. (1974): The evolution of social behavior. Annual Review of Ecology and Systematics 5: 325-383.

Alexander, R.D. (1979): Darwinism and Human Affairs. Seattle and London (University of Washington Press).

Alexander, R. D. (1987): The Biology of Moral Systems. Hawthorne (Aldine de Gruyter).

Alexander, R. D. (1989): Evolution of the human psyche. pp. 455-513 in: Mellars, P., Stringer, C. (eds.): The Human Revolution – Behavioural and Biological Perspectives on the Origins of Modern Humans. Edinburgh (Edinburgh University Press).

Alexander, R. (1990): Epigenetic rules and Darwinian algorithms – The adaptive study of learning and development. Ethology and Sociobiology 11: 241-303.

Alexander, R. D., Hoogland, J. H., Howard, R. D., Noonan, K. M., Sherman, P. W. (1979): Sexual dimorphism and breeding systems in pinnipeds, ungulates, primates and humans. pp. 402-435 in: Chagnon, N. A., Irons, W. (eds.): Evolutionary Biology and Human Behavior: An Anthropological Perspective. North Scituate (Duxbury).

Altmann, J., Hausfater, G., Altmann, S. A. (1988): Determinants of reproductive success in Savannah Baboons, *Papio cynocephalus*. pp. 403-418 in: Clutton-Brock, T. H. (ed.): Reproductive Success – Studies of Individual Variation in Contrasting Breeding Systems. Chicago and London (University of Chicago Press).

Anderson, C. M. (1992): Male investment under changing conditions among Chacma Baboons at Suikerbosrand. American Journal of Physical Anthropology 87: 479-496.

Anderson, J. L., Crawford, C. B., Nadeau, J., Lindberg, T. (1991): Was the Duchess of Windsor right? A cross-cultural review of the socio-ecology of ideals of female body shape. Ethology and Sociobiology 13: 197-227.

Anderson, K. G., Kaplan, H., Lancaster, J. (1999): Paternal care by genetic and stepfathers I: reports from Albuquerque men. Evolution and Human Behavior 20: 405-431.

Andersson, M. (1994): Sexual Selection. Princeton (Princeton University Press).

Andersson, R., Bergström, S. (1998): Is maternal malnutrition associated with a low sex ratio at birth? Human Biology 70: 1101-1106.

Andrade, M. C. B. (1996): Sexual selection for male sacrifice in the Australian Redback Spider. Science 271: 70-72.

Aparicio, J. M. (1997): Costs and benefits of surplus offspring in the Lesser Kestrel *(Falco naumanni)* Behavioral Ecology and Sociobiology 41: 129-137.

Arak, A. (1988): Callers and satellites in the Natterjack Toad: Evolutionarily stable dicision rules. Animal Behaviour 36: 416-432.

Armstrong, T., Robertson, R. J. (1988): Parental investment based on clutch value: Nest desertion in response to partial clutch loss in Dabbling Ducks. Animal Behaviour 36: 941-943.

Arnbom, T., Fedak, M. A., Rothery, P. (1994): Offspring sex ratio in relation to female size in Southern Elephant Seals, *Mirounga leonina*. Behavioral Ecology and Sociobiology 35: 373-378.

Arnold, S. J. (1983): Sexual selection: The interface of theory and empiricism. pp. 67-107 in: Bateson, P. (ed.): Mate Choice. Cambridge (Cambridge University Press).

Arnqvist, G., Rowe, L. (1995): Sexual conflict and arms races between the sexes: A morphological adaptation for control of mating in a female insect. Proceedings of the Royal Society London B 261: 123-127.

Asendorpf, J. B. (1998): Entwicklungsgenetik. pp. 97-118 in: Keller, H. (Hrsg.): Lehrbuch Entwicklungspsychologie. Bern (Huber).

Austad, S. N. (1983): A game theoretical interpretation of male combat in the bowl and dolly Spider *(Frontinella pyramitela)*. Animal Behaviour 31: 59-73.

Axelrod, R., Hamilton, W. D. (1981): The evolution of cooperation. Nature 211: 1390-1396.

Babka von Gostomski, C. (1998): Machen Kinder Ehen glücklich? – Eine empirische Untersuchung mit der Mannheimer Scheidungsstudie zum Einfluß von Kindern auf das Ehescheidungsrisiko. Zeitschrift für Bevölkerungswissenschaft 23: 151-177.

Bairagi, R. (1986): Food crisis, nutrition, and female children in rural Bangladesh. Population and Development Review 12: 307-315.

Baker, R. R., Bellis, M. A. (1995): Human Sperm Competition – Copulation, Masturbation and Infidelity London (Chapman and Hall).

Barrett, C., Warner, R. R. (1997): Female influences on male reproductive success, pp. 334-351 in: Gowaty, P. A. (ed.): Feminism and Evolutionary Biology – Boundaries, Intersections, and Frontiers. New York (Chapman and Hall).

Barton, R. A., Byrne, R. W., Whiten, A. (1996): Ecology, feeding competition and social structure in baboons Behavioral Ecology and Sociobiology 38: 321-329.

Basu, A., Roy, S. K., Mukhopadhyay, B., Bharati, P., Gupta, R., Majumder, P. P. (1986): Sex bias in intrahousehold food distribution. Roles of ethnicity and socioeconomic charateristics. Current Anthropology 27: 536-539.

Bateman, A. J. (1948): Intra-sexual selection in Drosophila. Heredity 2: 349-368.

Bean, L. L., Mineau, G. P. (1986): The polygyny-fertility hypothesis: A reevaluation. Population Studies 40: 67-81.

Beck-Gernsheim, E. (1997): Geburtenrückgang und Kinderwunsch – die Erfahrung in Ostdeutschland. Zeitschrift für Bevölkerungswissenschaft 22: 59-71.

Beecher, M. D., Beecher, I. M., Nichols, S. H. (1981): Parent-offspring recognition in Bank Swallows *(Riparia riparia)*: II. Development and acoustic basis. Animal Behaviour 29: 95-101.

Bellis, M. A., Baker, R. R. (1990): Do females promote sperm competition? Data for humans. Animal Behaviour 40: 997-999.

Bereszkei, T. (1998): Kinship network, direct childcare, and fertility among Hungarians and Gypsies. Evolution and Human Behavior 19: 283-298.

Bereczkei, T., Dunbar, R. I. M. (1997): Female-biased reproductive strategies in a Hungarian Gypsy population. Proceedings of the Royal Society London B 264: 17-22.

Bereczkei, T., Voros, S., Gal, A., Bernath, L. (1997): Resources, Attractiveness, Family commitment: Reproductive decisions in human mate choice. Ethology 103: 681-699.

Bertram, B. C. R. (1979): Ostriches recognize their own eggs and discard others. Nature 279: 233-234.

Berven, K. A. (1981): Mate choice in the Wood Frog, *Rana sylvatica*. Evolution 35: 707-722.

Betzig, L. L. (1986): Despotism and Differential Reproduction – A Darwinian View of History. Hawthorne (Aldine).

Betzig, L. (1989): Causes of conjugal dissolution: A cross-cultural study. Current Anthropology 30: 654-676.

Betzig, L. (ed.) (1997): Human Nature – A Critical Reader. New York and Oxford (Oxford University Press).

Betzig, L. L., Turke, P. W. (1986): Food sharing on Ifaluk. Current Anthropology 27: 397-400.

Betzig, L., Weber, S. (1995): Presidents preferred sons. Politics and the Life Sciences 14: 61-64.

Bhat, P. N. M., Halli, S. S. (1999): Demograhy of brideprice and dowry: Causes and consequences of the Indian marriage squeeze. Population Studies 53: 129-148.

Bhuiya, A., Chowdhury, M. (1997): The effect of divorce on child survival in a rural area of Bangladesh. Population Studies 51: 57-61.

Bird, R. L. B., Bird, D. W. (1997): Delayed reciprocity and tolerated theft. Current Anthropology 38: 49-78.

Birkhead, T. R. (1998): Cryptic female choice: Criteria for establishing female sperm choice. Evolution 52: 1212-1218.

Birkhead, T. R., Møller, A. P. (1992): Sperm Competition in Birds – Evolutionary Causes and Consequences. London and San Diego (Academic Press).

Birkhead, T. R., Parker, G. A. (1997): Sperm competition and mating systems. pp. 121-145 in: Krebs, J. R., Davies, N. B. (eds.): Behavioural Ecology – An Evolutionary Approach. Oxford (Blackwell Science).

Bischof, N. (1985): Das Rätsel Ödipus – Die biologischen Wurzeln des Urkonflikts von Intimität und Autonomie. München und Zürich (Piper).

Bittles, A. H. (1994): The role and significance of consanguinity as a demographic variable. Population and Development Review 20: 561-584.

Blumstein, D. T., Evans, C. S., Daniel, J. C. (1999): An experimental study of behavioural group size effects in Tammar Wallabies, *Macropus eugenii*. Animal Behaviour 58: 351-360.

Blurton Jones, N. G., Da Costa, E. (1987): A suggested adaptive value of toddler night waking: Delaying the birth of the next sibling. Ethology and Sociobiology 8: 135-142.

Boesch, C. (1997): Evidence for dominant wild female chimpanzees investing more in sons. Animal Behaviour 54: 811-815.

Boesch, C., Boesch, H. (1989): Hunting behavior of wild chimpanzees in the the Taï National Park. American Journal of Physical Anthropology 78: 547-573.

Boesch, C., Tomasello, M. (1998): Chimpanzee and human cultures. Current Anthropology 39: 591-614.

Bohmann, M. (1980): Adoptivkinder und ihre Familien. Göttingen (Vandenhoeck und Ruprecht).

Borgerhoff Mulder, M. (1987): On cultural and reproductive success: Kipsigis evidence. American Anthropologist 89: 617-634.

Borgerhoff Mulder, M. (1990): Kipsigis women's preferences for wealthy men: Evidence for female choice in mammals? Behavioral Ecology and Sociobiology 27: 255-264.

Borgerhoff Mulder, M. (1992a): Women's strategies in polygynous marriage: Kipsigis, Datoga, and other East African cases. Human Nature 3: 45-70.

Borgerhoff Mulder, M. (1992b): Reproductive decisions. pp. 339-374 in: Smith, E. A., Winterhalder, B. (eds.): Evolutionary Ecology and Human Behavior. Hawthorne (Aldine de Gruyter).

Borgerhoff Mulder, M. (1993): Ein Plädoyer für das Studium funktioneller Angepaßtheiten in der evolutionären Anthropologie. pp. 15-30 in: Voland, E. (Hrsg.): Evolution und Anpassung: Warum die Vergangenheit die Gegenwart erklärt. Stuttgart (Hirzel).

Borgerhoff Mulder, M. (1995): Bridewealth and its correlates. Current Anthropology 36: 573-603.

Borgerhoff Mulder, M. (1998): Brothers and sisters – How sibling interactions affect optimal parental allocations. Human Nature 9: 119-162.

Borries, C. (1997): Infanticide in seasonally breeding multimale groups of Hanuman Langurs *(Presbytis entellus)* in Ramnagar (South Nepal). Behavioral Ecology and Sociobiology 41: 139-150.

Borries, C., Koenig, A. (2000): Hanuman Langurs: Infanticide in multimale groups. in: Van Schaik, C., Janson, C. H. (eds.) (2000): Infanticide by Males and Its Implications. Cambridge (Cambridge University Press).

Borries, C., Launhardt, K., Epplen, C., Epplen, J. T., Winkler, P. (1999a): DNA analyses support the hypothesis that infanticide is adaptive in langur monkeys. Proceedings of the Royal Society of London B 266: 901-904.

Borries, C., Launhardt, K., Epplen, C., Epplen, J. T., Winkler, P. (1999b): Males as infant protectors in Hanuman langurs *(Presbytis entellus)* living in multimale groups – Defence pattern, paternity and sexual behavior. Behavioral Ecology and Sociobiology 46: 350-356.

Bowlby, J. (1969): Attachement Theory, Separation Anxiety, and Mourning. Vol. 6. New York (Basic).

Boyd, R., Richerson, P. J. (1985): Culture and the Evolutionary Process. Chicago and London (University of Chicago Press).

Boyd, R., Richerson, P. J. (1992): How microevolutionary processes give rise to history. pp. 179-209 in: Nitecki, M. H., Nitecki, D. V. (eds.): History and Evolution. Albany (State University of New York Press).

Boyd, R., Silk, J. B. (1997): How Humans Evolved. New York and London (Norton).

Bradbury, J. W., Davies, N. B. (1987): Relative roles of intra- and intersexual selection. pp. 143-163 in: Bradbury, J. W., Andersson, M. B. (eds.): Sexual Selection: Testing the Alternatives. Chichester (Wiley).

Brereton, A. R. (1995): Coercion-defence hypothesis: The evolution of primate sociality. Folia primatologica 64: 207-214.

Brown, C. R., Brown M. B. (1989): Behavioural dynamics of intraspecific brood parasitism in colonial Cliff Swallows. Animal Behaviour 37: 777-796.

Brown, J. L. (1997): A theory of mate choice based on heterozygosity. Behavioral Ecology 8: 60-65.

Brown, J. L., Brown, E. R. (1998): Are inbred offspring less fit? Survival in a natural population of Mexican Jays. Behavioral Ecology 9: 60-63.

Bruce, H. M. (1960): A block to pregnancy in the mouse caused by proximity of strange males. Journal of Reproduction and Fertility 1: 96-103.

Buckle, L., Gallup Jr., G. G., Rodd, Z. A. (1996): Marriage as a reproductive contract: Patterns of marriage, divorce, and remarriage. Ethology and Sociobiology 17: 363-377.

Buckley, P. A., Buckley, F. G. (1972): Individual egg and chick recognition by adult royal terns (*Sterna maxima maxima*). Animal Behaviour 20: 457-462.

Burnstein, E., Crandall, C., Kitayama, S. (1994): Some neo-Darwinian decision rules for altruism: Weighing cues for inclusive fitness as a function of the biological importance of the decision. Journal of Personality and Social Psychology 67: 773-789.

Burt, A. (1995): The evolution of fitness. Evolution 49: 1-8.

Buss, D. M. (1989): Sex differences in human mate preferences: Evolutionary hypotheses tested in 37 cultures. Behavioral and Brain Sciences 12: 1-49.

Buss, D. M. (1999): Evolutionary Psychology – The New Science of the Mind. Boston (Allyn and Bacon).

Buss, D. M., Schmitt, D. P. (1993): Sexual strategies theory: An evolutionary perspective on human mating. Psychological Review 100: 204-232.

Calderón, R., Pena, J. A., Morales, G. J. I. (1993): Inbreeding patterns in the Basque country (Alava Province, 1831-1980). Human Biology 65: 743-770.

Caley, M. J., Nudds, T. D. (1987): Sex-ratio adjustment in *Odocoileus*: Does local resource competition play a role? American Naturalist 129: 452-457.

Cameron, E. Z., Linklater, W. L., Stafford, K. J., Veltman, C. J. (1999): Birth sex ratios relate to mare condition at conception in Kaimanawa horses. Behavioral Ecology 10: 472-475.

Campbell, L., Simpson, J. A., Orina, M. (1999): Sex and mating: Sexual strategies, trade-offs, and strategic pluralism. pp. 34-61 in: Rosen, D. H., Luebbert, M. C. (eds.): Evolution of the Psyche. Westport and London (Praeger).

Carchini, G., Chiarotti, F., Di Domenico, M., Paganotti, G. (2000): Fluctuating asymmetry, size and mating success in males of *Ischnura elegans* (Vander Linden) (Odonata: Coenagrionidae). Animal Behaviour 59: 177-182.

Casimir, M. J., Rao, A. (1992): Kulturziele und Fortpflanzungsunterschiede – Aspekte der Beziehung zwischen Macht, Besitz und Reproduktion bei den nomadischen Bakkarwal im westlichen Himalaya. pp. 270-289 in: Voland, E. (Hrsg.): Fortpflanzung – Natur und Kultur im Wechselspiel. Frankfurt/M (Suhrkamp).

Carlisle, T. R. (1985): Parental response to brood size in a cichlid fish. Animal Behaviour 33: 234-238.

Caro, T. M., Borgerhoff Mulder M. (1987): The problem of adaptation in the study of human behavior. Ethology and Sociobiology 8: 61-72.

Chacón-Puignau, G. C., Jaffé, K. (1996): Sex ratio at birth deviations in modern Venezuela: The Trivers-Willard effect. Social Biology 43: 257-270.

Chagnon, N. A. (1980): Kin-selection theory, kinship, marriage and fitness among the Yanomamö Indians. pp. 545-571 in: Barlow, G. W., Silverberg, J. (eds.): Sociobiology: Beyond Nature/Nurture? Reports, Refinitions and Debate. Boulder (Westview Press).

Chagnon, N. A. (1988): Life histories, blood revenge, and warfare in a tribal population. Science 239: 985-992.

Chagnon, N. A., Bugos, P. (1979): Kin selection and conflict: An analysis of a Yanomamö ax fight. pp. 213-238 in: Chagnon, N. A., Irons, W. (eds.): Evolutionary Biology and Human Social Behavior – An Anthropological Perspective. North Scituate (Duxbury).

Chasiotis, A. (1995): Die Mystifikation der Homöostase: Das sozioemotionale Gegenseitigkeitsempfinden als grundlegende psychische Dimension. Gestalttheorie 17: 88-129.

Chasiotis, A. (1999): Kindheit und Lebenslauf – Untersuchungen zur evolutionären Psychologie der Lebensspanne. Bern (Huber).

Chek, A. A., Robertson, R. J. (1991): Infanticide in female Tree Swallows: A role for sexual selection. Condor 93: 454-457.

Choudhury, S. (1995): Divorce in birds: A review of the hypotheses. Animal Behaviour 50: 413-429.

Clark, A. B. (1978): Sex ratio and local resource competition in a prosimian primate. Science 201: 163-165.

Clarke, G. M. (1998): Developmental stability and fitness: The evidence is not quite so clear. American Naturalist 152: 762-766.

Clements, K. C., Stephens, D. W. (1995): Testing models of non-kin cooperation: mutualism and the Prisoner's Dilemma. Animal Behaviour 50: 527-535.

Clutton-Brock, T. H. (1984): Reproductive effort and terminal investment in iteroparous animals. American Naturalist 123: 212-229.

Clutton-Brock, T. H. (ed.) (1988): Reproductive Success – Studies of Individual Variation in Contrasting Breeding Systems. Chicago and London (University of Chicago Press).

Clutton-Brock, T. H. (1991): The Evolution of Parental Care. Princeton (Princeton University Press).

Clutton-Brock, T. H., Albon, S. D., Guiness, F. E. (1984): Maternal dominance, breeding success and birth sex ratios in Red Deer. Nature 308: 358-360.

Clutton-Brock, T. H., Brotherton, P. N. M., Smith, R., McIlrath, G. M., Kansky, R., Gaynor, D., O'Riain, M. J., Skinner, J. D. (1998): Infanticide and expulsion of females in a cooperative mammal. Proceedings of the Royal Society London B 265: 2291-2295.

Clutton-Brock, T. H., Green, D., Miraiwa-Hasegawa, M., Albon, S. D. (1988): Passing the buck: Resource defence, lek breeding and mate choice in fallow deer. Behavioral Ecology and Sociobiology 23: 281-296.

Clutton-Brock, T. H., Guiness, F. E., Albon, S. D. (1982): Red Deer – Behavior and Ecology of Two Sexes. Edinburgh (Edinburgh University Press).

Clutton-Brock, T. H., Guiness, F. E., Albon, S. D. (1983): The costs of reproduction to Red Deer hinds. Journal of Animal Ecology 52:367-383.

Clutton-Brock, T. H., Iason, G. R. (1986): Sex ratio variation in mammals. Quarterly Review of Biology 61: 339-374.

Clutton-Brock, T. H., Parker, G. A. (1995): Punishment in animal societies. Nature 373: 209-216.

Connor, R. C., Curry, R. L. (1995): Helping non-relatives: a role for deceit? Animal Behaviour 49: 389-393.

Cook, S. E., Vernon, J. G., Bateson, M., Guilford, T. (1994): Mate choice in the polymorphic African Swallowtail Butterfly, *Papilio dardanus*: male-like females may avoid sexual harassment. Animal Behaviour 47: 389-397.

Cosmides, L., Tooby, J. (1987): From evolution to behavior: Evolutionary psychology as the missing link. pp. 277-306 in: Dupré, J. (ed.): The Latest on the Best – Essays on Evolution and Optimality. Cambridge, Ma and London (MIT Press).

Cosmides, L., Tooby, J. (1992): Cognitive adaptations for social exchange. pp. 163-228 in: Barkow, J. H., Cosmides, L., Tooby, J. (eds.): The Adapted Mind – Evolutionary Psychology and the Generation of Culture. New York and Oxford (Oxford University Press).

Coulson, G. (1999): Monospecific and heterospecific groupings and feeding behavior in Grey Kangaroos and Red-Necked Wallabies. Journal of Mammalogy 80: 270-282.

Cox, C. R., LeBoeuf, B. J. (1977): Female inicitation of male competition: A mechanism in sexual selection. American Naturalist 111: 317-335.

Crawford, C. (1998): Environments and adaptations: Then and now. pp. 275-302 in: Crawford, C., Krebs, D. L. (eds.): Handbook of Evolutionary Psychology – Ideas, Issues, and Applications. Mahwah (Erlbaum).

Crawford, C., Krebs, D. L. (eds.) (1998): Handbook of Evolutionary Psychology – Ideas, Issues, and Applications. Mahwah (Erlbaum).

Creel, S., Creel, N. M. (1995): Communal hunting and pack size in African Wild Dogs, *Lycaon pictus*. Animal Behaviour 50: 1325-1339.

Cronk, L. (1989): Low socioeconomic status and female-biased parental investment: The Mukogodo example. American Anthropologist 91: 414-429.

Cronk, L. (1991): Preferential parental investment in daughters over sons. Human Nature 2: 387-417.

Crook, J. H., Crook, S. J. (1988): Tibetan polyandry: problems of adaptation and fitness. pp. 97-114 in: Betzig, L., Borgerhoff Mulder, M., Turke, P. (eds.): Human Reproductive Behaviour – A Darwinian Perspective. Cambridge (Cambridge University Press).

Crook, J. H., Shields, W. M. (1985): Sexually selected infanticide by adult male Barn Swallows. Animal Behaviour 33: 754-761.

Cullen, E. (1957): Adaptations in the Kittiwake to cliff-nesting. Ibis 99: 275-302.

Curio, E. (1988): Gerontophagy and the usefulness of Trivers'parental investment concept. Ethology 79: 78-80.

Curio, E., Regelmann, K., Zimmermann, U. (1984): The defence of first and second broods by Great Tit *(Parus major)* parents: A test of predictive sociobiology. Zeitschrift für Tierpsychologie 66: 101-127.

Daly, M., Singh, L. S., Wilson, M. (1993): Children fathered by previous partners: A risk factor for violence against women. Canadian Journal of Public Health 84: 209-210.

Daly, M., Wilson, M. (1981): Abuse and neglect of children in evolutionary perspective. pp. 405-416 in: Alexander, R. D., Tinkle, D. W. (eds.): Natural Selction and Social Behavior – Recent Research and New Theory. New York and Concord (Chiron).

Daly, M., Wilson, M. (1983): Sex, Evolution, and Behavior. 2. Auflage. Boston (Grant).

Daly, M., Wilson, M. (1984): A sociobiological analysis of human infanticide. pp. 487-502 in: Hausfater, G., Hrdy, S. B. (eds.): Infanticide – Comparative and Evolutionary Perspectives. Hawthorne (Aldine de Gruyter).

Daly, M., Wilson, M. (1988a): Homicide. Hawthorne (Aldine de Gruyter).

Daly, M., Wilson, M. (1988b): The Darwinian psychology of discriminative parental solitude. pp. 91-143 in: Leger, D. W. (ed.): Comparative Perspectives in Modern Psychology. Lincoln and London (University of Nebraska Press).

Daly, M., Wilson, M. (1996): Evolutionary psychology and marital conflict: The relevance of stepchildren. pp. 9-28 in: Buss, D. M., Malamuth, N. M. (eds.): Sex, Power, Conflict – Evolutionary and Feminist Perspectives. New York and Oxford (Oxford University Press).

Darwin, C. (1859): On the Origin of Species. London (Murray).

Darwin, C. (1871): The Decent of Man, and Selection in Relation to Sex. London (Murray).

Darwin, C. (1899): Über die Entstehung der Arten durch natürliche Zuchtwahl oder die Erhaltung der begünstigten Rassen im Kampfe ums Dasein. 8. Aufl. , In: C. Darwins gesammelte Werke, Band 2. Stuttgart (Schweizerbarth).

Davies, N. B. (1990): Dunnocks: Cooperation and conflict among males and females in a variable mating system. pp. 457-485 in: Stacey, P. B., Koenig, W. D. (eds.): Cooperative Breeding in Birds: Long-term Studies of Ecology and Behavior. Cambridge (Cambridge University Press).

Davies, N. B. (1991): Mating systems. pp. 263-294 in: Krebs, J. F., Davies, N. B. (eds.): Behavioural Ecology – An Evolutionary Approach, 3rd. ed. Oxford (Blackwell).

Dawkins, R. (1976): The Selfish Gene. New York and Oxford (Oxford University Press). Deutsch (1978): Das egoistische Gen. Berlin (Springer).

Dawkins, R. (1980): Good strategy or evolutionary stable strategy? pp. 331-367 in: Barlow, G. W., Silverberg, J. (eds.): Sociobiology: Beyond Nature/Nurture? Boulder (Westview Press).

Delahaye, J.-P., Mathieu, P. (1998): Altruismus mit Kündigungsmöglichkeit. pp. 82-88 in: Spektrum der Wissenschaft Digest 1/98: Kooperation und Konkurrenz.

De Lope, F., Møller, A. P. (1993): Female reproductive effort depends on the degree of ornamentation of their mates. Evolution 47: 1152-1160.

Deerenberg, C., Arpanius, V., Daan, N. (1997): Reproductive effort decreases antibody responsiveness. Proceedings of the Royal Society London B 264: 1021-1029.

De Waal, F. B. M. (1989): Food sharing and reciprocal obligations among chimpanzees. Journal of Human Evolution 18: 433-459.

De Waal, F. B. M. (1991): Wilde Diplomaten – Versöhnung und Entspannungspolitik bei Affen und Menschen. München und Wien (Hanser).

De Waal, F. B. M. (1997): The Chimpanzee's service economy: Food for grooming. Evolution and Human Behavior 18: 375-386.

Dewsbury, D. A. (1982): Pregnancy blockage following multiple-male copulation or exposure at the time of mating in Deer Mice, *Peromyscus maniculatus*. Behavioral Ecology and Sociobiology 11: 37-42.

Dhondt, A. A., Adriaensen, F. (1994): Causes and effects of divorce in the Blue Tit *Parus caeruleus*. Journal of Animal Ecology 63: 979-987.

Dhondt, A. A., Schillemans, J. (1983): Reproductive success of the Great Tit in relation to its territorial status. Animal Behaviour 31: 902-912.

Dickemann, M. (1979): Female infanticide, reproductive strategies, and social stratification: A preliminary model. pp. 321-367 in: Chagnon, N. A., Irons, W. (eds.): Evolutionary Biology and Human Social Behavior – An Anthropological Perspective. North Scituate (Duxbury).

Dickemann, M. (1981): Paternal confidence and dowry competition: A biocultural analysis of Purdah. pp. 417-438 in: Alexander, R. D., Tinkle, D. W. (eds.): Natural Selection and Social Behavior – Recent Research and New Theory. New York and Concord (Chiron).

Dittus, W. P. J. (1986): Sex differences in fitness following a group takeover among Toque Macaques: Testing models of social evolution. Behaviour 69: 265-302.

Dittus, W. P. J. (1998): Birth sex ratios in Toque Macaques and other mammals: Integrating the effects of maternal condition and competition. Behavioral Ecology and Sociobiology 44: 149-160.

Dixon, A., Ross, D., O'Mailey, S. L. C., Burke, T. (1994): Paternal investment is inversely related to degree of extra-pair paternity in the Reed Bunting. Nature 371: 698-700.

Dixson, A. F. (1993): Sexual selection, sperm competition and the evolution of sperm length. Folia primatologica 61: 221-227.

Doblhammer- Reiter, G. (2000): Reproductive History and mortality later in life: A comparative study of England & Wales and Austria. Population Studies (in press).

Dominey, W. J. (1984): Alternative mating tactics and evolutionary stable strategies. American Zoologist 24: 385-396.

Duffy, J. E. (1996): Eusociality in a coral-reef shrimp. Nature 381: 512-514.

Dugatkin, L. A., Reeve, H. K. (eds.) (1998): Game Theory and Animal Behavior. New York and Oxford (Oxford University Press).

Dunbar, R. I. M. (1988): Primate Social Systems. London and Sydney (Croom Helm).

Dunbar, R. I. M. (1989): Reproductive strategies of female Gelada Baboons. pp. 74-92 in: Rasa, A. E., Vogel, C., Voland,E. (eds.): The Sociobiology of Sexual and Reproductive Strategies. London and New York (Chapman and Hall).

Dunbar, R. I. M. (1993): Sozio-ökologische Einflüsse auf das Gruppenleben von Primaten. pp. 75-93 in: Voland, E. (Hrsg.): Evolution und Anpassung: Warum die Vergangenheit die Gegenwart erklärt. Stuttgart (Hirzel).

Dunbar, R. I. M., Clark, A., Hurst, N. L. (1995): Conflict and cooperation among the Vikings: Contingent behavioral decisions. Ethology and Sociobiology 16: 233-246.

Dunbar, R. I. M., Spoors, M. (1995): Social networks, support cliques, and kinship. Human Nature 6: 273-290.

Durham, W. H. (1976): The adaptive significance of cultural behavior. Human Ecology 4: 89-121.

Dyson-Hudson, R., Smith, E. A. (1978): Human territoriality: An ecological reassessment. American Anthropologist 80: 21-41.

Eberhard, W. G. (1996): Female Control: Sexual Selection by Cryptic Female Choice. Princeton and New Jersey (Princeton University Press).

Eens, M., Pinxten, R. (1996): Female European Starlings increase their copulation solicitation rate when faced with the risk of polygyny. Animal Behaviour 51: 1141-1147.

Eibl-Eibesfeldt, I. (1994): Aggression und Krieg. Zur Naturgeschichte der Aggression. pp. 189-215 in: Schiefenhövel, W., Vogel, C., Vollmer, G., Opolka, U. (Hrsg.): Zwischen Natur und Kultur – Der Mensch in seinen Beziehungen. Stuttgart (Trias).

Eibl-Eibesfeldt, I. , Salter, F. K. (eds.) (1998): Indoctrinability, Ideology, and Warfare – Evolutionary Perspectives. New York and Oxford (Berghahn).

Elgar, M. A. (1998): Sperm competition and sexual selection in spiders and other arachnids. pp. 307-339 in: Birkhead, T. R., Møller, A. P. (eds.): Sperm Competition and Sexual Selection. San Diego (Academic Press).

Elgar, M. A., Crespi, B. J. (ed.) (1992): Cannibalism – Ecology and Evolution among Diverse Taxa. Oxford and New York (Oxford University Press).

Ellegren, H., Gustafsson, L., Sheldon, B. C. (1996): Sex ratio adjustment in relation to paternal attractiveness in a wild bird population. Proceedings of the National Academy of Science 93: 11723-11728.

Ellis, L. (1995): Dominance and reproductive success among nonhuman animals: A cross-species comparison. Ethology and Sociobiology 16: 257-333.

Ellison, P. T. (1994): Advances in human reproductive ecology. Annual Review of Anthropology 23: 255-275.

Ember, C. R., Ember, M. (1992): Resource unpredictability, mistrust, and war. Journal of Conflict Resolution 36: 242-262.

Emlen, S. T. (1997): The evolutionary study of human family systems. Social Science Information 36: 563-589.

Emlen, S. T., Emlen, J. M., Levin, S. A. (1986): Sex-ratio selection in species with helpers-at-the-nest. American Naturalist 127: 1-8.

Emlen, S. T., Wrege, P. M. (1986): Forced copulations and intraspecific parasitism: Two costs of social living in the White-fronted Bee-eater. Ethology 71: 2-29.

Emlen, S. T., Wrege, P. M. (1992): Parent-offspring conflict and the recruitment of helpers among Bee-eaters. Nature 356: 331-333.

Ens, B. J., Safriel, U. N., Harris, M. P. (1993): Divorce in long-lived monogamous Oystercatcher, *Haematopus ostralegus*: Incompatibility or choosing the better option? Animal Behaviour 45: 1199-1217.

Euler, H. A., Weitzel, B. (1996): Discriminative grandparental solicitude as reproductive strategy. Human Nature 7: 39-59.

Faux, S. F., Miller, H. L. (1984): Evolutionary speculations on the oligarchic development of Mormon polygyny. Ethology and Sociobiology 5: 15-31.

Fink, A. (1970): Bäuerliches Erbrecht im Jeverland einst und jetzt. Jever (Jeverländischer Altertums- und Heimatverein).

Fisher, H. E. (1989): Evolution of human serial pairbonding. American Journal of Physical Anthropology 78: 331-354.

Fisher, R. A. (1930): The Genetical Theory of Natural Selection. Oxford (Clarendon).

Flinn, M. V. (1988): Step- and genetic parent/offspring relationship in a Caribbean village. Ethology and Sociobiology 9: 335-369.

Flinn, M. V. (1989): Household composition and female reproductive strategies in a Trinidadian village. pp. 206-233 in: Rasa, A. E., Vogel, C., Voland, E. (eds.): The Sociobiology of Sexual and Reproductive Strategies. London and New York (Chapman and Hall).

Flinn, M. V. (1997): Culture and the evolution of social learning. Evolution and Human Behavior 18: 23-67.

Flinn, M. V., Alexander, R. D. (1982): Culture theory: The developing synthesis from biology. Human Ecology 10: 383-400.

Flinn, M. V., England, B. G. (1995): Childhood stress and family environment. Current Anthropology 36: 854-866.

Flinn, M. V., Low, B. S. (1986): Resource distribution, social competition, and mating patterns in human societies. pp. 217-243 in: Rubenstein, D. I., Wrangham, R. W. (eds.): Ecological Aspects of Social Evolution. Princeton (Princeton University Press).

Folstad, I., Karter, A. J. (1992): Parasites, bright males, and the immunocompetence handicap. American Naturalist 139: 603-622.

Forbes, L. S. (1997): The evolutionary biology of spontaneous abortion in humans. Trends in Ecology and Evolution 12: 446-450.

Frank, R. H., Gilovich, T., Regan, D. T. (1993): The evolution of one-shot cooperation: An experiment. Ethology and Sociobiology 14: 247-256.

Fraser, D., Thompson, B. K. (1991): Armed sibling rivalry among suckling piglets. Behavioral Ecology and Sociobiology 29: 9-15.

Fuentes, A. (1999): Re-evaluating primate monogamy. American Anthropologist 100: 890-907.

Gage, A. R., Barnard, C. J. (1996): Male crickets increase sperm number in relation to competition and female size. Behavioral Ecology and Sociobiology 38: 349-353.

Gangestad, S. W. (1993): Sexual selection and physical attractiveness – Implications for mating dynamics. Human Nature 4: 205-235.

Gangestad, S. W., Buss, D. M. (1993): Pathogen prevalence and human mate preferences. Ethology and Sociobiology 14: 89-96.

Gangestad, S. W., Thornhill, R. (1997): Human sexual selection and developmental stability. pp. 169-196 in: Simpson, J. A., Kenrick, D. T. (eds.): Evolutionary Social Psychology. Mahwah (Erlbaum).

Gangestad, S. W., Thornhill, R. (1998): Menstrual cycle variation in women's preferences for the scent of symmetrical men. Proceedings of the Royal Society London B. 265: 927-933.

Gangestad, S. W., Thornhill, R., Yeo, R. A. (1994): Facial attractiveness, developmental stability, and fluctuating asmmetry. Ethology and Sociobiology 15: 73-85.

Garson, P. J., Pleszczynska, W. K., Holm, C. H. (1981): The ‹polygyny threshold› model: a reassessment. Canadian Journal of Zoology 59: 902-910.

Gaulin, S. J., Boster, J. S. (1990): Dowry as female competition. American Anthropologist 92: 994-1005.

Gaulin, S. J. C., McBurney, D. H., Brakeman-Wartell, S. L. (1997): Matrilateral biases in the investment of aunts and uncles: A consequence and measure of paternity uncertainty. Human Nature 8: 139-151.

Gaulin, S. J. C., Robbins, C. J. (1991): Trivers-Willard effect in contemporary North American society. American Journal of Physical Anthropology 85: 61-69.

Gazzaniga, M. S. (ed.) (1995): The Cognitive Neurosciences. Cambridge, Ma and London (MIT Press).

Gil, D., Graves, J., Hazon, N., Wells, A. (1999): Male attractiveness and differential testosterone investment in Zebra Finch eggs. Science 286: 126-128.

Gilbert, L. (1976): Postmating female odor in helioconius butterflies: A male-contributed antiaphrodisiac. Science 193: 419-420.

Götmark, F., Winkler, D. W., Andersson, M. (1986): Flock-feeding on fish schools increases individual success in gulls. Nature 319: 589-590.

Goldizen, A. W., Terborgh, J. (1989): Demography and dispersal patterns of a tamarin population: Possible causes of delayed breeding. American Naturalist 134: 208-224.

Gomendio, M. (1990): The influence of maternal rank and infant sex on maternal investment trends in Rhesus Macaques: Birth sex ratios, interbirth intervals and suckling patterns. Behavioral Ecology and Sociobiology 28: 365-375.

Gomendio, M., Harcourt, A. H., Roldán, E. R. S. (1998): Sperm competition in mammals. pp. 667-755 in: Birkhead, T. R., Møller, A. P. (ed.): Sperm Competition and Sexual Selection. San Diego (Academic Press).

Gomendio, M., Roldan, E. R. S. (1991): Sperm competition influences sperm size in mammals. Proceedings of the Royal Society London B: 181-185.

Goodall, J. (1983): Ordnung ohne formelles Recht. pp. 129-142 in: Gruter, M., Rehbinder, M. (Hrsg.): Der Beitrag der Biologie zu Fragen von Recht und Ethik. Berlin (Duncker und Humblot).

Goodall, J. (1986): The Chimpanzees of Gombe – Patterns of Behavior. Cambridge, Ma (The Belknap Press of Harvard University Press).

Gough, K. (1961): Nayar: North Kerala. pp. 385-404 in: Schneider D. M., Gough, K. (eds.): Matrilineal Kinship. Berkeley and Los Angeles (University of California Press).

Gould, J. L., Gould, C. G. (1989): Sexual Selection. New York (Scientific American Library).

Gowaty, P. A. (1993): Differential dispersal, local resource competition, and sex ratio variation in birds. American Naturalist 141: 263-280.

Gowaty, P. A. (1996): Field studies of parental care in birds. pp. 477-531 in: Rosenblatt, J. S., Snowdon, C. T. (eds.): Parental Care – Evolution, Mechanisms, and Adaptive Significance. San Diego (Academic Press).

Gowaty, P.A., Lemnartz, M. R. (1985): Sex ratios of nestling and fledgling Red-cockaded Woodpeckers *(Picoides borealis)* favor males. American Naturalist 126: 347-353.

Grafen, A. (1990): Biological signals as handicaps. Journal of Theoretical Biology 144: 517-546.

Grammer, K., Thornhill, R. (1994): Human *(Homo sapiens)* facial attractiveness and sexual selection: The role of symmetry and averageness. Journal of Comparative Psychology 108: 233-242.

Grand, T. C., Dill, L. M. (1999): The effect of group size on the foraging behaviour of juvenile Coho Salmon: reduction of predation risk or increased competition? Animal Behaviour 58: 443-451.

Grayson, D. K. (1993): Differential mortality and the Donner Party disaster. Evolutionary Anthropology 2:151-159.

Grinnell, J., McComb, K. (1996): Maternal grouping as a defense against infanticide by males: Evidence from field playback experiments on African Lions. Behavioral Ecology 7: 55-59.

Grinnell, J., Packer, C., Pusey, A. E. (1995): Cooperation in male lions: Kinship, reciprocity or mutualism? Animal Behaviour 49: 95-105.

Gross, M. R. (1982): Sneakers, satellites and parentals: Polymorphic mating strategies in North American Sunfishes. Zeitschrift für Tierpsychologie 60: 1-26.

Gross, M. R. (1996): Alternative reproductive strategies and tacticts: Diversity within sexes. Trends in Ecology and Evolution 11: 92-98.

Gross, M. R., MacMillan, A. M. (1981): Predation and the evolution of colonial nesting in Bluegill Sunfish. *(Lepomis macrochirus)*. Behavioral Ecology and Sociobiology 8: 163-174.

Güth, W., Kliemt, H. (1994): Competition or co-operation: On the evolutionary economics of trust, exploitation and moral attitudes. Metroeconomica 45: 155-187.

Gustafsson, L., Pärt, T. (1990): Acceleration of senescence in the Collared Flycatcher *Ficedula albicollis* by reproductive costs. Nature 347: 279-281.

Gwynne, D. T., Simmons, L. W. (1990): Experimental reversal of courtship roles in an insect. Nature 346: 172-174.

Gygax, L., Harley, N., Kummer, H. (1997): A matrilineal overthrow with destructive aggression in *Macaca fascicularis*. Primates 38:149-158.

Hager, B. J. (1992): Get thee to a nunnery: Female religious claustration in medieval Europe. Ethology and Sociobiology 13: 385-407.

Hames, R. (1987): Garden labor exchange among the Ye´kwana. Ethology and Sociobiology 8: 259-284.

Hamilton, D. W. (1964a): The genetical evolution of social behaviour. I. Journal of Theoretical Biology 7: 1-16.

Hamilton, D. W. (1964b): The genetical evolution of social behaviour. II. Journal of Theoretical Biology 7: 17-52.

Hamilton, D. W. (1967): Extraordinary sex ratios. Science 156: 477-488.

Hamilton, W. D. (1971): Geometry of the selfish herd. Journal of Theoretical Biology 31: 295-311.

Hamilton, W. D. (1979): Wingless and fighting males in fig wasps and other insects. pp. 167-220 in: Blum, M. S., Blum, N. A. (eds.): Sexual Selection and Reproductive Competition in Insects. New York (Academic Press).

Hamilton, W. J., Poulin, R. (1997): The Hamilton and Zuk hypothesis revisited: A meta-analytical approach. Behaviour 134: 299-320.

Hamilton, W. D., Zuk, M. (1982): Heritable true fitness and bright birds: A role for parasites? Science 218: 384-387.

Hannon, S. J. (1983): Spacing and breeding density of Willow Ptarmigan in response to an experimental alteration of sex ratio. Jornal of Animal Ecology 52: 807-820.

Harcourt, A. H. (1991): Sperm competition and the evolution of nonfertilizing sperm in mammals. Evolution 45: 314-328.

Harris, M. (1989): Kulturanthropologie. Frankfurt und New York (Campus).

Haskey, J. C. (1986): Ground for divorce in England and Wales – A social and demographic analysis. Journal of Biosocial Science 18: 127-153.

Haskey, J. C. (1987): Social class differentials in remarriage after divorce: Results from a forward linkage study. Population Trends 47: 34-42.

Harvey, P. H., Harcourt, A. H. (1984): Sperm competition, testes size, and breeding systems in primates. pp. 589-600 in: Smith, R. L. (ed.): Sperm Competition and the Evolution of Animal Mating Systems. Orlando (Academic Press).

Hasselquist, D., Bensch, S., Von Schantz, T. (1996): Correlation between male song repertoire, extra-pair paternity and offspring survival in the Great Reed Warbler. Nature 381: 229-232.

Hausfater, G. (1975): Dominance and Reproduction in Baboons *(Papio cynocephalus)* – A Quantitative Analysis. Basel (Karger).

Hawkes, K. (1983): Kin selection and culture. American Ethnologist 10: 345-363.

Hawkes, K. (1992): Sharing and collective action. pp. 269-300 in: Smith, E. A., Winterhalder, B. (eds.): Evolutionary Ecology and Human Behavior. Hawthorne (Aldine de Gruyter).

Heath, K. M., Hadley, C. (1998): Dichotomous male reproductive strategies in a polygynous human society: Mating versus parental effort. Current Anthropology 39: 369-374.

Heinsohn, R. G. (1991): Kidnapping and reciprocity in cooperatively breeding White-winged Choughs. Animal Behaviour 41: 1097-1100.

Heinsohn, R. G., Legge, S. (1999): The cost of helping. Trends in Ecology and Evolution 14: 53-57.

Heinze, J. (1998): Evolutionsbiologische Bedeutung von Dominanzhierarchien. Naturwissenschaftliche Rundschau 51: 424-429.

Herrera, E. A., Macdonald, D. W. (1993): Aggression, dominance, and mating success among Capybara males *(Hydrochaeris hydrochaeris)*. Behavioral Ecology 4: 114-119.

Heschl, A. (1998): Das intelligente Genom. Berlin (Springer).

Hewison, A. J. M., Gaillard, J. M. (1996): Birth-sex ratios and local resource competition in Roe Deer, *Capreolus capreolus*. Behavioral Ecology 7: 461-464.

Hewison, A. J. M., Gaillard, J. M. (1999): Successful sons or advantaged daughters? The Trivers-Willard model and sex-biased maternal investment in ungulates. Trends in Ecology and Evolution 14: 229-234.

Hewlett, B. S. (1991): Demography and childcare in preindustrial societies. Journal of Anthropological Research 47: 1-37.

Heymann, E. W., Buchanan-Smith, H. M. (im Druck): The behavioral ecology of mixed-species troops of callitrichine primates. Biological Reviews.

Hill, C. M., Ball, H. L. (1996): Abnormal births and other “ill omens” – The adaptive case for infanticide. Human Nature 7: 381-401.

Hill, E. (1999): Lineage interests and nonreproductive strategies: An evolutionary approach to medieval religious women. Human Nature 10: 109-134.

Hill, E. M., Low, B. S. (1992): Contemporary abortion patterns: A life history approach. Ethology and Sociobiology 13: 35-48.

Hill, K., Hurtado, A. M. (1996): Ache Life History – The Ecology and Demography of a Foraging People. Hawthorne (Aldine de Gruyter).

Hill, K., Kaplan, H. (1999): Life history traits in humans: Theory and empirical studies. Annual Review of Anthropology 28: 397-430.

Hill, R. A., Lee, P. C. (1998): Predation risk as an influence on group size in cercopithecoid primates: Implications for social structure. Journal of Zoology (London) 245: 447-456.

Hiraiwa-Hasegawa, M. (1993): Skewed birth sex ratios in primates: Should high-ranking mothers have daughters or sons? Trends in Ecology and Evolution 8: 395-400.

Höglund, J., Alatalo, R. V. (1995): Leks. Princeton (Princeton University Press).

Hogg, J. T. (1984): Mating in Bighorn Sheep: Multiple creative male strategies. Science 225: 526-529.

Hogstad, O. (1995): Alarm calling by Willow Tits, *Parus montanus*, as mate investment. Animal Behaviour 49: 221-225.

Hohmann, G., Fruth, B. (1996): Food sharing and status in unprovisioned bonobos. pp. 47-67 in: Wiessner, P., Schiefenhövel, W. (eds.): Food and the Status Quest – An Interdisciplinary Perspective. Providence and Oxford (Berghahn).

Holekamp, K. E., Smale, L. (1995): Rapid change in offspring sex ratios after clan fission in the Spotted Hyena. American Naturalist 145: 261-278.

Hoogland, J. L. (1994): Nepotism and infanticide among Prairie Dogs. pp. 321-337 in: Parmigiani, S., Vom Saal, F. S. (eds.): Infanticide & Parental Care. Chur (Harwood).

Hosken, D. J. (1997): Sperm competition in bats. Proceedings of the Royal Society London B 264: 385-392.

Hotta, M. (1994): Infanticide in little swifts taking over costly nests. Animal Behaviour 47: 491-493.

Howard, R. D. (1978): The evolution of mating strategies in Bullfrogs, *Rana catesbeiana*. Evolution 32: 850-871.

Hrdy, S. B. (1979): Infanticide among animals: A review, classification, and examination of the implications for reproductive strategies of females. Ethology and Sociobiology 1: 13-40.

Hrdy, S. B. (1986): Empathy, polyandry, and the myth of the coy female. pp 119-146 in: Bleier, R. (ed.): Feminist Approaches to Science. New York (Pergamon).

Hrdy, S. B. (1992): Fitness tradeoffs in the history and evolution of delegated mothering with special reference to wet-nursing, abandonment, and infanticide. Ethology and Sociobiology 13: 409-442.

Hrdy, S. B., Judge, D. S. (1993): Darwin and the puzzle of primogeniture: An essay on biases in parental investment after death. Human Nature 4: 1-45.

Huck, U. D. (1984): Infanticide and the evolution of pregnancy block in rodents. pp. 349-365 in: Hausfater, G., Hrdy, S. B. (eds.): Infanticide – Comparative and Evolutionary Perspectives. New York (Aldine).

Hughes, A. L. (1986): Reproductive success and occupational class in eighteenth-century Lancashire, England. Social Biology 33: 109-115.

Ims, R. A. (1990): The ecology and evolution of reproductive synchrony. Trends in Ecology and Evolution 5: 135-140.

Irons, W. (1979a): Natural selection, adaptation, and human social behavior – An anthropological perspective. pp. 4-39 in: Chagnon, N. A., Irons, W. (eds.): Evolutionary Biology and Human Social Behavior – An Anthropological Perspective. North Scituate (Duxbury).

Irons, W. (1979b): Cultural and biological success. pp. 257-272 in: Chagnon, N. A., Irons, W. (eds.): Evolutionary Biology and Human Social Behavior – An Anthropological Perspective. North Scituate (Duxbury).

Irons, W. (1998): Adaptively relevant environments versus the environment of evolutionary adaptedness. Evolutionary Anthropology 6: 194-204.

Irwin, C. (1989): The sociocultural biology of Netsilingmiut female infanticide. pp. 234-264 in: Rasa, A. E., Vogel, C., Voland, E. (eds.): The Sociobiology of Sexual and Reproductive Strategies. London and New York (Chapman and Hall).

Isbell, L. A. (1991): Contest and scramble competition: patterns of female aggression and ranging behavior among primates. Behavioral Ecology 2: 143-155.

Iwasa, Y., Pomiankowski, A., Nee, S. (1991): The evolution of costly mate preferences II. The “Handicap” principle. Evolution 45: 1431-1442.

James, W. H. (1994): Parental dominance / social status, hormone levels, and sex ratio of offspring. pp. 63-74 in: Ellis, L. (ed.): Social Stratification and Socioeconomic Inequality. Vol. 2: Reproductive Aspects of Dominance and Status. Westport and London (Praeger).

Jarvis, J. U. M., O`Riain, M. J., Bennett, N. C., Sherman, P. W. (1994): Mammalian eusociality: A family affair. Trends in Ecology and Evolution 9: 47-51.

Jennions, M. D., Passmore, N. I. (1993): Sperm competitionn in frogs: Testis size and a ‘sterile male’ experiment on *Chiromantis xerampelina* (Rhacophoridae). Biological Journal of the Linnean Society 50: 211-220.

Jiménez, J. A., Hughes, K. A., Alaks, G., Graham, L., Lacy, R. C. (1994): An experimental study of inbreeding depression in a natural habitat. Science 266: 271-273.

Johnson, C. N. (1988): Dispersal and the sex ratio at birth in primates. Nature 332: 726-728.

Johnson, R. C., Johnson, S. B. (1997): Kinship and the quest for wealth and power as influences on conflict in the Punjab, 1839-1845. Evolution and Human Behavior 18: 341-348.

Johnsen, A., Lifjeld, J. T. (1995): Unattractive males guard their mates more closely: An experiment with Bluethroats (Aves, Turdidae: *Luscinia s. svecica*). Ethology 101: 200-212.

Kalick, S. M., Zebrowitz, L. A., Langlois, J. H., Johnson, R. M. (1998): Does human facial attractiveness honestly advertise health? – Longitudinal data on an evolutionary question. Psychological Science 9: 8-13.

Kaplan, H. S., Lancaster, J. B., Bock, J. A., Johnson, S. E. (1995): Fertility and fitness among Albuquerque men: A competitive labour market theory. pp. 96-136 in: Dunbar, R. I. M. (ed.): Human Reproductive Decisions – Biological and Social Perspectives. Houndsmills and London (MacMillan) and New York (St. Martin's).

Kappeler, P. M. (1999): Primate socioecology: New insights from males. Naturwissenschaften 85: 18-29.

Kaway, M. (1965): On the system of social ranks in a natural troop of Japanese Monkeys: (I) Basic rank and dependent rank. pp. 66-87 in: Altmann, S. A. (ed.): Japanese Monkeys – A Collection of Translations. Atlanta (Yerkes Regional Primate Centre).

Kaway, M. (1965): On the system of social ranks in a natural troop of Japanese Monkeys: (II) Ranking order as observed among the monkey on and near the test box. pp. 87-105 in: Altmann, S. A. (ed.): Japanese Monkeys – A Collection of Translations. Atlanta (Yerkes Regional Primate Centre).

Keddy Hector, A. C., Seyfarth, R. M., Raleigh, M. J. (1989): Male parental care, female choice and the effect of an audience in vervet monkeys. Animal Behaviour 38: 262-271.

Keller, L. (1997): Indiscriminative altruism: Unduly nice parents and siblings. Trends in Ecology and Evolution 12: 99-103.

Kempenaers, B., Sheldon, B. C. (1996): Why do birds not discriminate between their own and extra-pair offspring? Animal Behaviour 51: 1165-1173.

Kennedy, C. E. J., Endler, J. A., Poynton, S. L., McMinn, H. (1987): Parasite load predicts mate choice in Guppies. Behavioral Ecology and Sociobiology 21: 291-295.

Kenrick, D. T., Keefe, R. C. (1992): Age preferences in mates reflect sex differences in human reproductive strategies. Behavioural and Brain Sciences 15: 75-133.

Kirchengast, S., Hartmann, B. (1995): The impact of body build on the length of the reproductive span in healthy women. Homo 46: 125-140.

Klein, T., Niephaus, Y., Diefenbach, H., Kopp, J. (1996): Entwicklungsperspektiven von Elternschaft und ehelicher Stabilität in den neuen Bundesländern seit 1989. pp. 60-81 in: Bien, W. (Hrsg.): Familie an der Schwelle zum neuen Jahrtausend – Wandel und Entwicklung familialer Lebensformen. Opladen (Leske und Budrich).

Koenig, A., Beise, J., Chalise, M. K., Ganzhorn, J. U. (1998): When females should contest for food – Testing hypotheses about resource density, distribution, size, and quality with Hanuman Langurs *(Presbytis entellus)*. Behavioral Ecology and Sociobiology 42: 225-237.

König, B. (1997): Cooperative care of young in mammals. Naturwissenschaften 84: 95-104.

Koenig, W. D., Pitelka, F. A., Carmen, W. J., Mumme, R. L., Stanback, M. T. (1992): The evolution of delayed dispersal in cooperative breeders. Quarterly Review of Biology 67: 111-150.

Komdeur, J. (1992): Importance of habitat saturation and territory quality for evolution of cooperative breeding in the Seychelles Warbler. Nature 358: 493-495.

Komdeur, J., Daan, S., Tinbergen, J., Mateman, C. (1997): Extreme adaptive modification in sex ratio of the Seychelles Warbler's eggs. Nature 385: 522-525.

Komdeur, J., Kraaijeveld-Smit, F., Kraaijeveld, K., Edelaar, P. (1999): Explicit experimental evidence for the role of mate guarding in minimizing loss of paternity in the Seychelles Warbler. Proceedings of the Royal Society London B 266: 2075-2081.

Korpimäki, E. (1991): Poor reproductive success of polygynously mated female Tengmalms's Owls: Are better options available? Animal Behaviour 41: 37-47.

Krackow, S. (1995): Potential mechanism for sex ratio adjustment in mammals and birds. Biological Review 70: 225-241.

Krackow, S., Hoeck, H. N. (1989): Sex ratio manipulation, maternal investment and behaviour during concurrent pregnancy and lactation in House Mice. Animal Behaviour 37. 177-186.

Krebs, J. R., Ashcroft, R. Webber, M. (1978): Song repertoires and territory defence in the Great Tit. Nature 271: 539-542.

Krebs, J.R., Davies, N. B. (1978): Behavioural Ecology – An Evolutionary Approach. Oxford (Blackwell).

Kropotkin, P. (1903): Mutual Aid – A Factor of Evolution. New York (McClure Phillips).

Krupa, J. J. (1989): Alternative mating tactics in the Great Plains Toad. Animal Behaviour 37: 1035-1043.

Kruuk, H. (1972): The Spotted Hyena – A Study of Predation and Social Behavior. Chicago and London (The University of Chicago Press).

Küster, J., Paul, A. (1989): Reproductive strategies of subadult Barbary Macaque males at Affenberg Salem. pp. 93-109 in: Rasa, A. E., Vogel, C., Voland, E. (eds.): The Sociobiology of Sexual and Reproductive Strategies. London and New York (Chapman and Hall).

Kulischer, M. (1885): Der Dualismus der Ethik bei den primitiven Völkern. Zeitschrift für Ethnologie 17: 205-213.

Labov, J. B., Huck, U. W., Vaswani, P., Lisk, R. D. (1986): Sex ratio manipulation and decreased growth of male offspring of undernourished Golden Hamsters *(Mesocricetus auratus)*. Behavioral Ecology and Sociobiology 18: 241-249.

Lack, D. (1954): The Natural Regulation of Animal Numbers. Oxford (Clarendon).

Lack, D. (1966): Population Studies of Birds. Oxford (Clarendon).

Lalumière, M. L., Chalmers, L. J., Quinsey, V. L., Seto, M. C. (1996): A test of the mate deprivation hypothesis of sexual coercion. Ethology and Sociobiology 17: 299-318.

Lawlor, L. R. (1976): Molting, growth and reproductive strategies in the terrestrial isopod, *Armadillidium vulgare*. Ecology 57: 1179-1194.

LeBoeuf, B. J. (1974): Male-male competition and reproductive success in Elephant Seals. American Zoologist 14: 163-176.

Lethmate, J. (1991): Haben Schimpansen eine materielle Kultur? Biologie in unserer Zeit 21: 132-139.

Levine, N. E., Silk, J. B. (1997): Why polyandry fails – Sources of instability in polyandrous marriages. Current Anthropology 38: 375-398.

Littlefield, C. H., Rushton, J. P. (1986): When a child dies: The sociobiology of bereavement. Journal of Personality and Social Psychology 51: 797-802.

Livshits, G., Kobyliansky, E. (1991): Fluctuating asymmetry as a possible measure of developmental homeostasis in humans: A review. Human Biology 63: 441-466.

Loh, C. Y., Elliott, J. M. (1998): Cooperation and competition as a function of zygosity in 7- to 9-year-old twins. Evolution and Human Behavior 19: 397-411.

Lorenz, K. (1963): Das songenannte Böse – Zur Naturgeschichte der Aggression. Wien (Borotha – Schoeler).

Lotem, A. (1993): Learning to recognize nestlings is maladaptive for Cuckoo *Cuculus canorus* hosts. Nature 362: 743-745.

Low, B. S. (1978): Environmental uncertainty and the parental strategies of marsupials and placentals. American Naturalist 112: 197-213.

Low, B. S. (1989): Cross-cultural patterns in the training of children: An evolutionary perspective. Journal of Comparative Psychology 103: 311-319.

Low, B. S. (1990a): Marriage system and pathogen stress in human societies. American Zoologist 30: 325-339.

Low, B. S. (1990b): Occupational status, landownership, and reproductive behavior in 19th-century Sweden: Tuna parish. American Anthropologist 92: 457-468.

Low, B. S. (1993): An evolutionary perspective on war. pp. 13-55 in: Zimmerman, W., Jacobson, H. K. (eds.): Behavior, Culture, and Conflict in World Politics. Ann Arbor (University of Michigan Press).

Lycett, J. E., Dunbar, R. I. M., Voland, E. (2000): Longevity and the costs of reproduction in a historical human population. Proceedings of the Royal Society London B 267: 31-35.

MacDonald, K. (1995): The establishment and maintenance of socially imposed monogamy in Western Europe. Politics and the Life Sciences 14: 3-23.

Mace, R. (1996): Biased parental investment and reproductive success in Gabra pastoralists. Behavioral Ecology and Sociobiology 38: 75-81.

Mackey, W. C. (1993): Relationships between the Human Sex Ratio and the Woman's Microenvironment: Four Tests. Human Nature 4: 175-198.

Magnhagen, C. (1991): Predation risk as a cost of reproduction. Trends in Ecology and Evolution 6: 183-186.

Mahdi, N. Q. (1986): Pukhtunwali: Ostracism and honor among the Pathan Hill tribes. Ethology and Sociobiology 7: 295-304.

Mann, J. (1992): Nurturance or negligence: Maternal psychology and behavioral preference among preterm twins. pp. 367-390 in: Barkow, J. H., Cosmides, L., Tooby, J. (eds.): The Adapted Mind – Evolutionary Psychology and the Generation of Culture. New York and Oxford (Oxford University Press).

Manning, J. T., Anderton, R., Washington, S. M. (1996): Women's waists and the sex ratio of their progeny: Evolutionary aspects of the ideal female body shape. Journal of Human Evolution 31: 41-47.

Marbach, J. H. (1998): Verwandtschaftsbeziehungen und Abstammung – Eine Prüfung soziobiologischer und ethnologischer Thesen mit Hilfe familiensoziologischer Daten, pp. 91-126 in: Wagner, M., Schütze, Y. (Hrsg.): Verwandtschaft – Sozialwissenschaftliche Beiträge zu einem vernachlässigten Thema. Stuttgart (Enke).

Margulis, S. W., Altmann, J., Ober, C. (1993): Sex-biased lactational duration in a human population and its reproductive costs. Behavioral Ecology and Sociobiology 32: 41-45.

Martin, R. D. (1981): Field studies of primate behaviour. pp. 287-336 in: Ashton, E. H., Holmes, R. L. (eds.): Perspectives in Primate Biology. London (Academic Press).

Mascie-Taylor, C. G. N. (1995): Human assortative mating: Evidence and genetic implications. pp. 84-105 in: Boyce, A. J., Reynolds, V. (eds.): Human Populations – Diversity and Adaptation. Oxford (Oxford University Press).

Mauldon, J. (1992): Children's risks of experiencing divorve and remarriage: Do disabled children destabilize marriages? Population Studies 46: 349-362.

Maynard Smith, J. (1964): Group selection and kin selection. Nature 201: 1145-1147.

Maynard Smith, J. (1982): Evolution and the Theory of Games. Cambridge (Cambridge University Press).

Maynard Smith, J. (1991): Theories of sexual selection. Trends in Ecology and Evolution 6: 146-151.

Maynard Smith, J., Ridpath, M. G. (1972): Wife sharing in the Tasmanian Native Hen, *Tribonyx mortierii*: A case of kin selection? American Naturalist 106: 447-452.

McCracken, G. G. (1984): Communal nursing in Mexican Free-tailed Bat maternity colonies. Nature 223: 1090-1091.

McCullough, J. M., Barton, E. Y. (1991): Relatedness and mortality risk during a crisis year: Plymouth colony, 1620-1621. Ethology and Sociobiology 12: 195-209.

McGrew, W. C. (1998): Culture in nonhuman primates? Annual Review of Anthropology 27: 301-328.

McGuire, M., Troisi, A. (1998): Darwinian Psychiatry. New York and Oxford (Oxford University Press).

McKaye, K. R. (1981): Natural selection and the evolution of interspecific brood care in fishes. pp. 173-183 in: Alexander, R. D., Tinkle, D. W. (eds.): Natural Selection and Social Behavior – Recent Research and New Theory. New York and Concord (Chiron).

McLain, D. K. (1989): Prolonged copulation as a post-insemination guarding tactic in a natural population of the Ragwort Seed Bug. Animal Behaviour 38: 659-664.

McShea, W. J., Madison, D. M. (1986): Sex ratio shifts within litters of Meadow Voles *(Microtus pennsylvanicus)*: Behavioral Ecology and Sociobiology 18. 431-436.

Mealey, L. (1985): The relationship between social status and biological success: A case study of the Mormon religious hierarchy. Ethology and Sociobiology 6: 249-257.

Mealey, L. (1997): Bulking up: The roles of sex and sexual orientation on attempts to manipulate physical attractiveness. Journal of Sex Research 34: 223-228.

Mealey, L., Bridgstock, R., Townsend, G. C. (1999): Symmetry and perceived facial attractiveness: A monozygotic co-twin comparison. Journal of Personality and Social Psychology 76: 151-158.

Mealey, L., Daood, C., Krage, M. (1996): Enhanced memory for faces of cheaters. Ethology and Sociobiology 17: 119-128.

Mealey, L., Mackey, W. (1990): Variation in offspring sex ratio in women of differing social status. Ethology and Sociobiology 11: 83-95.

Meikle, D. B., Thornton, M. W. (1995): Premating and gestational effects of maternal nutrition on secondary sex ratio in house mice. Journal of Reproduction and Fertility 105: 193-196.

Mesnick, S. L. (1997): Sexual alliances: Evidence and evolutionary implications. pp. 207-260 in: Gowaty, P. A. (ed.): Feminism and Evolutionary Biology – Boundaries, Intersections, and Frontiers. New York (Chapman and Hall).

Mesterton-Gibbons, M., Dugatkin, L. A. (1992): Cooperation among unrelated individuals: Evolutionary factors. Quarterly Review of Biology 67: 267-281.

Meyer, P. (1995): The evolution of warfare – Origins of cultural variation. pp. 259-265 in: Cauchy, V. (ed.): Violence et coexistence humaine – Actes du 2e congrès mondial de l'Asevico. Vol. V. Montréal (Montmorency).

Milinski, M. (1977): Experiments on the selection by predators against spatial oddity of their prey. Zeitschrift für Tierpsychology 43: 311-325.

Milinski, M. (1987): TIT FOR TAT in Sticklebacks and the evolution of cooperation. Nature 325: 433-435.

Miller, G. F. (1998): How mate choice shaped human nature: A review of sexual selection and human evolution. pp. 87-129 in: Crawford, C., Krebs, D. L. (eds.): Handbook of Evolutionary Psychology – Ideas, Issues, and Applications. Mahwah (Erlbaum).

Miller, G. F., Todd, P. M. (1998): Mate choice turns cognitive. Trends in Cognitive Sciences 2: 190-198.

Mock, D. W., Forbes, L. S. (1995): The evolution of parental optimism. Trends in Ecology and Evolution 10: 130-134.

Mock, D. W., Fujioka, M. (1990): Monogamy and long-term pair bonding in vertebrates. Trends in Ecology and Evolution 5: 39-43.

Mock, D. W., Parker, G. A. (1997): The Evolution of Sibling Rivalry. Oxford and New York (Oxford University Press).

Møller, A. P. (1987): Advantages and disadvantages of coloniality in the swallow, *Hirundo rustica*. Animal Behaviour 35: 819-832.

Møller, A. P. (1988a): Infanticidial and anti-infanticidial strategies in the swallow *Hirundo rustica*. Behavioral Ecolgoy and Sociobiology 22: 365-371.

Møller, A. P. (1988b): Paternity and paternal care in the swallow, *Hirundo rustica*. Animal Behaviour 36: 996-1005.

Møller, A. P. (1990): Deceptive use of alarm calls by male swallows, *Hirundo rustica*: a new paternity guard. Behavioral Ecology 1: 1-6.

Møller, A. P. (1991): Sperm competition, sperm depletion, paternal care, and relative testis size in birds. American Naturalist 137: 882-906.
Møller, A. P. (1997): Developmental stability and fitness: A review. American Naturalist 149: 916-932.
Møller, A. P. (1999): Developmental stability is related to fitness. American Naturalist 153: 556-560.
Møller, A. P., Alatalo, R. V. (1999): Good-genes effects in sexual selection. Proceedings of the Royal Society London B 266:.
Møller, A. P., Birkhead, T. R. (1993): Certainty of paternity covaries with paternal care in birds. Behavioral Ecology and Sociobiology 33: 261-268.
Møller, A. P., Christe, P., Lux, E. (1999): Parasitism, host immune function, and sexual selection. Quarterly Review of Biology 74: 3-20.
Møller, A. P., Soler, M., Thornhill, R. (1995): Breast asymmetry, sexual selection, and human reproductive success. Ethology and Sociobiology 16: 207-219.
Møller, A. P., Swaddle, J. P. (1997): Asymmetry, Developmental Stability, and Evolution. Oxford and New York (Oxford University Press).
Møller, A. P., Thornhill, R. (1998): Bilateral symmetry and sexual selection: A meta-analysis. American Naturalist 151: 174-192.
Montgomerie, R. D., Weatherhead, P. J. (1988): Risks and rewards of nest defence by parent birds. Quarterly Review of Biology 63: 167-187.
Mueller, U. (1993): Social status and sex. Nature 363: 490.
Murphey, R. M., Da Costa, M. J. R. P., Da Silva, R. G., De Souza, R. C. (1995): Allnoursing in river buffalo, *Bubalus bubalis*: Nepotism, incompetence, or thievery? Animal Behaviour 49: 1611-1616.
Murphy, C. G. (1994): Chorus tenure of male Barking Treefrogs, *Hyla gratiosa*. Animal Behaviour 48: 763-777.
Murphy, R. F. (1957): Intergroup hostility and social cohesion. American Anthropologist 59: 1018-1035.
Nesse, R. M. (1998): Emotional disorders in evolutionary perspective. British Journal of Medical Psychology 71: 397-415.
Nesse, R. M., Williams, G. C. (1998): Why We Get Sick – The New Science of Darwinian Medicine. New York and Toronto (Random House).
Neumann, G.-H. (1982): Untersuchungen zum Ausmaß aggressiver Außenseiterreaktionen bei Lachmöwen *(Larus ridibundus)* gegenüber auffällig markierten Gruppenmitgliedern. Seevögel 3: 95-101.
Nishida, T., Hasegawa, T., Hayaki, H., Takahata, Y., Uehara, S. (1992): Meat-sharing as a coalition strategy by an alpha male chimpanzee. pp. 159-174 in: Nishida, T., McGrew, W. C., Marler, P., Pickford, M. and de Waal, F. B. M. (eds.): Topics in Primatology, Vol. 1: Human Origins. Tokyo (Tokyo University Press).

Nisbet, I. C. T. (1971): Courtship-feeding, egg-size and breeding success in Common Terns. Nature 241: 141-142.

Noë, R. (1990): A veto game played by baboons: a challenge to the use of the Prisoner's Dilemma as a paradigm for reciprocity and cooperation. Animal Behaviour 39: 78-90.

Nolan, P. M., Hill, G. E., Stoehr, A. M. (1998): Sex, size, and plumage redness predict house finch survival in an epidemic. Proceedings of the Royal Society London B. 265: 961-965.

Nunn, C. L. (1999): The number of males in primate social groups: A comparative test of the socioecological model. Behavioral Ecology and Sociobiology 46: 1-13.

Nur, N. (1984): The consequences of brood size for breeding Blue Tits, I. Adult survival, weigt change and the cost of reproduction. Journal of Animal Ecology 53: 479-496.

O'Connell, S. M., Cowlishaw, G. (1994): Infanticide avoidance, sperm competition and mate choice: The function of copulation calls in female baboons. Animal Behaviour 48: 687-694.

Ober, C., Weitkamp, L. R., Cox, N., Dytch, H., Kostyu, D., Elias, S. (1997): HLA and mate choice in humans. American Journal of Human Genetics 61: 497-504.

Oda, R. (1997): Biased face recognition in the prisoner's dilemma game. Evolution and Human Behavior 18: 309-315.

Orians, G. H. (1969): On the evolution of mating systems in birds and mammals. American Naturalist 103: 589-603.

Oring, L. W., Lank, D. B. (1986): Polyandry in Spotted Sandpipers: The impact of environment and experience. pp. 21-42 in: Rubenstein, D. I., Wrangham, R. W. (eds): Ecological Aspects of Social Evolution – Birds and Mammals. Princeton (Princeton University Press).

Ots, I., Horak, P. (1996): Great Tits *Parus major* trade health for reproduction. Proceedings of the Royal Society London B 263: 1443-1447.

Owens, I. P. F., Short, R. V. (1995): Hormonal basis of sexual dimorphism in birds: Implication for new theories of sexual selection. Trends in Ecology and Evolution 10: 44-47.

Packer, C., Collins, D. A., Sindimwo, A., Goodall, J. (1995): Reproductive constraints on aggressive competition in female baboons. Nature 373: 60-63.

Packer, C., Pusey, A. (1997): Scheinfriede im Löwenrudel. Spektrum der Wissenschaft 7/97: 78-86.

Packer, C., Scheel, D., Pusey, A. E. (1990): Why lions form groups: Food is not enough. American Naturalist 136: 1-19.

Palombit, R. A. (1999): Infanticide and the evolution of pair bonds in nonhuman primates. Evolutionary Anthropology 7: 117-129.

Palombit, R. A., Seyfarth, R. M., Cheney, D. L. (1997): The adaptive value of ‹friendships› to female baboons: experimental and observational evidence. Animal Behaviour 54: 599-614.

Parish, A. R. (1996): Female relationships in Bonobos *(Pan paniscus)* – Evidence for bonding, cooperation, and female dominance in a male-philopatric species. Human Nature 7: 61-96.

Parker, G. A. (1998): Sperm competition and the evolution of ejaculates: Towards a theory base. pp. 3-54 in: Birkhead, T. R.and Møller, A. P. (ed.): Sperm Competition and Sexual Selection. San Diego (Academic Press).

Parmigiani, S., Vom Saal, F. S. (eds.) (1994): Infanticide & Parental Care. Chur (Harwood).

Passera, L., Roncin, E., Kaufmann, B., Keller, L. (1996): Increased soldier production in ant colonies exposed to intraspecific competition. Nature 379: 630-631.

Paul, A. (1998): Von Affen und Menschen – Verhaltensbiologie der Primaten. Darmstadt (Wissenschaftliche Buchgesellschaft).

Paul, A., Kuester, J. (1990): Adaptive significance of sex ratio adjustment in semifree-ranging Barbary Macaques *(Macaca sylvanus)* at Salem. Behavioral Ecology and Sociobiology 27: 287-293.

Paul, A., Küster, J., Arnemann, J. (1992): Maternal rank affects reproductive success of male Barbary Macaques *(Macaca sylvanus)*: Evidence from DNA fingerprinting. Behavioral Ecology and Sociobiology 30: 337-341.

Paul, A., Kuester, J., Timme, A., Arnemann, J. (1993): The association between rank, mating effort, and reproductive success in male Barbary Macaques *(Macaca sylvanus)*. Primates 34: 491-502.

Paul, A., Kuester, J., Arnemann, J. (1996): The sociobiology of male-infant interactions in Barbary Macaques, *Macaca sylvanus*. Animal Behaviour 51: 155-170.

Pawlowski, B., Dunbar, R. I. M. (1999a): Impact of market value on human mate choice decisions. Proceedings of the Royal Society London B 266: 281-285.

Pawlowski, B., Dunbar, R. I. M. (1999b): Withholding age as putative deception in mate search tactics. Evolution and Human Behavior 20: 53-69.

Peacock, N. (1991): An evolutionary perspective on the patterning of maternal investment in pregnancy. Human Nature 2: 351-385.

Penn, D., Potts, W. (1998): How do major histocompatibility complex genes influence odor and mating preferences? Advances in Immunology 69: 411-435.

Perret, M. (1990): Influence of social factors on sex ratio at birth, maternal investment and young survival in a prosimian primate. Behavioral Ecology and Sociobiology 27: 447-454.

Perrett, D. I., Burt, D. M., Penton-Voak, I. S., Lee, K. J., Rowland, D. A., Edwards, R. (1999): Symmetry and human facial attractiveness. Evolution and Human Behavior 20: 295-307.

Pérusse, D. (1993): Cultural and reproductive success in industrial societies: Testing the relationship at the proximate and ultimate levels. Behavioral and Brain Sciences 16: 267-322.

Pérusse, D. (1994): Mate choice in modern societies – Testing evolutionary hypotheses with behavioral data. Human Nature 5: 255-278.

Petrie, M. (1994): Improved growth and survival of offspring of Peacocks with more elaborate trains. Nature 371: 598-599.

Petrie, M., Williams, A. (1993): Peahens lay more eggs for Peacocks with larger trails. Proceedings of the Royal Society London B 251: 127-131.

Phillips, R. (1988): Family Breakdown in Late Eighteenth Century France – Divorces in Rouen 1792-1803. Oxford (Clarendon).

Pianka, E. R. (1970): On r- and K-selection. American Naturalist 104: 592-597.

Pianka, E. R., Parker, W. S. (1975): Age-specific reproductive tactics. American Naturalist 109: 453-464.

Plomin, R., DeFries, J. C., McClearn, G. E. (1999): Gene, Umwelt und Verhalten – Einführung in die Verhaltensgenetik. Bern (Huber).

Poizat, G., Rosecchi, E., Crivelli, A. J. (1999): Empirical evidence of a trade-off between reproductive effort and expectation of future reproduction in female Three-spined Sticklebacks. Proceedings of the Royal Society London B 266: 1543-1548.

Polge, C., Rowson, L. E. A., Chang, M. C. (1966): The effect of reducing the number of embryos during early stages of gestation on the maintenance of pregnancy in the Pig. Journal of Reproduction and Fertility 12: 395-397.

Pratt, N. C., Huck, U. W., Lisk, R. D. (1989): Do pregnant hamsters react to stress by producing fewer males? Animal Behaviour 37: 155-157.

Price, C. S. C., Dyer, K. A., Coyne, J. A. (1999): Sperm competition between Drosophila males involves both displacement and incapacitation. Nature 400: 449-452.

Price, J., Sloman, L., Gardner Jr., R., Gilbert, P., Rohde, P. (1997): The social competition hypothesis of depression. pp. 241-253 in: Baron-Cohen, S. (ed.): The Maladapted Mind – Classic Readings in Evolutionary Psychopathology. Hove (Psychology Press).

Price, T., Schluter, D., Heckman, N. E. (1993): Sexual selection when the female directly benefits. Biological Journal of the Linnean Society 48: 187-211.

Profet, M. (1992): Pregnancy sickness as adaptation – A deterrent maternal ingestion of teratogens. pp. 327-365 in: Barkow, J. H., Cosmides, L., Tooby, J. (eds.): The Adapted Mind – Evolutionary Psychology and the Generation of Culture. New York and London (Oxford University Press).

Pugesek, B. H. (1983): The relationship between parental age and reproductive effort in the California gull *(Larus californicus)*: Behavioral Ecology and Sociobiology 13: 161-171.

Pusey, A. E., Packer, C. (1994): Infanticide in lions: Consequences and counterstrategies. pp. 277-299 in: Parmigiani, S., Vom Saal, F. S. (eds.): Infanticide & Parental Care. Chur (Harwood).

Pusey, A., Wolf, M. (1996): Inbreeding avoidance in animals. Trends in Ecology and Evolution 11: 201-206.

Quiatt, D., Itani, J. (eds.) (1994): Hominid Culture in Primate Perspective. Niwot (University of Colorado Press).

Ransome, R. D. (1995): Earlier breeding shortens life in female greater horseshoe bats. Philosophical Transactions of the Royal Society London B 350: 153-161.

Rao, V. (1993): Dowry 'inflation' in rural India: A statistical investigation. Population Studies 47: 283-293.

Rasa, A. E. (1989): Helping in Dwarf Mongoose societies: An alternative reproductive strategy. pp. 61-73 in: Rasa, A. E., Vogel, C., Voland, E. (eds.): The Sociobiology of Sexual and Reproductive Strategies. London and New York (Chapman and Hall).

Reddy, P. G. (1988): Consanguineous marriages and marriage payment: A study among three south Indian caste groups. Annals of Human Biology 15: 263-268.

Reeve, H. K. (1992): Queen activation of lazy workers in colonies of the eusocial naked mole-rat. Nature 358: 147-149.

Reif, H. (1981): ‹Erhaltung adligen Stammes und Namens› – Adelsfamilien und Statussicherung im Münsterland 1770-1914. pp. 275-309 in: Bulst, N., Goy, J., Hook, J. (Hrsg.): Familie zwischen Tradition und Moderne – Studien zur Geschichte der Familie in Deutschland und Frankreich vom 16. bis zum 20. Jahrhundert. Göttingen (Vandenhoeck und Ruprecht).

Reyer, H.-U. (1990): Pied kingfishers: Ecological causes and reproductive consequences of cooperative breeding. pp. 529-557 in: Stacey, P. B., Koenig, W. D. (eds.): Cooperative Breeding in Birds: Long-term Studies of Ecology and Behavior. Cambridge (Cambridge University Press).

Reyer, H.-U., Frei, G., Som, C. (1999): Cryptic female choice: Frogs reduce clutch size when amplexed by undesired males. Proceedings of the Royal Society London B 266: 2101-2107.

Reynolds, J. D. (1987): Mating system and nesting biology of the Red-necked Phalarope *Phalaropus lobatus*: What constrains polyandry? Ibis 129: 225-242.

Richner, H., Heeb, P. (1995): Is the information center hypothesis a flop? Advances in the Study of Behavior 24: 1-45.

Richner, H., Heeb, P. (1996): Communal life: Honest signaling and the recruitement center hypothesis. Behavioral Ecology 7: 115-118.

Ridley, M. (1986): The number of males in a primate troop. Animal Behaviour 34: 1848-1858.

Ridley, M. (1997): Die Biologie der Tugend – Warum es sich lohnt, gut zu sein. Berlin (Ullstein).

Rikowski, A., Grammer, K. (1999): Human body odour, symmetry and attractiveness. Proceedings of the Royal Society London B 266: 869-874.

Roff, D. A. (1997): Evolutionary Quantitative Genetics. New York and Albany (Chapman and Hall).

Rohwer, S., Herron, J. C., Daly, M. (1999): Stepparental behavior as mating effort in birds and other animals. Evolution and Human Behavior 20: 367-390.

Rowe, D. C. (1997): Genetik und Sozialisation – Die Grenzen der Erziehung. Weinheim (Psychologie Verlags Union).

Rose, S., Lewontin, R. C., Kamin, L. J. (1984): Not in Our Genes – Biology, Ideology and Human Nature. Harmondsworth (Penguin).

Rosenbladt, S. (1988): Genokratie. Natur 5/88: 50-51.

Rosenqvist, G. (1990): Male mate choice and female-female competition for mates in the pipefish *Nerophis ophidion*. Animal Behaviour 39: 1110-1115.

Ruse, M. (1995): Evolutionary Naturalism – Selected essays. London and New York (Routledge).

Rushton, J. P. (1989): Genetic similarity, human altruism, and group selection. Behavioral and Brain Sciences 12: 503-559.

Russell, R. J. H., Wells, P. (1995): Human assortative mating: More questions concerning genetic similarity theory. Animal Behaviour 50: 550-553.

Rutberg, A. T. (1990): Inter-group transfer in Assateague Pony mares. Animal Behaviour 10: 945-952.

Sadleir, R. M. F. S. (1969): The Ecology of Reproduction in Wild and Domestic Mammals. London (Methuen).

Saino, N., Møller, A. P., Bolzern, A. M. (1995): Testosterone effects on the immune system and parasite infestations in the Barn Swallow

(Hirundo rustica): an experimental test of the immunocompetence hypothesis. Behavioral Ecology 6: 397-404.

Salmon, C. A., Daly, M. (1996): On the importance of kin relations to Canadian women and men. Ethology and Sociobiology 17: 289-297.

Salvador, A., Veiga, J. P., Martin, J., Lopez, P., Abelenda, M., Puerta, M. (1996): The cost of producing a sexual signal: testosterone increases the susceptibility of male lizards to ectoparasitic infestation. Behavioral Ecology 7: 145-150.

Schmid-Hempel, P. (1992): Lebenslaufstrategien, Fortpflanzungsunterschiede und biologische Optimierung. pp. 74-103 in: Voland, E. (Hrsg.): Fortpflanzung: Natur und Kultur im Wechselspiel. Frankfurt/M (Suhrkamp).

Shuster, S. M., Wade, M. J. (1991): Equal mating success among male reproductive strategies in a marine isopod. Nature 350: 608-610.

Scott, S., Duncan, C. J. (1999): Reproductive strategies and sex-biased investment. Human Nature 10: 85-108.

Segal, N., Hershberger, S. L. (1999): Cooperation and competition between twins: Findings from a prisoner's dilemma game. Evolution and Human Behavior 20: 29-51.

Seibt, U., Wickler, W. (1987): Gerontophagy versus cannibalism in the social spider *Stegodyphus mimosarum* Pavesi and *Stegodyphus dumicola* Pocock. Animal Behaviour 35: 1903-1905.

Semple, S., McComb, K. (1999): Behavioural deception. Trends in Ecology and Evolution 11: 434-437.

Shackelford, T. K., Buss, D. M. (1997): Marital satisfaction in evolutionary psychological perspective. pp. 7-25 in: Sternberg, R. J., Hojjat, M. (eds.): Satisfactuion in Close Relationships. New York and London (Guilford).

Shaw, R. P., Wong, Y. (1989): Genetic Seeds of Warfare – Evolution, Nationalism and Patriotism. Boston (Unwin Hyman).

Sherman, P. W. (1981): Reproductive competition and infanticide in Beldings's ground squirrels and other animals. pp. 311-331 in: Alexander, R.D., Tinkle, D.W. (eds.): Natural Selection and Social Behavior – Recent Research and New Theory. New York and Concord (Chiron).

Sherman, P. W., Jarvis, J. U. M., Alexander, R. D. (ed.) (1991): The Biology of the Naked Mole-Rat. Princeton (Princeton University Press).

Shine, R. (1980): ‹Costs› of reproduction in reptiles. Oecologia (Berlin) 46: 92-100.

Sigmund, K. (1997): Games evolution play. pp. 65-76 in: Schmitt, A., Atzwanger, K., Grammer, K., Schäfer, K. (eds.): New Aspects of Human Ethology. New York (Plenum).

Silk, J. B. (1980): Adoption and kinship in Oceania. American Anthropologist 82: 799-820.
Silk, J. B. (1983): Local resource competition and facultative adjustment of sex ratio in relation to competitive abilities. American Naturalist 121: 56-66.
Silk, J. B. (1987): Adoption among the Inuit. Ethos 15: 320-330.
Silk, J. B. (1988): Maternal investment in captive Bonnet Macaques *(Macaca radiata)*. American Naturalist 132: 1-19.
Silk, J. B. (1990): Human adoption in evolutionary perspective. Human Nature 1: 25-52.
Silk, J. B., Clark-Wheatley, C. B., Rodman, P. S., Samuels, A. (1981): Differential reproductive success and facultative adjustment of sex ratios among captive female Bonnet Macaques *(Macaca radiata)*. Animal Behaviour 29: 1106-1120.
Sime, J. D. (1983): Affliliative behaviour during escape to buildings exits. Journal of Environmental Psychology 3: 21-41.
Simmons, L. W., Siva-Jothy, M. T. (1998): Sperm competition in insects: Mechanisms and the potential for selection. pp. 341-434 in: Birkhead, T. R., Møller, A. P. (eds.): Sperm Competition and Sexual Selection. San Diego (Academic Press).
Simmons, L. W., Tomkins, J. L., Kotiaho, J. S., Hunt, J. (1999): Fluctuating paradigm. Proceedings of the Royal Society London B 266: 593-595.
Simpson, J. A., Kenrick, D. T. (eds.) (1997): Evolutionary Social Psychology. Mahwah (Erlbaum).
Singh, D. (1995): Female health, attractiveness, and desirability for relationships: Role of breast asymmetry and waist-to-hip ratio. Ethology and Sociobiology 16: 465-481.
Sivinski, J. (1978): Intrasexual aggression in the stick insects *Diapheromera veliei* and *D. covilleae* and sexual dimorphism in the Plasmatodea. Psyche 85: 395-405.
Slagsvold, T., Lifjeld, J. T. (1994): Polygyny in birds: The role of competition between females for male parental care. American Naturalist 143: 59-94.
Smith, A. P., Alcock, J. (1980): A comparative study of the mating systems of Australian eumenid wasps (Hymenoptera). Zeitschrift für Tierpsychologie 53: 41-60.
Smith, E. A., Smith, S. A. (1994): Inuit sex ratio variation: Population control, ethnographic error, or parental manipulation? Current Anthropology 35: 595-624.
Smith, H. G. (1995): Experimental demonstration of a trade-off between mate attraction and paternal care. Proceedings of the Royal Society London B 260: 45-51.

Smith, R. L. (1984): Human sperm competition. pp. 601-659 in: Smith, R. L. (ed.): Sperm Competition and the Evolution of Animal Mating Systems. Orlando (Academic Press).

Smuts, B. B. (1986): Sexual competition and mate choice. pp. 385-399 in: Smuts, B. B., Cheney, D. L., Seyfarth, R. M., Wrangham, R. W., Struhsaker, T. T. (eds.): Primate Societies. Chicago and London (University of Chicago Press).

Smuts, B. B., Gubernick, D. J. (1992): Male-infant relationships in nonhuman primates: Paternal investment or mating effort. pp. 1-30 in: Hewlett, B. S. (ed.): Father-Child Relations – Cultural and Biosocial Contexts. Hawthorne (Aldine de Gruyter).

Smuts, B. B., Smuts, R. W. (1993): Male aggression and sexual coercion of females in nonhuman primates and other mammals: Evidence and theoretical implications. Advances in the Study of Behavior, 22: 1-63.

Smuts, R. W. (1992): Fat, sex, class, adaptive flexibility, and cultural change. Ethology and Sociobiology 13: 523-542.

Sober, E., Wilson, D. S. (1998): Unto Others – The Evolution and Psychology of Unselfish Behavior. Cambridge, Ma (Harvard University Press).

Soler, M., Soler, J. J., Martinez, J. G., Møller, A. P. (1995): Magpie host manipulation by Great Spotted Cuckoos: Evidence for an avian mafia? Evolution 49: 770-775.

Sommer, V. (1989): Sexual harrasment in Langur monkeys *(Presbytis entellus)*: Competition for ova, sperm, and nurture? Ethology 80: 205-217.

Sommer, V. (1992a): Lob der Lüge – Täuschung und Selbsttäuschung bei Tier und Mensch. München (Beck).

Sommer, V. (1992b): Soziobiologie: Wissenschaftliche Innovation oder ideologischer Anachronismus? pp. 51-73 in: Voland, E. (Hrsg.): Fortpflanzung: Natur und Kultur im Wechselspiel. Frankfurt/M (Suhrkamp).

Sommer, V. (1994): Infanticide among the Langurs of Jodhpur: Testing the sexual selection hypothesis with a long-term record. pp. 155-198 in: Parmigiani, S., Vom Saal, F. S. (eds.): Infanticide & Parental Care. Chur (Harwood).

Sommer, V. (1996): Heilige Egoisten – Die Soziobiologie indischer Tempelaffen. München (Beck).

Sommer, V. (2000): Holy wars against infanticide. in: Van Schaik, C., Janson, C. (eds.) (2000): Infanticide by Males and Its Implications. Cambridge (Cambridge Unversity Press).

Sommer, V., Rajpurohit, L. S. (1989): Male reproductive success in harem troops of Hanuman Langurs *(Presbytis entellus)*. International Journal of Primatology 10: 293-317.

Sosis, R., Feldstein, S., Hill, K. (1998): Bargaining theory and cooperative fishing participation on Ifaluk atoll. Human Nature 9: 163-203.

Spencer, H. (1864): The Principles of Biology, Vol. 1. London and Edinburgh (Williams and Norgate).

Spiess, K.-H. (1993): Familie und Verwandtschaft im Deutschen Hochadel des Spätmittelalters. Stuttgart (Steiner).

Srivastava, A., Dunbar, R. I. M. (1996): Tha mating system of Hanuman langurs: A problem of optimal foraging. Behavioral Ecology and Sociobiology 39: 219-226.

Stacey, P. B., Koenig, W. D. (eds.) (1990): Cooperative Breeding in Birds: Long-term Studies of Ecology and Behavior. Cambridge (Cambridge University Press).

Stanford, C. B. (1998): Predation and male bonds on primate societies. Behaviour 135: 513-533.

Stearns, S. C. (1992): The Evolution of Life Histories. Oxford (Oxford University Press).

Stearns, S. C. (ed.) (1999): Evolution in Health and Disease. Oxford (Oxford University Press).

Steele, J., Shennan, S. (1996): Introduction. pp. 1-41 in: Steele, J., Shennan, S. (eds.): The Archaeology of Human Ancestry Power, Sex and Tradition. London and New York (Routledge).

Stenseth, N. C. (1978): Is the female biased sex ratio in Wood Lemming *Myopus schisticolor* maintained by cyclic inbreeding? Oikos 30: 89.

Stephan, P. (1992): Wie egoistisch sind menschliche Gene? – Versuch einer Deutung von Differenzen in der Lebenserwartung von Kindern mit und ohne Stiefmutter. Wissenschaftliche Zeitschrift der Humboldt-Universität zu Berlin, Reihe Medizin: 41 (2): 75-76.

Sterck, E. H. M., Watts, D. P., Van Schaik, C. P. (1997): The evolution of female social relationships in nonhuman primates. Behavioral Ecology and Sociobiology 41: 291-309.

Stevens, A., Price, J. (1996): Evolutionary Psychiatry – A New Beginning. London and New York (Routledge).

Stockley, P., Gage, M. J. G., Parker, G. A., Møller, A. P. (1997): Sperm competition in fishes: The evolution of testis size and ejaculate characteristics. American Naturalist 149: 933-954.

Strassmann, B. I. (1997): Polygyny as a risk factor for child mortality among the Dogon. Current Anthropology 38: 688-695.

Strassmann, B. I., Clarke, A. L. (1998): Ecological constraints on marriage in rural Ireland. Evolution and Human Behavior 19: 33-55.

Strum, S., Western, J. D. (1982): Variations in fecundity with age and environment in Olive Baboons *(Papio anubis)*. American Journal of Primatology 3: 61-76.

Sundström, L., Chapuisat, M., Keller, L. (1996): Conditional manipulation of sex ratios by ant workers: A test of kin selection theory. Science 274: 993-995.

Svensson, E., Nilsson, J.-A. (1993): Mate quality affects offspring sex ratio in Blue Tits. Proceedings of the Royal Society London B 263: 357-361.

Swaddle, J. P., Cuthill, I. C. (1995): Asymmetry and human facial attractiveness: Symmetry may not always be beautiful. Proceedings of the Royal Society London B 261: 111-116.

Sweeney, B. W., Vannote, R. L. (1982): Population synchrony in mayflies: a predator satiation hypothesis. Evolution 36: 810-821.

Symington, M. M. (1987): Sex ratio and maternal rank in wild Spider Monkeys: When daughters disperse. Behavioral Ecology and Sociobiology 20: 421-425.

Symons, D. (1990): Adaptiveness and adaptation. Ethology and Sociobiology 11: 427-444.

Taborsky, M. (1985): On optimal parental care. Zeitschrift für Tierpsychologie 70: 331-336.

Taborsky, M. (1994): Sneakers, satellites, and helpers: Parasitic and cooperative behavior in fish reproduction. pp. 1-100 in: Slater, P. J. B., Rosenblatt, J. S., Snowdon, C. T., Milinski, M. (eds.): Advances in the Study of Behavior, Vol 23. San Diego (Academic Press).

Taborsky, M. (1997): Bourgeois and parasitic tactics: Do we need collective, functional terms for alternative reproductive behaviours? Behavioural Ecology and Sociobiology 41: 361-362.

Taggart, D. A., Breed, W. G., Temple-Smith, P. D., Purvis, A., Shimmin, G. (1998) Reproduction, mating strategies and sperm competition in marsupials and monotremes. pp. 623-666 in: Birkhead, T. R., Møller, A. P. (eds.): Sperm Competition and Sexual Selection. San Diego (Academic Press).

Terborgh, J., Goldizen, A. W. (1985): On the mating system of the cooperatively breeding Saddle-backed Tamarin *(Saguinus fusicollis)*. Behavioral Ecology and Sociobiology 16: 293-299.

Thornhill, R. (1980): Rape in Panorpa scorpionflies and a general rape hypothesis. Animal Behaviour 28: 52-59.

Thornhill, R. (1988): Partnerwahl bei den Mückenhaften. pp. 184-189 in: Biologie des Sozialverhaltens: Kommunikation, Kooperation und Konflikt. Heidelberg (Spektrum Akademischer Verlag).

Thornhill, R. (1989): Nest defense by Red Jungle Fowl (*Gallus gallus spadiceus*) hens: The roles of renesting potential, parental experience and brood reproductive value. Ethology 83: 31-42.

Thornhill, N. W. (1991): An evolutionary analysis of rules regulating human inbreeding and marriage. Behavioral and Brain Sciences 14: 247-293.

Thornhill, R., Alcock, J. (1983): Human rape: An evolutionary analysis. Ethology and Sociobiology 4: 137-173.

Thornhill, R., Gangestad, S. W. (1993): Human facial beauty: Averageness, symmetry, and parasite resistance. Human Nature 4: 237-269.

Thornhill, R., Gangestad, S. W. (1994): Human fluctuating asymmetry and sexual behavior. Psychological Science 5: 297-302.

Thornhill, R., Gangestad, S. W. (1999): The scent of symmetry: a human sex pheromone that signals fitness? Evolution and Human Behavior 20: 175-201.

Thornhill, R., Gangestad, S. W., Comer, R. (1995): Human female orgasm and mate fluctuating asymmetry. Animal Behaviour 50: 1601-1615.

Thornhill, R.; Gangestad, S. W. (1996): Human female copulatory orgasm: A human adaptation or phylogenetic holdover. Animal Behaviour 52: 853-855.

Thornhill, R., Møller, A. P. (1997): Developmental stability, disease and medicine. Biological Reviews 72: 497-548.

Thornhill, R., Thornhill, N. W. (1983): Human rape: An evolutionary analysis. Ethology and Sociobiology 4: 137-173.

Tinbergen, N. (1963): On aims and methods of ethology. Zeitschrift für Tierpsychologie 20: 410-433.

Tooby, J., Cosmides, L. (1990): The past explains the present – Emotional adaptations and the structure of ancestral environments. Ethology and Sociobiology 11: 375-424.

Tooby, J., Cosmides, L. (1992): The psychological foundations of culture. pp. 19-136 in: Barkow, J. H., Cosmides, L., Tooby, J. (eds.): The Adapted Mind – Evolutionary Psychology and the Generation of Culture. New York and Oxford (Oxford University Press).

Tooke, W., Camire, L. (1991): Patterns of deception in intersexual and intrasexual mating strategies. Ethology and Sociobiology 12: 345-364.

Treves, A. (1996): Primate social systems: Conspecific threat and coercion-defense hypotheses. Folia primatologica 69: 81-88.

Trivers, R. L. (1971): The evolution of reciprocal altruism. Quarterly Review of Biology 46: 35-57.

Trivers, R. L. (1972): Parental investment and sexual selection. pp. 136-179 in: Campbell, B. (ed.): Sexual Selection and the Descent of Man 1871-1971. Chicago (Aldine).

Trivers, R. L. (1974): Parent-offspring conflict. American Zoologist 14: 249-264.

Trivers, R. L. (1985): Social Evolution. Menlo Park (Benjamin/Cummings).

Trivers, R. L., Hare, H. (1976): Haplodiploidy and the evolution of the social insects. Sience 191: 249-263.

Trivers, R. L., Willard, D. E. (1973): Natural selection of parental ability to vary the sex ratio of offspring. Science 179: 90-92.

Turke, P. W. (1988): Helpers at the nest: Childcare networks on Ifaluk. pp. 173-188 in: Betzig, L., Borgerhoff Mulder, M., Turke, P. (eds.): Human Reproductive Behaviour – A Darwinian Perspective. Cambridge (Cambridge University Press).

Turke, P. W. (1990): Which humans behave adaptively, and why does ist matter? Ethology and Sociobiology 11: 305-339.

Tutor, M. (1962): Nesting studies of the Boat-Tailed Grackle. Auk 79: 77-84.

Udry, J. R., Eckland, B. K. (1984): Benefits of being attractive: Differential payoffs for men and women. Psychological Reports 54: 47-56.

Van den Berghe, P. L. (1983): Human inbreeding avoidance: Culture in nature. Behavioral and Brain Sciences 6: 91-123.

Van den Berghe, E. P. (1988): Piracy as an alternative reproductive tactic for males. Nature 334: 697-698.

Van der Dennen, J. (1990): Origin and evolution of ‹primitive› warfare. pp 149-188 in: Van der Dennen, J., Falger, V. (eds.) : Sociobiology and Conflict – Evolutionary Perspectives on Competition, Cooperation, Violence and Warfare. London (Chapman and Hall).

Van der Dennen, J., Falger, V. (eds.) (1990): Sociobiology and Conflict – Evolutionary Perspectives on Competition, Cooperation, Violence and Warfare. London (Chapman and Hall).

Van Hooff, J. A. R. A. M. (1990): Intergroup competition and conflict in animals and man. pp. 23-54 in: Van der Dennen, J., Falger, V. (eds.): Sociobiology and Conflict – Evolutionary Perspectives on Competition, Cooperation, Violence and Warfare. London (Chapman and Hall).

Van Lange, P. A. M., Semin-Goosens, A. (1998): The boundaries of reciprocal cooperation. European Journal of Social Psychology 28: 847-854.

Van Noordwijk, M. A. (1999): The effects of dominance rank and group size on female lifetime reproductive success in wild Long-tailed Macaques, *Macaca fascicularis*. Primates 40: 105-130.

Van Schaik, C. P. (1989): The ecology of social relationships amongst female primates. pp. 195-218 in: Standen, V., Foley, R. A. (eds.): Comparative Socioecology – The Behavioural Ecology of Humans and Other Mammals. Oxford (Blackwell).

Van Schaik, C. P. (1996): Social evolution in primates: The role of ecological factors and male behaviour. pp. 9-31 in: Runciman, W. G., Maynard Smith, J., Dunbar, R. I. M. (eds.): Evolution of Social Behaviour Patterns in Primates and Man. Oxford (Oxford University Press).

Van Schaik, C. P., Dunbar, R. I. M. (1990): The evolution of monogamy in large primates: A new hypothesis and some crucial tests. Behaviour 115: 30-62.

Van Schaik, C. P., Hörstermann, M. (1994): Predation risk and the number of adult males in a primate group: A comparative test. Behavioral Ecology and Sociobiology 35: 261-272.

Van Schaik, C. P., Hrdy, S. B. (1991): Intensity of local resource competition shapes the relationship between maternal rank and sex ratios at birth in cercopithecine primates. American Naturalist 138: 1555-1562.

Van Schaik, C., Janson, C. (eds.) (2000): Infanticide by Males and Its Implications. Cambridge (Cambridge Unversity Press).

Van Schaik, C. P., Kappeler, P. M. (1997): Infanticide risk and the evolution of male-female association in primates. Proceedings of the Royal Society London B: 264: 1687-1694.

Van Schaik, C., Paul, A. (1996): Male care in Primates: Does it ever reflect paternity? Evolutionary Anthropology 5: 152-156.

Van Schaik, C. P., Van Noordwijk, M. A., de Boer, R. J., den Tonkelaar, I. (1983): The effect of group size on time budget and social behaviour in wild Longtailed Macaques *(Macaca fascicularis)*. Behavioral Ecology and Sociobiology 13: 173-181.

Van Schaik, C. P., Van Noordwijk, M. A., Warsono, B., Sutriono, E. (1983): Party size and early detection of predators in Sumatran forest primates. Primates 24: 211-221.

Veiga, J. P. (1990): Infanticide by male and female House Sparrows. Animal Behaviour 39: 496-502.

Verme, L. J. (1989): Maternal investment in White-tailed Deer. Journal of Mammalogy 70: 438-442.

Verner, J., Wilson, M. F. (1966): The influence of habits on mating systems of North American passerine birds. Ecology 47: 143-147.

Vernier, B. (1984): Vom rechten Gebrauch der Verwandten und der Verwandtschaft: Die Zirkulation von Gütern, Arbeitskräften und Vornamen auf Karpathos (Griechenland), pp. 55-110 in: Medick, H., Sabean, D. (Hrsg.): Emotionen und materielle Interessen – Sozialanthropologische und historische Beiträge zur Familienforschung. Göttingen (Vandenhoeck und Ruprecht).

Vogel, C. (1988): Gibt es eine natürliche Moral? Oder wie widernatürlich ist unsere Ethik? pp. 193-220 in: Meier, H. (Hrsg.): Die Herausforderung der Evolutionsbiologie. München und Zürich (Piper).

Vogel, C. (1989): Vom Töten zum Mord – Das wirkliche Böse in der Evolutionsgeschichte. München und Wien (Hanser).

Vogel, C. (1990): Die Monogamie des Menschen, ein stammesgeschichtliches Erbe? pp. 11-25 in: Seifert, G. (Hrsg.): Ehestabilisierende Faktoren. Göttingen (Vandenhoeck und Ruprecht).

Vogel, C., Voland, E. (1988): Evolution und Kultur. pp. 101-130 in: Immelmann, K., Scherer, K R., Vogel, C., Schmoock, P. (Hrsg.): Psychobiologie – Grundlagen des Verhaltens. Stuttgart/New York (G. Fischer) und Weinheim/München (Psychologie Verlags Union).

Voland, E. (1990): Differential reproductive success within the Krummhörn population (Germany, 18th and 19th centuries). Behavioural Ecology and Sociobiology 26: 65-72.

Voland, E. (1998): Evolutionary ecology of human reproduction. Annual Review of Anthropology 27: 347-374.

Voland, E., Dunbar, R. I. M. (1995): Resource competition and reproduction – The relationship between economic and parental strategies in the Krummhörn population (1720-1874). Human Nature 6: 33-49.

Voland, E., Engel, C. (1989): Women's reproduction and longevity in a premodern population (Ostfriesland, Germany, 18th century). pp. 194-205 in: Rasa, A. E., Vogel, C., Voland, E. (eds.): The Sociobiology of Sexual and Reproductive Strategies. London and New York (Chapman and Hall).

Voland, E., Engel, C. (1990): Female choice in humans: A conditional mate selection strategy of the Krummhörn women (Germany, 1720-1874). Ethology 84: 144-154.

Voland, E., Stephan, P. (2000): 'The hate that love generated' – Sexually selected neglect of one's own offspring in humans. in: Van Schaik, C., Janson, C. H. (eds.): Infanticide by Males and Its Implications. Cambridge (Cambridge University Press).

Voland, E., Voland, R. (1989): Evolutionary biology and psychiatry: The case of anorexia nervosa. Ethology and Sociobiology 10: 223-240.

Voland, E., Voland, R. (1993): Schuld, Scham und Schande: Zur Evolution des Gewissens. pp. 210-228 in: Voland, E. (Hrsg.): Evolution und Anpassung: Warum die Vergangenheit die Gegenwart erklärt. Stuttgart (Hirzel).

Voland, E., Winkler, P. (1990): Aspekte der Hominisation aus der Sicht der Soziobiologie. pp. 9-54 in: Deutsches Institut für Fernstudien (Hrsg.): Evolution des Menschen, 4. Evolution des Verhaltens – biologische und ethische Dimensionen. Tübingen (Deutsches Institut für Fernstudien – DIFF).

Waage, J. K. (1984): Sperm competition and the evolution of odonate mating systems. pp. 251-290 in: Smith, R. L. (ed.): Sperm Competition and the Evolution of Animal Mating Systems. Orlando (Academic Press).

Ward, P., Zahavi, A. (1973): The importance of certain assemblages of birds as "information-centres" for food-finding. Ibis 115: 517-534.

Wasao, S. W., Donnermeyer, J. F. (1996): An analysis of factors related to parity among the Amish in Northeast Ohio. Population Studies 50: 235-246.

Wasser, S. K. (1990): Infertility, abortion, and biotechnology: When it's not nice to fool mother nature. Human Nature 1: 3-24.

Wasser, S. K., Barash, D. P. (1983): Reproductive suppression among female mammals: Implications for biomedicine and sexual selection theory. Quaterly Review of Biology 58: 513-538.

Watts, D. P. (1998): Coalitionary mate guarding by male chimpanzees at Ngogo, Kibale National Park, Uganda. Behavioral Ecology and Sociobiology 44: 43-55.

Waynforth, D. (1999): Differences in time use for mating and nepotistic effort as a function of male attractiveness in rural Belize. Evolution and Human Behavior 20: 19-28.

Waynforth, D., Dunbar, R. I. M. (1995): Conditional mate choice strategies in humans: Evidence from 'Lonely Hearts' advertisements. Behaviour 132: 755-779.

Wedekind, C. (1999): Pathogen-driven sexual selection and the evolution of health. pp. 102-107 in: Stearns, S. C. (ed.): Evolution in Health and Disease. Oxford (Oxford University Press).

Wedekind, C., Folstad, I. (1994): Adaptive or nonadaptive immunosuppression by sex hormones? American Naturalist 143: 936-938.

Wedekind, C., Seebeck, T., Bettens, F., Paepke, A. J. (1995): MHC-dependent mate preferences in humans. Proceedings of the Royal Society London B 260: 245-249.

Weingart, P., Mitchell, S. D., Richarson, P. J., Maasen, S. (eds.) (1997): Human by Nature – Between Biology and the Social Sciences. Mahwah and London (Erlbaum).

Westendorp, R. G. J., Kirkwood, T. B. L. (1998): Human logevity at the cost of reproductive success. Nature 396: 743-746.

Westneat, D. F., Birkhead, T. R. (1998): Alternative hypotheses linking the immune system and mate choice for good genes. Proceedings of the Royal Society London B 265: 1065-1073.

Westneat, D. F., Sherman, P. W., Morton, M. L. (1990): The ecology and evolution of extra-pair copulations in birds. Current Ornithology 7: 331-369.

White, L. K., Booth, A. (1985): The quality and stability of remarriages: The role of stepchildren. American Sociological Review 50: 689-698.

Wickler, W. (1986): Dialekte im Tierreich – Ihre Ursachen und Konsequenzen. Münster (Aschendorf).
Wickler, W. (1994): On nuptial gifts and paternity. Ethology 98: 165-170.
Wickler, W., Seibt, U. (1977): Das Prinzip Eigennutz – Zur Evolution sozialen Verhaltens. München und Zürich (Piper).
Wickler, W., Seibt, U. (1981): Monogamy in crustacea and man. Zeitschrift für Tierpsychologie 57: 215-234.
Wickler, W., Seibt, U. (1983a): Monogamy: An ambiguous concept. pp. 33-50 in: Bateson, P. (ed.): Mate Choice. Cambridge (Cambridge University Press).
Wickler, W., Seibt, U. (1983b): Optimal maternal care. Zeitschrift für Tierpsychologie 63: 201-205.
Wickler, W., Seibt, U. (1991): Das Prinzip Eigennutz – Zur Evolution sozialen Verhaltens. München und Zürich (Piper). (Überarbeitete Neuausgabe).
Wiesner, G., Tietze, K. W., Casper, W. (1995): Zur Entwicklung der perinatalen und Säuglingssterblichkeit nach der Wiedervereinigung Deutschlands. Bundesgesundheitsblatt 38: 13-21.
Wiklund, C. G. (1990): Offspring protection by merlin *Falco columbarius* females – The importance of brood size and expected offspring survival for defense of young. Behavioral Ecology and Sociobiology 26: 217-223.
Wilkinson, G. S. (1984): Reciprocal food sharing in the vampire bat. Nature 308: 181-184.
Williams, G. C. (1966): Natural selection, the costs of reproduction, and a refinement of Lack's principle. American Naturalist 100: 687-690.
Williams, G. C. (1985): A defense of reductionism in evolutionary biology. Oxford Surveys in Evolutionary Biology 2: 1-27.
Wilson, E. O. (1975): Sociobiology – The new synthesis. Cambridge, Ma (The Belknap Press of Harvard University Press).
Wilson, M., Daly, M., Scheib, J. E. (1997): Femicide: An evolutionary psychological perspective. pp. 431-465 in: Gowaty, P. A. (ed.): Feminism and Evolutionary Biology – Boundaries, Intersections, and Frontiers. New York (Chapman and Hall).
Wilson, M., Mesnick, S. L. (1997): An empirical test of the bodyguard hypothesis. pp. 505-511 in: Gowaty, P. A. (ed.): Feminism and Evolutionary Biology – Boundaries, Intersections, and Frontiers. New York (Chapman and Hall).
Windt, W., Curio, E. (1986): Clutch defence in Great Tit *(Parus major)* pairs and the concorde fallacy. Ethology 72: 236-242.
Wingfield, J. C. (1988): Changes in reproductive function of free-living birds in direct response to environmental perturbations. pp. 121-148

in: Stetson, M. H. (ed.): Processing of Environmental Information in Vertebrates. New York (Springer).
Winkler, E.-M., Kirchengast, S. (1994): Body dimensions and differential fertility in !Kung San males from Namibia. American Journal of Human Biology 6: 203-213.
Winterhalder, B. (1996): Social foraging and the behavioral ecology of intragroup resource transfers. Evolutionary Anthropology 5: 46-57.
Winterhalder, B. (1997): Gifts given, gifts taken: The behavioral ecology of nonmarket, intragroup exchange. Journal of Archaeological Research 5: 121-168.
Wolf, L. L. (1975): ‹Prostitution› behavior in a tropical humingbird. Condor 77: 140-144.
Wrangham, R. W. (1980): An ecological model of female-bonded primate groups. Behaviour 75: 262-300.
Wrangham, R. W. (1981): Drinking competition in Vervet monkeys. Animal Behaviour 29: 904-910.
Wrangham, R. W., McGrew, W. C., De Waal, F. B. M., Heltne, P. G. (eds.) (1994): Chimpanzee Cultures. Cambridge, Ma. and London (Harvard University Press).
Wuketits, F. M. (1997): Soziobiologie – Die Macht der Gene und die Evolution sozialen Verhaltens. Heidelberg (Spektrum Akademischer Verlag).
Wynne-Edwards, K. E., Lisk, R. D. (1984): Djungarian Hamsters fail to conceive in the presence of multiple males. Animal Behaviour 32: 626-628.
Wynne-Edwards, V.C. (1962): Animal dispersion in relation to social behaviour. Edinburgh and London (Oliver and Boyd).
Yu, D. W., Shepard Jr., G. H. (1998): Is beauty in the eye of the beholder? Nature 396: 321-322.
Zahavi, A. (1975): Mate selection – A selection for a handicap. Journal of Theoretical Biology 53: 205-214.
Zahavi, A., Avishag, Z. (1998): Signale der Verständigung – Das Handicap-Prinzip. Frankfurt/M. und Leipzig (Insel).
Zuk, M. (1994): Immunology and the evolution of behavior. pp. 354-368 in: Real, L. A. (ed.): Behavioral Mechanisms in Evolutionary Ecology. Chicago and London (University of Chicago Press).
Zuk, M., Johnson, K., Thornhill, R., Ligon, J. D. (1990): Parasites and male ornaments in free-ranging and captive Red Jungle Fowl. Behaviour 114: 232-248.
Zvoch, K. (1999): Family type and investment in education: A comparison of genetic and stepparent families. Evolution and Human Behavior 20: 453-464.

Tiernamenregister

Sachregister